高等学校大数据管理与应用专业规划教材

BIG DATA

Big Data
Tools and Applications

大数据工具应用

微课视频版

钟雪灵　郭艺辉　主编

侯　昉　刘晓庆
黄承慧　彭诗力　编著

MANAGEMENT
AND
APPLICATION

清华大学出版社
北京

内容简介

本书是为配合"大数据工具应用"在线开放课程而编写的新形态大数据入门教材，以讲授大数据基础知识和工具应用为目标，立足应用入门，强调工具操作，突出案例教学，力图将理论与实践相结合，讲解和演示如何基于所学理论选择大数据工具去解决实际问题。

全书共7章。内容包括：大数据基本概念及其应用；数据获取；数据分析入门；数据分析进阶；Tableau数据可视化；数据分析拓展；数据思维。

在掌握Word和Excel基本操作的前提下，就可以使用本书学习，学习过程中无须编程。本书可作为推进新工科、新医科、新农科、新文科建设中普及大数据基础知识和工具应用的教材，也可以作为各类人士踏入大数据之门和揭开大数据神秘面纱的参考书。

图书在版编目(CIP)数据

大数据工具应用：微课视频版/钟雪灵，郭艺辉主编. —北京：清华大学出版社，2020.8(2023.1重印)
高等学校大数据管理与应用专业规划教材
ISBN 978-7-302-55964-1

Ⅰ. ①大… Ⅱ. ①钟… ②郭… Ⅲ. ①数据处理－高等学校－教材 Ⅳ. ①TP274

中国版本图书馆CIP数据核字(2020)第120467号

责任编辑：刘向威
封面设计：文　静
责任校对：李建庄
责任印制：沈　露

出版发行：清华大学出版社
　　网　　址：http://www.tup.com.cn，http://www.wqbook.com
　　地　　址：北京清华大学学研大厦A座　　**邮　　编**：100084
　　社 总 机：010-83470000　　**邮　　购**：010-62786544
　　投稿与读者服务：010-62776969，c-service@tup.tsinghua.edu.cn
　　质量反馈：010-62772015，zhiliang@tup.tsinghua.edu.cn
　　课件下载：http://www.tup.com.cn，010-83470236
印 装 者：三河市铭诚印务有限公司
经　　销：全国新华书店
开　　本：185mm×260mm　　**印　张**：19　　**字　　数**：465千字
版　　次：2020年9月第1版　　**印　　次**：2023年1月第6次印刷
印　　数：6501～8000
定　　价：59.00元

产品编号：088486-01

前言

PREFACE BIG DATA

数字时代已经来临。移动互联网、云计算、大数据、人工智能、物联网等先进信息技术层出不穷，不断渗透至社会的各个领域，产生了许多新的应用场景，深刻地改变着人们的社交方式、生活方式和工作方式。

数字时代要求有新的教育，新工科、新医科、新农科、新文科的概念应运而生。教育部高教司司长吴岩指出，高等教育创新发展势在必行，要全面推进新工科、新医科、新农科、新文科建设。在推进新工科、新医科、新农科、新文科建设中，普及大数据基础教育非常有必要，但在各个专业的传统教学体系中缺乏此类课程和资源。为此，我们于2017年着手开发入门级的"大数据工具应用"在线开放课程。该课程首期成果于2018年初在智慧树平台上线，2018年底面向全国开放共享。经过约两年的逐步建设和完善，该课程构建了教学视频、教学PPT、题库、实验报告、实验数据以及补充学习材料等丰富的教学资源。截至2020年4月，使用该课程的高校超过百所，累计学员超过1.6万人，课程获得各高校师生的一致好评。为了方便大家学习，达到更好的学习效果，课程教学团队集中力量编撰了本书，作为"大数据工具应用"课程的配套教材。本书的出版是"大数据工具应用"课程建设的又一个重要成果。

"大数据工具应用"课程以讲授大数据基础知识和工具应用为使命，力图构建一门新的大数据入门学习课程。课程包括7章，涵盖数据获取、数据挖掘、数据呈现和数据思维等内容。课程立足应用入门，强调工具操作，突出案例教学。通过本课程的学习，学生们能够掌握一定的数据获取、分析与呈现技能，初步建立数据思维的概念。具体而言，本课程具有以下特色。

1. 属于新工科类课程

本课程讲授新兴的信息技术，围绕大数据的基础知识和工具应用进行课程建设和开发。学习本课程，学生将能拓展所学专业的知识边界，获得一定的大数据知识与技能，建立数据思维的概念。在大数据时代，向各个专业推出此类新工科课程极富意义。

2. 强调工具应用

本课程是一门工具慕课。在数据获取部分引入爬虫工具八爪鱼；数据挖掘部分引入开源工具Weka；数据呈现部分引入商业工具Tableau。这三个工具皆是易获取的主流软件。教学中力图将理论与实践相结合，讲解和演示如何基于所学理论使用工具去解决实际问题。工具应用是理论与实践之间的纽带，强调动手操作是课程学习的关键。此外，通过线上教学视频呈现老师们的演示操作，学生们能够无限次观看学习，弥补了线下教学演示难以多次重复的不足。

3. 低门槛学习要求

现有的大数据课程往往要求学生具有一定的编程和算法基础，门槛较高，很多学生难于入门。为此，本课程尽量降低学习门槛，学习先决条件仅为熟练使用 Word 和 Excel，教学实施期间无编程要求。课程的低门槛使得各类学生能够容易踏入大数据之门，揭开大数据的神秘面纱，领略大数据的美妙。

本书由钟雪灵教授和郭艺辉博士担任主编，与侯昉博士（系统分析师）、刘晓庆副教授、黄承慧博士（系统分析师）和彭诗力博士（系统分析师）一道编撰。各章内容编写的具体分工如下：侯昉编写第 1、2 章和 3.1 节～3.3 节；刘晓庆编写 3.4 节～3.6 节和第 7 章；黄承慧编写第 4 章；钟雪灵编写第 5 章；郭艺辉编写 6.1 节～6.3 节；彭诗力编写 6.4 节～6.6 节。全书由钟雪灵和郭艺辉定稿。

本课程得到了多方人士的大力支持和帮助。广东金融学院李建军书记积极推动具有我校特色的在线工具课程群开发，王醒男副校长针对应用型人才能力培养提出工具课程作为抓手。两位领导作为我校应用型人才工具课程建设的布局者，为本课程成功上线与持续建设创造了良好的环境。学校实验教学中心王小燕主任作为工具课程建设的负责人，是我们课程团队的领路人。在此向各位领导表示衷心的感谢！除了本书的作者外，课程团队成员温聪源高级实验师、朱彪先生、何志锋博士和谢添德老师为课程的建设和运行积极奉献自己的智慧。智慧树网的方一蛟先生、邓利鹏小姐、秦月小姐、肖茹丹小姐、林鹏飞先生和申文斌先生为课程的建设和运行做了大量的工作。清华大学出版社为本书的顺利出版也付出良多。在此向为“大数据工具应用”课程付出辛勤劳动的朋友们表示衷心的感谢！

钟雪灵

2020 年 4 月 12 日于广州

目 录

CONTENTS BIG DATA

BIG DATA

第1章 大数据基本概念及其应用

大数据正在日益成为社会经济生活当中的热门话题。无论是在国家产业政策的宏观层面上，还是在普通百姓的日常生活中都扮演着越来越重要的角色。

2015年9月，国务院印发《促进大数据发展行动纲要》(以下简称《纲要》)，系统部署大数据发展工作。《纲要》明确提出，推动大数据发展和应用，在未来5至10年打造精准治理、多方协作的社会治理新模式，建立运行平稳、安全高效的经济运行新机制，构建以人为本、惠及全民的民生服务新体系，开启大众创业、万众创新的创新驱动新格局，培育高端智能、新兴繁荣的产业发展新生态。

大数据在"十三五规划"中上升至国家战略。2016年3月17日，《中华人民共和国国民经济和社会发展第十三个五年规划纲要》发布，其中第二十七章"实施国家大数据战略"提出，把大数据作为基础性战略资源，全面实施促进大数据发展行动，加快推动数据资源共享开放和开发应用，助力产业转型升级和社会治理创新，加快政府数据开放共享，促进大数据产业健康发展。在我们的日常生活中，从与普通用户直接接触的"双十一"商品促销推送，到在后台默默服务的城市智能交通管理系统，都有大数据处理技术在发挥着巨大的作用。大数据技术的意义和价值在于如下4个方面。

(1) 大数据计算提高数据处理效率。大数据技术平台的出现提升了数据处理的效率，其效率的提升是呈几何级数增长的。过去需要几天或更多时间处理的数据，现在可能在几分钟之内就能完成。大数据的高效计算能力，为人类节省了更多的时间。效率提升是人类社会进步的典型标志，未来大数据计算将释放人类社会巨大的产能，帮助人类更好地改造世界。

(2) 大数据可揭示事物发展规律，提高决策水平。相比于过去因为处理能力受限，只能用部分样本代替全体，大数据可以使用全局数据，统计结果将纠正过去人们对事物局部的、片面的或者是错误的认识，更好地帮助决策者了解事物背后的真相，从而做出更准确的决策。

(3) 大数据改善了数据的链接关系。在没有大数据之前，了解人类行为的数据往往来源于一些被动的调查表格及滞后的统计数据。拥有了大数据技术之后，如大量的传感器、手机APP、摄像头、分享的图片和视频等，能让我们更加客观地了解人类的行为。大数据技术链接了人类行为，还可以将各企业的链接关系进行整理分析，了解企业的特点，为数据价值的商业运用提供基础资产。

(4) 大数据改变思维模式。个人、集体、国家乃至社会的各个层面的发展都日益依赖于数据的精细化分析、管理和决策。当下飞速发展的大数据计算和分析技术，可以校正过去的经验思维和惯性思维，人们将会更全面、更实时、更深刻地获取事物的属性，从而对大数据的掌握、分析、判断和预测等环节建立新的模式、产生新的启示以及得到新的结果。

1.1 大数据应用概况

1.1.1 大数据的定义

2011 年 5 月，麦肯锡研究院第一次给大数据做出相对清晰的定义：“大数据是指其大小超出了常规数据库工具获取、存储、管理和分析能力的数据集。”这个定义强调的是大数据处理和应用的 4 个关键步骤，包括获取、存储、管理和分析。

大数据的数据来源可以是已有的文档图表、时间、地理位置以及天气信息，也可以是经济、社会以及人文数据等，可以说是包罗万象、内涵无限。图 1.1 为叠印在世界地图上的各种数据来源。

图 1.1　大数据的来源

图 1.2 描述了大数据的几个核心特点，包括数据量大、无结构或半结构化、概念抽象、可用于文本语义分析以及决策支持等。

图 1.2　大数据的特点

1.1.2 大数据的特点

人们通常用4V来概括大数据的特点：

(1) 价值(Value)。价值密度的高低与数据总量的大小成反比。以视频为例，一部时长1h的视频，在连续不间断的监控中，有用数据可能仅有1～2s。如何通过强大的机器学习算法更迅速地完成数据的价值“提纯”，成为目前大数据背景下亟待解决的难题。

(2) 体量(Volume)。2013—2019年，人类的数据规模扩大了50倍，数据量增长到44万亿GB，相当于美国国家图书馆数据量的数百万倍，且每18个月增长为原来的2倍。

(3) 速度(Velocity)。随着现代检测、互联网、计算机技术的发展，数据生成、储存、分析、处理的速度远远超出人们的想象力，这是大数据区别于传统数据或小数据的显著特征。

(4) 多样(Variety)。大数据与传统数据相比，数据来源广、维度多、类型杂，相对于以往便于存储的以文本为主的结构化数据，非结构化数据越来越多，其中包括网络日志、音频、视频、图片、地理位置信息等，这些多类型的数据对数据的处理能力提出了更高的要求。

1.1.3 大数据的结构

大数据的逻辑存储结构一般可以分为3种：结构化、非结构化和半结构化。

(1) 结构化数据。可以用固定格式存储、访问和处理的数据都称为“结构化”数据。历史上，数据库领域最早处理的就是这种类型的数据。直观地看，结构化数据清楚地定义每一项数据的类型、格式和用途等属性。Excel表格存储的就是典型的结构化数据，每一个单元格都能够预先设置好数据类型。一个结构化数据的例子见表1.1。

表1.1 结构化数据

雇员ID	雇员姓名	性别	部门	年薪
2365	张华	男	Finance	65000
3398	李娟	女	Admin	65000
7465	王原	男	Admin	50000
7500	赵亮	男	Finance	50000
7699	刘丽	女	Finance	55000

(2) 非结构化数据。如果数据的表达形式或结构是未知的、不断变化的，那么这种数据被称为非结构化数据。非结构化数据的典型示例是异构数据源，其中包含文本文件、图像以及视频等的组合。例如图1.3所示网页即为非结构化数据，在对其页面结构进行分析之前，无法对构成页面的各个元素进行提取以及处理，并且其页面结构也会不定期地发生变化。

(3) 半结构化数据。结构化数据是预先定义好结构的数据，一般有分离的结构信息和数据信息。半结构化数据是处在结构化和非结构化之间的数据形式。半结构化数据把自己的结构信息包含在数据中间。最常见的半结构化数据的示例是XML文件中表示的数据。一个XML文件有可能如下所示。

```
<rec><name>张华</name><sex>男</sex><age>35</age></rec>
<rec><name>李娟</name><sex>女</sex><age>41</age></rec>
```

图 1.3　非结构化数据示例

```
<rec><name>王原</name><sex>男</sex><age>29</age></rec>
<rec><name>赵亮</name><sex>男</sex><age>26</age></rec>
<rec><name>刘丽</name><sex>女</sex><age>35</age></rec>
```

在上面这个 XML 文件片段中，通过<rec></rec>这样的成对标签表示记录的开始和结束，用<name></name>来表示姓名字段的开始和结束。其他标签起到了相似的对具体数据的结构和属性进行描述的作用。

1.1.4　相关技术

大数据技术包括数据收集、数据存取、基础架构、数据处理、统计分析、数据挖掘、模型预测以及结果呈现等众多环节。

(1) 数据收集。在大数据的生命周期中，数据采集处于第一个环节。根据 MapReduce[①] 产生数据的应用系统分类，大数据的采集主要有 4 种来源，分别是管理信息系统、Web 信息系统、物理信息系统以及科学实验系统。

(2) 数据存取。大数据的存取采用不同的技术路线，大致可以分为 3 类。第 1 类主要面对的是大规模的结构化数据，第 2 类主要面对的是半结构化和非结构化数据，第 3 类主要面对的是结构化和非结构化混合的大数据。

(3) 基础架构。云存储、分布式文件存储等软硬件系统。

(4) 数据处理。对于采集到的不同的数据集，可能存在不同的结构和模式，表现为数据的异构性，如文件、XML 树、关系表等。对多个异构的数据集，需要做进一步集成或整合处理，将来自不同数据集的数据收集、整理、清洗以及转换后，生成一个新的数据集，为后续查询和分析处理提供统一的数据视图。

(5) 统计分析。使用数理统计学科的各种统计分析模型做统计分析。例如：假设检验、显著性检验、差异分析、相关分析、T 检验、方差分析、卡方分析、偏相关分析、距离分析、

① MapReduce 是一种编程模型，用于大规模数据集(大于 1TB)的并行运算。

回归分析、简单回归分析、多元回归分析、逐步回归、回归预测与残差分析、岭回归、Logistic回归分析、曲线估计、聚类分析、主成分分析、因子分析、快速聚类法与聚类法、判别分析、对应分析、多元对应分析(最优尺度分析)以及bootstrap技术等。

(6) 数据挖掘。数据挖掘是指从大量的数据中通过算法搜索隐藏于其中的信息的过程。数据挖掘是人工智能和数据库领域研究的热点问题。它从大量数据中揭示出隐含的、先前未知的并有潜在价值的信息。数据挖掘也是一种决策支持过程，主要基于人工智能、机器学习、模式识别、统计学、数据库以及可视化技术等，高度自动化地分析企业的数据，做出归纳性推理，从中挖掘出潜在的模式，帮助决策者调整策略、减少风险、做出正确的决策。

(7) 模型预测。将数据挖掘过程中发现的规律和模型等有价值的结论应用到新的数据对象上，从而得到预测结果的过程。模型预测之前的步骤属于数据的产生、输入和加工阶段，模型预测则是结果输出的阶段。

(8) 结果呈现。通过多种手段，将大数据采集、统计、分析以及预测的中间步骤和最终结果展现给用户的过程。

1.1.5 现状与趋势

根据IDC(International Data Corporation)的预测报告“Data Age 2025: The Evolution of Data to Life-Critical”，全球产生的数据量呈现指数增长的趋势，预计从2013年到2020年，每年产生的数据量将从4.4ZB增长到44ZB，到2025年，将会达到163ZB[①]。

图1.4所示是Domo网站提供的部分热门网站在2019年的数据增长情况[②]。随着国内互联网和移动互联网产业的迅速发展，依托全世界最大规模的用户数量，国内的互联网大数据应用也迎来了飞速发展的时期。大数据产业生态联盟联合赛迪顾问共同完成的《2019中国大数据产业发展白皮书》[③]描述了2016—2021年间(2020年和2021年数据为估计值)国内大数据产业规模与年均增长率，如图1.5所示。大府大数据国际战略与技术研究院联合中国科学院虚拟经济与数据科学研究中心、中国科学院大数据挖掘与知识管理重点实验室、成都市大数据协会共同完成的《2018全球大数据发展分析报告》[④]描述了2016年—2020年间欧盟开放数据直接市场规模的增长情况，如图1.6所示。

另外，贵阳大数据交易所预计2020年美国大数据市场规模将达到3823亿美元[⑤]。

大数据产业正在日益渗透到传统产业，发挥出交叉融合的巨大优势。图1.7描绘了大数据产业的层次结构。

大数据是信息化发展的新阶段。随着信息技术和人类生产生活交汇融合，互联网快速普及，全球数据呈现爆发增长、海量集聚的特点，对经济发展、社会治理、国家管理以及人民生活都产生了重大影响。各个行业的专业人员都面临着熟悉大数据思维、了解大数据技术以及使用大数据工具的全新要求。

---

① 来源：https://www.seagate.com/files/www-content/our-story/trends/files/idc-seagate-dataage-whitepaper.pdf。

② 来源：https://www.domo.com/learn/data-never-sleeps-7#。

③ 来源：http://www.199it.com/archives/979940.html。

④ 来源：http://www.sohu.com/a/343164128_650579。

⑤ 来源：http://data.chinabaogao.com/it/2018/0Q135G332018.html。

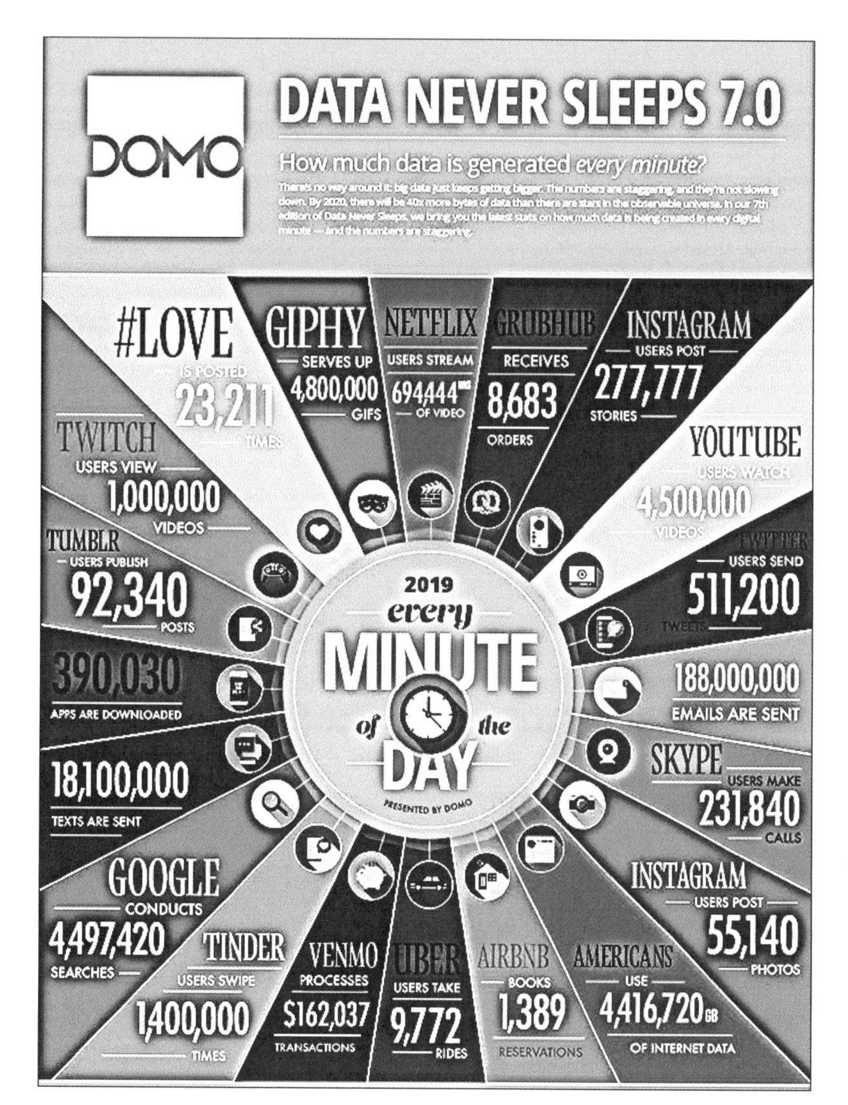

图 1.4　Data Never Sleeps 2019 年部分网站每分钟产生的数据量

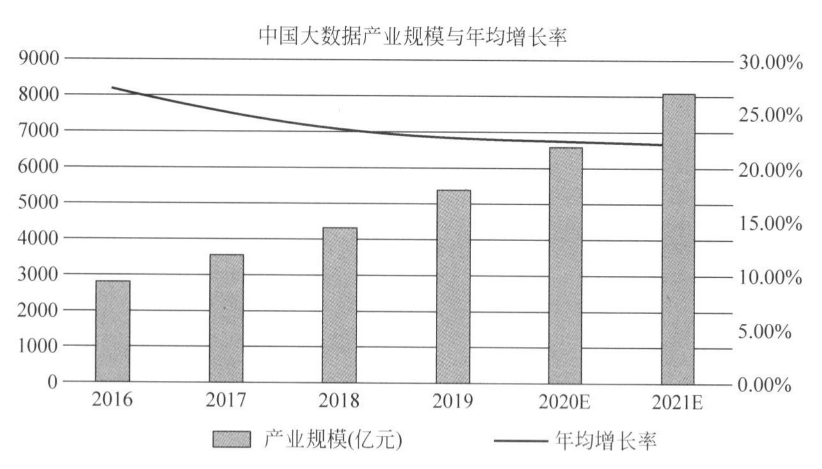

图 1.5　中国大数据产业规模

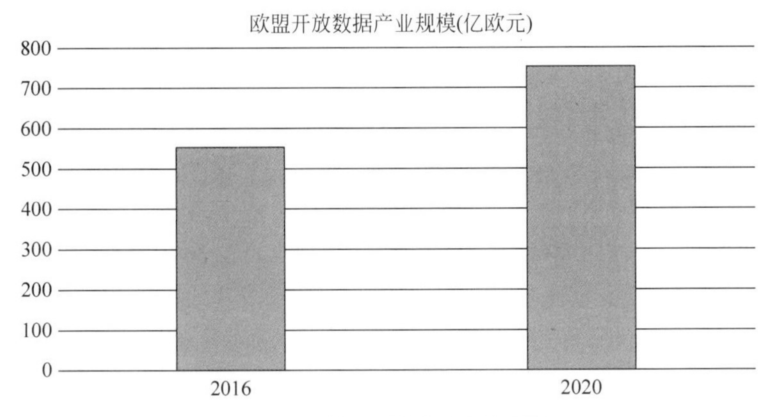

图 1.6 欧盟开放数据产业规模

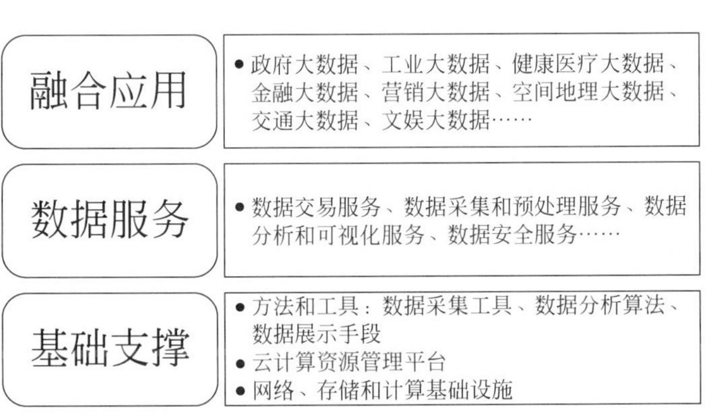

图 1.7 大数据产业结构

大数据不仅意味着海量、多样、迅捷的数据处理，更是一种颠覆的思维方式、一项智能的基础设施、一场创新的技术变革。其在以下方向有着非常广阔的应用前景。

(1) 物联网(Internet of Things，IoT)。物联网是新一代信息技术的重要组成部分，也是"信息化"时代的重要发展阶段。顾名思义，物联网就是物物相连的互联网。物联网的概念在 1999 年被提出：即通过 RFID(Radio Frequency Identification，射频识别)、红外感应器、全球定位系统、激光扫描器、气体感应器等信息传感设备，按约定的协议，把任何物品与互联网连接起来，进行信息交换和通信，以实现智能化识别、定位、跟踪、监控和管理的一种网络。物联网用途广泛，遍及智能交通、环境保护、政府工作、公共安全、平安家居、智能消防、工业监测、环境监测、路灯照明管控、景观照明管控、楼宇照明管控、广场照明管控、老人护理、个人健康、花卉栽培、水系监测、食品溯源、敌情侦查和情报搜集等多个领域。

(2) 智慧城市(Smart City)。关于智慧城市的具体定义比较广泛，目前在国际上被广泛认同的定义是，智慧城市是知识社会下一代创新(创新 2.0)环境下，由新一代信息技术支撑的城市形态。智慧城市利用各种信息技术或创新意念，集成城市的组成系统和服务，提升资源运用的效率，优化城市管理和服务、改善市民生活质量。智慧城市不仅仅是物联网、云计算等新一代信息技术的应用，更重要的是通过面向知识社会的创新 2.0 的方法论应用，构建以用户创新、开放创新、大众创新、协同创新等为特征的城市可持续创新生态。智慧城市包含十大智慧体系，分别为智慧物流体系、智慧制造体系、智慧贸易体系、智慧能源应用体系、智慧公共服务、智慧社会管理体系、智慧交通体系、智慧健康保障体系、智慧安居服务体系以及智慧文化服务体系。

(3) VR (Virtual Reality，虚拟现实)与 AR (Augmented Reality，增强现实)。VR 虚拟现实技术是一种能够创建和体验虚拟世界的计算机仿真技术，它利用计算机生成一种交互式的三维动态视景，其实体行为的仿真系统能够使用户沉浸到该环境中。VR 不仅仅被应用于计算机图像领域，它已涉及更广的领域，如电视会议、网络技术和分布计算技术，并向分布式虚拟现实发展。虚拟现实技术已成为新产品设计开发的重要手段，广泛应用于地产漫游(在虚拟现实系统中自由行走、任意观看，冲击力强，能使客户获得身临其境的真实感受)、网上看房(在租售阶段，用户通过互联网身临其境地了解项目的周边环境、空间布置、室内设计)等领域。

AR 增强现实技术是一种实时地计算摄影机影像的位置及角度，并加上相应图像、视频、3D 模型的技术。这种技术的目标是在屏幕上把虚拟世界叠加在现实世界并进行互动。AR 技术于 1990 年提出，在诸如尖端武器、飞行器的研制与开发、数据模型的可视化、虚拟训练、娱乐与艺术等领域具有广泛的应用。随着随身电子产品 CPU 运算能力的提升，预期 AR 增强现实的用途将会越来越广。

(4) BT(Blockchain Technology，区块链技术)。区块链技术也被称之为分布式账本技术，是一种互联网数据库技术，其特点是去中心化、公开透明，让每个人均可参与数据库记录。BT 最早是比特币的基础技术，目前世界各地均在研究，可广泛应用于金融行业、艺术行业、法律行业、开发行业、房地产行业、应用场景分析、物流供应链、公共网络服务、保险行业投保人风险管理等各领域。同时区块链技术将应用于金融行业的征信，交易安全和信息安全等业务。金融的数据安全、信息的隐私以及网络的安全适合于使用分布式区域块技术，在金融方面形成点对点的数字价值转移，从而提升传输和交易的安全性。

(5) AI(Artificial Intelligence，人工智能)。AI 人工智能是研究、开发用于模拟、延伸和扩展人的智能的理论、方法、技术及应用系统的一门新的技术科学。人工智能是计算机科学的一个分支，它企图了解智能的实质，并生产出一种新的能以人类智能相似的方式做出反应的智能机器，该领域的研究包括机器人、语言识别、图像识别、自然语言处理、专家系统、机器翻译、智能控制、语言和图像理解、编程机器人、自动程序设计、航天应用、庞大的信息处理、储存与管理以及执行化合生命体无法执行的或复杂或规模庞大的任务等。

1.2 大数据处理步骤

本节按照麦肯锡定义中大数据获取、存储、管理和分析的顺序，分别介绍四个步骤中涉及的各种技术手段。

1.2.1 数据获取

根据数据获取的直接程度，获取的数据一般可如下分为 3 种。

(1) 第一方数据(First Party Data)。数据的使用者就是数据的产生者和拥有者。例如，各大互联网服务公司分析本公司的 APP 和消费者、用户、目标客户群交互所产生的数据，搜集的顾客交易数据，追踪用户在APP上的浏览行为产生的数据等。第一方数据可弹性地用于分析研究、营销推广，它具有高质量、高价值的特性，但局限于既有顾客。

(2) 第二方数据(Second Party Data)。取自第一方的数据，通常与第一方具有合作、联盟或合同关系，因此可共享或采购第一方数据。例如，酒店预订APP与高铁机票APP共享数据，当客人购买某一方的商品后，另一单位即可推荐相关的旅游产品；或是已知某单位具有己方想要的数据，透过议定采购，直接从第一方获取数据。

(3) 第三方数据(Third Party Data)。提供数据的来源单位，并非该数据的产生者，该数据即为第三方数据。通常提供第三方数据的单位为数据供应商，其广泛搜集各式数据，并贩售给数据需求者，其数据可来自第一方、第二方或其他第三方数据，如爬取网络公开数据、市调公司所发布的研究调查、经去识别化处理的交易信息等。使用第三方数据，需要特别对数据的隐私进行保护。

从获取的数据结构来分，数据包括以下三种来源。

(1) 新产生的格式化、半格式化数据。其来源包括典型的格式化数据，如银行产生的交易数据；各种移动互联网APP产生的地理位置信息数据等。典型的半格式化数据，例如医院产生的病历数据，联网产生的大量传感器数据，例如地理位置、周边环境等。

(2) 新获取的半格式化、无格式化数据。其来源包括网络爬虫获取的网页内容信息、Google图书馆项目产生的书籍扫描数据等。

(3) 导入的格式化、半格式化历史数据。其来源包括各种现有数据库数据、现存的孤立系统统一数据接口后产生的可交换数据等。

1.2.2 数据存储

数据获取之后，要将它们存储起来，这个环节涉及的技术如下。

(1) 导入预处理。主要包括数据清理(数据格式标准化、异常数据清除、数据错误纠正、重复数据清除)、数据集成(将多个数据源中的数据结合起来并统一存储，建立数据仓库)、数据变换(通过平滑聚集、数据概化、规范化等方式将数据转换成适用于数据挖掘的形式)和数据规约(目的在于发现目标数据的有用特征，缩减数据规模)等步骤。

(2) 选择关系或非关系数据库作为基础存储数据库。目前的主流是选择非关系型数据库，可以应对传统关系型数据库较难处理的场景，例如非结构化数据的存储和计算等。

(3) 本地或云存储硬件设备。需要考虑容量、访问速度、数据安全性以及可管理性等一系列指标。

1.2.3 数据管理

数据管理包括以下几个方面的内容。

(1) 数据资源管理。大数据的"大"，需要使用者"大"中取精，"大"中取优。

(2) 大数据硬件平台管理。选择硬件平台的时候，需要重点考虑它的稳定性、可靠性以及先进性等。

(3) 大数据软件平台管理。目前的主流大数据系统，一般都是基于开源软件的。必须考虑它的兼容性、可扩展性以及可维护性等指标。

(4) 大数据应用管理。要发挥大数据的应用威力，就要做好大数据挖掘算法的开发、运行以及优化等工作。

1.2.4 数据分析

前面的获取、存储和管理都是为大数据分析这个目标服务的，大数据分析主要包括以下 4 个方面的工作。

(1) 数据分类。根据数据集的特点把未知类别的样本映射到给定类别中(贴标签)。

(2) 数据聚类。将数据集内具有相似特征属性的数据聚集在一起，同一个数据群中的数据特征要尽可能相似，不同的数据群中的数据特征要有明显的区别(找朋友)。

(3) 关联规则挖掘。找出所有能把一组事件或数据项与另一组事件或数据项联系起来的规则(拉关系)。

(4) 时间序列分析和预测。在结构化与非结构化数据中使用以预测未来结果的算法和技术(测未来)。

1.3 应用案例

目前，越来越多的企业已对大数据分析有了全新的认识和前所未有的重视，大数据分析技术的应用已十分广泛，下面介绍几个典型的案例。

1.3.1 商品推荐服务

很多门户网站与电子商务网站建立了很紧密的商品推荐合作关系。下面以新浪网 www.sina.com.cn 和淘宝 www.taobao.com 为例，介绍跨网站的商品推荐流程。新浪网网站的首页嵌入了一个淘宝的广告链接，这个广告是由淘宝投放在新浪网网站页面的，如图 1.8 所示。

图 1.8 新浪网网站首页上的淘宝广告

那么,这个广告是如何出现的呢?在大数据技术普遍应用之前,广告内容一般是相对固定投放的。在某一个时段,任何人访问这个页面看到的广告内容是相同的。随着大数据技术的逐渐推广,企业已经可以根据用户行为进行针对性的广告投放。例如,访问者访问了新浪网,同一时间在淘宝上完成了一个行李箱产品的搜索,如图 1.9 所示。

图 1.9 淘宝上进行商品搜索

淘宝网完成这个搜索请求的响应以后,会做进一步的数据处理工作。它会根据用户的登录账号、IP 地址、浏览器 Cookies 或者设备 ID,来对用户进行身份标识。如果该用户的设备上还有其他淘宝可以利用的内容呈现接口,那么就利用这个接口,投放相同或者相关的产品广告给该用户。比方说,在这个用户的新浪网网站页面的淘宝广告位置投放行李箱的广告,如图 1.10 所示。

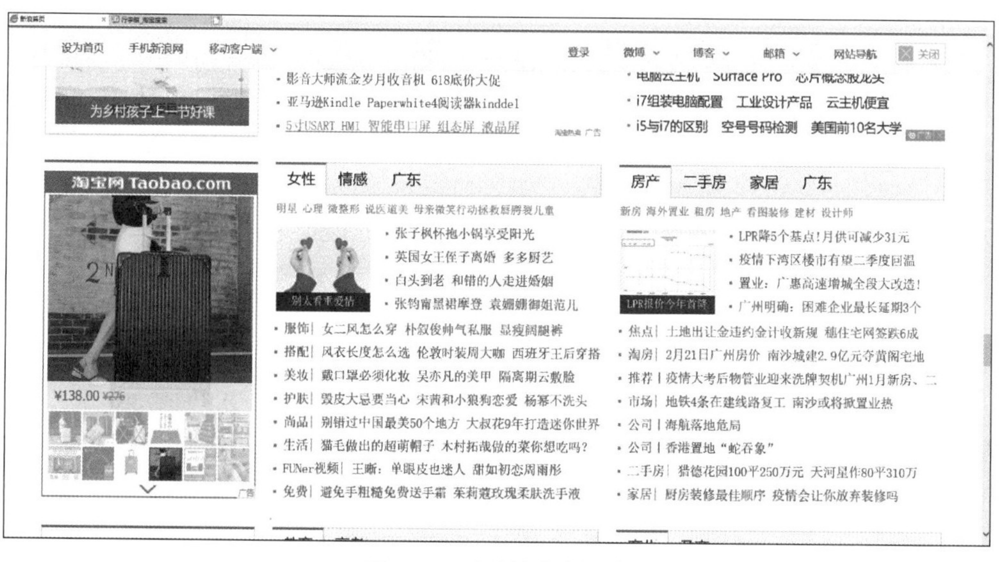

图 1.10 大数据广告投放

很多人都有过这样的经历，刚刚下单买了一个手机，就收到各种 APP 投放的手机壳、充电宝等相关周边产品的广告推送。这些都是商家基于大数据技术和数据挖掘技术，预测客户的需求，进行引导投放的典型应用。

1.3.2 公共信息服务

百度基于百度地图位置信息提供了百度迁徙信息服务，使用百度地图、百度导航、百度搜索等百度系 APP 的用户，在使用百度服务的同时，也向百度提供了他们的实时地理位置变动信息，百度通过大数据 GPS 信息处理、大数据图形绘制等相关技术绘制出百度迁徙地图，如图 1.11 所示。

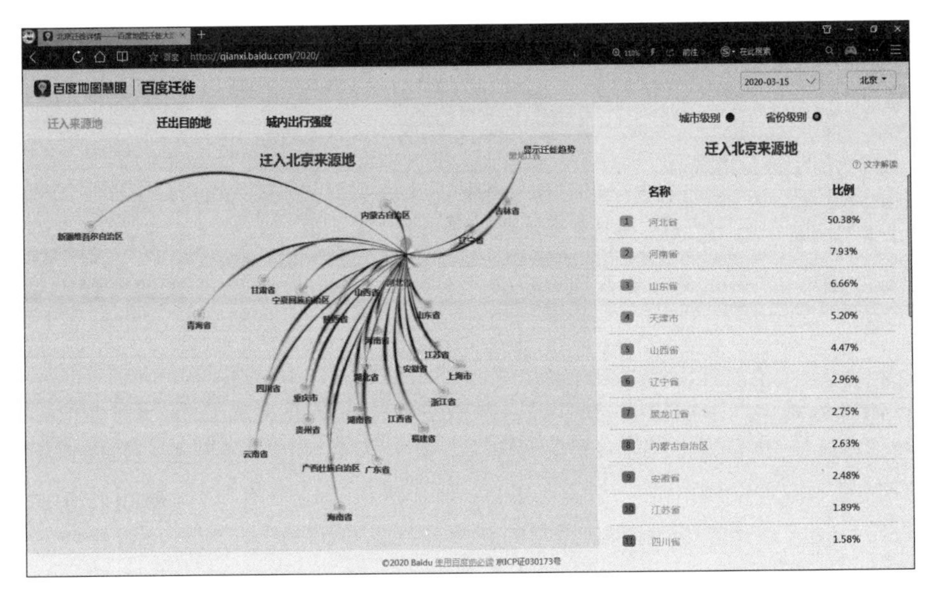

图 1.11　百度迁徙地图

图 1.11 清晰地统计和描绘了全国人口的迁徙状况，人流流入和流出的分布情况也一目了然。这些信息可以为产业布局、交通调度，甚至是流行性传染病防控提供重要的参考信息。

1.3.3 数据呈现服务

对于大多数人来说，以字符形式呈现的数字是枯燥的，数据之间的关系也是难以发现的。如果能够将它们转换成图形的形式，其呈现的效果就要好得多，进一步地，如果可以用动画的形式来表现数据的变动，那就更加有利于总结规律、发现趋势了。

图 1.12 是美国人口年龄段分布变化的图形。在“大数据工具应用”的慕课视频中，这张图是用动画形式表现的。本书截取了动画第 1 幅和最后 1 幅。通过对比，可以清晰地发现美国 1955 年的婴儿潮对美国人口比例构成的影响逐渐消失的过程。美国人口在 1975 年占比最高的是 25～29 年龄段以下的人口，而到了 2060 年，占比最高的是 40 多岁的人口，人口老龄化的趋势一目了然。

大数据技术的出现、成熟和广泛应用，为我们认识事物的内在规律提供了新的视角、方

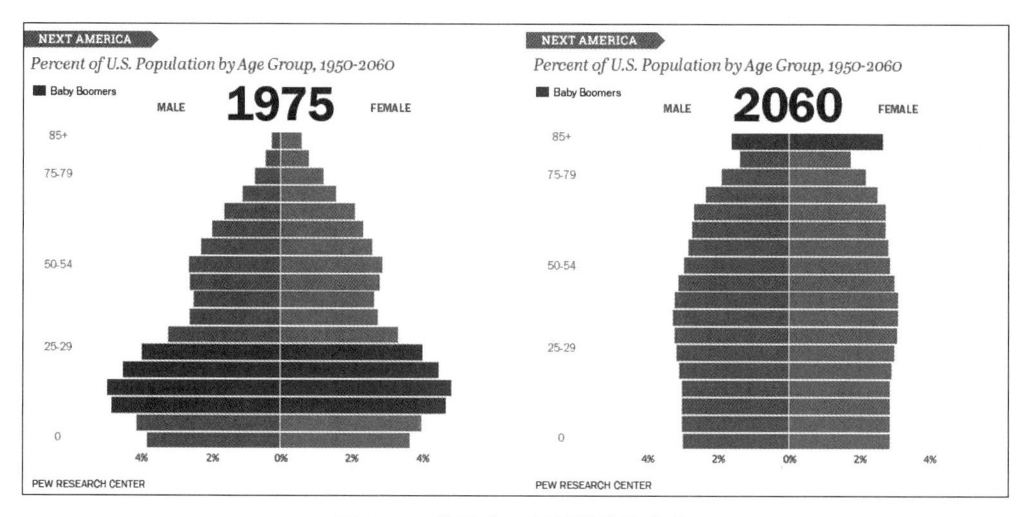

图 1.12 美国人口年龄段分布变化

法和手段,开辟了很多新的研究和应用领域。行业的迅速发展,产生了相当规模的人才需求。具备一定的大数据工具应用能力,将会更好地满足用人单位的需求。后续章节中,本课程将会逐步介绍数据获取、分析的一些基本工具的应用,为今后进一步提高大数据应用能力奠定基础。

第2章 数据获取

BIG DATA

第 1 章给出了麦肯锡研究院对“大数据”的定义,“大数据”处理技术包括四个环节:获取、存储、管理以及分析。其中“获取”是基础环节,“分析”是大数据应用的前提,“存储”和“管理”两个环节侧重于大数据的底层处理技术。因此,作为面向非计算机专业学生的教程,本书只着重介绍数据“获取”和“分析”两个环节。获取大数据的手段主要包括如下两种。

(1) 将现有结构化、非结构化、半结构化的数据库、日志、文本等文件整理成符合大数据处理工具处理要求的数据源。

(2) 获取原来分散在网络上、自然界中、日常生活中的各种数据。

本章将介绍如何从现有文件导入数据和使用网页“爬虫”工具搜集网络数据的基本思路、方法和工具应用。

2.1 格式转换与数据清洗整理

随着人类活动的进一步扩展,数据规模急剧膨胀,包括金融、汽车、零售、餐饮、电信、能源、政务、医疗、体育、娱乐等在内的各行业累积的数据量越来越大,数据类型也越来越多、越来越复杂。海量数据可能有这样一些来源:人类社交、商业活动产生的数据,工商业各种传感器产生的实时数据,科学研究和其他专业领域产生的多结构数据等。这些数据来源因为历史的、技术的、管理的原因,往往使用了不同的数据类型、字符编码方式和文件格式来进行采集、存储和传输。要将它们变成后续大数据应用工具的合法输入,必须对它们进行格式转换。同时,原始数据难免会有遗失、错漏等情况出现,也需要对转换后的数据进行一些预处理工作,这个预处理工作被称为“数据清洗整理”。

本节介绍将现有的文件数据,转换成能够被后续的数据处理工具处理的特定格式的一些方法。常见的大数据应用工具处理的数据文件来源有以下三种:来自数据库、来自文本以及来自其他专有格式。

1. 基于数据库的数据文件格式

在 Windows 操作系统下,不同数据库系统有自己专属的文件后缀名,可以很直观地获知该数据文件是由哪种数据库管理系统创建的。常见的一些数据库文件后缀名如下。

(1) .mdf:SQL Server 数据库文件。

(2) .mdb 或 .accdb:Access 数据库文件。

(3) .myd:MySql 数据库文件。

(4) .dbf:Oracle 数据库文件。

(5) .db:SqlLite 数据库文件。

(6) .xls(x)：微软的Excel电子表格软件文件。

一般来说，数据库管理软件都提供了一些数据导入和导出的功能，可以实现该数据库系统到常见通用文件格式(如后续介绍的.csv)的导入导出。另外，像Java、Python等高级语言程序也提供了读写特定数据库文件的功能包或库，可以用编程的方法来实现这些数据文件的转换。对于非专业用户，Excel文件是一种常用的数据文件格式。

2. 基于文本的数据文本格式

数据库文件格式除了数据本身以外，还记录了大量的表、键等数据结构和关系信息，文件结构比较复杂，数据格式也往往是专门设计的，需要专门软件进行处理，缺乏通用性。因此，有很多系统采用纯文本格式来记录数据。这种方式的好处是数据直观，通过文本处理软件就可以直接读取，读写操作简单、磁盘空间利用率高。不足之处在于不像数据库文件那样结构化，不能直接支持各种数据处理操作，数据之间的结构和关系信息需要重建恢复。在Windows系统中，常见的文本文件后缀名如下。

(1) .txt纯文本文件。无任何格式控制信息。

(2) .csv字符分割值文件。最广泛的应用是在程序之间转移表格数据。大量程序都支持.csv作为一种可选择的输入/输出格式。

(3) .log日志文件。是纯文本类型的文件。记载了用户操作行为、系统接收到的各种数据等内容。

(4) .xml可扩展标记语言。是一种用于标记电子文件使其具有结构性的标记语言。它可以用来标记数据、定义数据类型，允许用户对自己的标记语言进行定义。.xml有很广泛的应用，Java、Python等高级语言都有很成熟的.xml文件解析包来进行.xml数据读写处理。在1.1.3小节中展示过.xml文件的例子。

上述文本数据文件中，.csv和.log两种文件现在被广泛地用于用户数据交换、日志分析等领域。

3. 专有格式

目前出现了很多针对大数据处理应用的专门系统，例如以Google论文为基础，由Apache实现的Hadoop系统。这些系统一般都基于自己的专有文件系统或者文件格式来设计实现数据处理算法。主要的专有大数据格式包括用于Hadoop的SequenceFile，用于MongoDB的BSON和用于Weka的ARFF：

(1) SequenceFile是Hadoop API提供的一种二进制文件，它将数据以<key,value>的形式序列化到文件中。这种二进制文件内部使用Hadoop的标准Writable接口实现序列化和反序列化。

(2) BSON是一种类JSON的二进制形式的存储格式，支持内嵌的文档对象和数组对象。使用这种文件格式的MongoDB是一个基于分布式文件存储、介于关系型和非关系型之间的数据库。

(3) ARFF是第3章介绍的Weka数据分析工具所使用的文件格式，本质上是一种ASCII文本文件。

目前大数据的处理框架、技术和工具是非常热门的研究领域，其中Hadoop影响力较大。这些系统一般也都支持借助某种通用文件格式(如.csv)来进行数据转换。本节以

.csv,.txt 和.xlsx 为例,介绍文件格式的转换。

第 1 个文件鸢尾花(iris)是数据挖掘常用到的一个数据集,包含 150 种鸢尾花的信息,每 50 种取自 3 个鸢尾花种之一(setosa、versicolour 或 virginica)。每个花的特征用下面的 5 种属性描述萼片长度(sepal. length)、萼片宽度(sepal. width)、花瓣长度(petal. length)、花瓣宽度(petal. width)、类(species)。图 2.1 是用 Windows 自带文本编辑工具“记事本”打开的 iris.csv 文件。可以看到,每一行包含 4 个逗号分隔的 5 项数据,其中前 4 项是带小数点的数据,最后 1 项是单词。

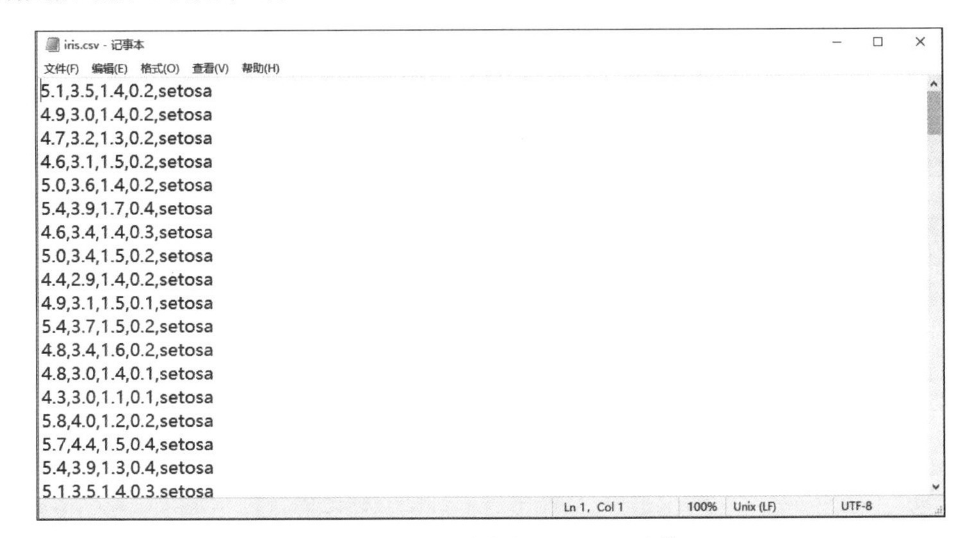

图 2.1 使用记事本打开 iris.csv 文件

大多数非计算机专业背景的数据分析人员可以比较方便地使用 Excel 进行数据统计、绘图以及分析。Excel 也对多种数据源的导入提供了支持,例如可以将.csv 文件导入到 Excel 中。以 iris.csv 为例,其操作步骤如下。

(1) 打开 Excel,选择“新建空白工作簿”任务,如图 2.2 所示。

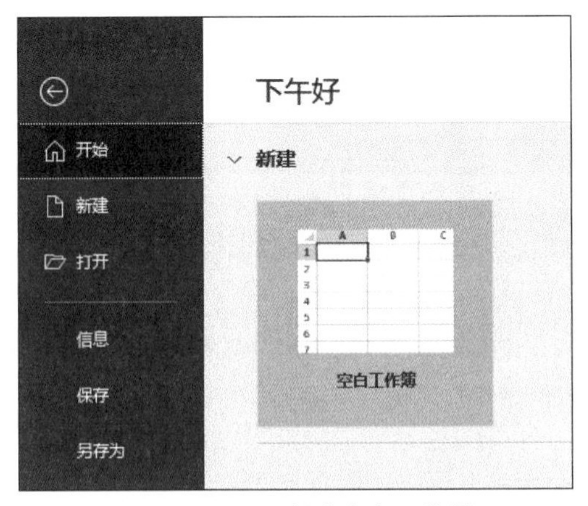

图 2.2 Excel 新建空白工作簿

(2) 打开 Excel 新建的文件,选择“数据”→“获取外部数据”→“自文本”命令,如图 2.3 所示。

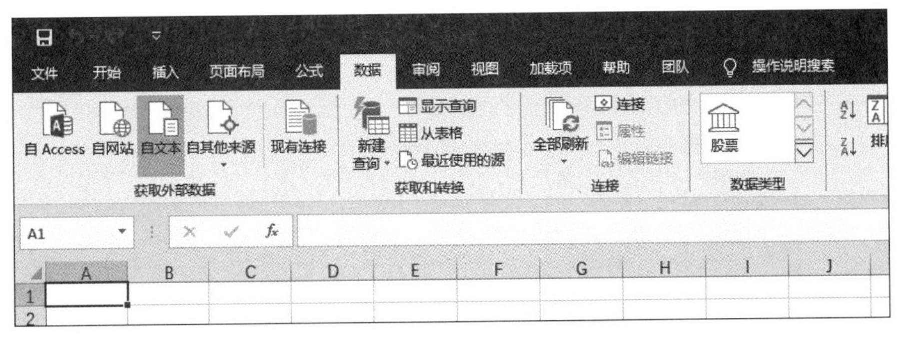

图 2.3　Excel 从文本获取外部数据

(3) 在弹出的对话框中选择需要导入的 iris. csv 文件，如图 2.4 所示。

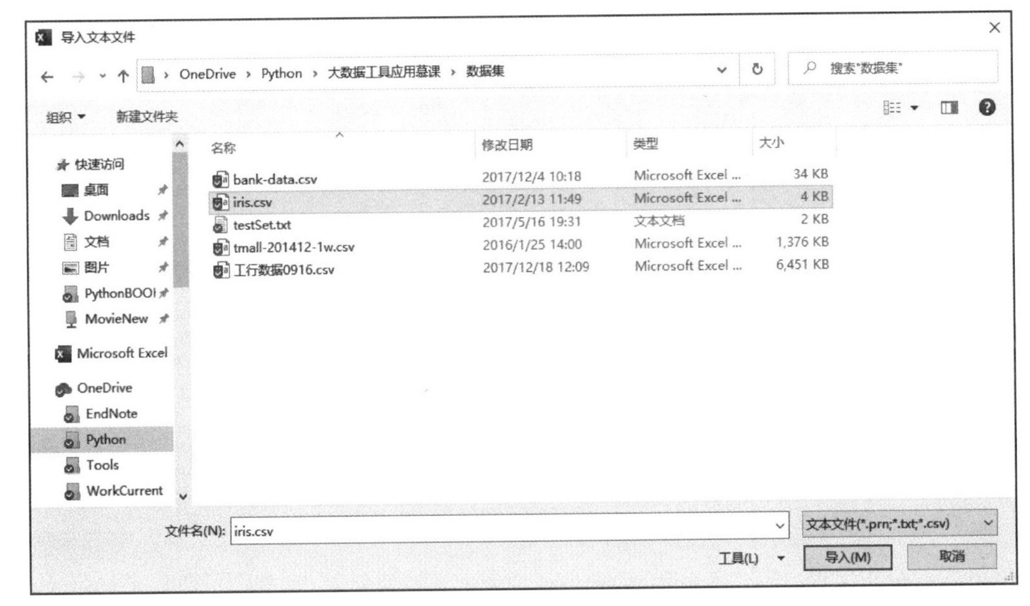

图 2.4　Excel 打开 iris. csv 文件

(4) Excel 会自动打开"文本导入向导"，指引完成后续操作。文本导入向导第 1 步，"原始数据类型"中需要指定数据文件是使用"分隔符号"，还是"固定宽度"分隔数据。本例中，通过对图 2.1 的观察可以得知，iris. csv 是使用逗号分隔，因此选中"分隔符号"，如图 2.5 所示。

(5) 在文本导入向导第 2 步的对话框中，指定"逗号"为具体的分隔符号，如图 2.6 所示。在本对话框的"数据预览"区域，可以看到用分隔竖线取代了原文件中的逗号，将各列数据进行了纵向分隔。

(6) 文本导入向导第 3 步，需要指定导入到 Excel 中的数据采用哪种格式存放。一般对数值类型的数据，选择"常规"即可，如图 2.7 所示。

(7) 在图 2.7 中单击"完成"按钮后，可以指定数据在 Excel 工作簿和工作表中存放的位置，如图 2.8 所示。

(8) 最终导入到 Excel 工作表中的数据如图 2.9 所示。

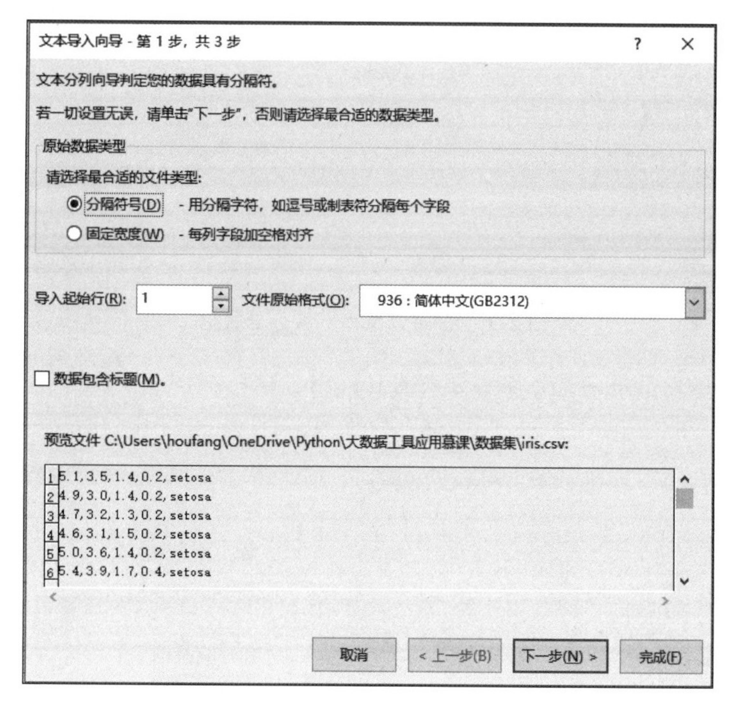

图 2.5　Excel 文本导入向导第 1 步

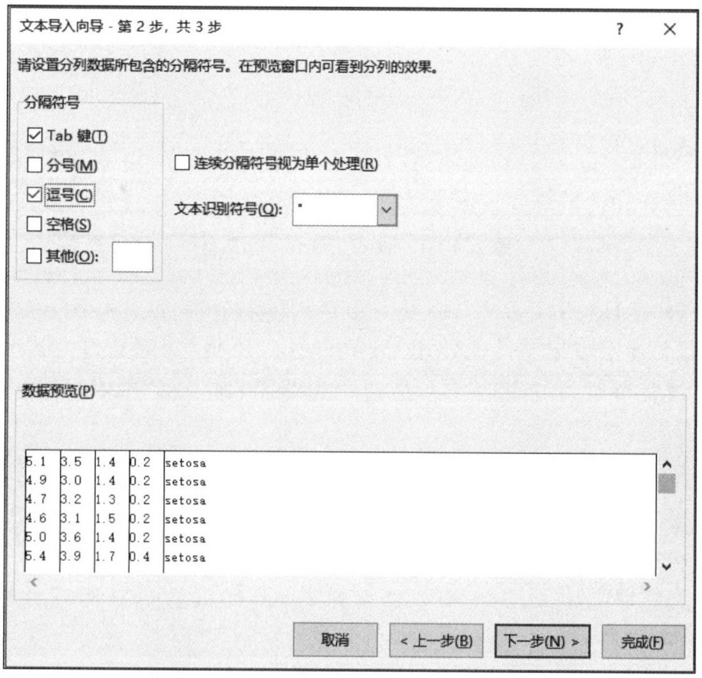

文本导入向导 - 第 2 步，共 3 步
请设置分列数据所包含的分隔符号。在预览窗口内可看到分列的效果。
分隔符号
Tab 键(T)
分号(M)
逗号(C)
空格(S)
其他(O):
连续分隔符号视为单个处理(R)
文本识别符号(Q): "
数据预览(P)
5.1 3.5 1.4 0.2 setosa
4.9 3.0 1.4 0.2 setosa
4.7 3.2 1.3 0.2 setosa
4.6 3.1 1.5 0.2 setosa
5.0 3.6 1.4 0.2 setosa
5.4 3.9 1.7 0.4 setosa
取消
< 上一步(B)
下一步(N) >
完成(F)

图 2.6　Excel 文本导入向导第 2 步

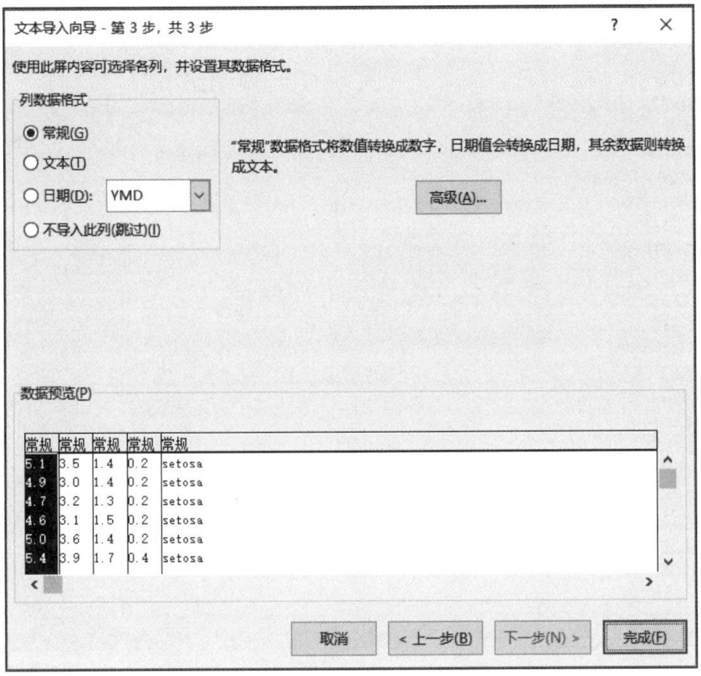

图 2.7　Excel 文本导入向导第 3 步

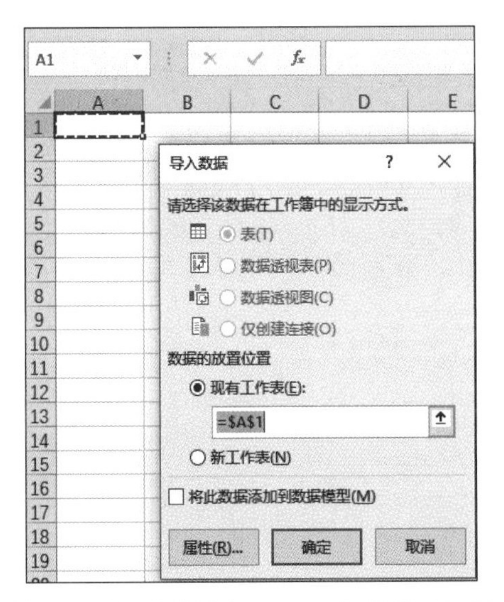

图 2.8　导入数据存入 Excel 工作簿指定位置

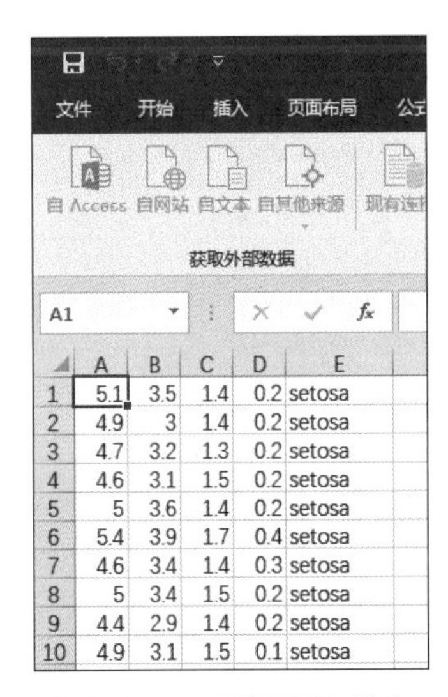

图 2.9　Excel 数据导入结束

第 2 个文件 testSet.txt 是 80 个点的二维坐标数据。图 2.10 是记事本打开的 testSet.txt 文件。可以看到，坐标文件有 80 行，每行有两个由空格分隔的数据段。

与 iris.csv 相比，其数据分隔使用的是空格。因此，在“文本导入向导第 2 步”中，指定“分隔符号”为“空格”即可，如图 2.11 所示。

导入到 Excel 数据表文件后，就可以用图表来观察 testSet.txt 文件中数据点的坐标分布情况了，如图 2.12 所示。

```
testSet.txt - 记事本
文件(F) 编辑(E) 格式(O) 查看(V) 帮助(H)
1.658985 4.285136
-3.453687 3.424321
4.838138 -1.151539
-5.379713 -3.362104
0.972564 2.924086
-3.567919 1.531611
0.450614 -3.302219
-3.487105 -1.724432
2.668759 1.594842
-3.156485 3.191137
3.165506 -3.999838
-2.786837 -3.099354
4.208187 2.984927
-2.123337 2.943366
0.704199 -0.479481
-0.392370 -3.963704
2.831667 1.574018
-0.790153 3.343144
2.943496 -3.357075
-3.195883 -2.283926
2.336445 2.875106
-1.786345 2.554248
2.190101 -1.906020
Ln 1, Col 1    100%    Windows (CRLF)    UTF-8
```

图 2.10　用记事本打开的 testSet. txt 文件

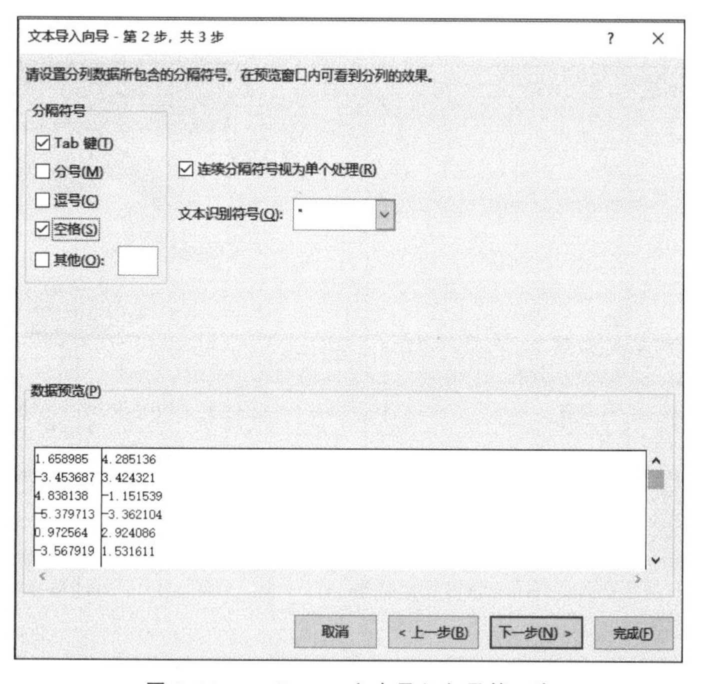

图 2.11　testSet. txt 文本导入向导第 2 步

从图 2.12 中的图形来看，可以初步观察到这 80 个点相对平均地分布在 4 个象限中。

将文本数据导入到 Excel 中后，借助图表等工具，可以直观地揭示数据的规律和关系。为进一步的处理分析工作奠定一个基础。获得的数据如果要用于数据处理，有时候还需要进行数据清洗整理工作。数据清洗整理工作主要解决以下问题。

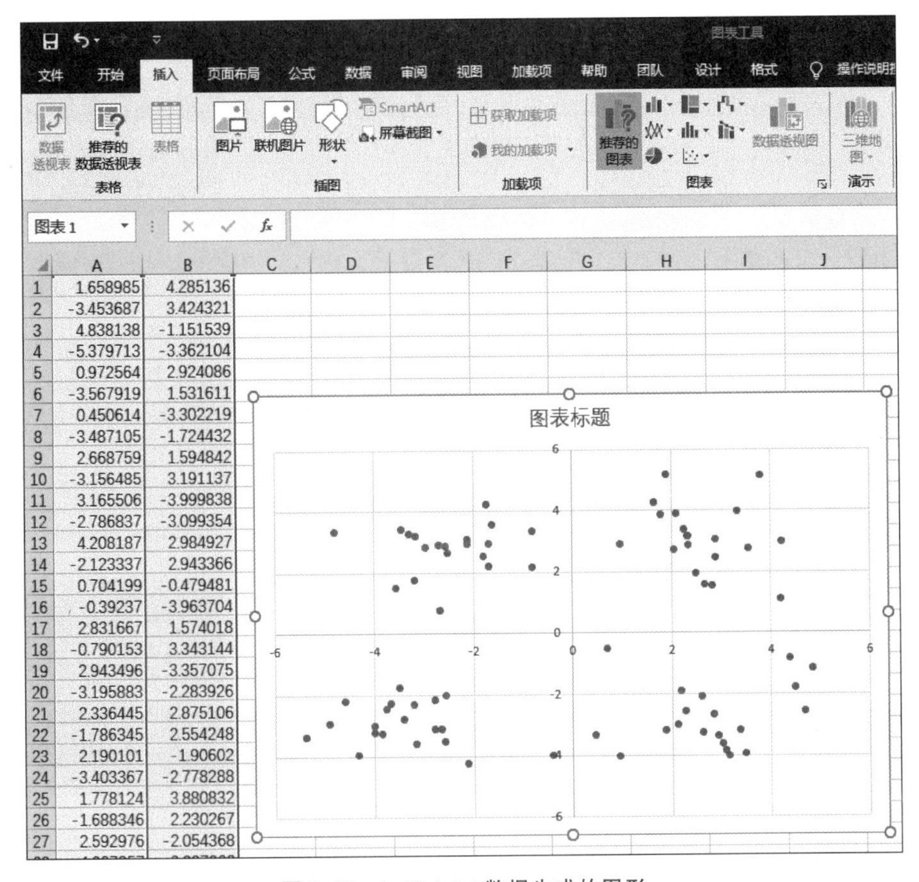

图 2.12 testSet.txt 数据生成的图形

(1) 数据的完整性。例如是否缺失属性信息。

(2) 数据的唯一性。例如是否有重复记录。

(3) 数据的合法性。例如身份证号码长度是否正确。

(4) 数据的一致性。例如日期格式是否一致,不同来源数据对同一个对象是否存在不一样的描述等。

数据清洗整理工作是一项非常灵活,又非常重要的工作。仍然以之前用过的 iris 文件为例,150 个数据中,有可能存在着重复的数据。这时候可以直接使用 Excel 来删除重复数据。在"数据"选项卡中,单击"删除重复值"按钮,Excel 检查 iris 文件,将其中三项删除,保留了不重复的 147 项,如图 2.13 所示。

图 2.13 Excel 删除重复值

对于如图 2.9 所示的 D 列的属性，根据实际情况或者某些规定，认为它的合理值应该是 0.1～2.2，超出这个范围的值有可能是异常数据。这时候就可以使用“数据验证”的菜单命令，选中 D 列，在“数据”选项卡中，单击“数据验证”按钮，在弹出的对话框的“验证条件”中依次选择允许“小数”、数据“介于”、最小值“0.1”，最大值“2.2”，单击“确定”按钮，如图 2.14 所示。

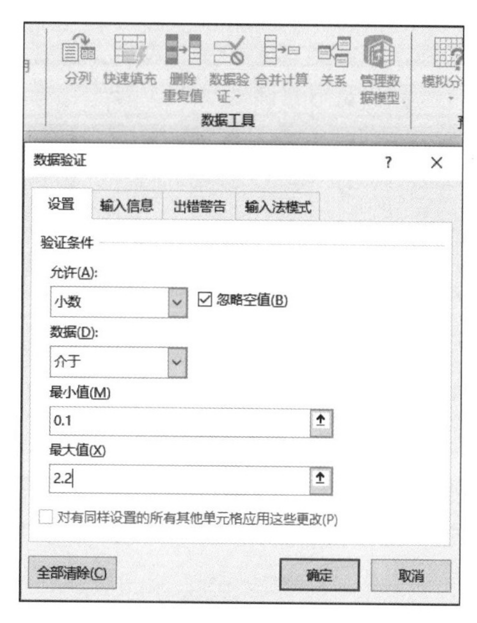

图 2.14　Excel 设置“数据验证”条件

在选择“圈释无效数据”命令后，可以看到所有超出设定范围的数据都被圈出，提醒注意，如图 2.15 所示。

接下来以一个内容为学生资料的 .xlsx 格式的 Excel 文件为例，对数据进行修改调整。原始文件如图 2.16 所示，其中，B 列为班级名称；C 列为准考证号；D 列为学生姓名。

分列　快速填充　删除重复值　数据验证　合并计算　关系　管理数据模型

数据验证(V)...
圈释无效数据(I)
清除验证标识圈(R)

	B	C	D	E	F
5.1	3.5	1.4	0.2	setosa	
4.9	3	1.4	0.2	setosa	
4.7	3.2	1.3	0.2	setosa	
4.6	3.1	1.5	0.2	setosa	
5	3.6	1.4	0.2	setosa	
5.4	3.9	1.7	0.4	setosa	
4.6	3.4	1.4	0.3	setosa	
5	3.4	1.5	0.2	setosa	
4.4	2.9	1.4	0.2	setosa	
4.9	3.1	1.5	0.1	setosa	
5.4	3.7	1.5	0.2	setosa	
4.8	3.4	1.6	0.2	setosa	
4.8	3	1.4	0.1	setosa	
4.3	3	1.1	0.1	setosa	

图 2.15　Excel 无效数据被圈释

	B	C	D
1	班级名称	准考证号	学生姓名
2	1	532172054	黎海浪
3	1	532172055	梁振慧
4	1	532172056	刘彩芹
5	1	532172057	苏达剑
6	1	532172058	何耀炯
7	1	532172059	陈凯娴
8	1	532172060	曾繁嫦
9	1	532172061	翟斯云
10	1	532172062	刘龙恩
11	1	532172063	陆小翠
12	1	532172064	曹迪帧
13	1	532172065	高其武
14	1	532172066	容巧仪

图 2.16　学生资料文件

如果要根据准考证号加上班级名称来生成新的准考证号码，规则是，准考证号的前6位＋0＋班级名称＋准考证号后3位。使用Excel的函数工具，在F2单元格输入"＝LEFT(C2,6)&"0"&B2&RIGHT(C2,3)"，其中的LEFT和RIGHT函数都是截取字符串的函数，&是用于连接字符串的运算符。如图2.17所示的新准考证号是符合要求的。

=LEFT(C2,6)&"0"&B2&RIGHT(C2,3)

	C	D	E	F
称	准考证号	学生姓名		新准考证号
1	**532172054**	黎海浪		53217201054
1	**532172055**	梁振慧		53217201055

图2.17　单元格拼接

这个表格中的部分同学的姓名只有两个汉字，中间加了一个空格。这个空格有时候会造成排序、查找的错误，所以需要删除空格。

［**注意**］　这是一个中文的空格。使用"＝SUBSTITUTE(D6," ","")"函数来进行空格的替换。

结果如图2.18所示，运行结果达到了去除空格的目的。

=SUBSTITUTE(D6," ","")

	C	D	E	F	G
称	准考证号	学生姓名		新准考证号	姓名
1	**532172054**	黎海浪		53217201054	黎海浪
1	**532172055**	梁振慧		53217201055	梁振慧
1	**532172056**	刘彩芹		53217201056	刘彩芹
1	**532172057**	苏达剑		53217201057	苏达剑
1	**532172058**	何　炯		53217201058	何炯

图2.18　空格删除

Excel提供了很多用于单元格数据和文本处理的函数，因为篇幅的原因，本教材不能一一介绍，请读者参考帮助文件或者其他相关资料。

原始数据质量往往不能直接满足要求，这时候就要进行数据整理。很多数据分析、挖掘的项目，有一半以上的工作消耗在前期的数据整理上。本节介绍的文件格式转换为后续进行的存储、管理及分析提供了数据来源，是非常重要、基础的环节。希望大家能够在今后的学习、实践中举一反三、触类旁通。

2.2　网页数据获取

我们身处一个数据"膨胀"的时代，网络上已经积累了海量数据，而且还在以令人目眩的速度增长。据估算，互联网每天产生的全部内容可以刻满6.4亿张DVD；全球每秒发送290万封电子邮件，一分钟读一篇的话，足够一个人昼夜不停地读5.5年；百度通过搜索引擎估算，现在的中文网页数量大约是100万亿；每天会有2.88万小时的视频上传到YouTube，足够一个人昼夜不停地观看3.3年；网民每天在Facebook上要花费234亿分钟，移动互联网使用者发送和接收的数据高达44PB；Twitter上每天发布5000万条消息，假设10秒浏览一条消息，足够一个人昼夜不停地浏览16年。

从互联网上获取信息是大数据处理工具的一个重要应用领域。对于专业人员来说，不管是使用 Java,C++,还是 Python,都可以使用相关网络爬虫软件的库来获取海量互联网数据；而对于非专业人员来说,则可以使用许多不需编程的数据获取工具,例如八爪鱼 http://www.bazhuayu.com、集搜客 http://www.gooseeker.com、造数 http://www.zaoshu.io 等。本节以八爪鱼的使用为例,介绍网页获取工具的基本使用方法。

2.2.1 八爪鱼采集原理与安装

可以访问八爪鱼 http://www.bazhuayu.com/网站下载八爪鱼采集器软件。以八爪鱼为代表的网页采集器核心原理是：基于 IE、Firefox 或者 Chrome 内核浏览器,通过模拟人对网页的操作(如打开某个网页链接地址,单击网页中的某个按钮),将收到的页面数据信息进行程序处理以后,提取出其中有价值或者感兴趣的信息。这些软件的简易采集模式采用可视化流程操作,无需专业知识,可以让非专业用户轻松实现数据采集。而专业模式可以通过对网页源码中各个网页元素和数据路径的准确定位,实现批量化精确采集数据的功能。

各种网络数据资源,包括新闻、电商、政府记录、医疗信息、金融报告、社交媒体、房地产、搜索引擎返回的结果等信息,都可以被八爪鱼采集器访问、下载和提取数据,并将数据导入到 Excel、数据库或者其他平台,供进一步处理。图 2.19 描述了八爪鱼采集器的基本工作流程。

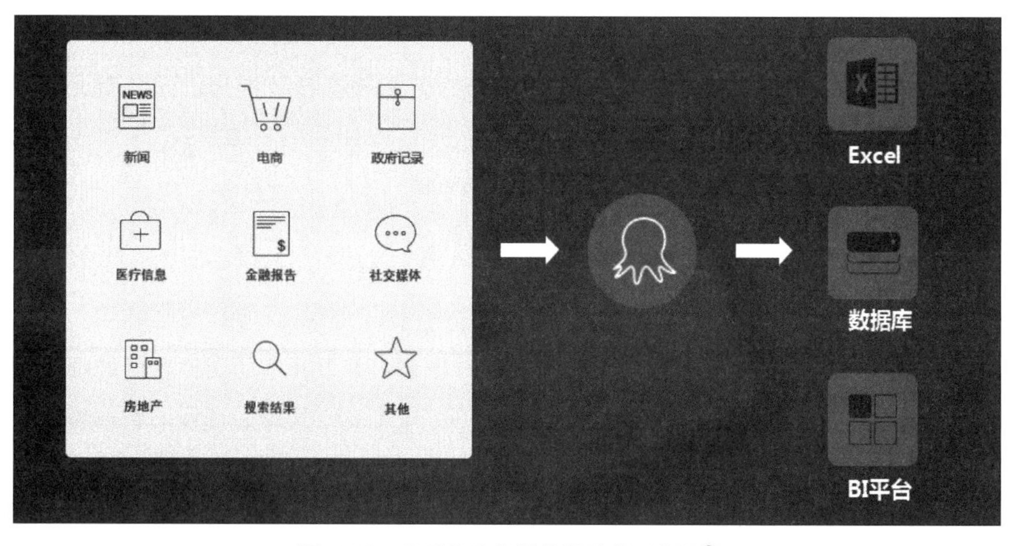

图 2.19 八爪鱼采集器数据采集示意图[①]

使用八爪鱼本地采集(单机采集),除了可以实现绝大多数网页数据的爬取,还可以在采集过程中对数据进行初步清洗。例如,使用程序自带的文本处理工具,在数据源头即可实现基本的去除空格、筛选日期等多种操作。八爪鱼还提供了分支判断功能,可对网页中信息进行逻辑判断,实现用户筛选需求。除了本地单机采集,还可以将采集任务提交给八爪鱼网站,由网站进行云采集。这种方式除具有本地单机采集的全部功能之外,还可以实现

① 来源：https://www.bazhuayu.com。

定时采集、实时监控、数据自动去重并入库、增量采集、自动识别验证码、API接口多元化导出数据以及修改参数等功能。同时利用云端多节点并发运行，采集速度将远超本地单机采集。多IP在任务启动时自动切换，还可避免网站的IP封锁，实现采集数据的最大化。

访问八爪鱼网站 http://www.bazhuayu.com/，下载八爪鱼采集器软件。同时可以下载网站提供的教程、帮助文件和特定资源的规则。按照Windows软件安装的方式进行安装操作即可。要使用八爪鱼采集器，首先需创建八爪鱼账号。账号可在官网直接免费注册，也可以打开八爪鱼采集器单击"免费注册"来注册，如图2.20所示。

图2.20　八爪鱼网站登录与注册

2.2.2　模板采集任务

八爪鱼的"模板任务"下存放了国内一些主流网站采集规则，需要采集相关网站时可以直接调用，对初学者使用非常友好。在软件主界面的左侧上方，单击"＋新建"按钮，在下拉菜单中选择"模板任务"，如图2.21所示。

图2.21中右下方有两个视频教程的链接，分别演示了通过模板采集数据和自定义配置采集数据的方法，建议读者观看学习。

本节以采集"58同城"的招聘职位为例来说明"模板采集"的操作。在图2.21的热门采集模板中选择"58同城"，在新列表页中选择"58同城招聘职位"，如图2.22所示。

在"任务模板"标签页下方，可以看到模板介绍、采集字段预览、采集参数预览和示例数据等内容，如图2.23所示。

单击"立即使用"按钮，用该模板进行采集。任务配置页面如图2.24所示。

图2.24的"配置参数"中，"招聘页面网址"的内容来自以下操作：打开一个浏览器，访问"58同城"网站，在"招聘"频道页面的搜索框中，输入职位关键词，例如输入"大数据分析"，作为职位搜索目标，单击"搜职位"按钮后，浏览器返回结果页面如图2.25所示。

图 2.21　八爪鱼新建模板任务

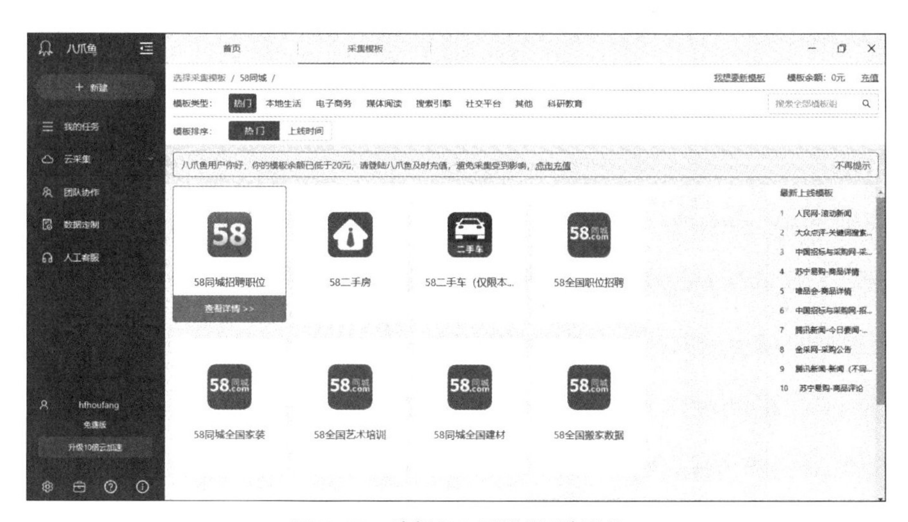

图 2.22　选择“58 同城”招聘职位

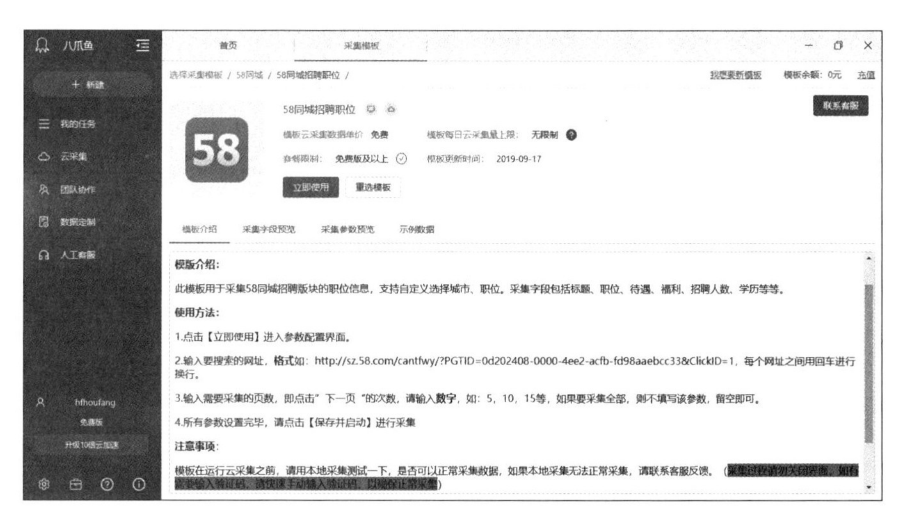

图 2.23　“58 同城”采集模板标签页

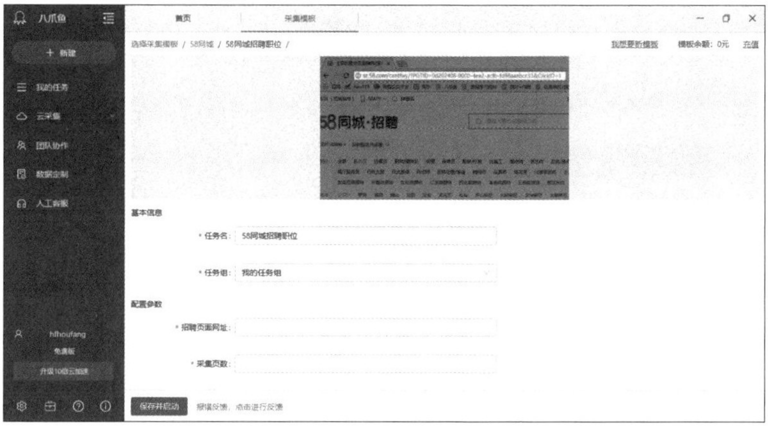

图 2.24 采集“58 同城”招聘模板职位信息

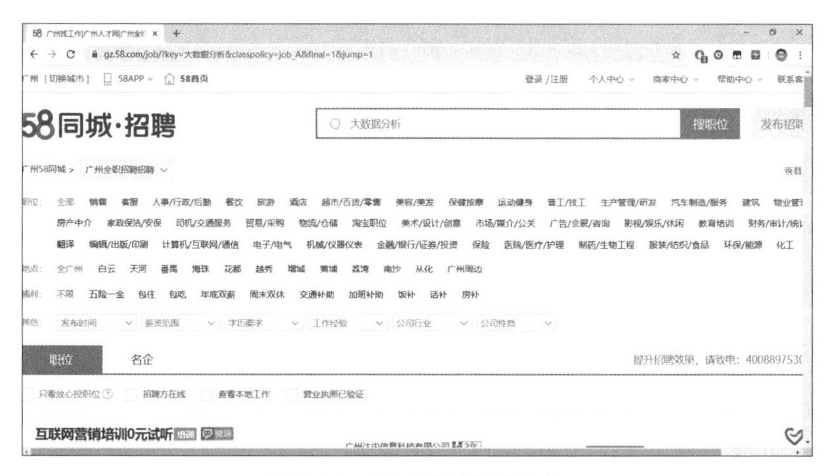

图 2.25 “58 同城”招聘搜索

将图 2.25 中浏览器地址栏的网页地址，填入“招聘页面网址”，“采集页数”根据任务需要确定，本例中设置成翻页 4 次，共 5 个页面结果，如图 2.26 所示。单击“保存并启动”按钮，开始执行采集任务。

图 2.26 “58 同城”数据采集参数配置

选择任务类型为"启动本地采集",如图 2.27 所示。

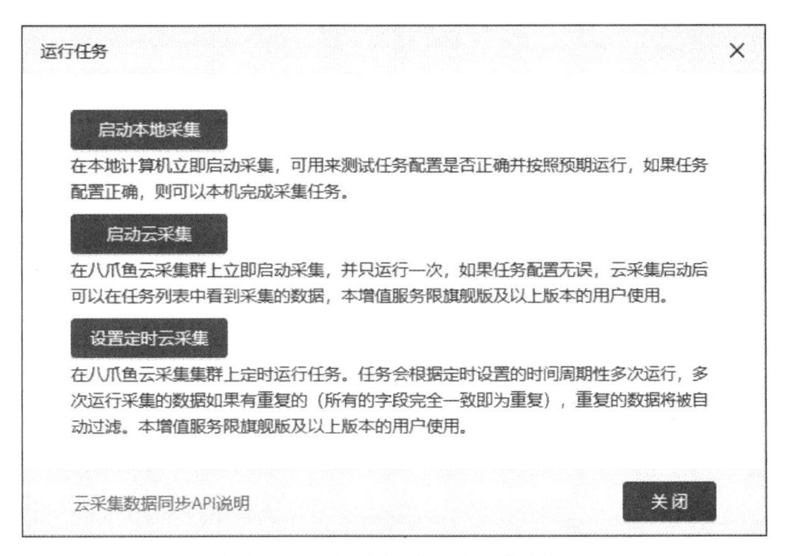

图 2.27 "58 同城"启动本地采集

采集的数据如图 2.28 所示,数据可以导出为用户所需要的文件格式,如图 2.29 所示。

#	标题	职位	待遇	福利	招聘人数	学历	经验
1	互联网营销培训0元...	IT计算机		零基础速成 名企就业...		查看地图	
2	学IT开发+高薪+双休	IT计算机		零基础速成 名企就业...		天河	
3	学人工智能区块链月...	语言学习		零基础速成 名企就业...		白云	
4	招聘专员	招聘专员/助理	4000-6000元/月	五险一金 大小周 早...	招3人	大专	1-2年
5	急招大客户开发经理...	客户经理/主管	6000-12000元/月	交通补助 包住 五险 ...	招5人	大专	3-5年
6	数据审核专员	业务分析专员/助理	4000-6000元/月	五险一金 周末双休 ...	招1人	大专	1-2年
7	融资顾问+高提成	客户代表	6000-12000元/月	五险一金 年底双薪 ...	招6人	学历不限	经验不限
8	月入5000提供住宿	客户咨询热线/呼叫...	5000-8000元/月	五险一金 周末双休 ...	招15人	学历不限	经验不限,可
9	大数据/AI方向培训讲...	培训师/讲师	薪资面议	五险一金	招10人	本科	1-2年
10	一手楼盘销售15K包住	房产经纪人	8000-15000元/月	包住	招10人	学历不限	经验不限,可

图 2.28 "58 同城"数据采集结果

简易采集模式使用简单,效果稳定。八爪鱼软件本身也会不定期地对内置的模板进行维护升级,因此比较适合初学者使用。

图 2.29　选择"58 同城"数据导出格式

2.2.3　自定义采集模式

模板任务使用固定的内建规则，有时候无法满足用户的需要，这时候就需要使用八爪鱼的自定义任务模式。本节以在京东网站上采集某种型号的手机壳信息为例，介绍自定义任务的使用。

单击程序主界面左上角的"＋新建"按钮，选择"自定义任务"模式，如图 2.30 所示。

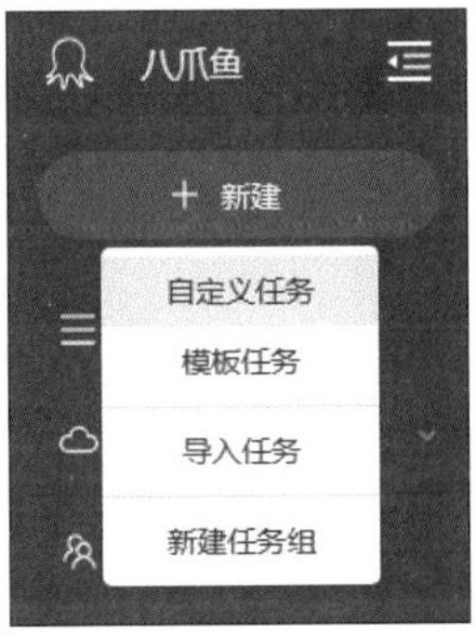

图 2.30　新建"自定义任务"

在新建任务的"网址"对话框中输入网站首页地址，如图 2.31 所示。

当前任务面板被分为 3 部分：上部左侧是任务流程，上部右侧是操作的属性设置，下部是目标网页。在当前任务操作面板中，打开右上角的"流程"开关，便于后续操作，如图 2.32 所示。

先单击"智能提示"浮动窗口中的"采集该元素的文本"，然后在面板下侧的网页搜索框输入搜索目标，本例使用"iphone7 手机壳"作为采集目标商品，如图 2.33 所示。

单击搜索框右侧的放大镜搜索按钮，再单击"智能提示"浮动窗口中的"点击该元素"，让八爪鱼软件模拟搜索操作，注意流程窗口中示意图的同步变化情况，如图 2.34 所示。

下侧显示搜索结果返回页面，返回结果页面呈现表格结构。选中一个搜索结果的表格单元框，如图 2.35 所示。

八爪鱼软件会自动分析选中对象中的数据，并在"智能提示"浮动窗口中提示，如图 2.36 所示。

然后，八爪鱼软件自动提取所有字段信息（如图 2.37 所示），并且会进一步按照这个结构提取其他表格中的信息，如图 2.38 所示。

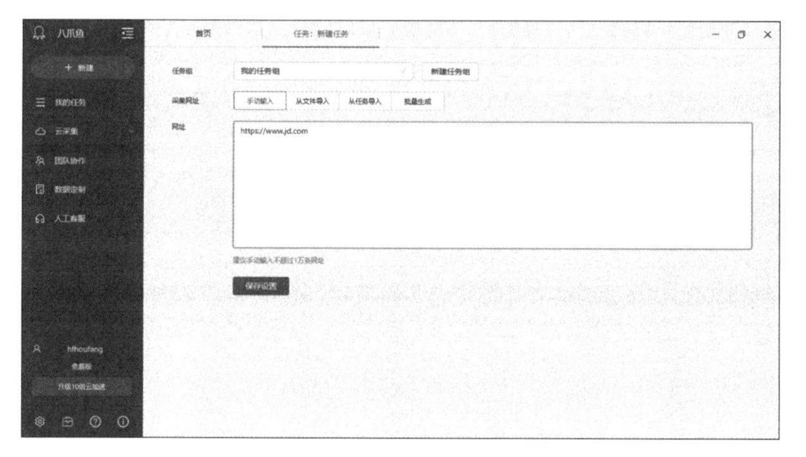

图 2.31　新建任务首页地址

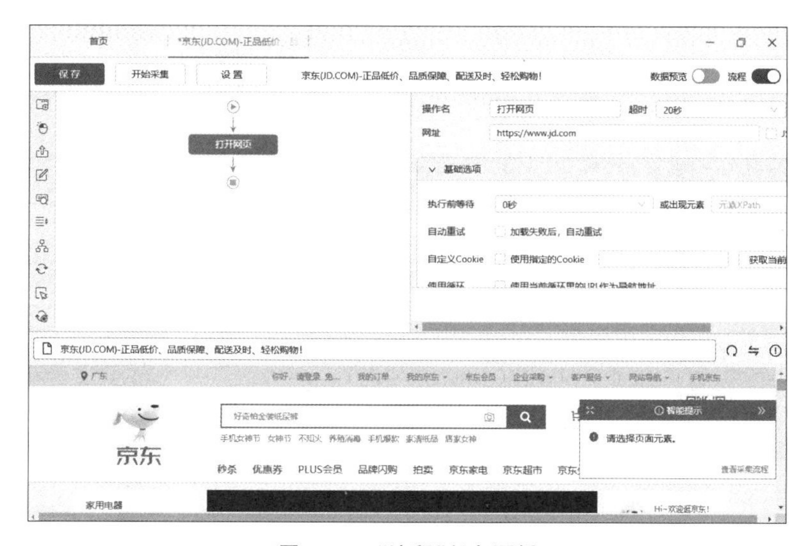

图 2.32　“流程”任务面板

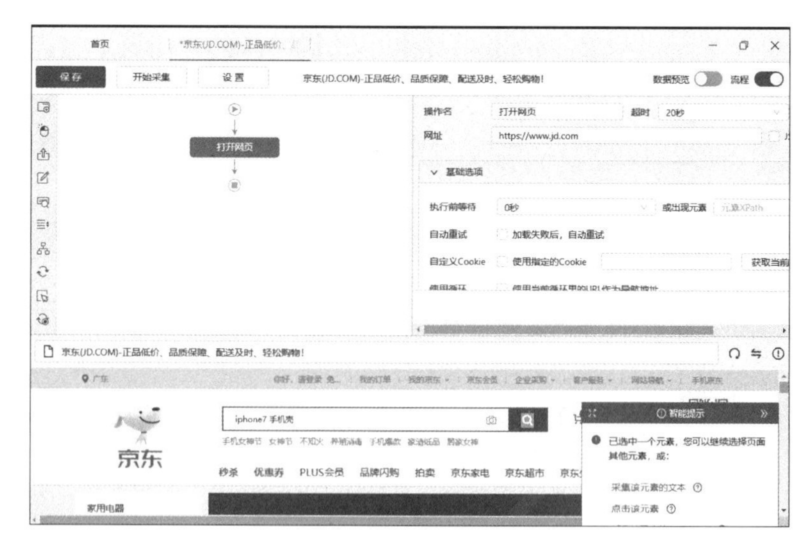

图 2.33　输入搜索目标

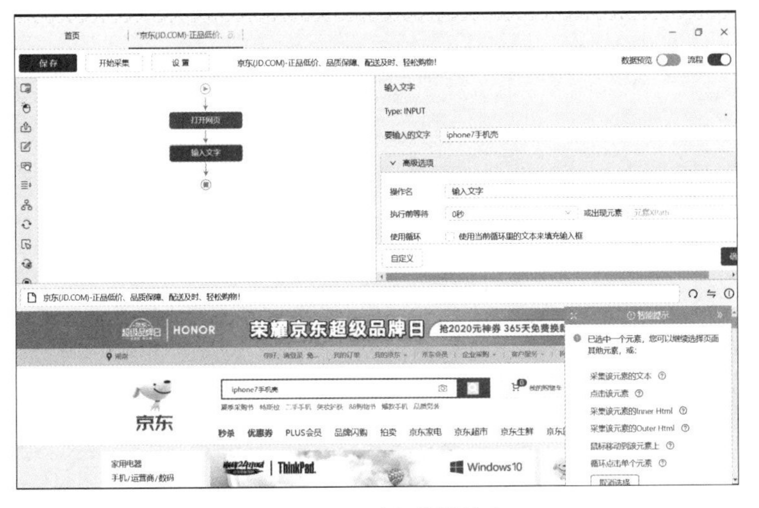

图 2.34　八爪鱼模拟搜索

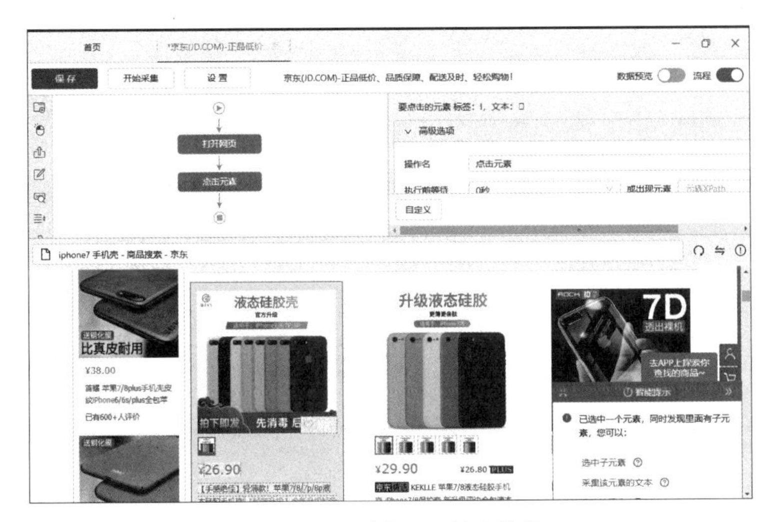

图 2.35　八爪鱼返回搜索结果

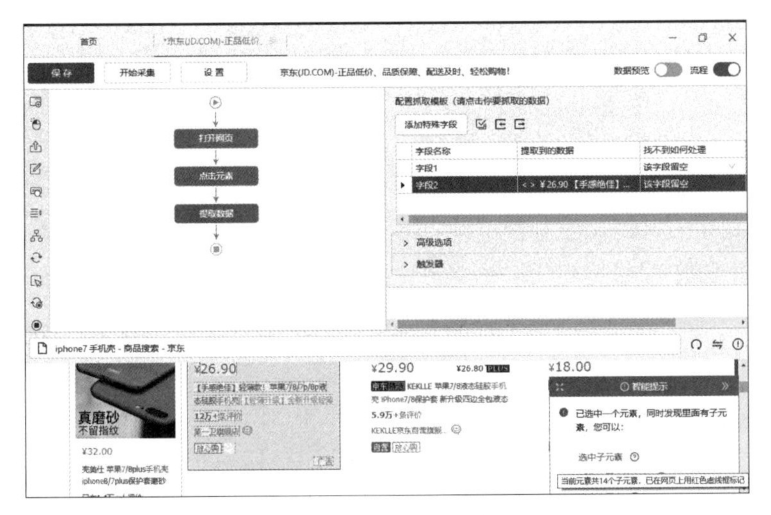

图 2.36　八爪鱼数据自动分析

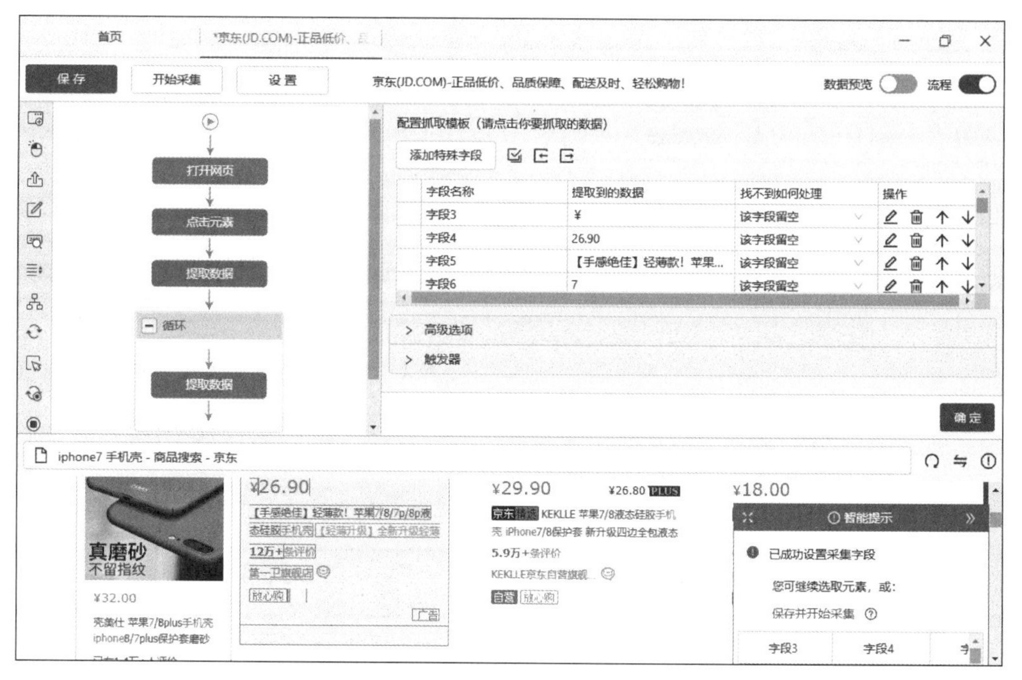

图 2.37　八爪鱼信息自动提取

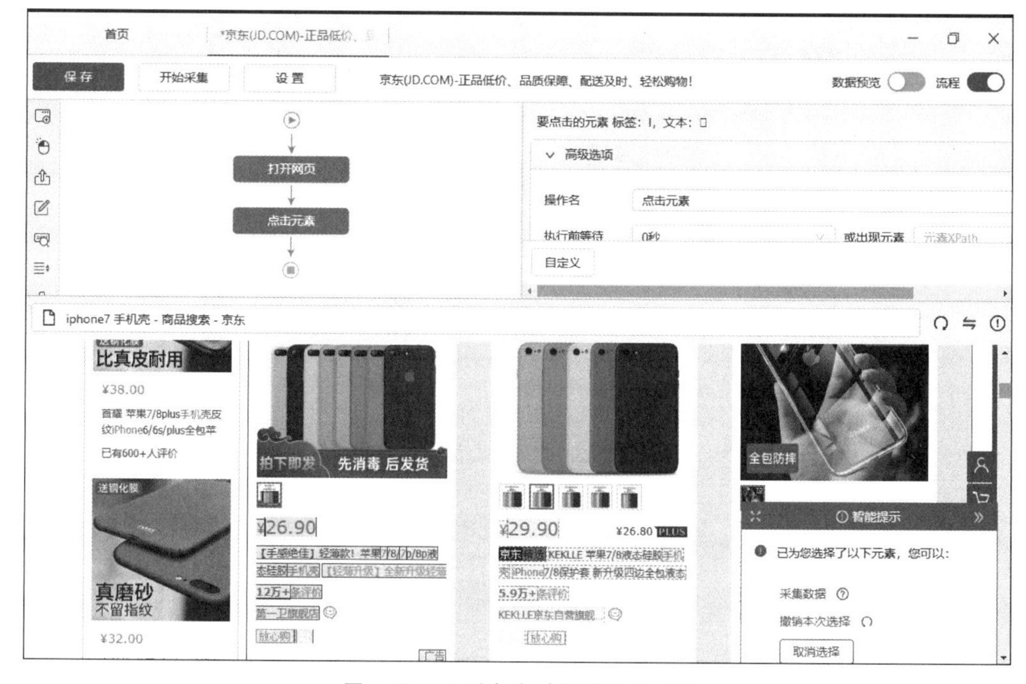

图 2.38　八爪鱼自动提取更多数据

搜索结果被分成了多页，需要单击“下一页”按钮，才能逐页显示。八爪鱼可以自动模拟这种操作。将下侧页面滚动到底部，单击“下一页”按钮，在“智能提示”浮动窗口中单击“点击该元素”，模拟鼠标操作，如图 2.39 所示。

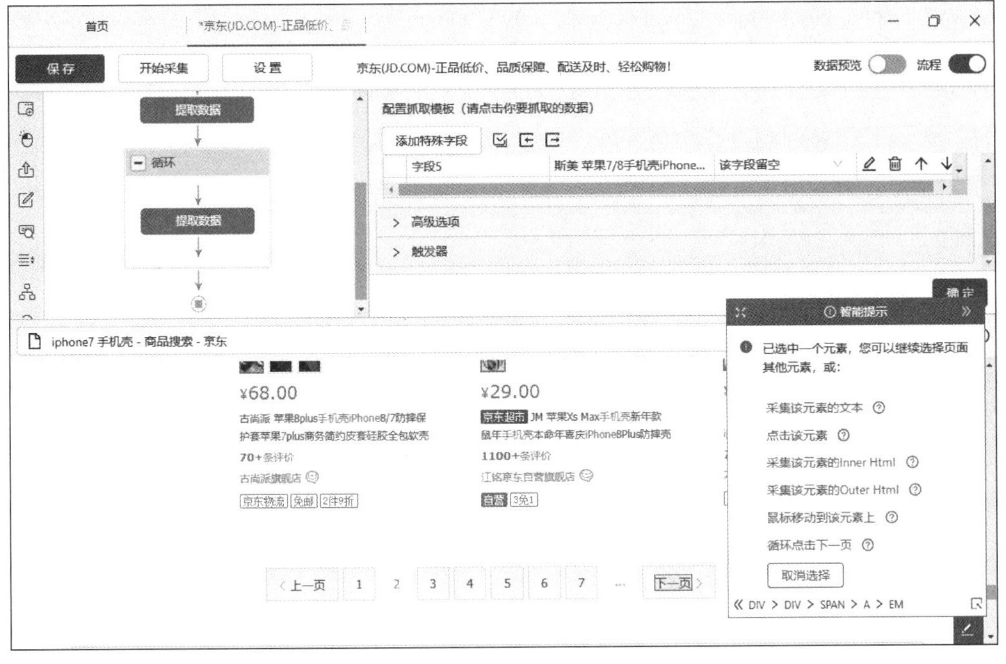

图 2.39　八爪鱼模拟“下一页”鼠标操作

京东网站页面使用了动态滚动页面，页面内容需要往下滚动才能逐步加载。八爪鱼也可以模拟这种滚动操作。在左上侧的流程图中，选中“点击元素”，在右上侧的属性设置中，选中“滚动页面”-“页面加载完成后向下滚动”，并将“滚动次数”设为“10”，“每次间隔”设为“0.5秒”，“滚动方式”设为“向下滚动一屏”，如图2.40所示。

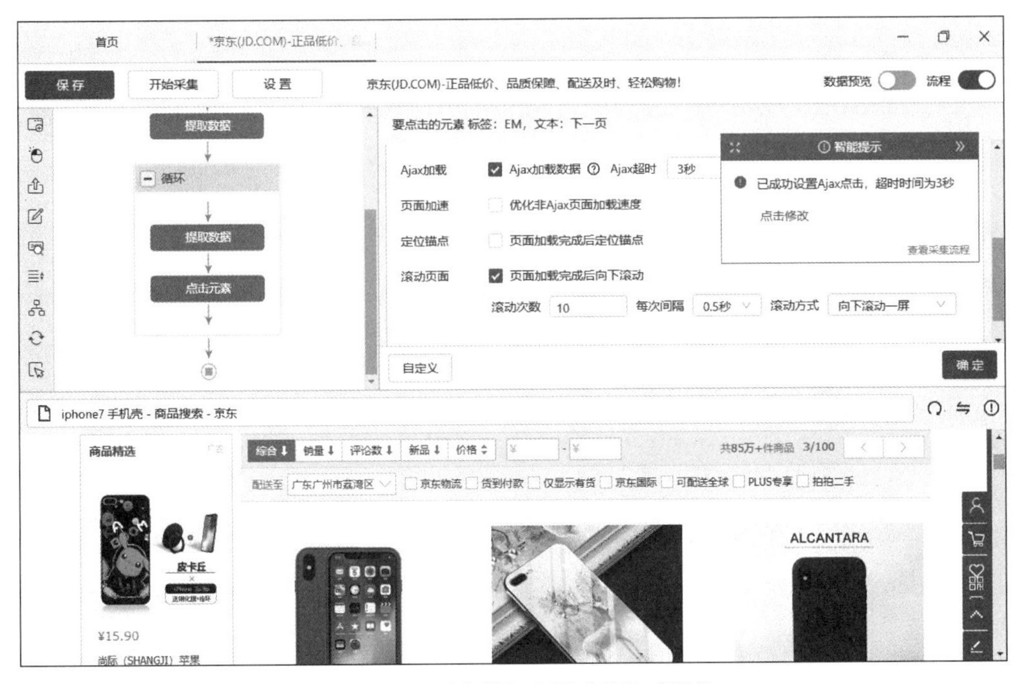

图 2.40　八爪鱼模拟翻页后的滚动操作

在图 2.34 中设定的模拟搜索操作，也需要滚动屏幕才能完成第一页搜索返回结果的全部加载。因此，也要对"打开网页"之后紧跟的"点击元素"(这个元素就是放大镜搜索按钮)做相同的设置，如图 2.41 所示。

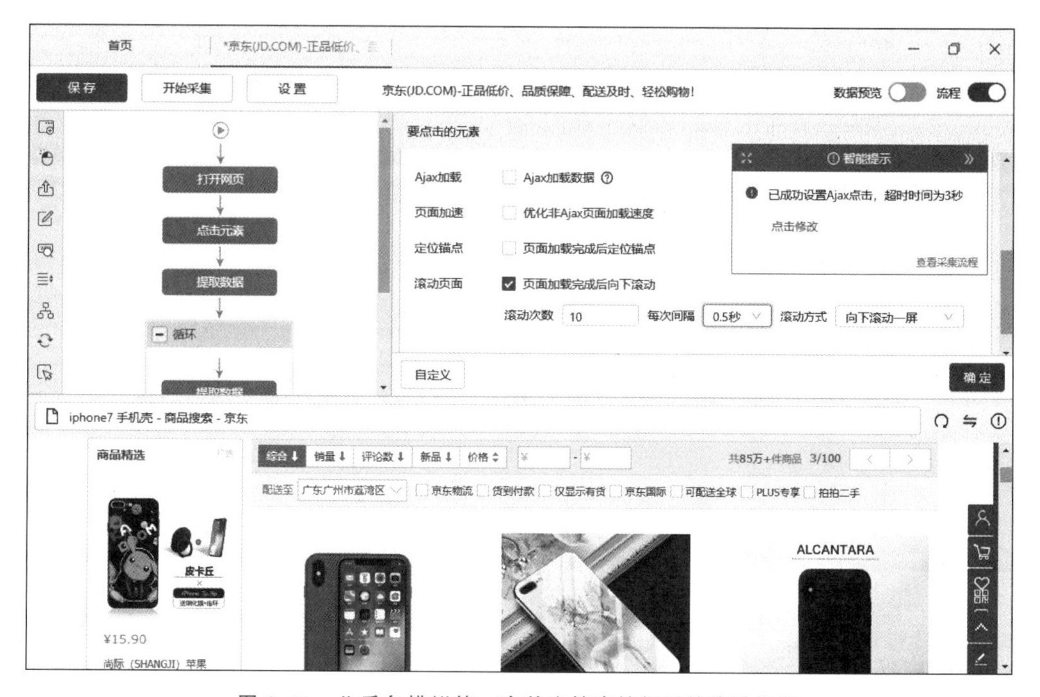

图 2.41　八爪鱼模拟第一次单击搜索按钮后的滚动操作

设置完成后，即可单击左上角的"开始采集"按钮，进行采集。八爪鱼会自动模拟滚屏和单击"下一页"的按钮操作，完成多页数据采集，如图 2.42 所示。

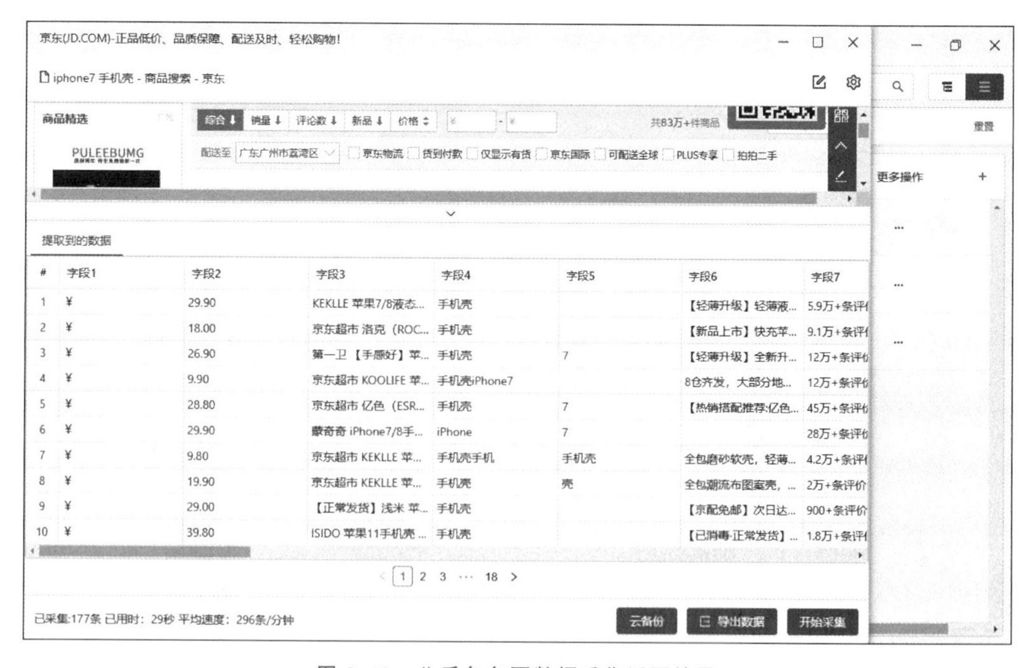

#	字段1	字段2	字段3	字段4	字段5	字段6	字段7
1	¥	29.90	KEKLLE 苹果7/8液态...	手机壳		【轻薄升级】轻薄液...	5.9万+条评
2	¥	18.00	京东超市 洛克（ROC...	手机壳		【新品上市】快充苹...	9.1万+条评
3	¥	26.90	第一卫 【手感好】苹...	手机壳	7	【轻薄升级】全新升...	12万+条评
4	¥	9.90	京东超市 KOOLIFE 苹...	手机壳iPhone7		8仓齐发，大部分地...	12万+条评
5	¥	28.80	京东超市 亿色（ESR...	手机壳	7	【热销搭配推荐:亿色...	45万+条评
6	¥	29.90	蘑奇奇 iPhone7/8手...	iPhone	7		28万+条评
7	¥	9.80	京东超市 KEKLLE 苹...	手机壳手机	手机壳	全包磨砂软壳，轻薄...	4.2万+条评
8	¥	19.90	京东超市 KEKLLE 苹...	手机壳	壳	全包潮流布图案壳，...	2万+条评价
9	¥	29.00	【正常发货】浅米 苹...	手机壳		【京配免邮】次日达...	900+条评价
10	¥	39.80	ISIDO 苹果11手机壳 ...	手机壳		【已消毒-正常发货】...	1.8万+条评

< 1 2 3 … 18 >

图 2.42　八爪鱼多页数据采集返回结果

自定义模式是八爪鱼进阶用户频繁使用的一种模式，需要自行配置规则，可以实现全网98%以上网页数据的采集。但是其操作相对比较复杂，有一定难度。在八爪鱼软件的主界面上有视频教学内容，如图 2.43 所示。在网站上，也有较多教程，读者可以进一步进行学习。

图 2.43　八爪鱼主界面新手入门教程

除了使用内建的简易采集和自定义采集，也可以使用他人做好的规则来开始自己的采集。在八爪鱼软件中，在左上角的“＋新建”下拉菜单中，选择“导入任务”，会弹出一个“导入任务向导”，可以导入由他人制作好的任务规则。自己已经运行成功的任务，也可以导出规则，分享给其他用户使用。

在八爪鱼程序界面和网站上，有“帮助”和“论坛”的链接，单击进入后，注册用户可以在这个网站上进行交易，或者请求定制任务规则，如图 2.44 所示。这样可以借助专业人士的技能，来完成自己的数据搜集工作。

图 2.44　八爪鱼需求定制化服务

网页获取是一项灵活性非常高的工作，会受到网络速度、页面结构的变化等诸多因素的影响。本节所介绍的工具和它的使用方法只是一些入门的内容。要真正熟练地进行网页获取，还需要具备计算机网络、网页前后台制作技术等相关知识。

第3章 数据分析入门

BIG DATA

Weka是一款免费的、基于Java环境下的开源的机器学习(Machine Learning)以及数据挖掘(Data Mining)软件。Weka是怀卡托智能分析环境(Waikato environment for knowledge analysis)的英文字首缩写。有趣的是,该缩写Weka也是新西兰独有的一种鸟名,而Weka的主要开发者恰好来自新西兰的怀卡托大学(the University of Waikato)。

3.1 Weka简介与数据预处理

3.1.1 软件下载

Weka软件的官方网址是https://www.cs.waikato.ac.nz/ml/weka/,网站首页如图3.1所示。

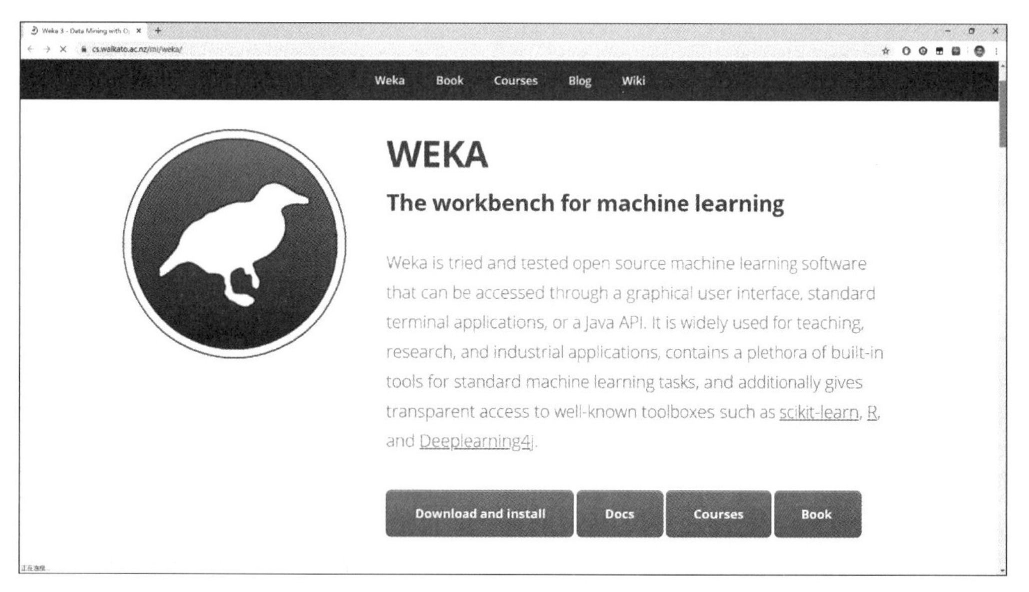

图3.1 Weka网站首页

Weka是集数据预处理、学习算法和评估方法等为一体的综合性数据挖掘工具,学习算法包括分类、回归、聚类、关联分析等。Weka经历了二十多年的发展,功能已经十分强大和成熟,代表了当今数据挖掘和机器学习领域的最高水平。

单击网站首页上的Download and install按钮,进入https://waikato.github.io/weka-wiki/downloading_weka/页面,如图3.2所示。选择Stable version(稳定版本)的Windows安装文件下载。如果用户使用的是其他操作系统,例如苹果的Mac OS或者开源的Linux,

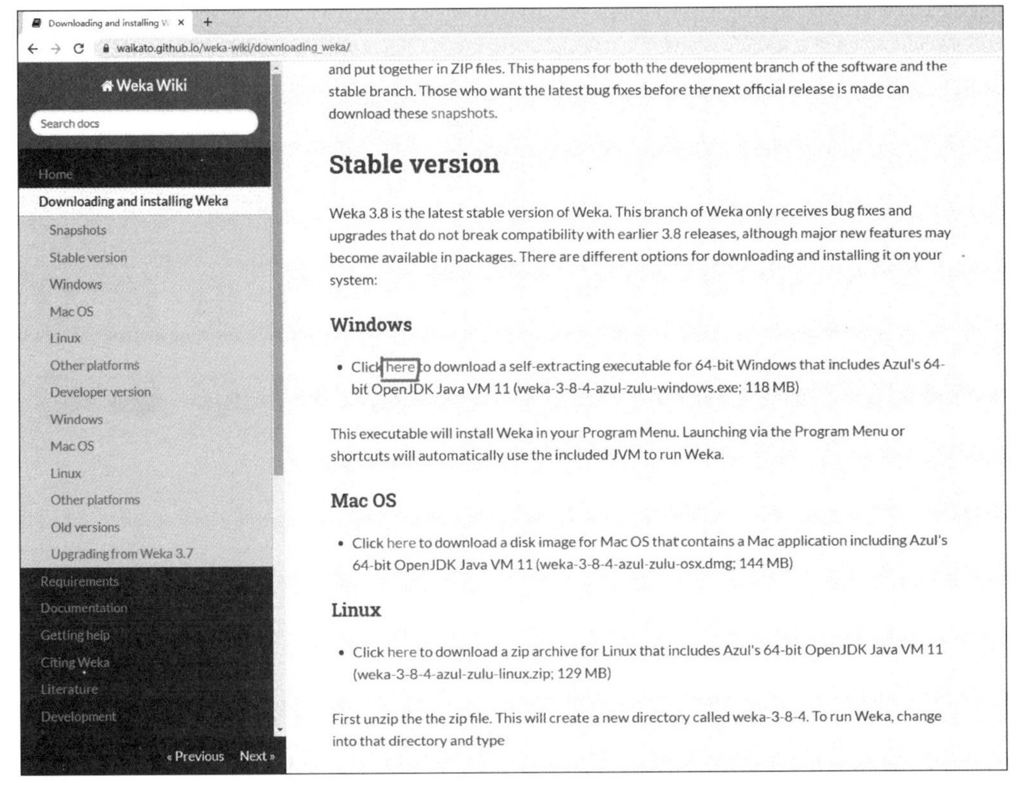

图 3.2 Windows 操作系统的 Stable 版本下载

则应选择对应的 Weka 版本。

本书以 Windows 系统下安装 Weka 为例。建议安装本书编写时使用的“稳定版本(Stable version)3.8.4”。如果使用的 Windows 系统未安装过 Java，则须下载自带 Java VM 的 Weka 版本，即安装文件名中带有 jre 字样的版本。安装结束后，启动 Weka，出现程序主界面，则表示安装成功，如图 3.3 所示。

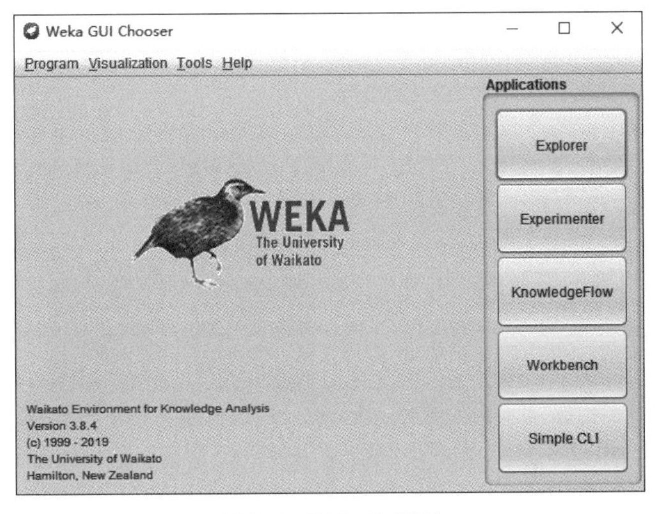

图 3.3 Weka 主界面

3.1.2 文件与数据格式

Weka 用 ARFF(Attribute-Relation File Format)文件格式存储数据,这是一种 ASCII 文本文件。下载的 Weka 安装文件自带了多个示例用数据文件,其默认安装路径在“C:\Program Files\Weka-3-8-4\data”目录中,如图 3.4 所示。

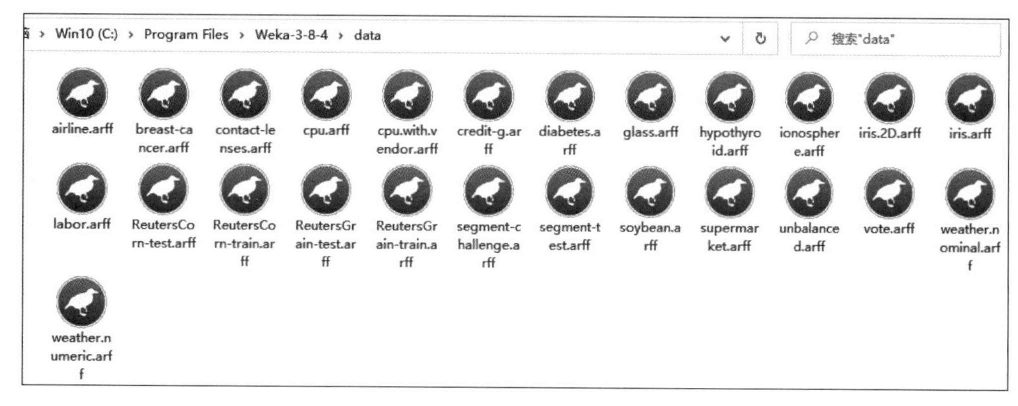

图 3.4 Weka 自带数据文件

下面以 Weka 自带的 weather. numeric. arff 数据文件为例,简单说明 ARFF 文件的格式和结构。如果直接双击该文件,Windows 会自动调用已经安装好的 Weka 软件的 Explorer 工具打开数据文件,如图 3.5 所示。

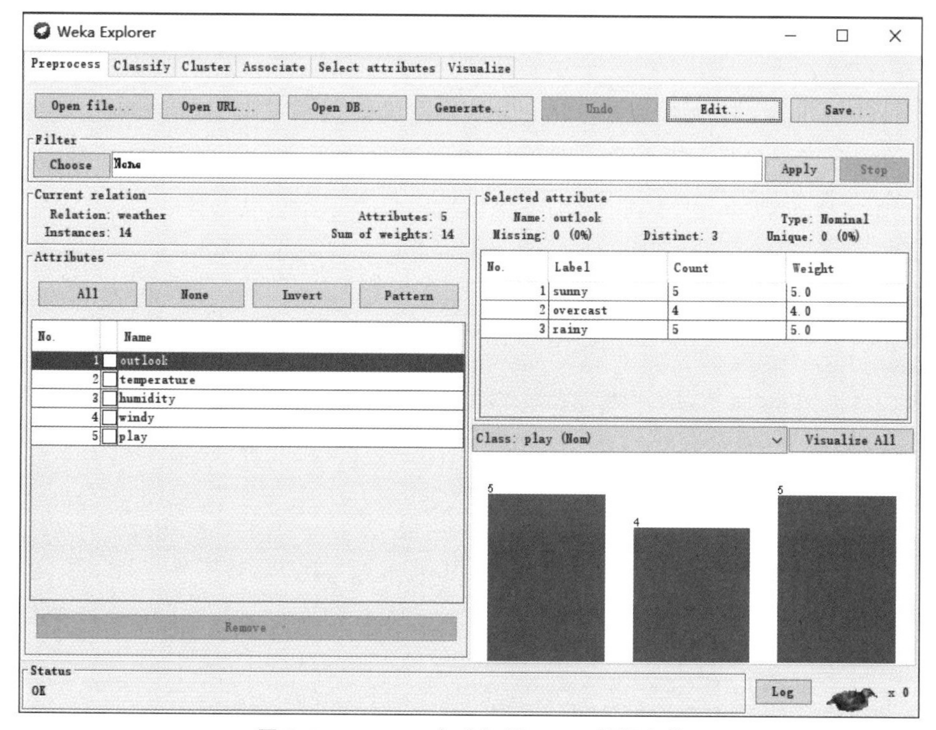

图 3.5 Explorer 自动打开 ARFF 数据文件

单击图 3.5 右上方的 Edit 按钮,则会看到数据的具体结构和值,如图 3.6 所示。

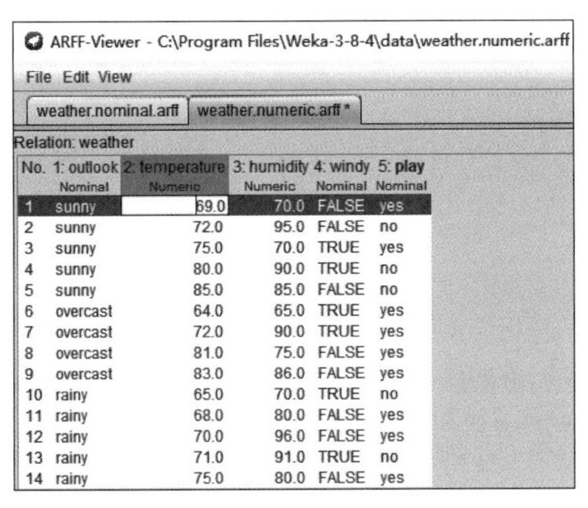

ARFF-Viewer - C:\Program Files\Weka-3-8-4\data\weather.numeric.arff

File Edit View

weather.nominal.arff | weather.numeric.arff *

Relation: weather

No.	1: outlook Nominal	2: temperature Numeric	3: humidity Numeric	4: windy Nominal	5: play Nominal
1	sunny	69.0	70.0	FALSE	yes
2	sunny	72.0	95.0	FALSE	no
3	sunny	75.0	70.0	TRUE	yes
4	sunny	80.0	90.0	TRUE	no
5	sunny	85.0	85.0	FALSE	no
6	overcast	64.0	65.0	TRUE	yes
7	overcast	72.0	90.0	TRUE	yes
8	overcast	81.0	75.0	FALSE	yes
9	overcast	83.0	86.0	FALSE	yes
10	rainy	65.0	70.0	TRUE	no
11	rainy	68.0	80.0	FALSE	yes
12	rainy	70.0	96.0	FALSE	yes
13	rainy	71.0	91.0	TRUE	no
14	rainy	75.0	80.0	FALSE	yes

图 3.6 浏览 numeric 数据

表格里的每个横行称作实例(instance),相当于统计学中的一个样本,或者数据库中的一条记录。每个竖行称作属性(attribute),相当于统计学中的一个变量,或者数据库中的一个字段。在 Weka 看来,这样的一个表格或者数据集,呈现了属性之间的一种关系(relation)。图 3.6 中一共有 14 个实例,5 个属性,关系名称为 weather。

如果直接使用文本编辑软件(例如,Windows 自带的“记事本”程序)打开 ARFF 数据文件,可以看到其内容如图 3.7 所示。

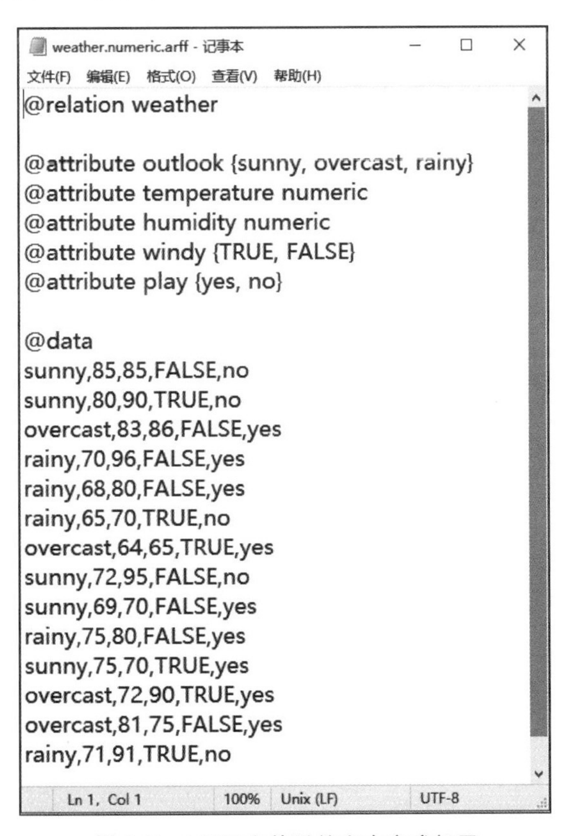

weather.numeric.arff - 记事本

文件(F) 编辑(E) 格式(O) 查看(V) 帮助(H)

```
@relation weather

@attribute outlook {sunny, overcast, rainy}
@attribute temperature numeric
@attribute humidity numeric
@attribute windy {TRUE, FALSE}
@attribute play {yes, no}

@data
sunny,85,85,FALSE,no
sunny,80,90,TRUE,no
overcast,83,86,FALSE,yes
rainy,70,96,FALSE,yes
rainy,68,80,FALSE,yes
rainy,65,70,TRUE,no
overcast,64,65,TRUE,yes
sunny,72,95,FALSE,no
sunny,69,70,FALSE,yes
rainy,75,80,FALSE,yes
sunny,75,70,TRUE,yes
overcast,72,90,TRUE,yes
overcast,81,75,FALSE,yes
rainy,71,91,TRUE,no
```

Ln 1, Col 1 | 100% | Unix (LF) | UTF-8

图 3.7 ARFF 文件以纯文本方式打开

ARFF 文件用分行来表示不同的数据域，因此不能在这种文件里随意断行。以“%”开始的行是注释，Weka 将忽略这些行。除去注释后，整个 ARFF 文件可以分为两个部分。第 1 部分给出了头信息(head information)，包括了对关系的声明和对属性的声明。

(1) 关系声明。关系声明在 ARFF 文件的第 1 个有效行，关系声明的格式为@relation <relation-name>。<relation-name>是一个字符串。如果这个字符串包含空格，则必须加上引号(指英文标点的单引号或双引号)。

(2) 属性声明。属性声明用一列以@attribute 开头的语句表示。属性声明的格式为@attribute <attribute-name> <datatype>。其中，<attribute-name>是必须以字母开头的字符串。和关系名称一样，如果这个字符串包含空格，必须加上引号。数据集中的每一个属性都有它对应的@attribute 语句，来定义它的属性名称和数据类型。这些声明语句的顺序很重要。首先，它表明了该项属性在数据部分的位置。例如，humidity 是第 3 个被声明的属性，这说明数据部分那些被逗号分开的列中，第 3 列数据 85 90 86 96 ... 是相应的 humidity 值。其次，最后一个声明的属性被称作 class 属性，在分类或回归任务中，它是默认的目标变量。

第 2 部分给出了数据信息(data information)，即数据集中给出的数据。从@data 标记开始，后面的就是数据信息了。Weka 支持的<datatype>有以下 4 种：

- numeric 数值型，包括整数(integer)或者实数(real)；
- nominal-specification 标称型，只能取预定义值列表中的一个，常用于分类标识；
- string 字符串型；
- date 日期和时间型。

当然，对于大多数普通用户来说，直接使用图 3.6 的 Weka 自带数据浏览编辑工具就可以满足需求了。

在图 3.6 所示的数据集中，第 2 个属性 temperature(温度)和第 3 个属性 humidity(湿度)是数值型。第 1 个属性 outlook(天气状况)是标称型，可选的值是 sunny(晴天)、overcast(阴天)、rainy(下雨)。第 4 个属性 windy(刮风)是标称型，可选的值是 TRUE、FALSE。第 5 个属性 play(运动)是标称型，可选的值是 yes、no。

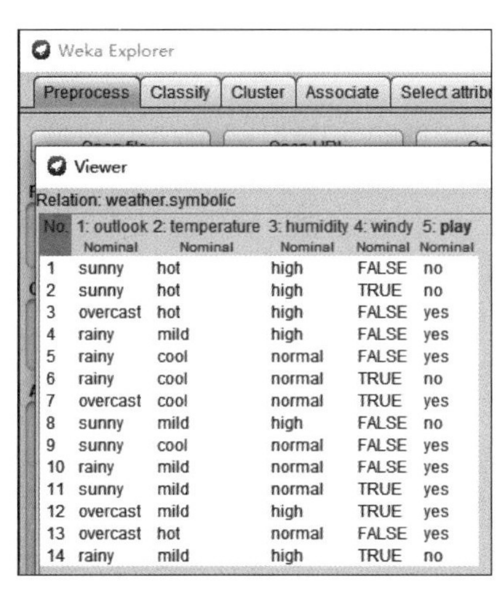

No.	1: outlook Nominal	2: temperature Nominal	3: humidity Nominal	4: windy Nominal	5: play Nominal
1	sunny	hot	high	FALSE	no
2	sunny	hot	high	TRUE	no
3	overcast	hot	high	FALSE	yes
4	rainy	mild	high	FALSE	yes
5	rainy	cool	normal	FALSE	yes
6	rainy	cool	normal	TRUE	no
7	overcast	cool	normal	TRUE	yes
8	sunny	mild	high	FALSE	no
9	sunny	cool	normal	FALSE	yes
10	rainy	mild	normal	FALSE	yes
11	sunny	mild	normal	TRUE	yes
12	overcast	mild	high	TRUE	yes
13	overcast	hot	normal	FALSE	yes
14	rainy	mild	high	TRUE	no

图 3.8 weather. nominal. arff 文件数据

Weka 自带了另外一个 weather. nominal. arff 数据文件，打开以后如图 3.8 所示。与图 3.6 相比，主要区别在于后者都是标称型数据，前者包含标称型和数值型两种数据。

在 Excel 和 Weka 之间交换数据，可以借助 csv 格式的文件，步骤如下。

(1) 将 Excel 文件另存为 csv 文件。使用 Excel 打开 xls 或者 xlsx 文件，将其另存为 csv 格式，如图 3.9 所示。

(2) 将 csv 文件在 ArffViewer 中另存为 arff 文件：打开 Weka 主界面，单击“工具”菜单，打开 ArffViewer 工具，打开刚刚生成的 csv 文件，文件类型选择 csv，另存为同名文件，文件类型选择 Arff data files 格式，如图 3.10 所示。

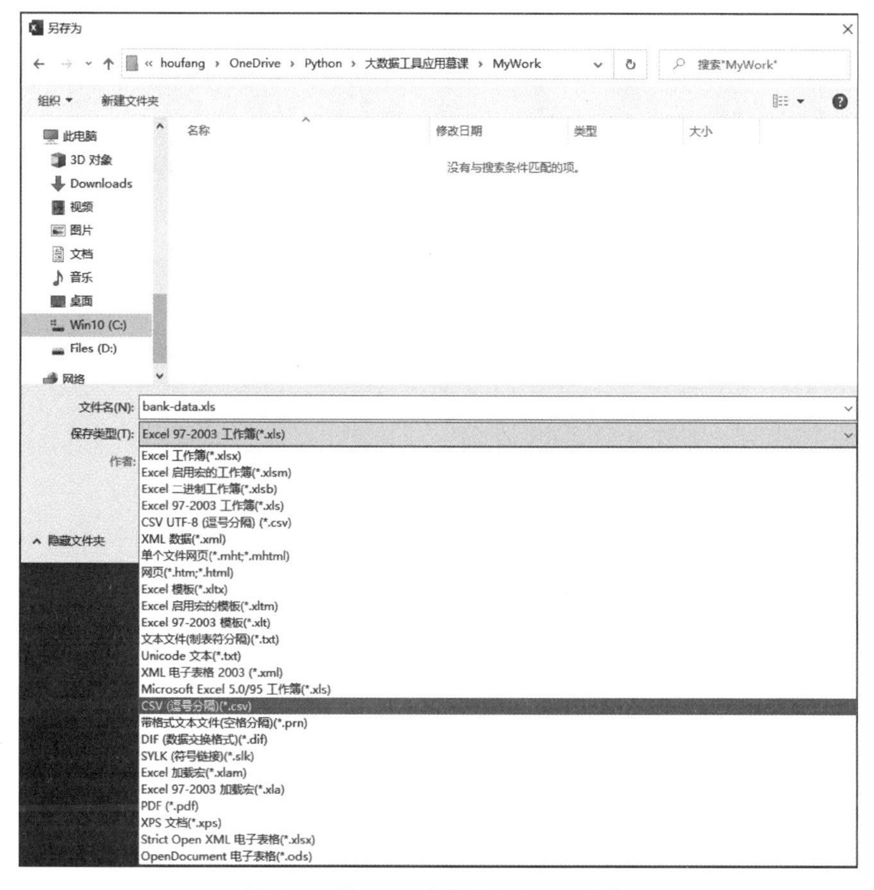

图 3.9　将 Excel 文件另存为 csv 文件

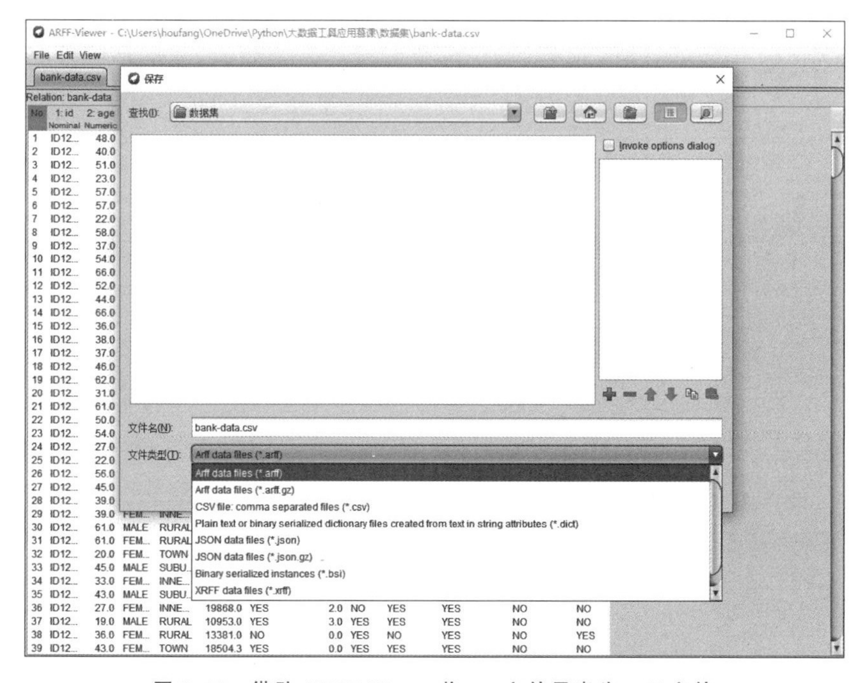

图 3.10　借助 ARFF-Viewer 将 csv 文件导出为 arff 文件

3.1.3 Weka 程序界面

本小节介绍 Weka 程序界面。Weka 主界面菜单包含以下 4 部分。

(1) Program(程序)菜单,如图 3.11 所示。

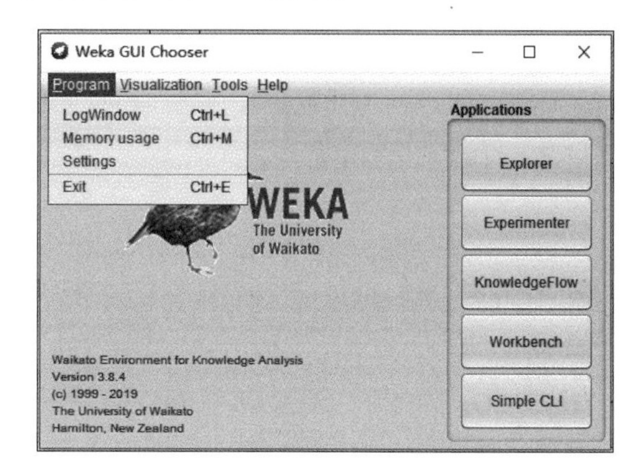

图 3.11 Weka Program(程序)菜单

Program(程序)菜单包含以下子菜单命令。

- LogWindow(日志窗口)。打开一个日志窗口,捕获所有的 stdout 或者 stderr 输出。
- Memory usage(内存使用)。显示 Weka 内存使用情况,同时执行 Java 垃圾回收。
- Settings(设置)。设置图形界面的风格和网络超时时间。
- Exit(退出)。退出 GUI 选择器。

(2) Visualization(可视化)菜单,如图 3.12 所示。

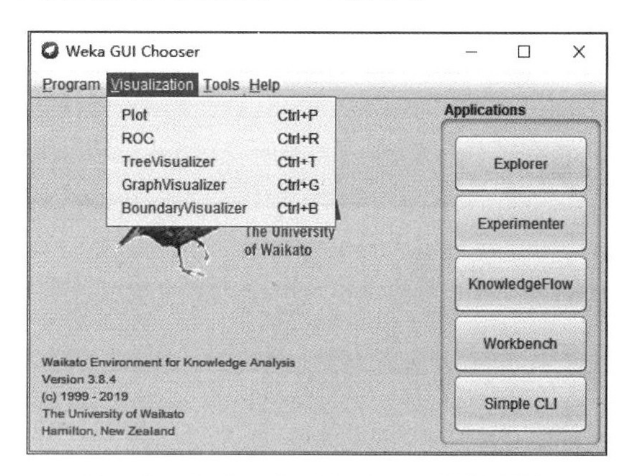

图 3.12 Weka Visualization(可视化)菜单

Visualization(可视化)菜单包含以下子菜单命令。

- Plot(散点图)。绘制数据集的 2D 散点图。
- ROC(受试者工作特征曲线)。显示 ROC 曲线。
- TreeVisualizer(树结构可视化)。显示有向图,例如决策树等。
- GraphVisualizer(图结构可视化)。显示 XML、BIF 或 DOT 格式的图,如贝叶斯网络。

- BoundaryVisualizer(边界可视化)。显示二维空间中分类器决策边界的可视化。

(3) Tools(工具)菜单,如图 3.13 所示。

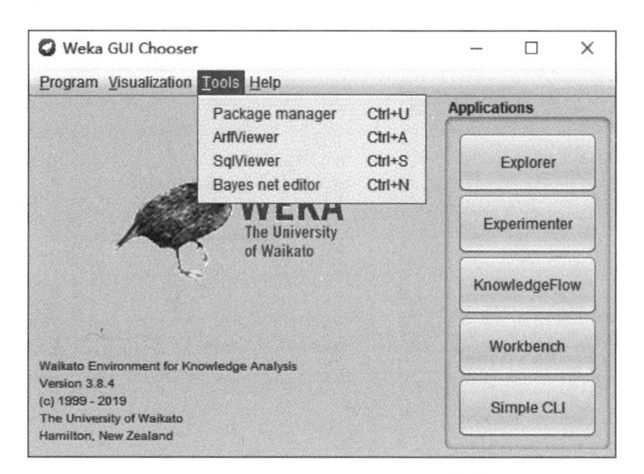

图 3.13 Weka Tools(工具)菜单

Tools(工具)菜单包含以下子菜单命令。

- Package manager(包管理器)。Weka 包管理系统的图形接口。
- ArffViewer(ARFF 文件查看器)。以电子表格形式查看 ARFF 文件的 MDI 应用。
- SqlViewer(SQL 查看器)。一个 SQL 工作表单,通过 JDBC 查询数据库。
- Bayes net editor(贝叶斯网络编辑器)。一个用于编辑、可视化和学习贝叶斯网络的应用。

(4) Help(帮助)菜单,如图 3.14 所示。

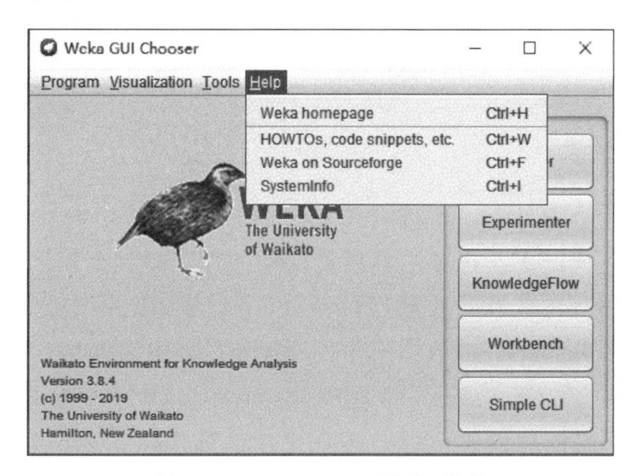

图 3.14 Weka Help(帮助)菜单

Help(帮助)菜单包含以下子菜单命令。

- Weka Homepage(Weka 主页)。在浏览器中打开 Weka 主页。
- HOWTOs,code snippets,etc.(WekaWiki)。包含许多关于 Weka 开发和使用的示例和指南。
- Weka on Sourceforge(Sourceforge.net 上的 Weka 项目)。Weka 项目在 Sourceforge.net 上的主页。

• SystemInfo(系统信息)。显示关于 Java/Weka 环境的内部信息,例如,CLASSPATH。

Weka 程序主页面窗口右侧共有 5 个按钮,如图 3.15(a)所示。

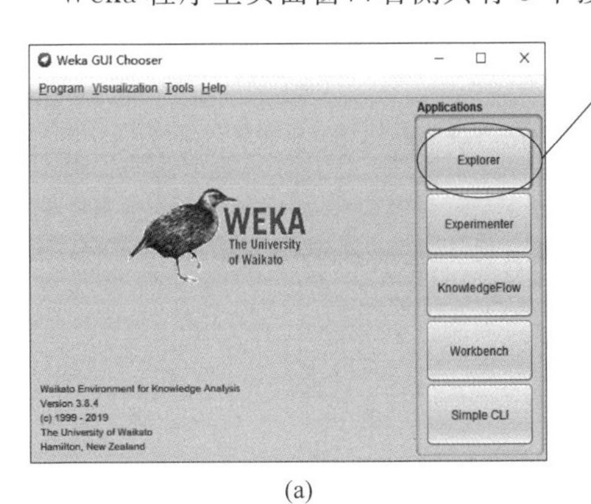

(a)

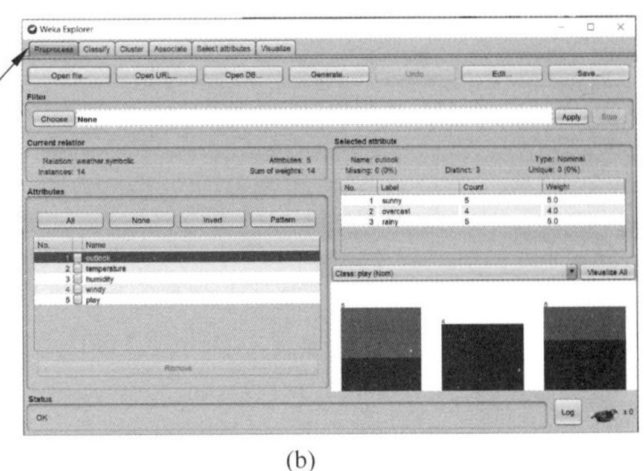

(b)

图 3.15 Explorer(探索者)界面

• Explorer 是用来进行数据实验、挖掘的环境,它提供了分类、聚类、关联规则、特征选择以及数据可视化的功能。

• Experimenter 是用来进行实验、对不同学习方案进行数据测试的环境。

• KnowledgeFlow 功能和 Explorer 差不多,不过提供的接口不同,用户可以使用拖曳的方式去建立实验方案。另外,它支持增量学习。

• Workbench 工作台界面包含了其他界面的组合。

• Simple CLI 是简单的命令行界面。

Explorer(探索者)界面是 Weka 主要图形用户界面(GUI),其全部功能都可以通过菜单选择或表单填写进行访问。后续操作以 Explorer 界面为主。单击 Explorer 按钮后,弹出如图 3.15(b)所示界面。

3.1.4 数据预处理

大数据处理一直遵循着一个理念,即高质量的数据才能产生高质量的数据挖掘结果。也就是高质量的输入才会得到高质量的输出。为了使输入的数据有比较好的质量,就必须预先对输入数据进行一些处理。数据挖掘前检测并纠正一些数据质量问题,称为数据预处理。下面以 Weka 自带的“C:\Program Files\Weka-3-8-4\data\weather.numeric.arff”文件为例,介绍对数据集进行属性删除、添加、赋值、离散化等操作的步骤。操作前请做好该文件的备份,以免原始数据被修改,影响后续操作。

1. 属性删除

属性删除可以直接在 Preprocess 标签页中进行。例如要将湿度(humidity)和刮风(windy)两个属性删除,则直接在左下方的 Attributes 区域选中 humidity 和 windy 两项前面的复选框,再单击 Remove 删除按钮即可。

[注意] 删除之后一定要选择 Save→Save as 命令将其另存为其他文件,否则会覆盖原来文件,如图 3.16 所示。

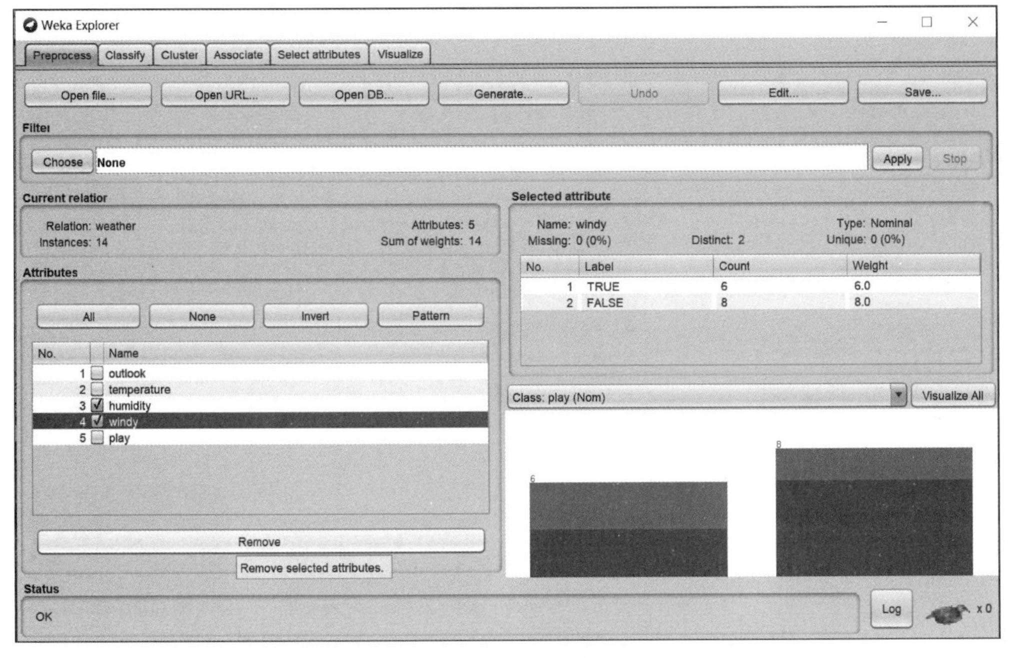

图 3.16 删除属性

2. 属性添加

假设要添加一个新属性"心情(mood)",可选的值为"好(good)"或者"不好(bad)"。这时候需要使用 AddUserFields 过滤器来完成操作。Weka 中数据预处理工具称作 Filters 过滤器。顾名思义,过滤器是对输入数据集进行某种程度的过滤(转换)操作。Weka 过滤器分为无监督过滤器和有监督过滤器两种类型,每种类型又细分为属性过滤器和实例过滤器。有监督过滤器需要预先经过训练;无监督过滤器则无须预先训练。新属性"心情(mood)"添加步骤如下。

(1) 在 Explorer 对话框的 Preprocess 标签页中,可以找到 Filter 的下拉菜单,如图 3.17 所示。

(2) 单击 Choose 按钮,选择 filters→unsupervised→attribute→AddUserFields 过滤器,如图 3.18 所示。

(3) 单击 Filter 下方文本框中出现的 AddUserFields 字符串,会出现一个新的 weka.filters.unsupervised.attribute.AddUserFields 对话框。单击 New 按钮,在 Attribute name 中输入"mood",Attribute type 下拉列表中选择 nominal 标称类型,如图 3.19 所示。

(4) 选好后,单击 OK 按钮。返回到 Preprocess 标签页中,单击 Apply 按钮,完成属性添加。添加了属性的数据如图 3.20 所示。

3. 属性赋值

"mood"属性是 nominal 标称型数据,还需设置允许的取值:"好(good)"或者"不好(bad)",步骤如下。

(1) 保持图 3.20 中"mood"属性的选中状态,单击 Choose 按钮,找到 AddValues 过滤器,如图 3.21 所示。

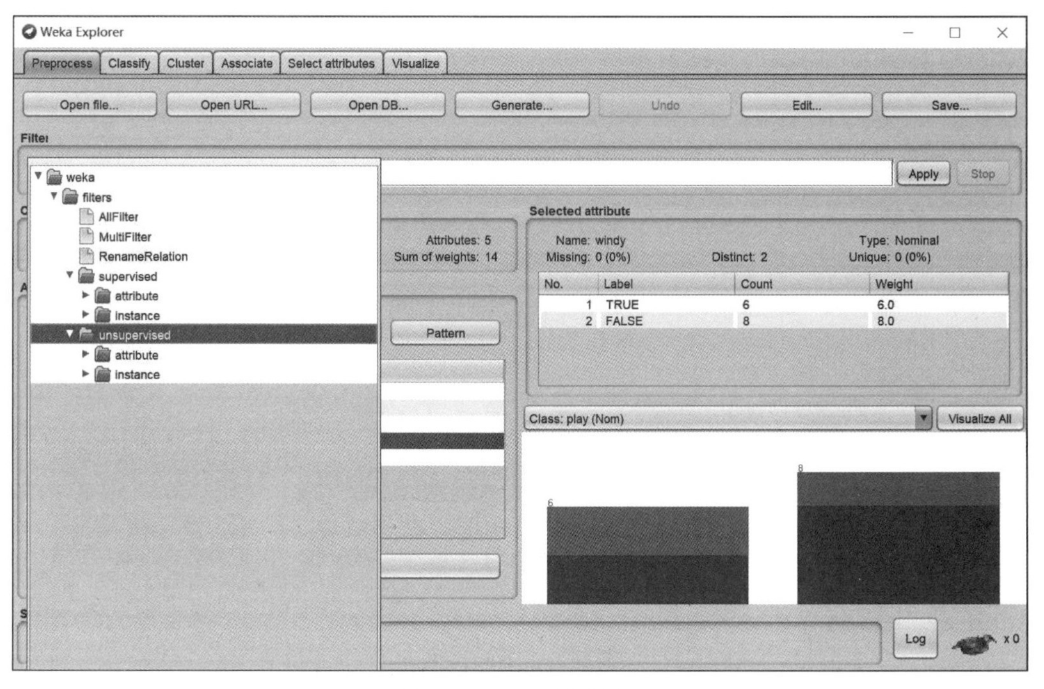

图 3.17　Filter 下拉菜单

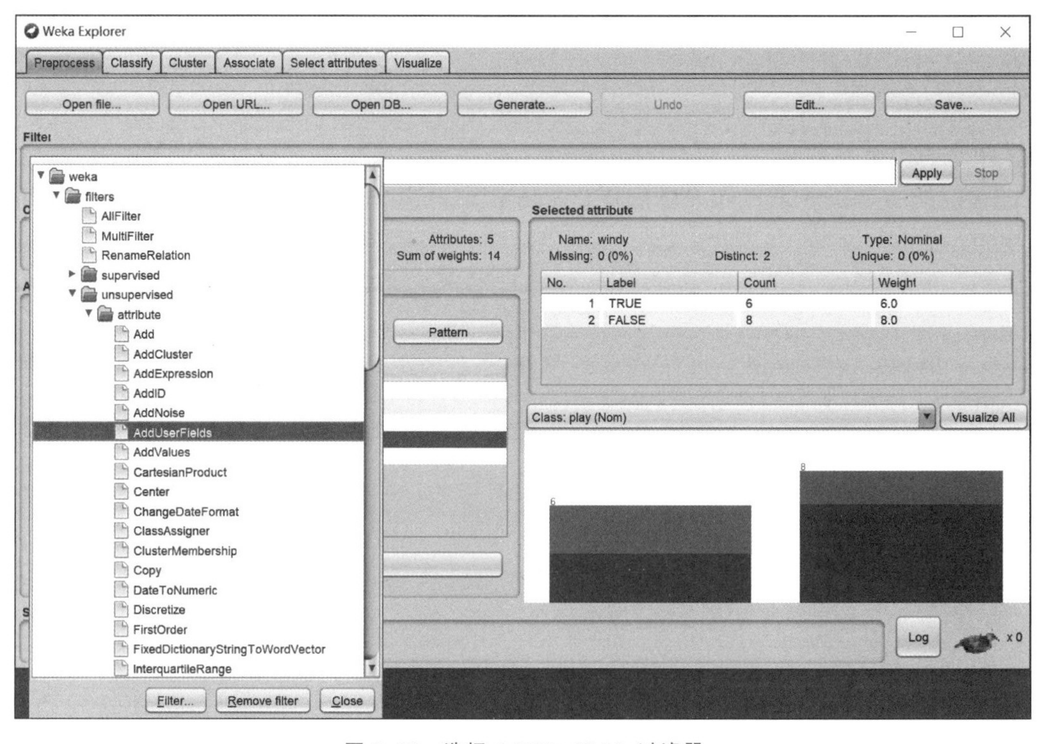

图 3.18　选择 AddUserFields 过滤器

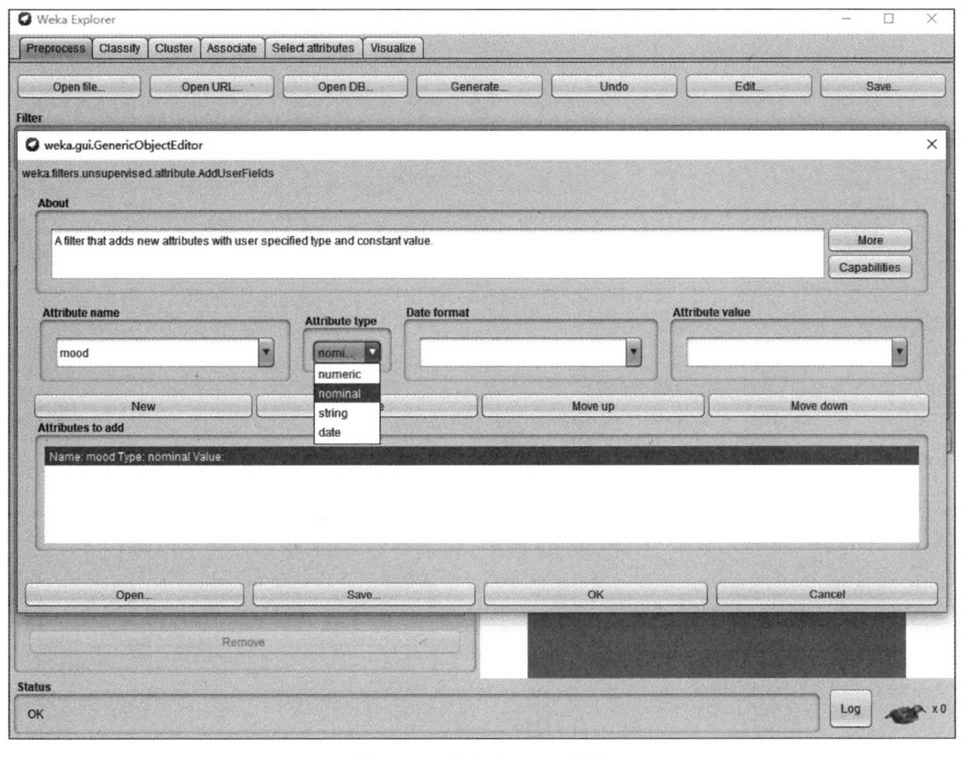

图 3.19　添加“mood”属性

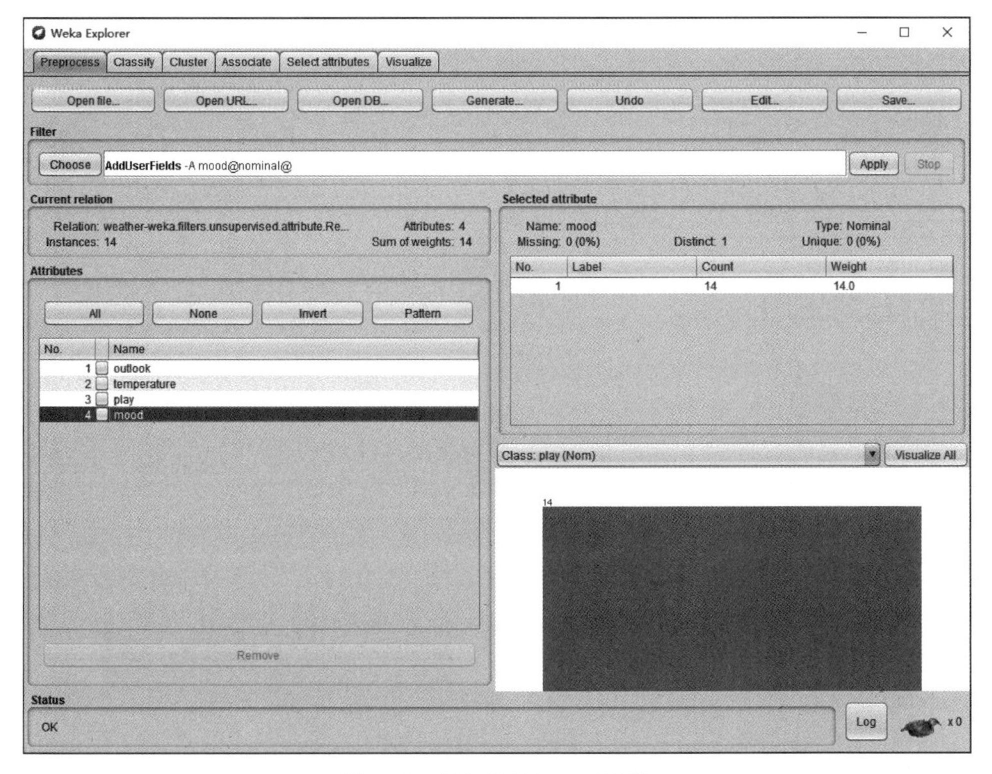

图 3.20　添加好的“mood”属性

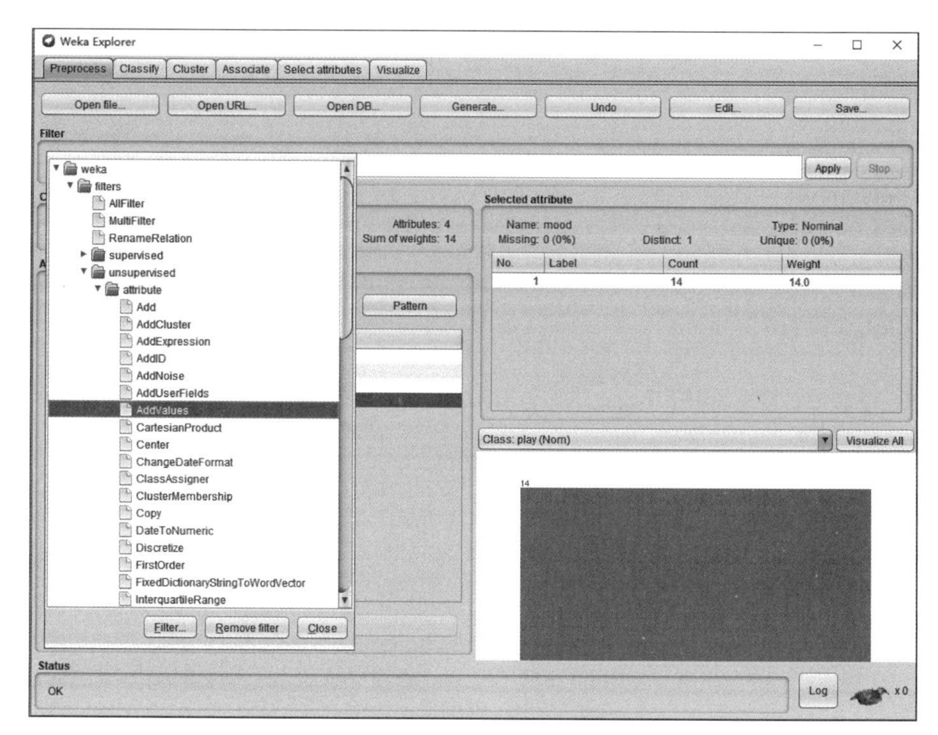

图 3.21　选择 AddValues 过滤器

（2）单击 Filter 下方的文本框，会出现一个新的 weka.filters.unsupervised.attribute.AddValues 对话框。在 labels 标签框中输入“good，bad”，单击 OK 按钮，如图 3.22 所示。

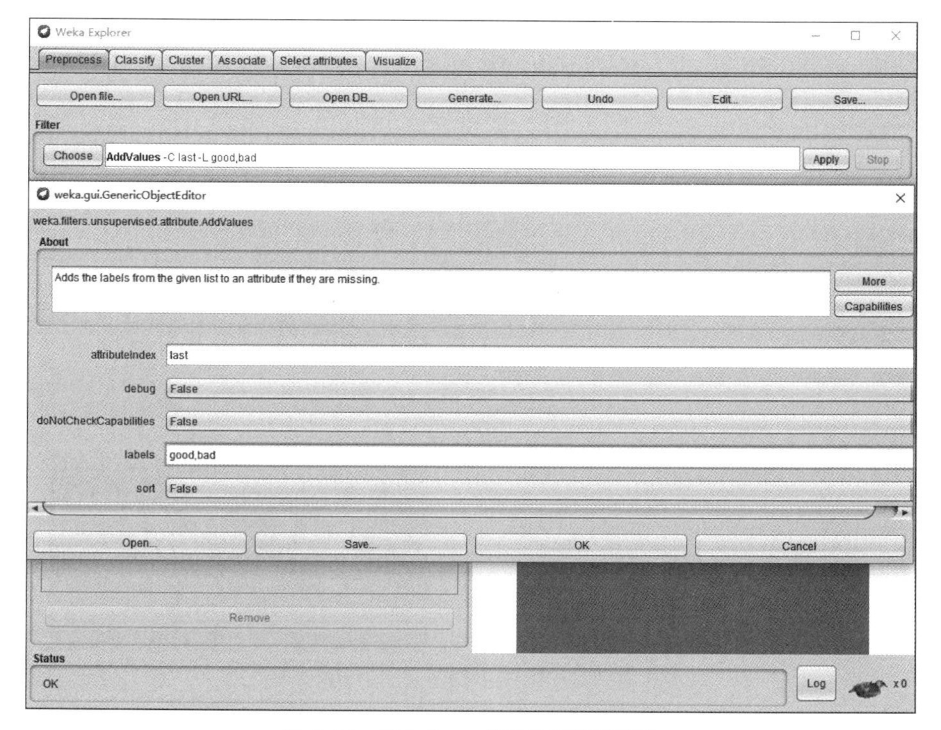

图 3.22　添加“mood”属性可能的取值

(3) 返回到 Preprocess 标签页中，单击 Apply 按钮。这样，该属性取值添加完成，如图 3.23 中部右侧的 Selected attribute 所示。

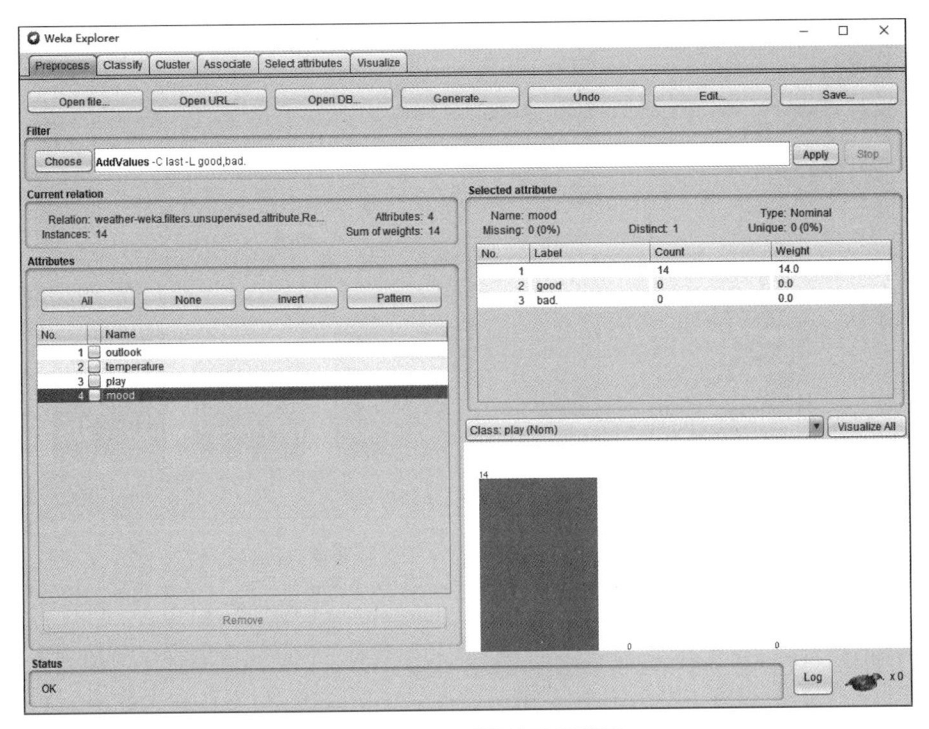

图 3.23 "mood"属性取值范围

(4) "mood"属性已经添加了，下面给每个实例的该属性设置具体的属性值。在图 3.23 所示的 Preprocess 标签页中，单击 Edit 编辑按钮。在 Viewer 界面，设置第 1 个实例的"心情(mood)"属性值为"好(good)"，设置第 2 个实例的"心情(mood)"属性值为"不好(bad)"，其他实例执行类似的操作，如图 3.24 所示。

4. 属性离散化

所谓属性离散化是将数值型属性转换为标称型属性。为什么需要离散化呢？主要是因为某些数据挖掘算法只能处理标称型属性，如关联分析等。离散化分为无监督离散化和有监督离散化。无监督离散化提供等宽和等频两种方法。等宽是指让间隔区间相等，等频是使一个区间内实例的数量相等。继续以 weather. numeric. arff 文件为例演示一个无监督、等宽离散化的操作。该文件中的 temperature 温度属性是数值型数据，现在需要将它们离散(转换)成低温(cool)、中温(mild)、高温(hot)3 个等级，步骤如下。

(1) 单击 Choose 按钮，选择 filters→unsupervised→attribute→Discretize(离散化)过滤器，如图 3.25 所示。

(2) 单击 Filter 下方的文本框，会出现 weka. filters. unsupervised. attribute. Discretize 对话框，在这个对话框中，有两个关键参数：一个是 attributeIndices(属性编号)，

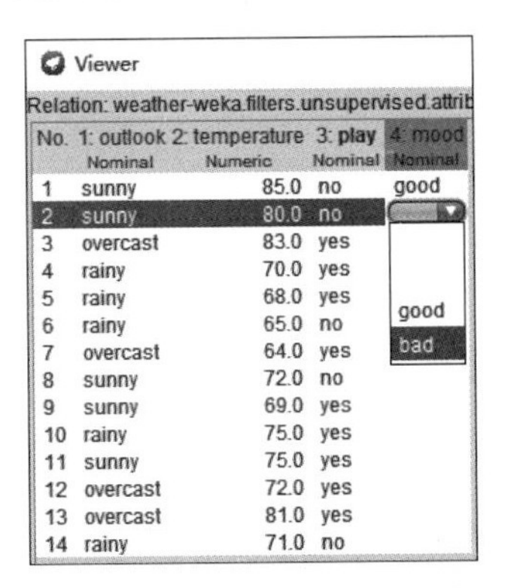

图 3.24 逐个设置"mood"属性值

Weka Explorer
Preprocess
Classify
Cluster
Associate
Select attributes
Visualize
Open file...
Open URL...
Open DB...
Generate...
Undo
Edit...
Save...
Filter
weka
filters
AllFilter
MultiFilter
RenameRelation
supervised
unsupervised
attribute
Add
AddCluster
AddExpression
AddID
AddNoise
AddUserFields
AddValues
CartesianProduct
Center
ChangeDateFormat
ClassAssigner
ClusterMembership
Copy
DateToNumeric
Discretize
FirstOrder
FixedDictionaryStringToWordVector
InterquartileRange
Filter...
Remove filter
Close
Apply
Stop
Attributes: 5
Sum of weights: 14
Pattern
Selected attribute
Name: outlook
Missing: 0 (0%)
Distinct: 3
Type: Nominal
Unique: 0 (0%)
No.
Label
Count
Weight
1 sunny 5 5.0
2 overcast 4 4.0
3 rainy 5 5.0
Class: play (Nom)
Visualize All
Log
x 0

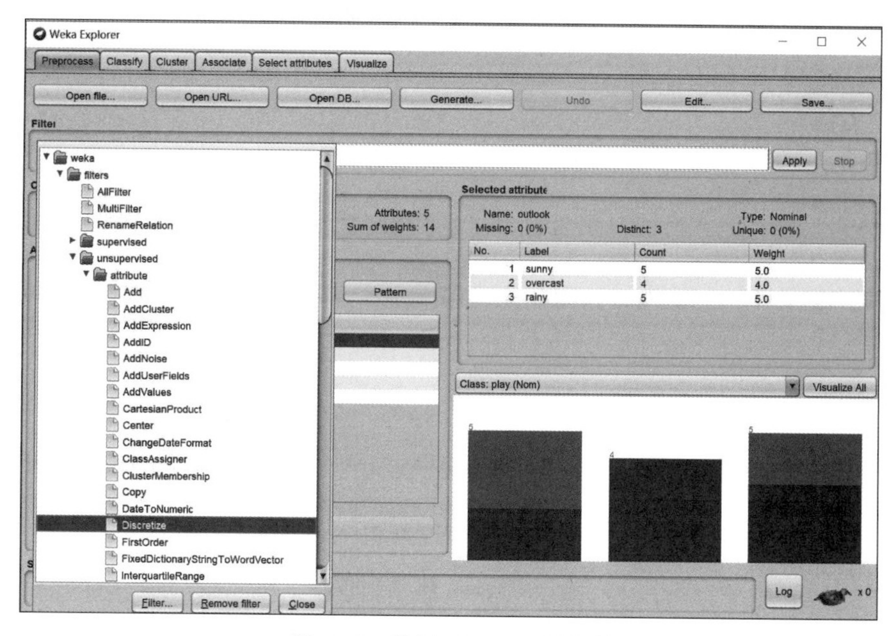

图 3.25　选择 Discretize 过滤器

指明需要进行离散化的属性是哪一列，因为 temperature 属性在第 2 列，则在属性编号 attributeIndices 文本框中输入编号 2。另一个关键参数是 bins（箱数），指离散为多少个等级，由于需要离散成低温（cool）、中温（mild）、高温（hot）3 个等级，因此在箱数文本框输入 3。其他保持不变，单击 OK 按钮，如图 3.26 所示。

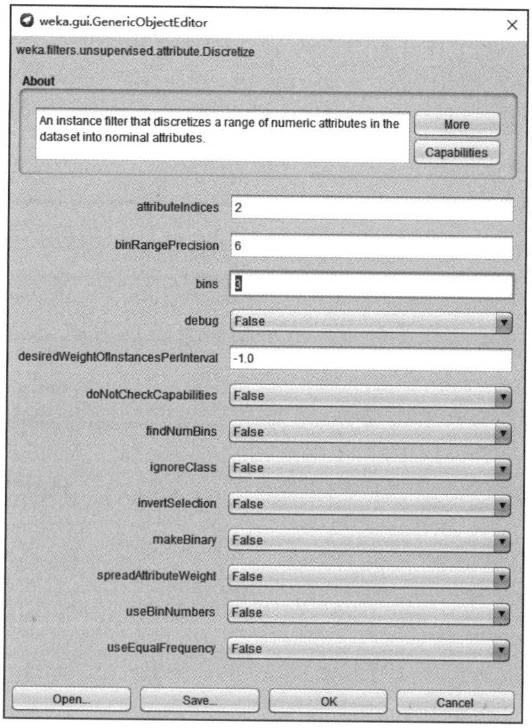

weka.gui.GenericObjectEditor
weka.filters.unsupervised.attribute.Discretize
About
An instance filter that discretizes a range of numeric attributes in the dataset into nominal attributes.
More
Capabilities
attributeIndices 2
binRangePrecision 6
bins 3
debug False
desiredWeightOfInstancesPerInterval -1.0
doNotCheckCapabilities False
findNumBins False
ignoreClass False
invertSelection False
makeBinary False
spreadAttributeWeight False
useBinNumbers False
useEqualFrequency False
Open...
Save...
OK
Cancel

图 3.26　离散化参数设置

(3) 返回到 Preprocess 标签页中,单击 Apply 按钮。在 Attributes 中,选中 temperature(温度)属性,观察右侧 Selected attribute 区域,可以发现,原来的 temperature 被分为 3 个范围,如图 3.27 右侧中部所示。

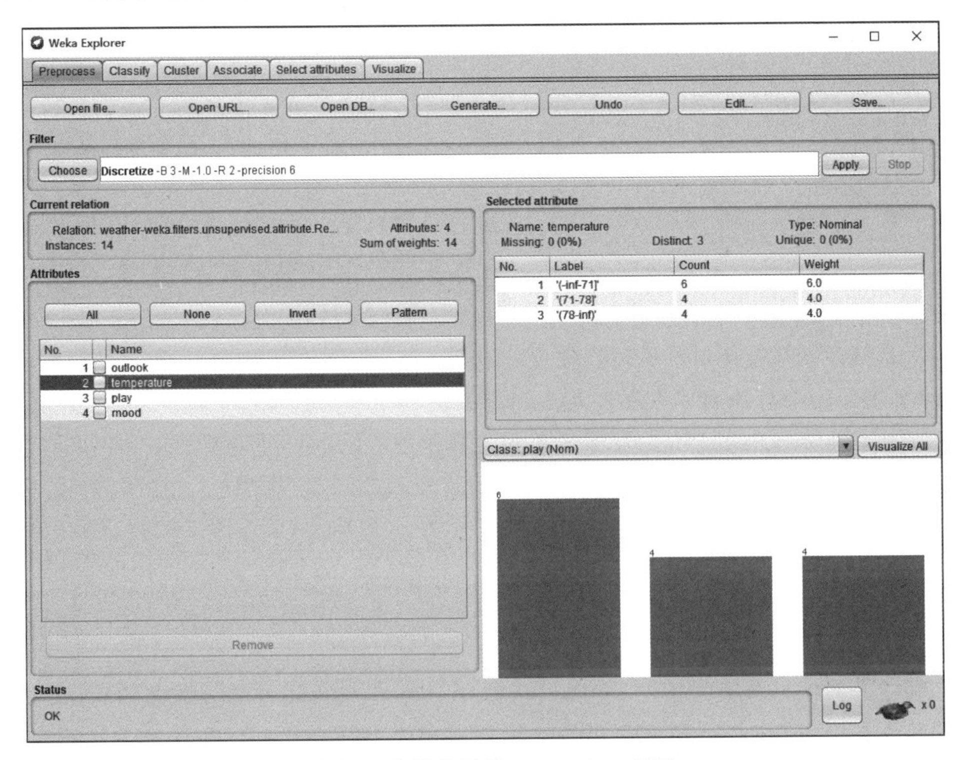

图 3.27 离散化后的 temperature 属性

(4) 如果觉得离散后的值可读性比较差,可以先将修改后的数据文件另存为其他文件,再使用 Word 打开该文件,用"替换"功能将图 3.27 中部右侧"Label"列下的 3 个值分别替换成低温(cool)、中温(mild)、高温(hot)。再用 Viewer 查看最后离散后的结果,此时已改为低温(cool)、中温(mild)、高温(hot)3 个等级了。

借助 Weka 的数据预处理功能,可以完成属性删除、添加、赋值、离散化等操作,数据预处理将为后续的数据挖掘算法实施奠定基础。

3.2 数据分类

分类(classify)是通过分类函数或分类模型(分类器),将未知类别实例划分到某个给定的类别,在第 1 章中,形象地称之为"贴标签"。即有一个由多个属性字段描绘的实例(也就是某个数据对象),分类算法通过预先制定好的规则,或者是通过前期的算法训练得到的一个数学模型,给这个实例贴上一个分类标签。分类在现实生活中有着广泛的应用。例如,通过前期的数据搜集,医院开发一套心血管疾病风险的预测系统。预测系统可以根据就诊者的身体指标、生活习惯、家族病史等一系列属性,对其罹患心血管疾病的可能性做分类预测,评估其为高风险、中风险或者低风险。再例如,在金融机构的风险控制领域,需要对客户是高风险、中风险、低风险进行分类,以便对不同类别的

客户采用不同的策略。

从分类的定义可以看出，分类是预测离散的值，主要预测未知类别实例所属类别。和分类类似的还有回归(regression)分析。回归分析也是通过已有的数据发现规律，从而预测未知属性的数值。分类和回归都是预测技术，但分类预测离散的值，回归预测连续的值。更直观的区别是，分类得到的结果是具体的类别，而回归得到的结果是具体的数值。

分类以及后续讲到的聚集等数据挖掘的方法，都是属于机器学习的范畴。为更好理解这些技术，在介绍具体的算法操作之前，先对机器学习的类型做一个分类：有监督学习(supervised learning)、无监督学习(unsupervised learning)、半监督学习(semi-supervised learning)。

(1) 有监督学习通过对已有样本分析建立模型。所谓已有样本，是指已知数据和输出。通俗地讲，就是算法"学习"的时候，有一个"监督者"事先提供了分好类的好样本和坏样本。算法目的在于找出这些样本的属性数据与"好或坏"标签之间的关系。

(2) 无监督学习直接对实例建立模型。这种"学习"方式，不存在一个可以提供分类结果的"监督者"，需要算法自己判断实例之间的关系。

(3) 半监督学习是介于有监督学习与无监督学习之间的一种类型。

显然，分类属于有监督学习的范畴，而3.3节介绍的聚类，则属于无监督学习。分类是利用已知的观测数据构建一个分类模型，常常称为分类器，用来预测未知类别实例所属类型。使用Weka进行分类分如下两个步骤。

(1) 通过分析已知类别数据集选择合适的分类器进行训练。

(2) 使用分类器对未知类别实例进行分类。

有可能需要根据分类的情况，返回到步骤(1)，重新选择另外的分类器。Weka把分类和回归都放在Weka Explorer的Classify标签页中。下面介绍三个典型的分类器：J48决策树、LinearRegression、M5P。

3.2.1 J48决策树分类器

决策树是描述对实例进行分类的树形结构，由决策节点、叶节点和分支组成。决策节点表示一个属性，叶节点表示一个类别，分支表示某个决策节点的不同取值。现实生活中其实存在很多可以使用树形结构来做决策的例子，例如女孩找对象。

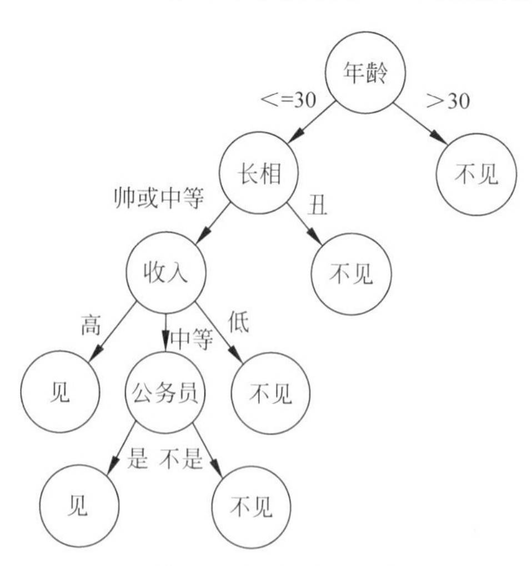

图 3.28 "见面"决策树

首先在女孩的心目中预先构建了一颗决策树，树中有年龄、长相、收入和公务员4个决策节点，代表男孩的4个属性。还有两个类别"见面"和"不见面"，这是叶子节点的取值范围。女孩依据男孩的具体情况，将男孩划分到"见面"还是"不见面"的类别。比方说母亲口中的男孩26岁、长相挺帅的、收入中等、公务员职业，依据女孩心中的决策树，这个男孩划分到"见面"的类别，如图3.28所示。

下面以天气数据集为例来介绍J48决策树分类器的使用。首先在Preprocess标签页中，单击 Open file 按钮打开“C:\Program Files\Weka-3-8-4\data\ weather. nominal. arff”文件。切换到 Classify 标签页，单击 Choose 按钮，打开分类器分层列表。单击 trees 目录以展开子目录，然后找到 J48 目录并选择该分类器，如图 3.29 所示。

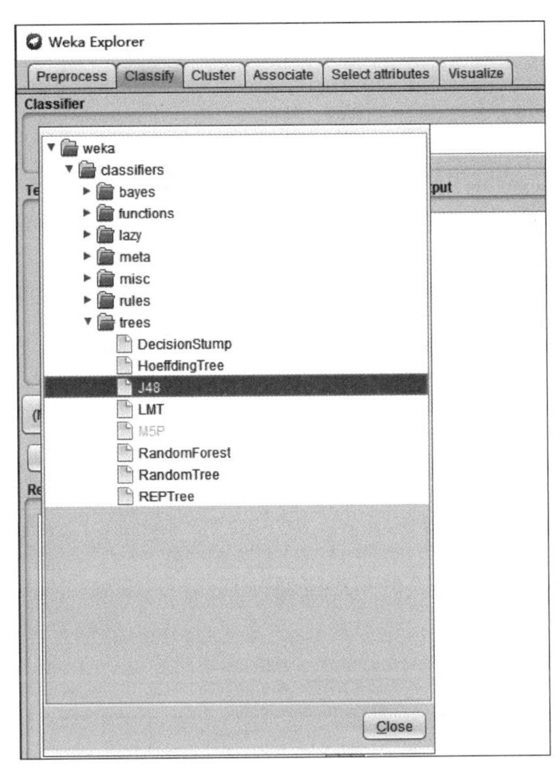

图 3.29 选择 J48 决策树分类器

回到 Classify 标签页，在左侧的 Test options（测试选项组）中，选中 Use training set（使用训练集），即使用训练数据集作为测试数据集。单击 Start 按钮，训练和测试结果会以文本方式显示在右侧的 Classifier Output 分类器输出区域中，如图 3.30 所示。

这是生成的用文本描述的决策树，可读性比较差。再来看可视化的决策树。在 Result list（结果列表）中，右击对应的 trees. J48 条目，并在弹出的快捷菜单中选择 Visualize tree（可视化树）菜单项，如图 3.31 所示。

图 3.32 是生成的可视化决策树，这个决策树就非常直观了。以该决策树最左侧的一支为例，决策路径是：先考察 outlook 属性的取值，如果该值是 sunny，则考察 humidity 属性的值，如果是 high，那么决策结果是 no；如果是 normal，那么决策结果是 yes。该决策树视图可以自动缩放和平移。

在图 3.30 右侧的 Classifier output 中，算法运行总结 Summary 的 Correctly Classified Instance 的结果是 100%，表示这个分类器对所有的结果都判断正确了。在真实世界里，当然不会存在一个能 100%正确的预测算法。这里之所以出现这种情况，是因为用来训练分类器的数据和后来用分类器来预测的数据是相同的，所以出现了完全一致的情况。

现实中的业务一般会事先准备好一批带有分类标签的训练数据，将其分拆为两部分：一部分是保留分类结果的训练集数据，输入算法进行训练，得到训练好的算法模型；另一部

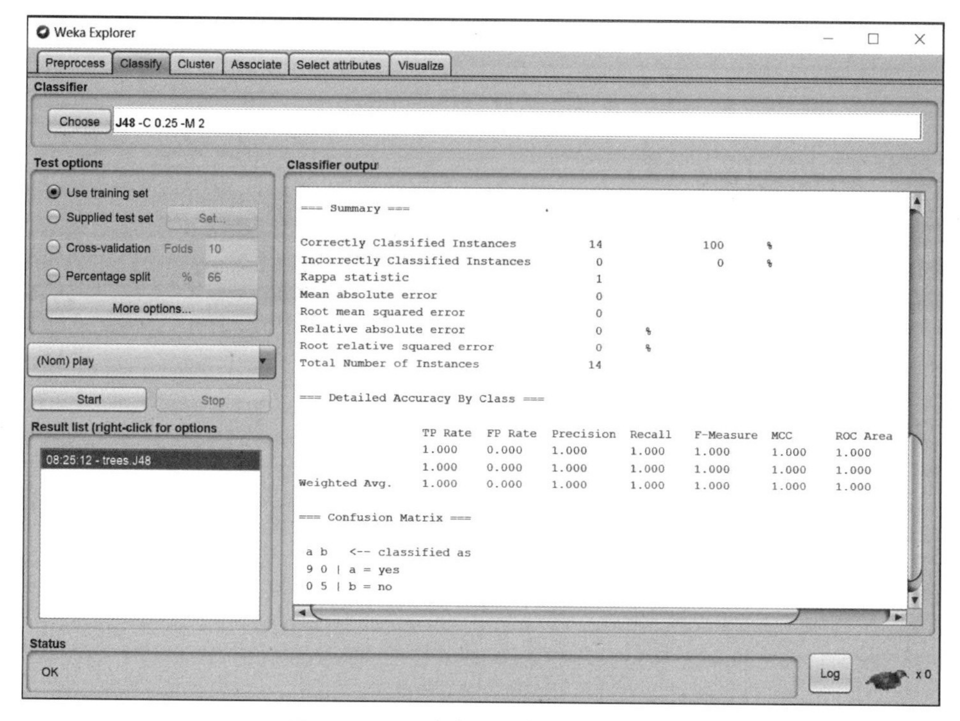

图 3.30　J48 分类器分类结果文本显示

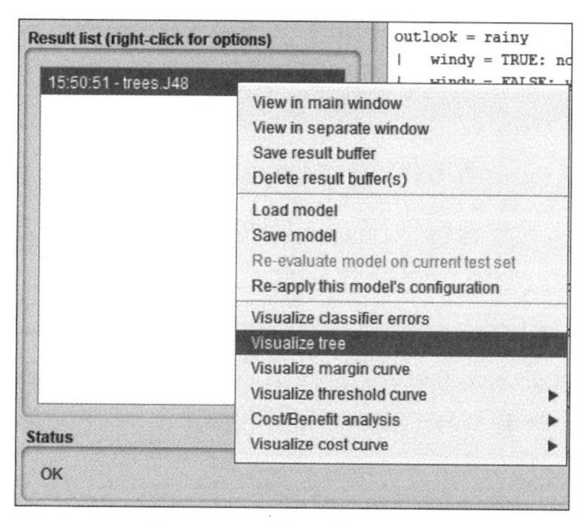

图 3.31　设置决策树可视化

分是去除了分类结果的测试集数据，用训练好的模型对测试集数据进行分类预测。然后比较测试集算法预测结果和原分类结果的误差，以此作为算法的评价标准。通过了评价的算法，就可以用于真实业务数据的分类了，如图 3.33 所示。

用于算法评估的方法有很多，混淆矩阵是其中比较简单直观的一个。图 3.34 是图 3.30 右下侧显示本例的混淆矩阵。大多数资料中的标准混淆矩阵见表 3.1。其中行表示真实分类结果，列表示预测分类，数字表示个数。本例中，全部 9 个真实类别为 yes 的实例都预测为 yes，全部 5 个真实类别为 no 的实例都预测为 no。主对角线（左上到右下）上的数值很大，非主对角线上的数值为 0，表示预测完全正确。

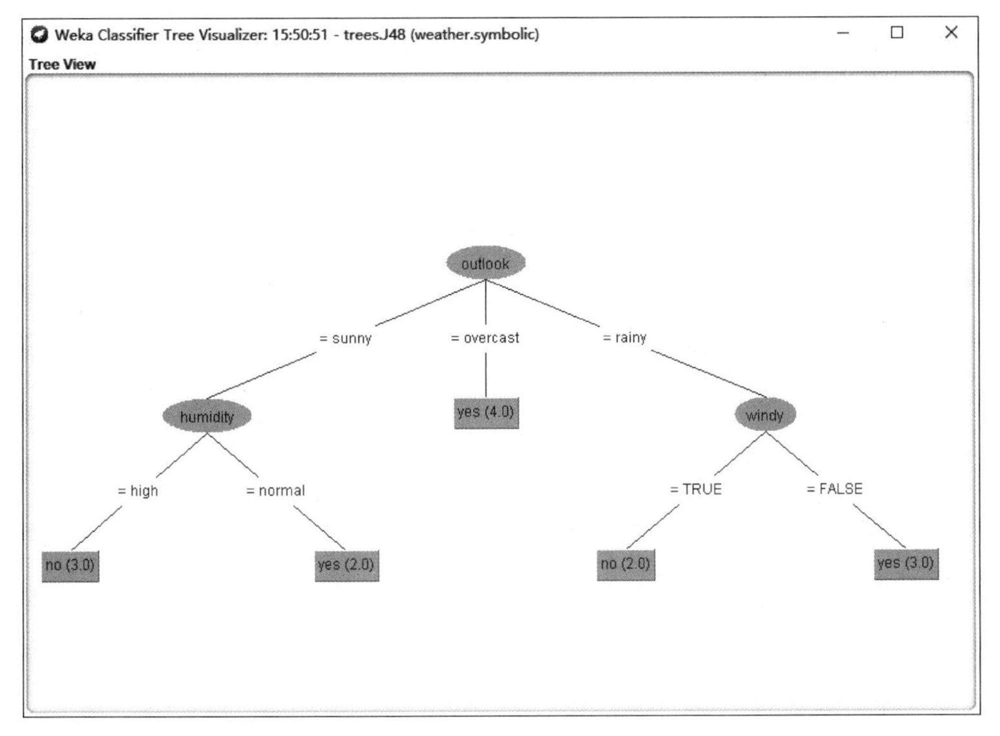

图 3.32 J48 分类器可视化决策树

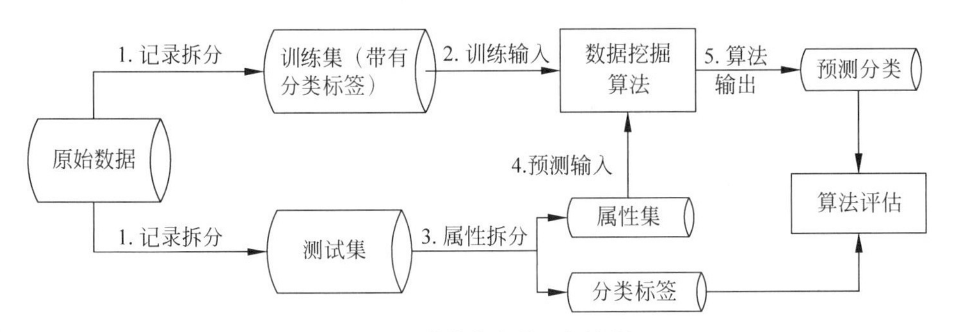

图 3.33 分类业务的一般流程

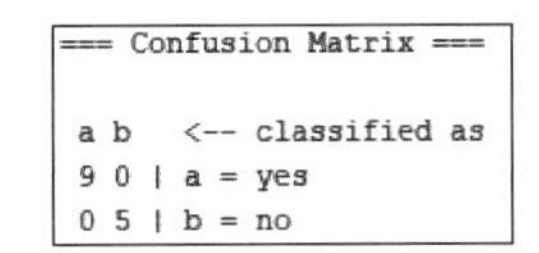

```
=== Confusion Matrix ===

 a b   <-- classified as
 9 0 | a = yes
 0 5 | b = no
```

图 3.34 Weka 输出的混淆矩阵

表 3.1 常见标准混淆矩阵

真实分类	预测分类	
	Yes	**No**
Yes	9	0
No	0	5

可以使用得到的决策树来进行预测。假设已知某天的天气状况是下雨(outlook＝rainy)，温度是低温(temperature＝cool)，湿度是高(humidity ＝high)，不刮风(windy＝FALSE)。根据上面这个决策树，这天能出去运动吗？按照图 3.32 决策树的决策路径，分类结果是 yes，那么这天是可以出去运动的。

这个实例也可以让 Weka 来自动进行分类。首先用记事本将已知天气指标构建一个.arff 文件。头信息跟天气数据集完全一样；数据信息就是已知各个属性的值，play 值未知，设定为 yes。保存到素材文件夹，文件名为 test.arff，如图 3.35 所示。

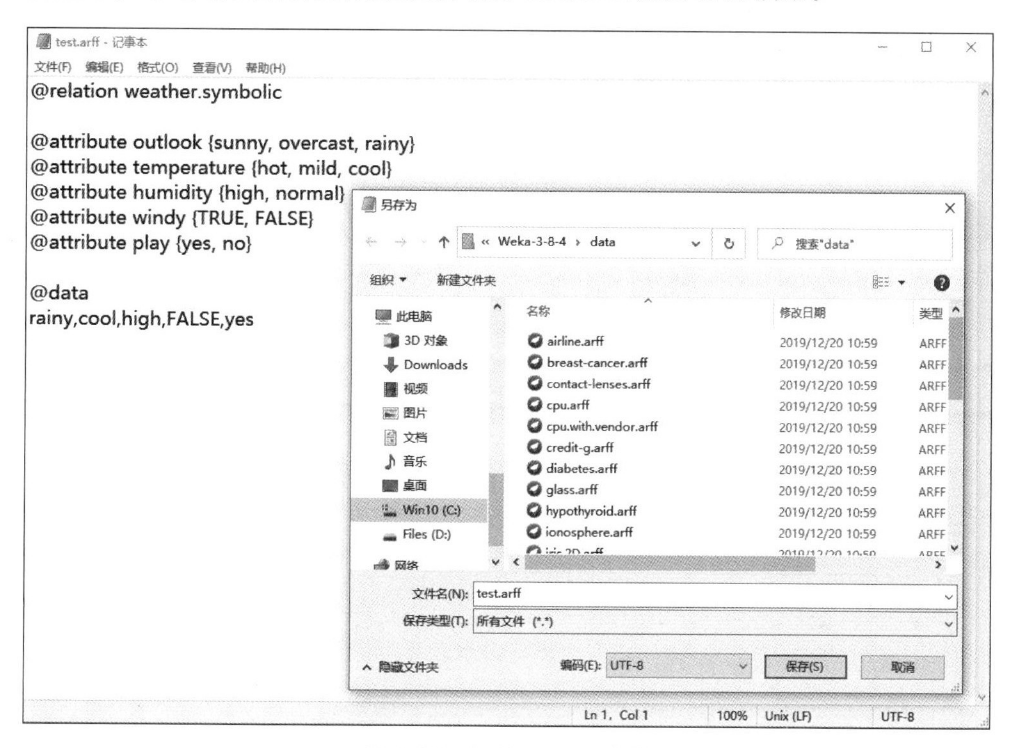

图 3.35 生成 test.arff 文件

准备好这个文件后，可以用 Weka 中已经生成的决策树来分类了。选择 Supplied test set(提供测试集)命令，选择 test.arff 文件，如图 3.36 所示。

单击 More option(更多选项)按钮，在弹出的对话框中，单击 Output Prediction 右侧的 Choose 按钮，选择 Plain Text，这样可以更好地观察预测结果。准备好后，单击 Start 按钮，右边的框显示分类结果，输出的测试结果如图 3.37 所示。重点来看 Predictions on test set 这一部分：第 1 列 inst＃为实例编号；第 2 列 actual 为真实类别，是在 test.arff 文件中填写的类别 yes；第 3 列为 J48 分类器利用之前训练出来的模型预测出来的类别，为 yes，跟刚才手工按照决策树路径进行判断的结果一致；第 4 列为预测结果置信度，为 1，如图 3.37 所示。

使用训练数据集作为测试数据集来判断分类器的性能不太可信，因为这个分类器本身就是由训练数据集的数据产生的。一般会认为把这个分类器用在新数据(非训练数据)上的效果更有说服力。这里介绍另外一种测试方法：十折交叉验证(10-fold cross-validation)。十折交叉验证用来测试算法的准确性。它的基本过程是：将数据集随机分成 10 份，轮流将其中 9

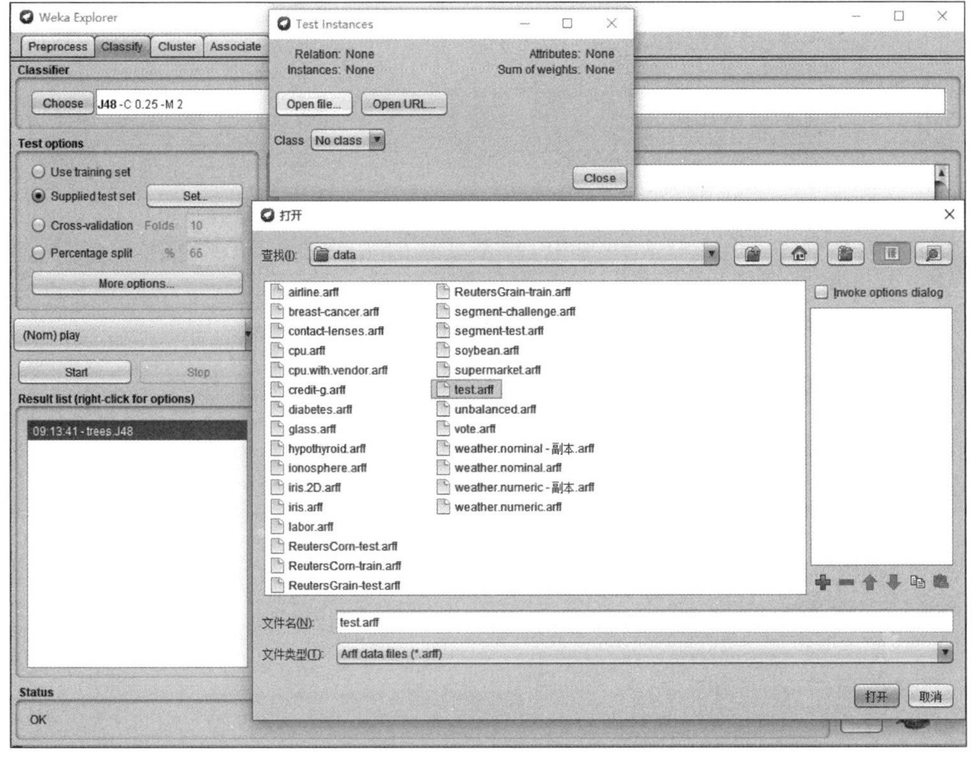

图 3.36 载入 test. arff 文件

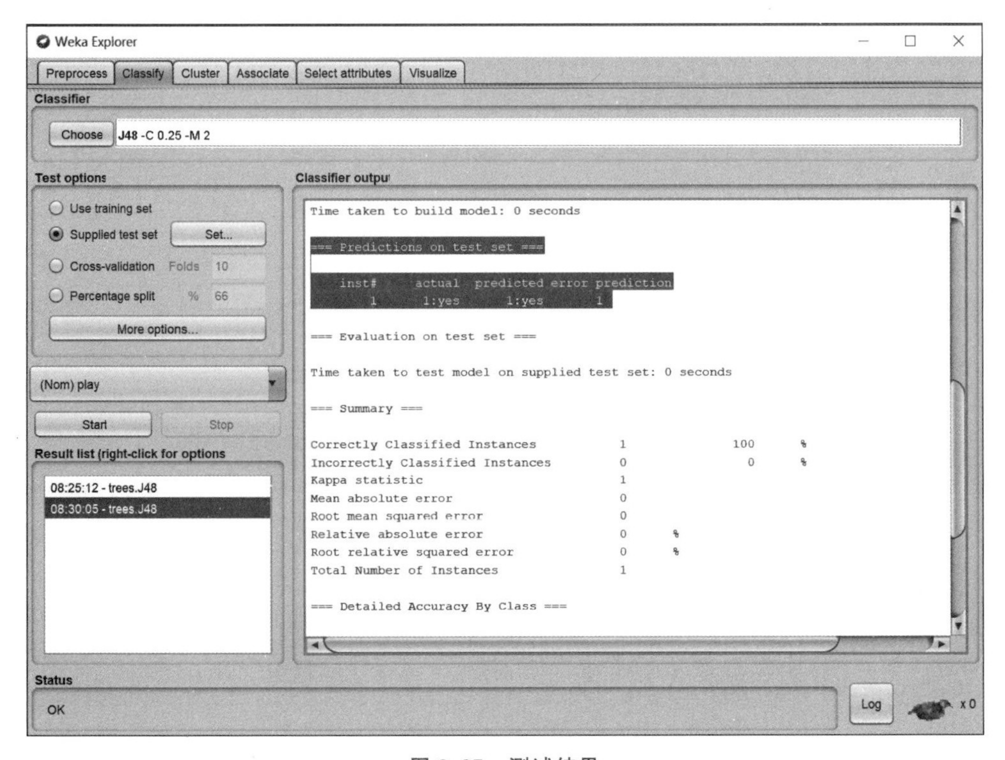

图 3.37 测试结果

份合成一个训练数据，1 份作为测试数据进行试验。这将进行 10 次试验。10 次试验得出 10 个正确率(或差错率)。那么，就将 10 次正确率的平均值作为对算法精度的估计。十折交叉验证使得训练数据集与测试数据集不同。

下面以 2.1 节中介绍过的鸢尾花(iris)数据集为例说明十折交叉验证的操作。鸢尾花数据集包含 150 个实例，每个类别有 50 个实例。定义了五个属性，分别是花萼长(sepal. length)，花萼宽(sepal. width)，花瓣长(petal. length)，花瓣宽(petal. width)，最后一个属性的字符串表示类别。进入 Explorer 界面，打开鸢尾花(iris)数据集，选择使用 J48 分类器。勾选十折交叉验证(10-fold cross-validation)。正确分类的测试实例数是 144 个，占比 96%。在右下侧的混淆矩阵中可以看到，有 1 个 a 被错误地分类到 b，有 3 个 b 被错误地分类到了 c，有 2 个 c 被错误地分类到了 b，如图 3.38 所示。

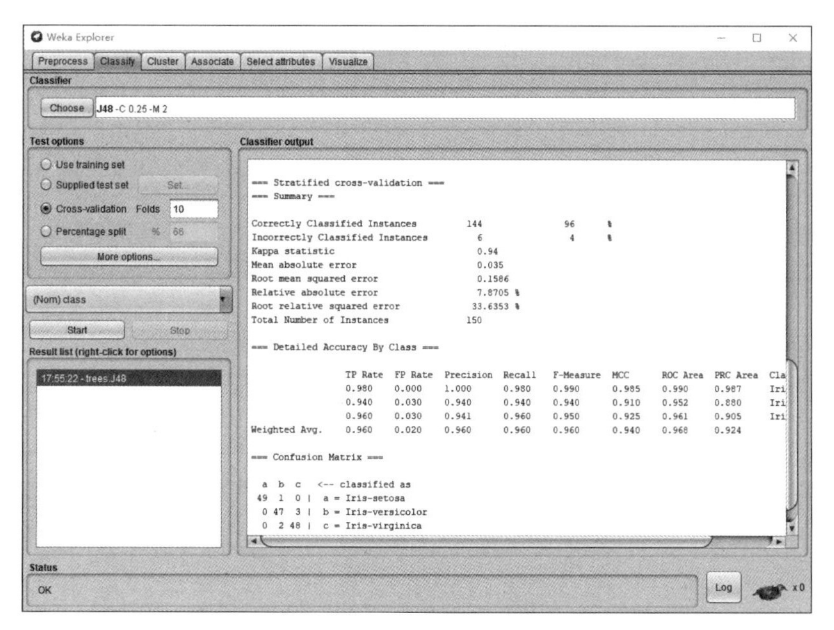

图 3.38　十折交叉验证

3.2.2　LinearRegression 分类器

本小节以 CPU 数据集为例介绍使用 LinearRegression 分类器构建线性回归公式。CPU 数据集呈现了 CPU 几个相关属性与其处理能力的关联，属性与类别都为数值型。CPU 数据集包含 209 个实例。定义了七个属性，分别是周期时间(MYCT)，内存最小值(MMIN)，内存最大值(MMAX)，高速缓存(CACH)，最小通道数(CHMIN)，最大通道数(CHMAX)，class 属性体现 CPU 性能的类别属性。

进入 Weka Explorer 界面，打开 CPU 数据集。切换到 Classify 标签页，单击 Choose 按钮，选择 functions 条目下的 LinearRegression 分类器，如图 3.39 所示。选择 Cross-validation Folds，保持默认值 10，单击 Start 按钮。

图 3.40 中，右边输出结果的中间部分 Linear Regression Model 是线性回归函数，其结果为 class=0.0491×MYCT+0.0152×MMIN+0.0056×MMAX+0.6298×CACH+

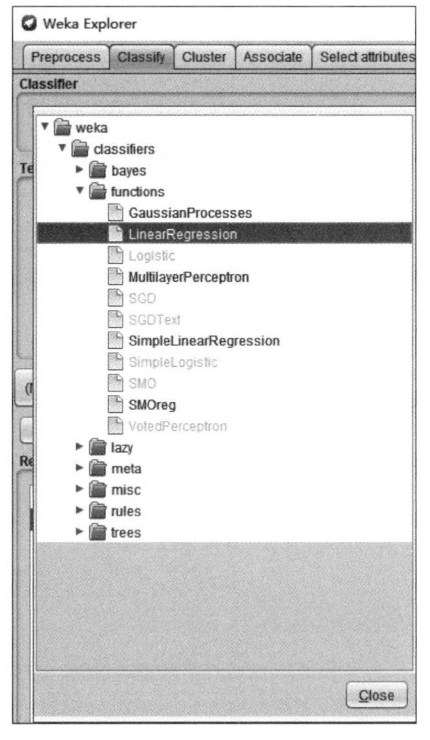

图 3.39 选择 LinearRegression 分类器

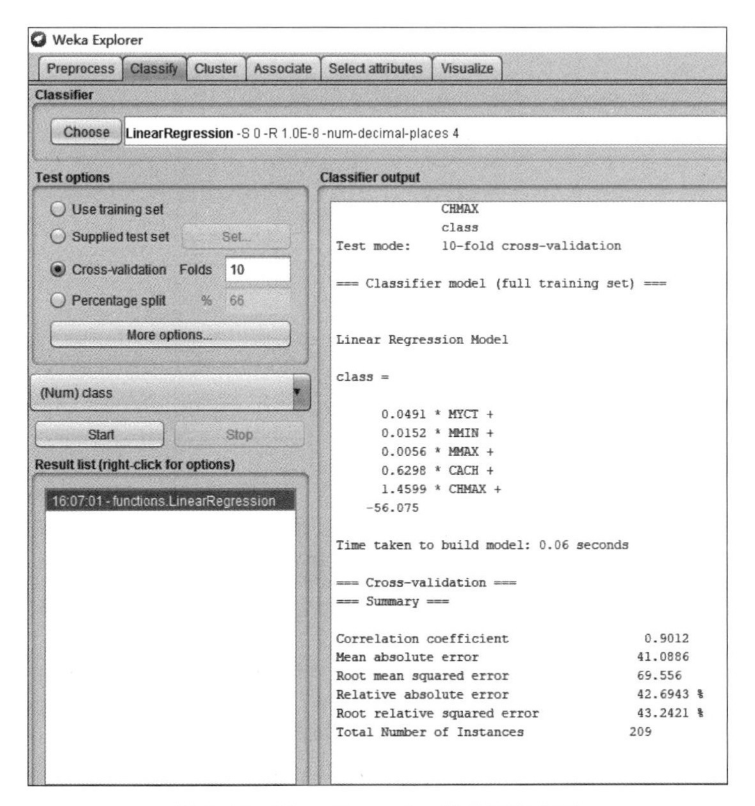

图 3.40 LinearRegression 线性回归结果

1.4599×CHMAX+(−56.075)。这说明 class 分类结果可以用这样一个线性方程表示，这也是 Linear Regression 名字的来源。

在 Result list 结果列表中，右击 functions LinearRegression，在弹出菜单中选择 Visualize classifier errors(可视化分类误差)命令，弹出一张误差可视化图，直观显示误差状况，如图 3.41 和图 3.42 所示。

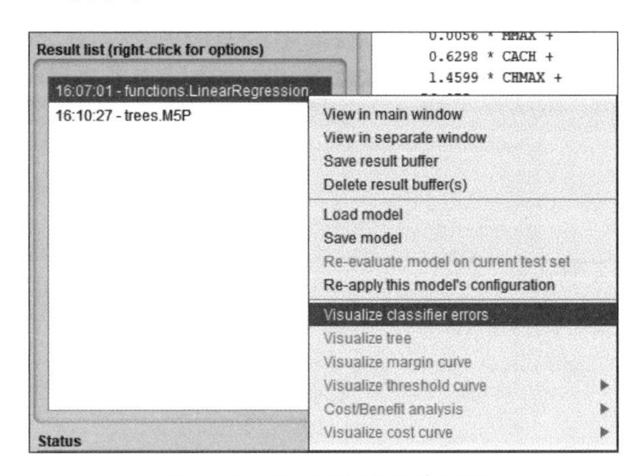

图 3.41 设置可视化分类误差

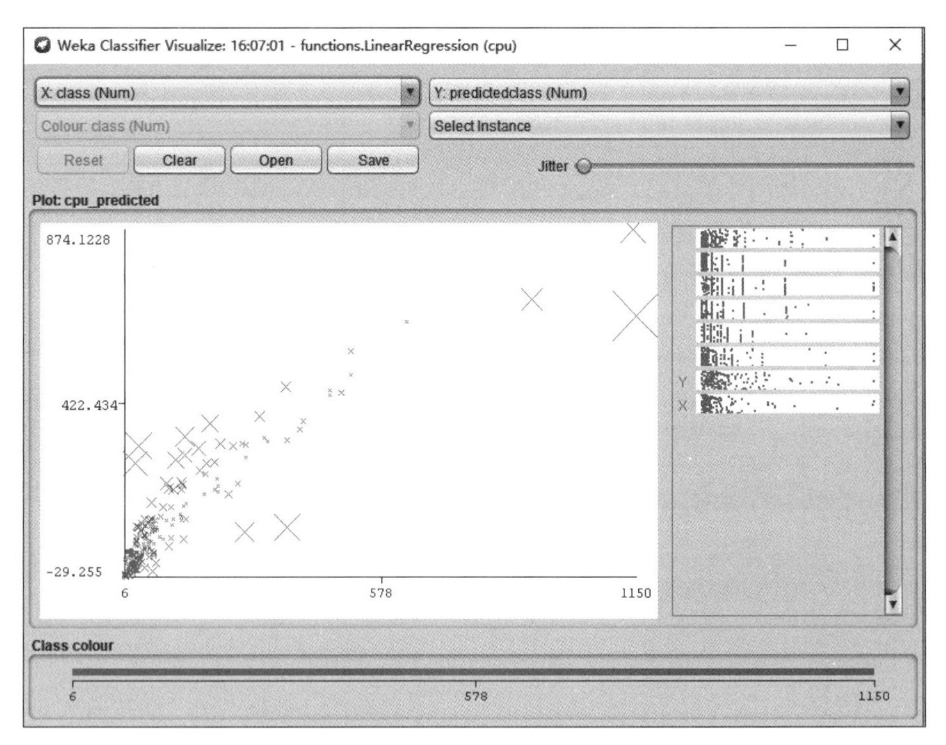

图 3.42 LinearRegression 可视化分类误差

这个线性回归函数中，分类 class 是线性函数的因变量，其他属性是自变量。平均绝对误差 MAE 41.0886 以及其他的性能指标值都表明，这个分类器在这个数据集上的性能无法满足需求。在数据挖掘的应用中，经常会碰到这种选用某种算法效果不好的情况，有可能需要更换算法，或者调整参数。例如，如果选择下面介绍的 M5P 分类器，就会明显改善分类效果。

3.2.3 M5P 分类器

M5P 是决策树方案和线性回归方案的结合体。先构建决策树，后使用线性回归。

进入 Weka Explorer 界面，打开 CPU 数据集。切换到 Classify 标签页，单击 Choose 按钮，选择 trees 条目下的 M5P 分类器，如图 3.43 所示。选择 Cross-validation Folds，单击 Start 按钮。

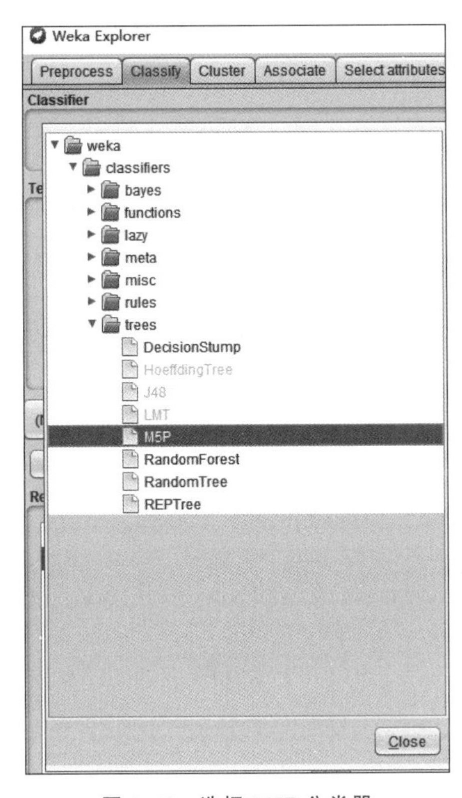

图 3.43 选择 M5P 分类器

在图 3.44 右侧的结果输出中，包括 5 个线性回归方程，LM1～LM5。M5P 的平均绝对误差(MAE)是 29.8309。

在 Result list 结果列表中，右击 trees. M5P 条目，在弹出的菜单中选择 Visualize tree (可视化树)命令菜单项，弹出决策树的可视化结果，如图 3.45 所示。

通过决策树，可以看到数据集中 6 个属性中有 4 个进行了分叉，一共产生 5 个叶节点，分支的每个叶节点对应一个线性回归方程。这意味着利用 M5P 分类器产生的线性模型不同的情况对应着不同的线性回归方程。叶节点括号中第 1 个数字代表到达该叶节点的实例个数，第 2 个数字代表使用对应线性模型的预测均方根误差。M5P 算法的可视化误差如图 3.46 所示。

简单比较 LinearRegression 和 M5P 两种分类器的性能。LinearRegression 和 M5P 的平均绝对误差(MAE)分别为 41.0886 和 29.8309，M5P 性能优于 LinearRegression。图 3.42

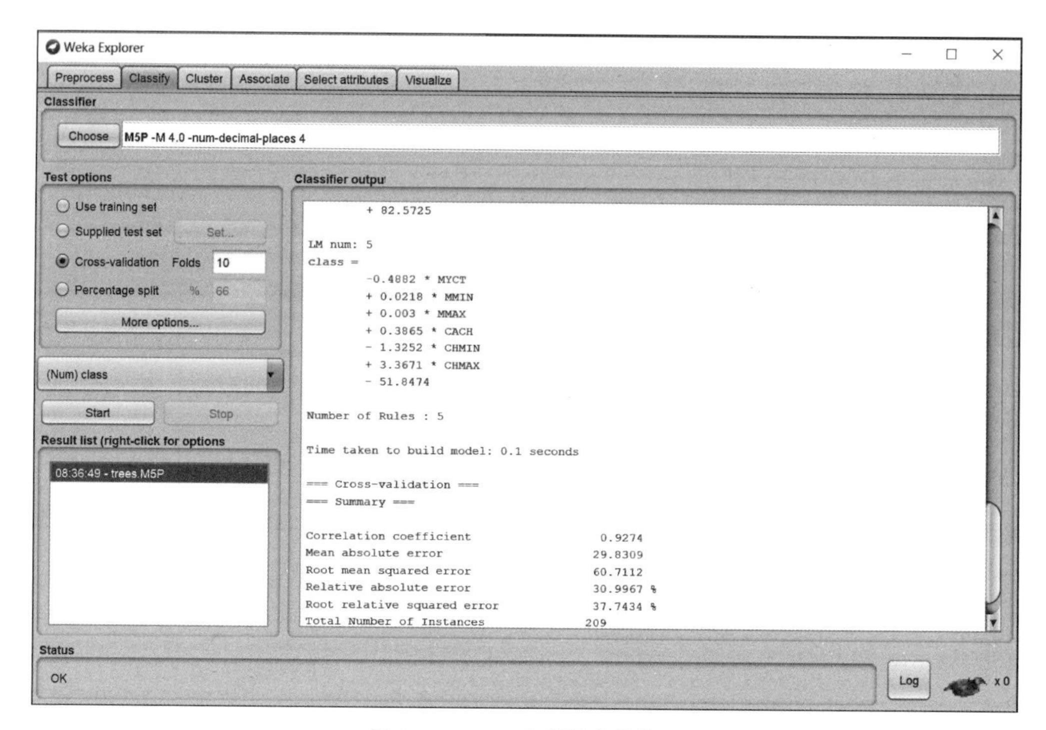

图 3.44 M5P 分类器分类结果

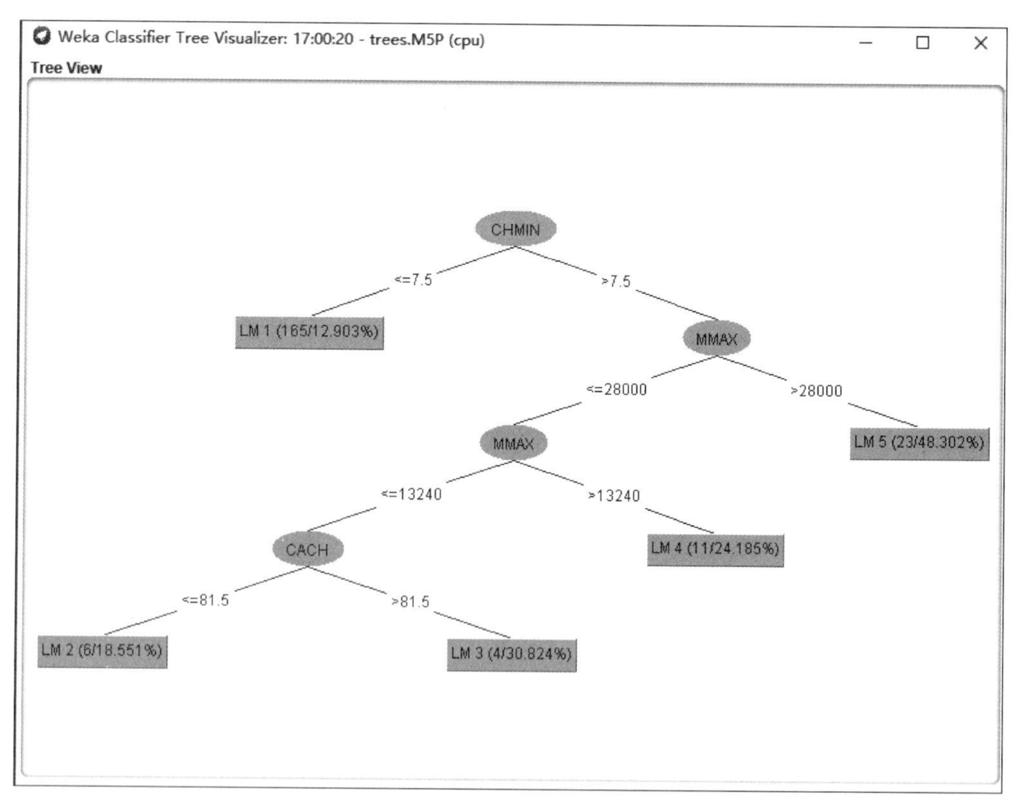

图 3.45 M5P 分类器可视化分类结果

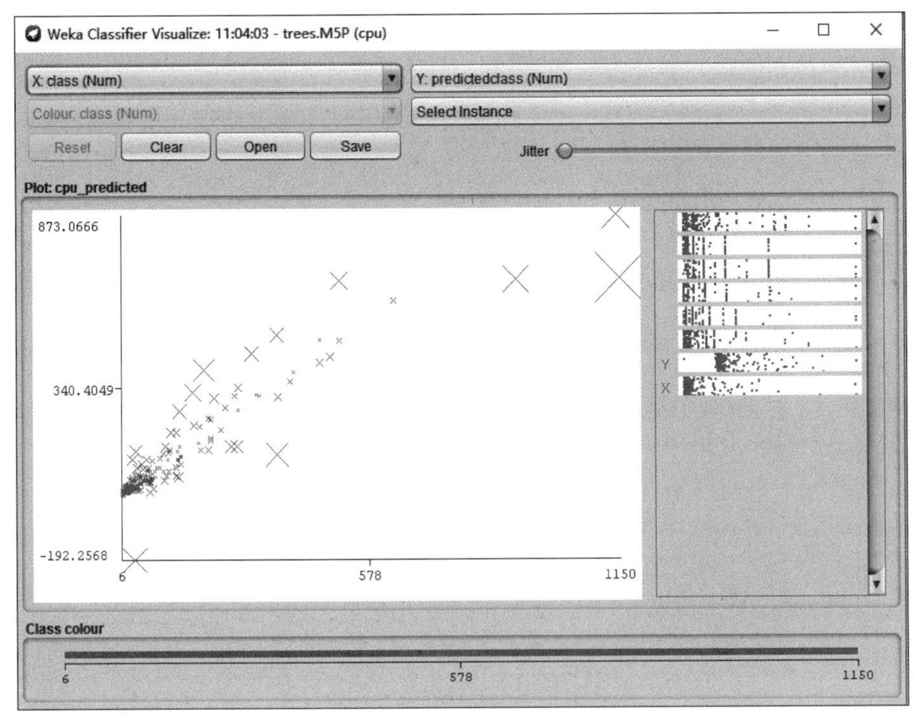

图 3.46 M5P 可视化分类误差

和图 3.46 分别是 LinearRegression 和 M5P 的可视化误差(visualize classify errors)结果。可视化误差图中,一个叉号代表存在一个误差,叉号大小代表误差的绝对值。LinearRegression 的叉号多于 M5P,因此,M5P 性能优于 LinearRegression。所以,在对 CPU 数据集进行分类预测的业务中,应该选择 M5P 分类器,而不使用 LinearRegression 分类器。

3.3 数据聚类

本节介绍数据聚类,主要内容分为两部分。第 1 部分概述数据聚类,简单介绍聚类的定义、聚类与分类的区别;第 2 部分介绍主要的聚类器及其操作,主要包括 3 个聚类器:SimpleKMeans、EM、DBSCAN。

什么是聚类呢?聚类是将数据集中相似的实例聚集在一起,而将不相似的实例划分到不同类别。在第 1 章中,形象地称之为"找朋友"。有一个由多个属性字段描绘的实例(也就是某个数据对象),聚类算法通过前期的算法训练得到的一个数学模型,将这些实例簇集成若干组,就像是俗话说的:"物以类聚,人以群分"一样。聚类对数据集进行分组,所生产的组称为簇(cluster)。簇内任意两个实例之间应该具有较高的相似度,而隶属于不同簇的两个实例之间应该具有较高的相异度。

聚类与分类是有区别的,其区别主要有以下两点。

(1) 分类是将数据集中的实例归结到某个已知的类别中,而聚类是将数据集中的实例聚集到某个预先不知的类别中。在聚类中,用户其实不太关心具体的类别是什么,而更关心的是哪些实例具有比较高的相似性,也就是属于一类。

(2) 分类是有监督学习,而聚类是无监督学习。

那么实例和实例之间如何度量相似度?最简单的方式是通过距离的远近来度量。假设将具有 n 个属性的实例当成是 n 维空间中的一个点的坐标,两个实例在这样一个 n 维空间中的距离就是它们的相似性强弱的度量值。

使用 Weka 进行聚类分两步。第 1 步是通过分析已知类别数据集,选择合适的聚类器进行训练;第 2 步是使用聚类器对新实例进行聚类。有可能需要根据聚类的效果,返回到第 1 步,重新选择另外的聚类器。现实中聚类有广泛应用,例如在商务上,聚类能帮助市场分析人员从客户信息库中发现不同的客户群体,从而针对不同的客户群体,制定不同的销售方案。

Weka 使用聚类器这个概念,它的任务是把所有的实例分配到若干簇,使得同一个簇的实例聚集在一个簇中心的周围,它们之间的距离比较近;而不同簇实例之间的距离比较远。本节介绍 3 个经典的聚类器,包括 SimpleKMeans、EM 和 DBSCAN。

3.3.1 SimpleKMeans 聚类器

SimpleKMeans 聚类器使用 k 均值算法或 k 中位数算法。SimpleKMeans 聚类器思想有直观的几何意义:将样本点聚集(归属)到距离它最近的那个聚类中心。算法的目标簇的数量由参数 k 指定,这 k 个聚类中心的坐标由与它相邻的若干个实例的坐标的距离平均值确定。这也是 SimpleKMeans 聚类器名字中间 K 和 Means 这两个元素的来源。

当选择 k 均值算法时,SimpleKMeans 聚类器使用欧氏距离度量相似度;当选择 k 中位数算法时,SimpleKMeans 聚类器使用曼哈顿距离度量相似度。

欧氏距离指在 n 维空间中两个点之间的真实距离。在二维和三维空间中的欧氏距离就是两点之间的实际距离,例如,两个点在二维空间中的欧氏距离 $d=\sqrt{(x_2-x_1)^2+(y_2-y_1)^2}$,推广到更高维的空间中以后,其距离计算的方法仍然一样。而曼哈顿距离是两个点在标准坐标系上的绝对轴距总和。例如,两个点在二维空间中的曼哈顿距离 $d=|x_2-x_1|+|y_2-y_1|$,其计算方法同样可以推广到更高维的空间中。

SimpleKMeans 聚类器适用于处理标称型属性。本节继续以天气数据集为例介绍 SimpleKMeans 聚类器的使用。进入 Weka Explorer 界面,打开素材文件夹中数值型天气数据集“C:\Program Files\Weka-3-8-4\data\weather.numeric.arff”,注意是数值型天气数据集。切换到 Cluster 标签页,单击 Choose 按钮,选择 SimpleKMeans 聚类器,如图 3.47 所示。

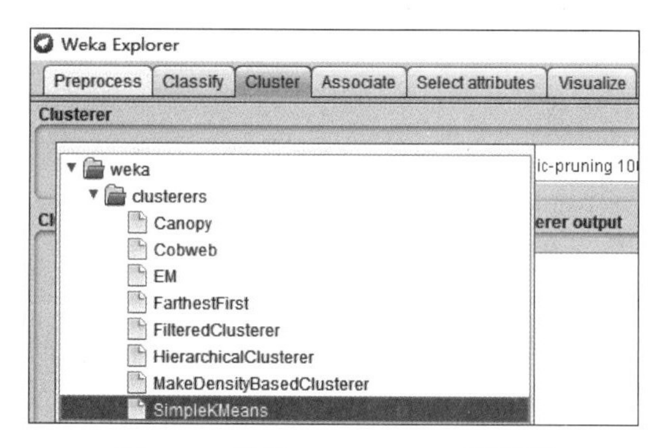

图 3.47 选择 SimpleKMeans 聚类器

在标签页单击 Choose 按钮右侧的文本框，弹出参数设置窗口，保持默认设置，即选择欧氏距离，numClusters 簇数目为 2，意味着要划分为两个类别；设置 seed 种子为 10，单击 OK 按钮，如图 3.48 所示。

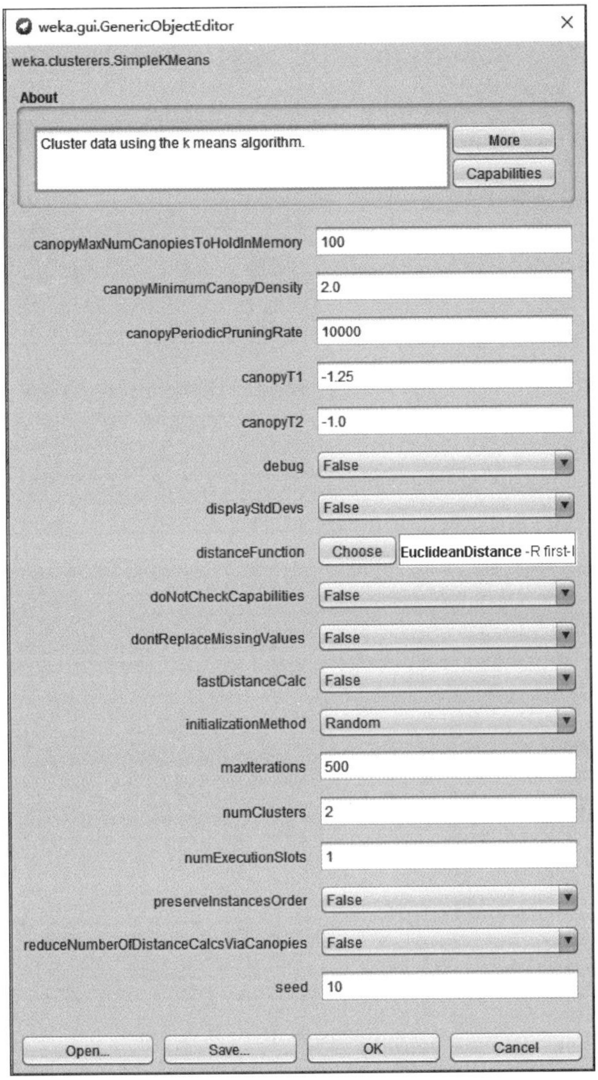

图 3.48　SimpleKMeans 参数设置

回到 Cluster 标签页，选中 Use training set（使用训练集），勾选 Store clusters for visualization（存储聚类可视化）。单击 Ignore attributes（忽略属性）按钮，在弹出窗口中选择 play 属性，单击 Select 按钮，忽略类别属性，如图 3.49 所示。

单击 Start 按钮，运行结果如图 3.50 所示。

在图 3.50 所示的 Clusterer output（聚类器输出框）中，Within cluster sum of squared errors 缩写为 SSE，它是误差的平方数，用来度量聚类质量。SSE 值越小，表明聚类质量越高。本例 SSE 值是 11.23。Initial starting points (random)表示随机设定两个实例作为聚类的簇中心。Final cluster centroids 是算法反复调整簇中心，使得各实例点距离簇中心点

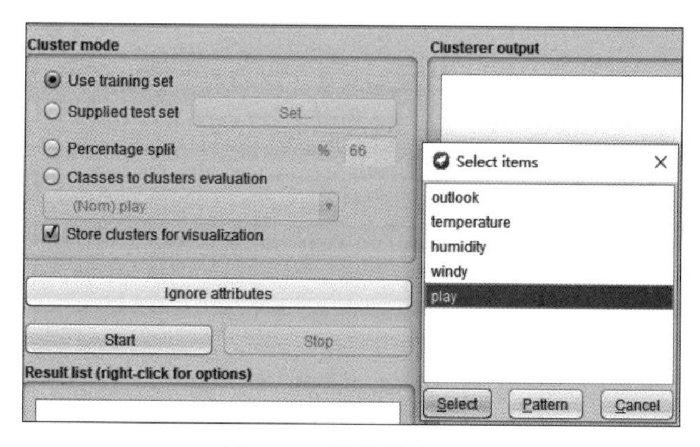

图 3.49　聚类模式设置

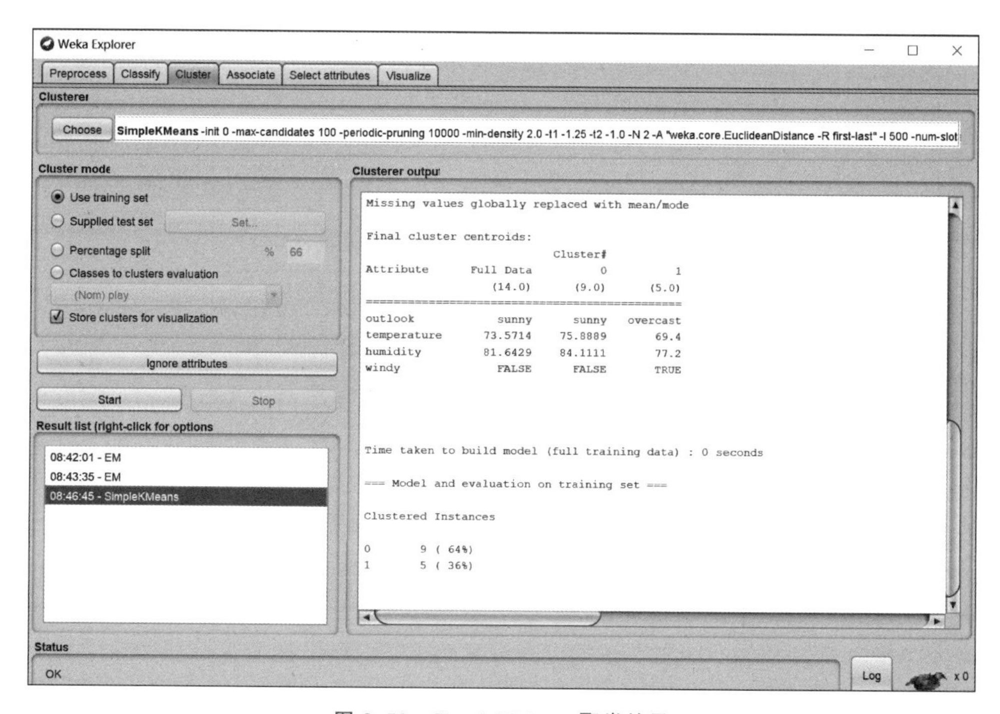

图 3.50　SimpleKMeans 聚类结果

的距离和最小。这就是算法找到的最终聚类中心。簇中心的每个值是如何计算出来的呢？标称型属性的簇中心是簇内数量最多的属性值；数值型属性的簇中心是簇内值的平均。Clustered Instances 是聚类后每个簇的实例数目以及百分比。第 0 个簇有 9 个实例，占比 64%；第 1 个簇有 5 个实例，占比 36%。

在 Result list（结果列表）中，右击 SimpleKMeans 条目，在弹出菜单中选择 Visualize cluster assignments（可视化簇分配）命令，如图 3.51 所示。

在弹出的对话框中，单击 Save 按钮，将簇分配的结果保存在桌面，文件名为 KM_Result 的.arff 文件，如图 3.52 所示。

在 Weka Explorer 中打开这个文件，单击 Edit 按钮，最后一列就是簇分类结果。可以非常清晰地看到每个实例是属于第 0 簇还是第 1 簇，如图 3.53 所示。

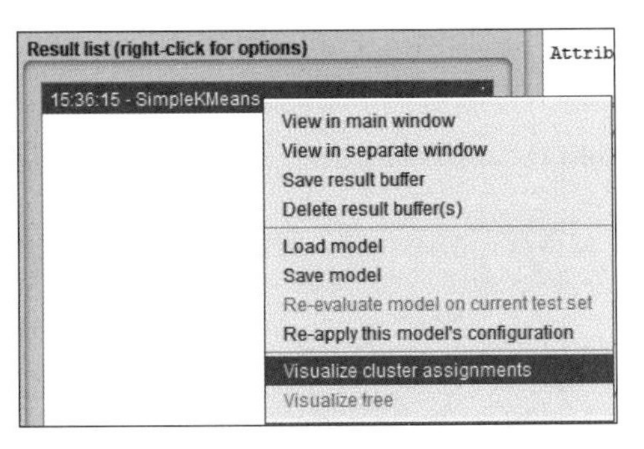

图 3.51 可视化簇分配

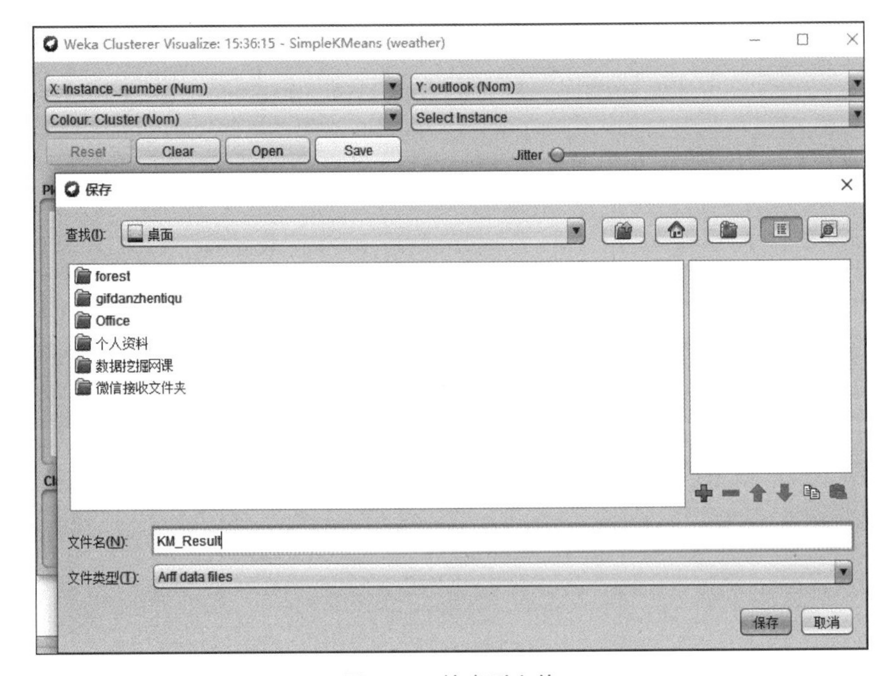

图 3.52 输出到文件

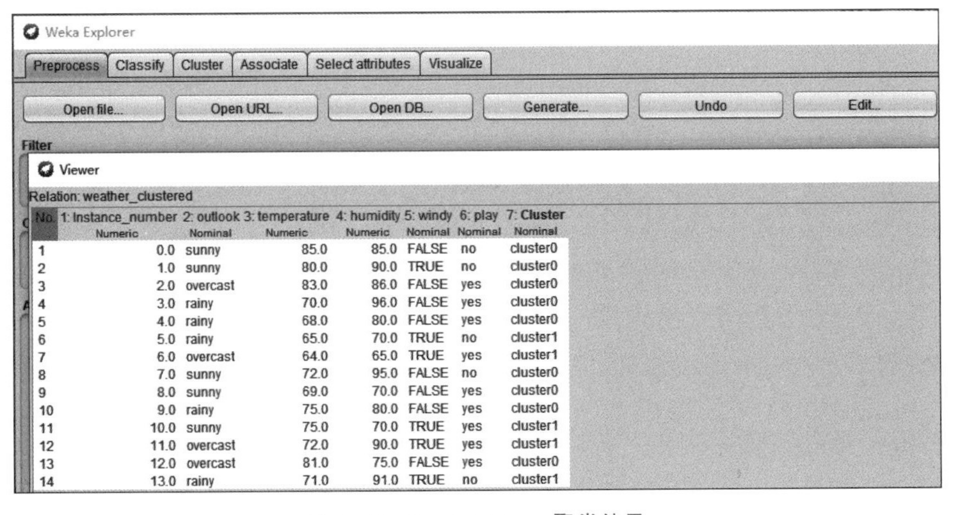

No.	1: Instance_number Numeric	2: outlook Nominal	3: temperature Numeric	4: humidity Numeric	5: windy Nominal	6: play Nominal	7: Cluster Nominal
1	0.0	sunny	85.0	85.0	FALSE	no	cluster0
2	1.0	sunny	80.0	90.0	TRUE	no	cluster0
3	2.0	overcast	83.0	86.0	FALSE	yes	cluster0
4	3.0	rainy	70.0	96.0	FALSE	yes	cluster0
5	4.0	rainy	68.0	80.0	FALSE	yes	cluster0
6	5.0	rainy	65.0	70.0	TRUE	no	cluster1
7	6.0	overcast	64.0	65.0	TRUE	yes	cluster1
8	7.0	sunny	72.0	95.0	FALSE	no	cluster0
9	8.0	sunny	69.0	70.0	FALSE	yes	cluster0
10	9.0	rainy	75.0	80.0	FALSE	yes	cluster0
11	10.0	sunny	75.0	70.0	TRUE	yes	cluster1
12	11.0	overcast	72.0	90.0	TRUE	yes	cluster1
13	12.0	overcast	81.0	75.0	FALSE	yes	cluster0
14	13.0	rainy	71.0	91.0	TRUE	no	cluster1

图 3.53 SimpleKMeans 聚类结果

本例中，已知 play 属性值，也就是每个属性的类别。可以借此来检验聚类器的性能。方法是：不选中 Use training set，而是选中 Classes to clusters evaluation（类别作为簇的评估准则），比较聚类器所得到的簇与预先指定类别的匹配程度，如图 3.54 所示。

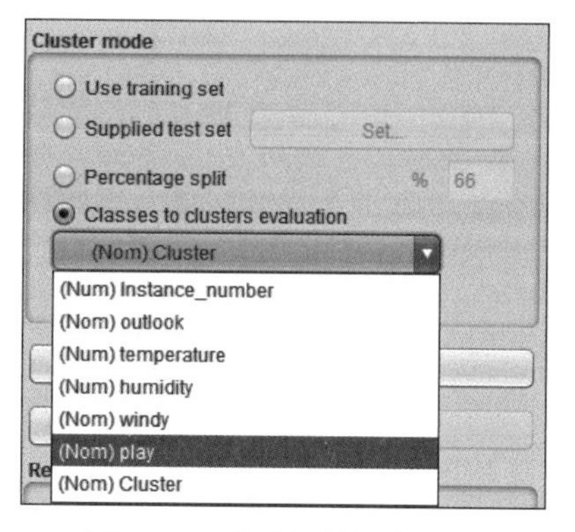

图 3.54 设置评估聚类结果

单击 Start 按钮，得到聚类结果，如图 3.55 所示。

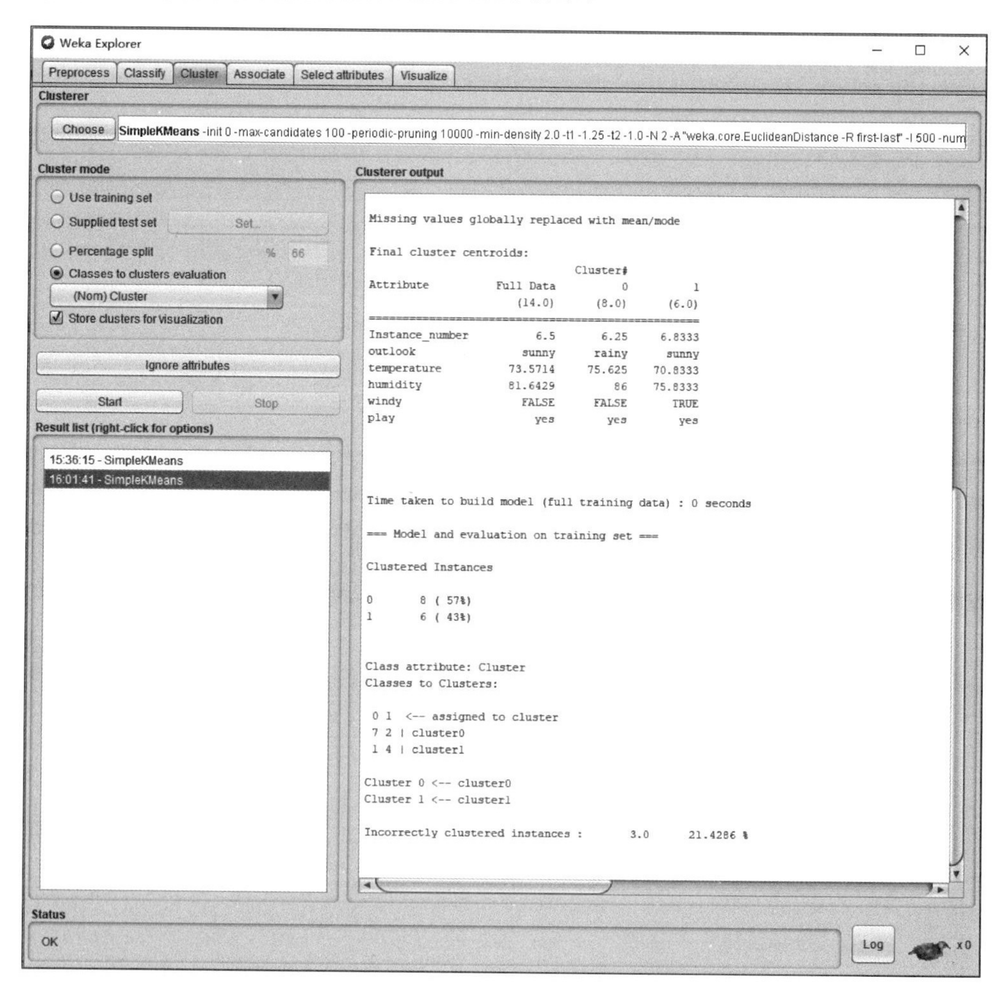

图 3.55 聚类结果评估

图 3.55 右下方 Incorrectly clustered instance 值为 3，表示有 3 个实例的聚类结果与原始结果不一致。另外，在图 3.48 的参数设置页面中，如果 seed 设置一个随机种子，产生一个随机数，对聚类的质量有比较大的影响。调整这个参数的值，可能会得到更好的聚类结果，但是也有可能会得到更差的聚类结果。

3.3.2 EM 聚类器

下面介绍另外一个重要的聚类器 EM(Expectation Maximization，期望最大化)。EM 聚类器使用 EM 算法，EM 算法是解决数据缺失时聚类问题的一种出色算法，它在概率模型中寻求最大似然估计或者最大后验估计，可以根据实例与簇之间隶属关系发生的概率来分配实例。

进入 Weka Explorer 界面，继续使用 3.3.1 小节使用的天气数据集。切换到 Cluster 标签页，单击 Choose 按钮，选择 EM 聚类器，如图 3.56 所示。

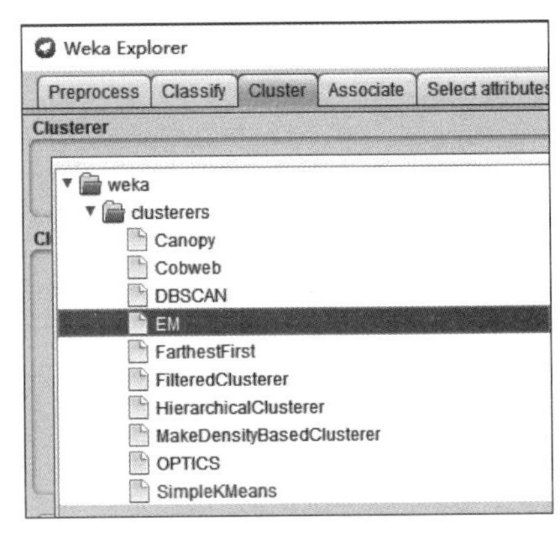

图 3.56 选择 EM 聚类器

单击 Choose 按钮右侧文本框，弹出参数设置窗口，将 numClusters 簇数目设置为 2，意味着要划分为两个类别。其他参数保持不变。选中 Classes to clusters evaluation 类别作为簇的评估准则，单击 Ignore attributes 按钮，在弹出窗口中选择 play 属性，单击 Select 按钮，忽略 play 属性。以上步骤，可以参见图 3.48 和图 3.49。单击 Start 按钮，得到聚类结果如图 3.57 所示。

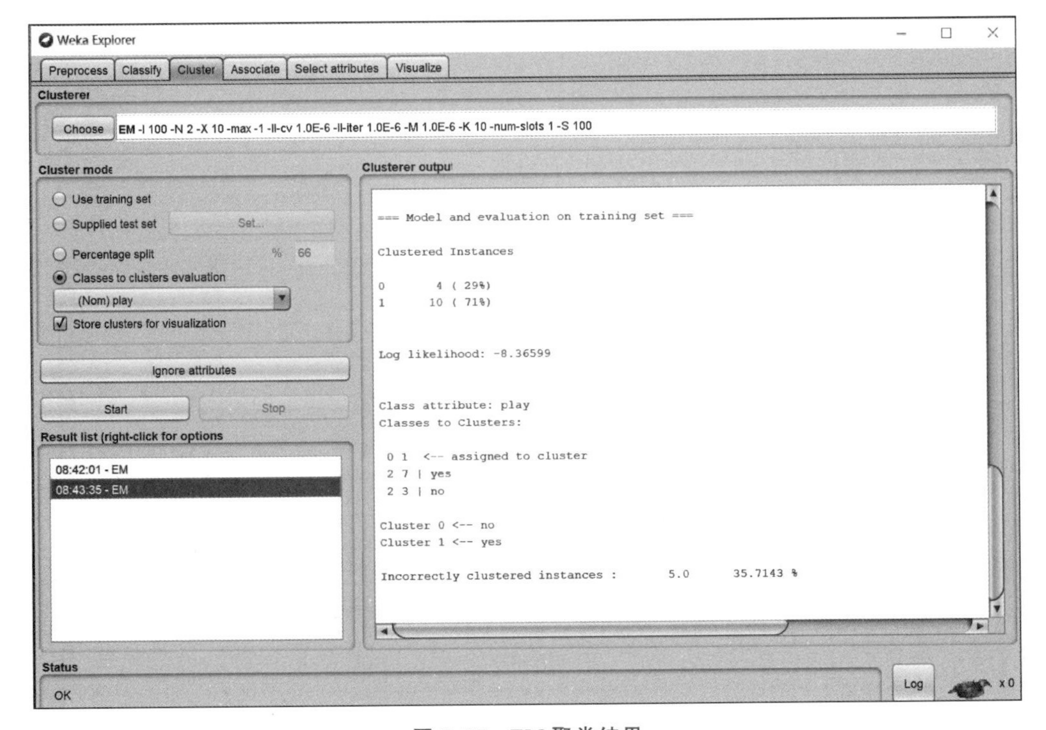

图 3.57 EM 聚类结果

图 3.57 右侧 Clustered Instance 是各个簇中实例的数目及百分比。第 0 个簇有 4 个实例，占比 29%；第 1 个簇有 10 个实例，占比 71%。Incorrectly clustered instance 输出了聚类器所得到的簇与预先指定类别的不匹配实例数目，一共有 5 个，占比 35.7%。查看或保存聚类的具体结果与图 3.50～图 3.52 记录的步骤类似，请参考执行。

3.3.3 DBSCAN 聚类器

DBSCAN 使用欧氏距离度量，以确定哪些实例属于同一个簇。但是，不同于 k 均值算法，DBSCAN 可以自动确定簇的数量。DBSCAN 聚类器属于包 optics_dbScan，最新版本为 1.0.5。

切换到 Cluster 标签页，如果找不到 DBSCAN 聚类器，需要另外安装 optics_dbScan 包。回到 Weka 主界面，依次选择 Tools→Package manager→optics_dbScan→Install 命令，如图 3.58 和图 3.59 所示。

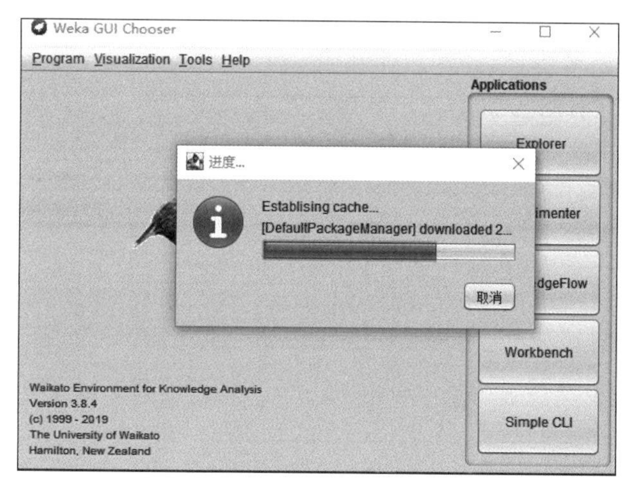

图 3.58　包管理器

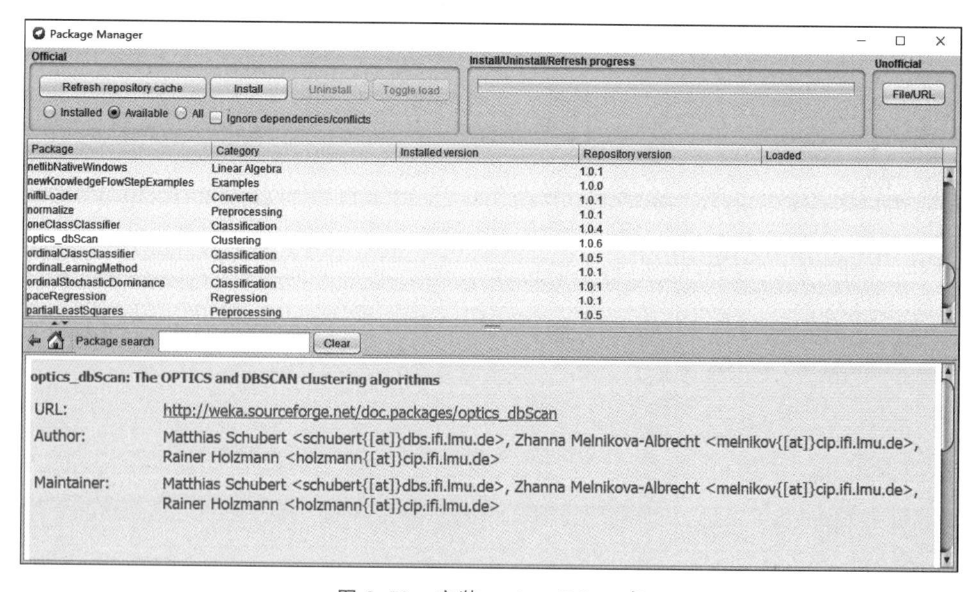

图 3.59　安装 optics_dbScan 包

DBSCAN 聚类器有两个重要参数，一个是参数 ε(epsilon)，它设定簇内点对之间的最小距离，ε 的值越小，产生的簇越密集，这是因为实例必须靠得更紧密，彼此才能同属于一个簇；另外一个参数是 minPoints，指簇内实例数的最小值。参数 ε 和 minPoints 的设定，对聚类的结果有很大的影响。根据设定的 ε 值和簇的最小值，有可能存在某些不属于任何簇的实例，这些实例称为离群值。下面以鸢尾花(iris)数据集为例，介绍 DBSCAN 聚类器的使用。

进入 Weka Explorer 界面，打开素材文件夹中鸢尾花数据集。切换到 Cluster 标签页，单击 Choose 按钮，选择 DBSCAN 聚类器，如图 3.60 所示。

Weka Explorer
Preprocess
Classify
Cluster
Associate
Select attributes
Clusterer
weka
clusterers
Canopy
Cobweb
DBSCAN
EM
FarthestFirst
FilteredClusterer
HierarchicalClusterer
MakeDensityBasedClusterer
OPTICS
SimpleKMeans

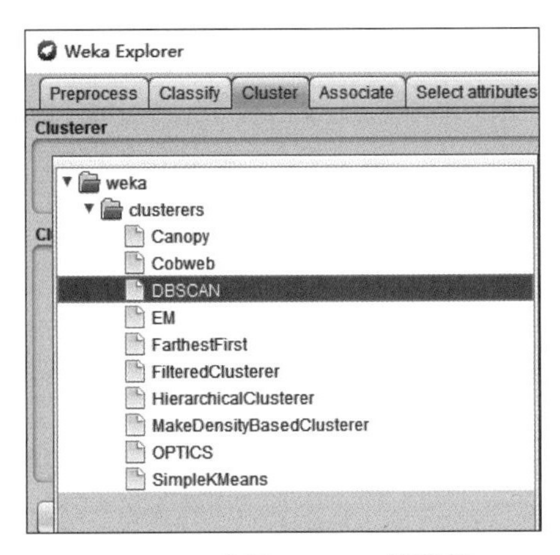

图 3.60　选择 DBSCAN 聚类器

单击 Choose 按钮右侧文本框，弹出参数设置窗口，将 ε 设置为 0.2，minPoints 设置为 5，其他参数保持不变，如图 3.61 所示。

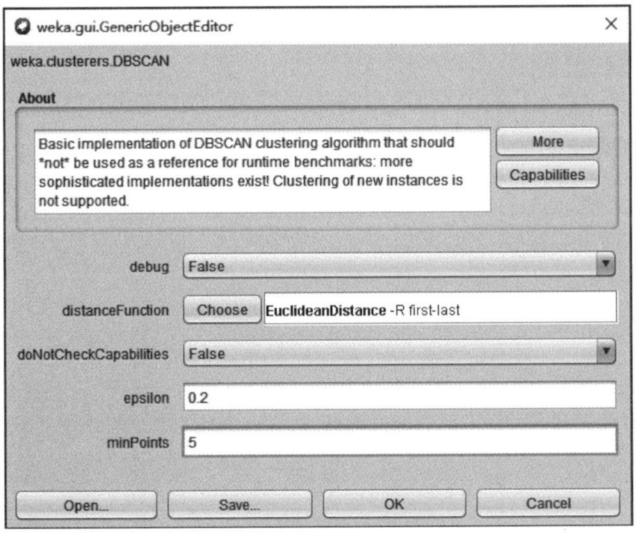

weka.gui.GenericObjectEditor
weka.clusterers.DBSCAN
About
Basic implementation of DBSCAN clustering algorithm that should *not* be used as a reference for runtime benchmarks: more sophisticated implementations exist! Clustering of new instances is not supported.
More
Capabilities
debug
False
distanceFunction
Choose
EuclideanDistance -R first-last
doNotCheckCapabilities
False
epsilon
0.2
minPoints
5
Open...
Save...
OK
Cancel

图 3.61　DBSCAN 参数设置

选中 Classes to clusters evaluation(类别作为簇的评估准则)，勾选 Store clusters for visualization(存储聚类可视化)，忽略 class 属性，如图 3.62 所示。

单击 Start 按钮，得到聚类结果，如图 3.63 所示。

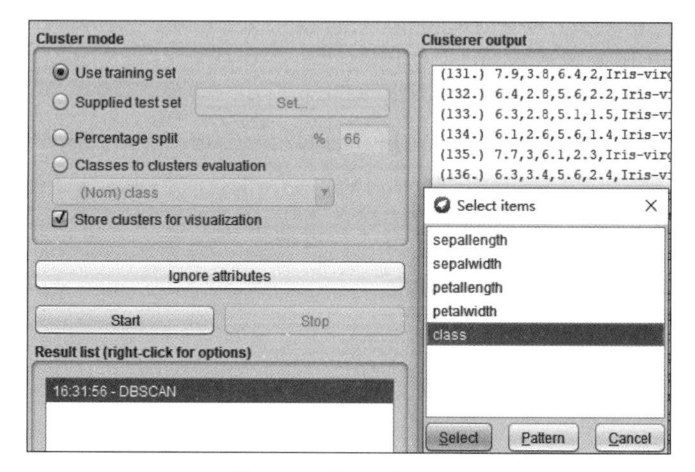

图 3.62　聚类模式设置

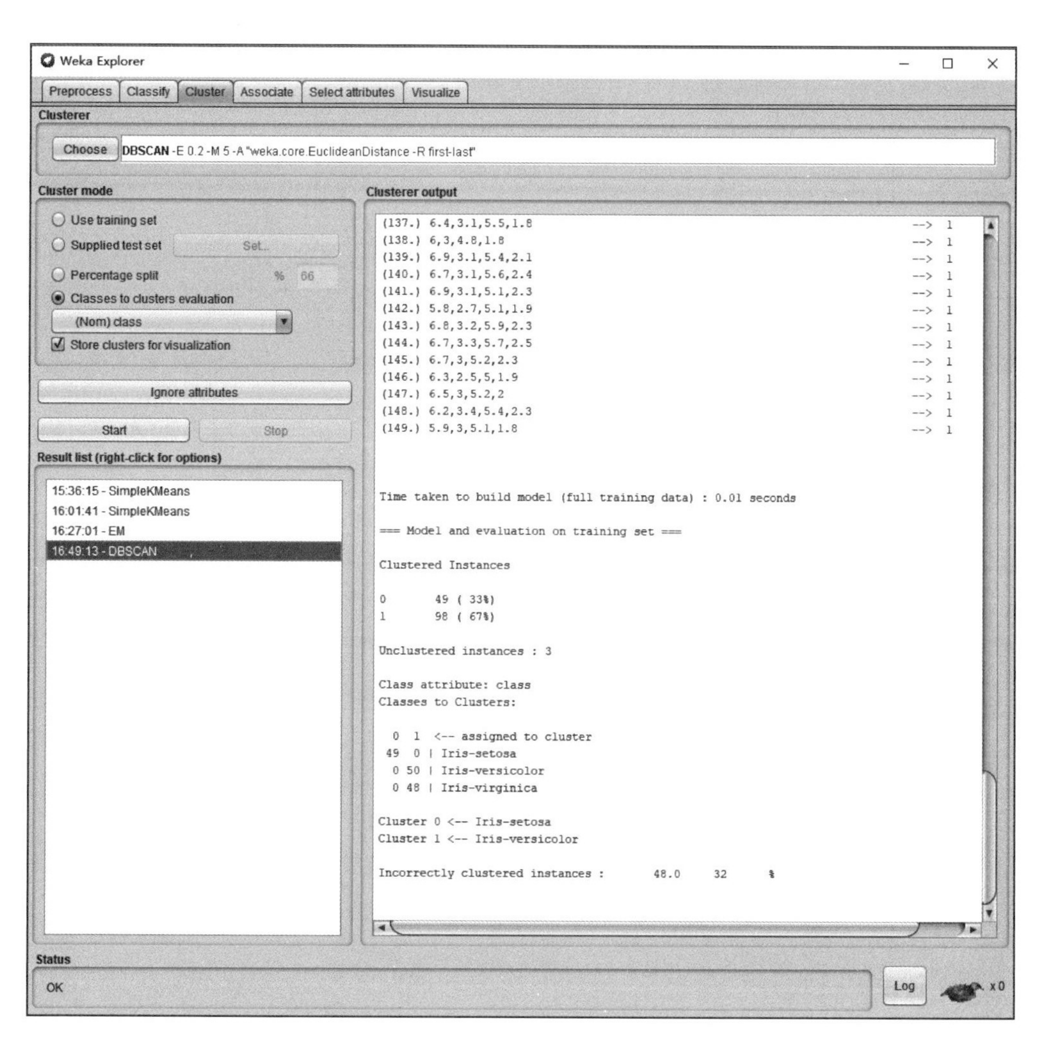

图 3.63　DBSCAN 聚类结果

图 3.63 右侧在 Clusterer output(聚类器输出)中可以看到,DBSCAN 只发现了两个簇,一个簇有 49 个实例,另一个簇有 98 个实例,还有 3 个实例未能聚类。未正确聚类的实例有 48 个,占比 32%。查看或保存聚类具体结果的方法与前述例子类似,读者可以自己尝试。

还可以将聚类的结果进行可视化输出。右击 Result list 中 DBSCAN 算法得到的结果,在弹出的菜单中选择 Visualize cluster assignments,如图 3.64 所示。

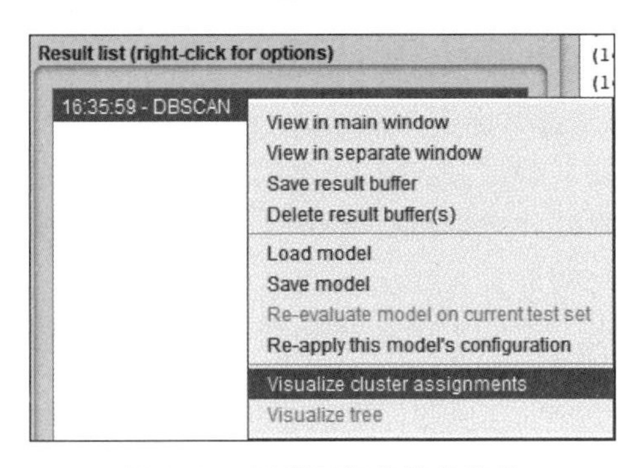

图 3.64 设置可视化聚类结果

可视化结果如图 3.65 所示。

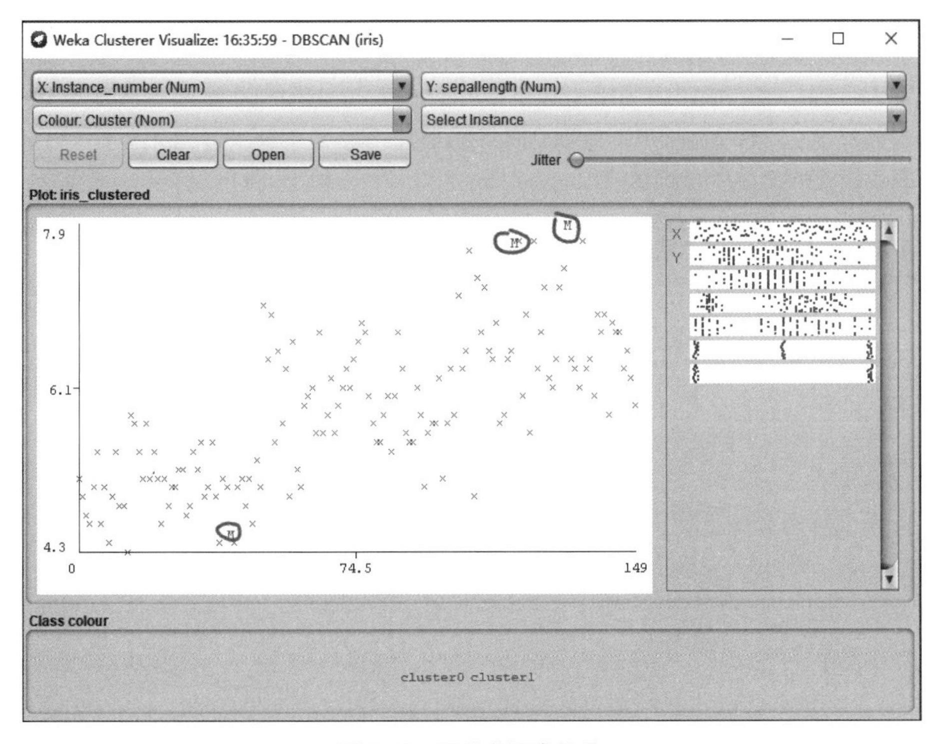

图 3.65 可视化聚类结果

因为 Weka 使用颜色来区分聚类结果,因此图 3.65 的灰度图像中难以查看两个不同的聚类结果信息,建议读者在 Weka 中自行验证。图 3.65 中单个圈注的 M 符号表示有 3 个实例未能聚类。

3.4 数据关联

随着数据库技术的飞速发展，快速增长的海量数据被收集并存放在一定的数据库中。从这些海量数据中分析并发现有用知识的数据挖掘技术目前已经发展得较为成熟。数据挖掘的任务是从大量的数据中发现模式。根据数据挖掘的任务分类，必然可以获知数据挖掘的方法也分很多种。

关联分析是当前数据挖掘研究的主要方法之一，关联规则描述了一组数据项之间的密切度或关系，它反映一个事物与其他事物之间的相互依存性和关联性。如果两个或者多个事物之间存在一定的关联关系，那么其中一个事物就能够通过其他事物预测到。

一个典型的使用关联规则发现问题的案例是超市中购物篮数据分析。通过发现顾客放入购物篮中的不同商品之间的关系来分析顾客的购买习惯。数据挖掘领域最经典的案例就是“啤酒与尿布”的故事。该故事中体现的就是关联规则的妙用和功力。美国的沃尔玛超市管理人员通过对超市一年多的销售数据进行详细的分析，发现了一个令人难于想象的现象，与尿布一起被购买最多的商品竟然是啤酒。借助于数据仓库和关联规则，商家发现了这个隐藏在背后的事实：每逢周五，美国的妇女们经常会嘱咐她们的丈夫下班以后去超市为孩子买尿布，而30%～40%的丈夫在购买尿布的同时，会顺便购买自己爱喝的啤酒，因此啤酒和尿布就经常出现在一个购物车里了。根据发现的该事实，沃尔玛超市及时调整了货架的摆放位置，把啤酒和尿布摆在相邻的货架，最后经过一段时间的实施，发现二者的销售量都大大提高了。生活中其实还有很多类似的现象，例如70%购买了牛奶的顾客将倾向于同时购买面包，买了一台PC之后人们习惯于继续购买音响、耳机、摄像头等，这些都是事物之间的关联现象。

3.4.1 关联规则相关概念

1. 支持度和置信度

关联规则挖掘的目的是在数据项目中找出所有的并发关系。关联规则可以采用与分类规则相同的方式产生。因为做数据挖掘时得到的关联规则数量可能很大，所以通常需要依据两个指标来对规则进行修剪，即支持度和置信度。

1）支持度

支持度又称覆盖率，通俗地说，即为几个相互关联的数据在数据集中出现的次数占总数据集的比重。给出一个形式化定义为，在M条交易集中，对于关联规则R：$A\Rightarrow B$，其中$A\subset I$，$B\subset I$，并且$A\cap B=\varnothing$。规则R的支持度是交易集中同时包含A和B元素的交易数与所有交易数之比，其计算公式为

$$\text{Support}(A,B)=P(A,B)=\frac{\text{number}(AB)}{\text{number}(\text{AllSamples})}$$

其中，P为概率。支持度是一种重要度量，低支持度的规则一般只是偶然出现，所以可以用支持度来删除无意义的规则。

2）置信度

置信度也称为准确率，指的是一个数据出现后，另一个数据出现的概率，或者说数据的

条件概率。即，在 M 条交易集中，对于关联规则 $R: A\Rightarrow B$，其中 $A\subset I, B\subset I$，I 是所有项集的集合，并且 $A\cap B=\varnothing$。规则 R 的置信度是指包含 A 和 B 的交易数与包含 A 的交易数之比。计算公式为

$$\text{Confidence}(A\Rightarrow B)=P(A\mid B)=\frac{P(AB)}{P(A)}$$

置信度一般用于度量规则，可用于推理的可靠性，因此置信度越高，推理越可靠。一般来说，只有支持度和置信度均较高的关联规则才是用户感兴趣的、有用的规则。

2. 项集、频繁项集及强关联规则

数据挖掘中最基本的模式是项集，它是指若干个项的集合。频繁模式是指数据集中频繁出现的项集、序列或子结构。频繁项集是指支持度大于或等于最小支持度的集合。频繁项集的经典应用就是前面提到的购物篮模型。一般来说，如果事件 A 中包含 k 个元素，那么称这个事件 A 为 k 项集；事件 A 满足最小支持度阈值的事件称为频繁 k 项集。关联规则表示的是在某个频繁项集的条件下推出另一个频繁项集的概率。如果该关联规则同时满足置信度大于或等于最小置信度阈值，则该规则被称为强关联规则。所以，在数据挖掘中一般找的是频繁项集和强关联规则。

3.4.2 Apriori 算法介绍

关联规则挖掘的目的就是发现隐藏在大型数据集中的数据之间的有价值的联系，这些联系可以采用关联规则的形式表示，所发现的联系，可用于医疗诊断、购物推荐和科学数据分析等领域。

最常用的一种关联规则挖掘算法是 Apriori 算法。Apriori 算法基于演绎原理，使用基于支持度的修剪技术来高效地产生所有频繁项集，控制项集的指数增长。算法基于逐级搜索的思想，采用多轮搜索的迭代方法，每一轮搜索扫描一遍整个数据集，最终生成所有的频繁项集。算法的基本思想如下所示。

(1) 找出频繁“1 项集”的集合。该集合记作 L1。L1 用于找频繁“2 项集”的集合 L2，而 L2 用于找 L3，“$k-1$ 项集”用于找“k 项集”。

(2) 如此下去，直到不能找到“k 项集”。找每个 Lk 需要一次数据集扫描。

(3) 最后利用频繁项集构造出满足用户最小置信度的规则。

Apriori 算法的原理是：如果某个项集是频繁项集，那么它所有的子集也是频繁的。即如果{0,1}是频繁的，那么{0}，{1}也一定是频繁的。所以，挖掘或识别出所有频繁项集是该算法的核心，占整个计算量的大部分。频繁项集的发现过程，一般经过如下步骤。

首先会生成所有单个物品的项集列表；然后，扫描交易记录并通过计数的方式来查看哪些项集满足最小支持度要求，那些不满足最小支持度的集合会被去掉，从而产生频繁项集；接着对剩下的集合进行组合，即通过连接、剪枝操作生成包含两个元素的项集；接下来重新扫描交易记录，去掉不满足最小支持度的项集，生成相应的频繁项集；最后重复进行以上几个操作直到不能发现更大频繁项集。

举例看一下 Apriori 算法的执行过程。现有 A、B、C、D、E 5 种商品的交易记录表(见表 3.2)，试找出 3 种商品关联销售情况($k=3$)，最小支持度=50%。

表 3.2　商品交易记录表

交　易　号	商品代码	交　易　号	商品代码
100	A、C、D	300	A、B、C、E
200	B、C、E	400	B、E

求解过程如下所示。

(1) 首先利用求解支持度的公式求出各 1 项集，即{A}、{B}、{C}、{D}、{E}的支持度，结果如表 3.3 所示。

表 3.3　1 项集的支持度

1　项　集	支持度/%
{A}	50
{B}	75
{C}	75
{D}	25
{E}	75

(2) 由表 3.3 可知 1 项集{D}的支持度为 25%，小于最小支持度阈值 50%，所以这时候去掉 D 商品，得出频繁 1 项集的列表，结果见表 3.4。

表 3.4　频繁 1 项集的支持度

频繁 1 项集	支持度/%
{A}	50
{B}	75
{C}	75
{E}	75

(3) 在剩余商品组合{A,B,C,E}中两两结合产生 2 项集{A,B}、{A,C}、{A,E}、{B,C}、{B,E}、{C,E}，同理继续利用公式计算支持度，结果见表 3.5。

表 3.5　2 项集的支持度

2　项　集	支持度/%
{A,B}	25
{A,C}	50
{A,E}	25
{B,C}	50
{B,E}	75
{C,E}	50

(4) 由表 3.5 可知 2 项集{A,B}、{A,E}的支持度为 25%，小于最小支持度阈值 50%，所以这时候去掉这两个组合，得出频繁 2 项集的列表，结果见表 3.6。

表 3.6　频繁 2 项集的支持度

频繁 2 项集	支持度/%
{A,C}	50
{B,C}	50
{B,E}	75
{C,E}	50

（5）由剩余 4 个商品组合两两结合，生成 3 项集{A,B,C}、{A,C,E}、{B,C,E}，并继续利用公式计算支持度，结果见表 3.7。

表 3.7　3 项集的支持度

3 项 集	支持度/%
{A,B,C}	25
{A,C,E}	25
{B,C,E}	50

（6）由表 3.7 可知 3 项集{A,B,C}、{A,C,E}的支持度为 25%，小于最小支持度阈值 50%，所以这时候去掉这两个组合，得到频繁 3 项集{B,C,E}，支持度为 50%，等于题目要求的最小支持度阈值 50%，所以最后得出题目的结果即为 B、C、E 3 种商品可以一起关联销售。

Weka 软件提供了 Apriori 算法的实现类，所以不需要写代码，只需要选择相应的算法，通过减少最小支持度进行迭代，直到找到所需数量的并且满足给定最小置信度的规则。

3.4.3　Weka 中 Apriori 关联规则挖掘

1. Associate 标签页

Weka 中通过 Associate（关联）标签页来实现数据关联问题，如图 3.66 所示。

Associate 标签页中包含了学习关联规则的方案。从图中可以看到，在 Associator 栏中设置关联规则学习器，可以通过单击 Choose 按钮进行选择，采用与前面章节中的聚类器、分类器等相同的方式来进行选择和配置。只不过这里点开后一般自动选择了 Apriori 算法。单击文本框，会弹出 Weka 的通用对象编辑器 GenericObjectEditor，可以对 Apriori 算法的各个参数进行相应的设置和修改，后面的案例分析中将对这些参数做出具体的解释和说明。

Weka 关联规则挖掘的一般步骤是，首先选择合适的关联规则学习器，并为关联规则学习器设置好合适的参数，然后单击 Start 按钮就可以启动学习器，学习完成后可右击 Result list 结果列表中的条目，从而查看或保存结果。

2. Apriori 关联规则挖掘

为了更好地理解并应用 Apriori 算法，在 Weka 软件中通过加载案例数据运行该算法并挖掘规则。这里要注意一个问题，Apriori 算法一般要求的是完全标称型数据，如果案例中有数值型属性，必须先进行离散化操作。

在 Preprocess 标签页加载 weather. nominal. arff 文件，切换至 Associate 标签页，并在

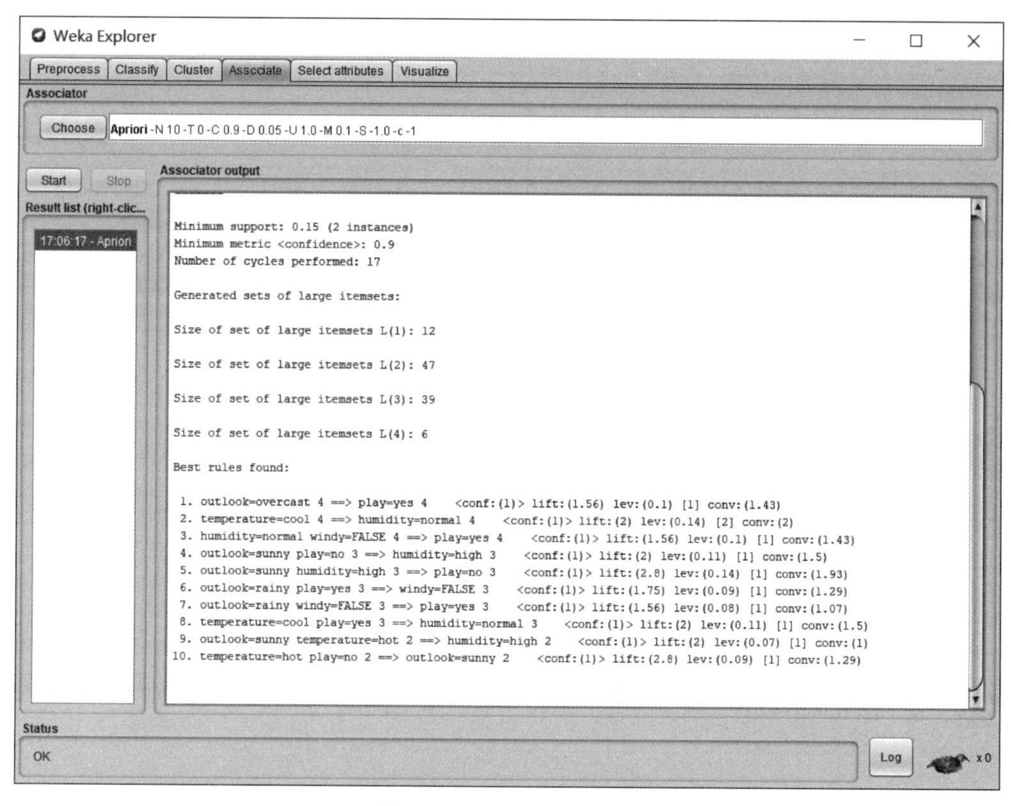

图 3.66 Associate 标签页

Associator 栏中选择 Apriori 算法，其他各参数先按照默认设置，接下来单击 Start 按钮，启动 Apriori 运行，结果如图 3.66 所示。

在图 3.66 中，可以看到，Result list 下面的列表中显示的是每次运行算法的时间点记录。右侧的 Associator output 区域中列出的是本次算法运行的结果。默认情况下，一次算法的运行会输出最优的 10 条规则，并按照每条规则后面尖括号中的置信度值进行排序。拿出其中的第 1 条规则解释，其规则如下：1. outlook＝overcast 4 ＝＝> play＝yes 4 < conf：(1)> lift：(1.56) lev：(0.1)[1] conv：(1.43)。所有规则采用“前件 数字＝＝>结论 数字”的形式表示，前件后面的数字表示有多少个实例满足前件，结论后面的数字表示有多少个实例满足整个规则，这就是规则的支持度。因为在结果给出的 10 条规则中，这两个数字相等，所以可以得出每个规则的置信度都为 1。在这 10 条规则的上面结果区，还给出了算法运行后达到的几个参数值，分别为如下。

- Minimum support(最小支持度)：0.15
- Minimum metric < confidence >(最小置信度)：0.9
- Number of cycles performed(为产生规则算法实际运行的次数)：17
- Generated sets of large itemsets：

```
Size of set of large itemsets L(1):12
Size of set of large itemsets L(2):47
Size of set of large itemsets L(3):39
Size of set of large itemsets L(4):6
```

这表示达到最小支持度 0.15 后，产生的各个频繁项集分别为：12 个大小为 1 的项集、47 个大小为 2 的项集、39 个大小为 3 的项集、6 个大小为 4 的项集。

前面提到，在实践中，需要通过最小支持度和置信度两个指标的衡量得出满意的结果。在 Weka 中，这一切是通过多次运行 Apriori 算法来得到的。当然，在执行算法之前需要用户指定最小置信度等参数的值。下面通过打开 Weka 软件的通用对象编辑器 GenericObjectEditor，如图 3.67 所示，研究一下 Apriori 算法中的各个参数的意义及如何设置。

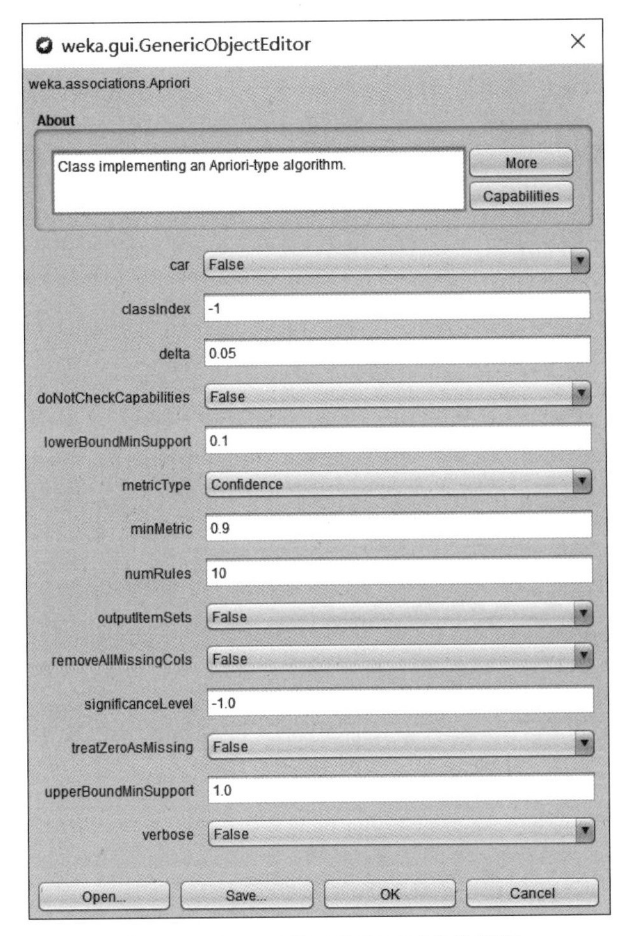

图 3.67 Apriori 算法的通用对象编辑器

针对跟实际应用相关性比较大的几个参数，解释如下。

- car 和 classindex 参数，跟类关联规则挖掘和类属性相关，这里不展开。
- delta，支持度变化的单位。以此数值为迭代递减单位，不断减小支持度直至达到最小支持度或产生了满足数量要求的规则。
- lowerBoundMinSupport，最小支持度下界。
- metricType，度量类型。设置对规则进行排序的度量依据。可以是置信度(confidence)、提升度(lift)、杠杆率(leverage)、确信度(conviction)。在 Weka 中可以通过 metricType 下拉列表框来设置这几个类似置信度的度量，从而衡量规则的关联程度。除置信度之外的其他几个标准在这里不做解释。

- minMtric，所选中的度量类型的最小值。
- numRules，结果中想要发现的规则数。
- outputItemSets，如果设置为 TRUE，会在结果中输出各项集的具体内容。
- upperBoundMinSupport，最小支持度上界。从这个值开始，以 delta 为单位，迭代减小最小支持度。

现在，更改通用对象资源管理器里的几个参数，比如设置 outputItemSets 为 True，numRules 为 5，minMetric 为 0.95，再次运行 Apriori 算法，观察一下结果有何不同，如图 3.68 所示。

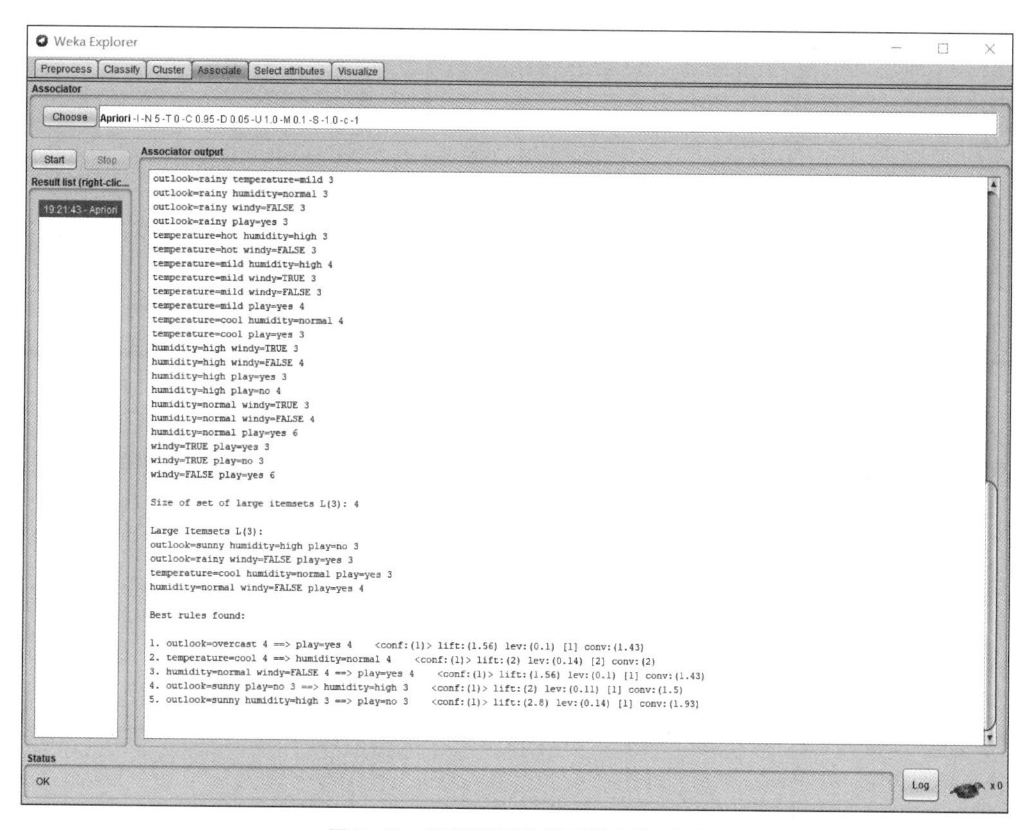

图 3.68　设置不同参数后的运行结果

Apriori 算法还有其他一些参数，更多信息可以通过在通用对象编辑器中单击 More 按钮获得。

3. 挖掘其他数据集

本案例挖掘乳腺癌的相关数据集，该数据集是从斯洛妮亚卢布尔雅那大学医疗中心乳腺癌肿瘤研究所获得的。数据集中一共有 286 个实例，9 个属性加 1 个类别属性。本来该数据集更多地用于分类问题，目的是可以根据病人的各项身体指标预测其癌症是否会复发。这里应用关联规则挖掘，看看能不能发现一些有趣的关联性，从而为病人的检查或医生的诊断提供有价值的建议。本数据集中所有的属性都被处理为标称型属性，并且有些属性具有一定的数据缺失。

首先在 Preprocess 标签页中加载 breast-cancer.arff 数据集，切换至 Associate 标签页，选择 Apriori 算法，保持默认选项不变，单击 Start 按钮，运行结果如图 3.69 所示。

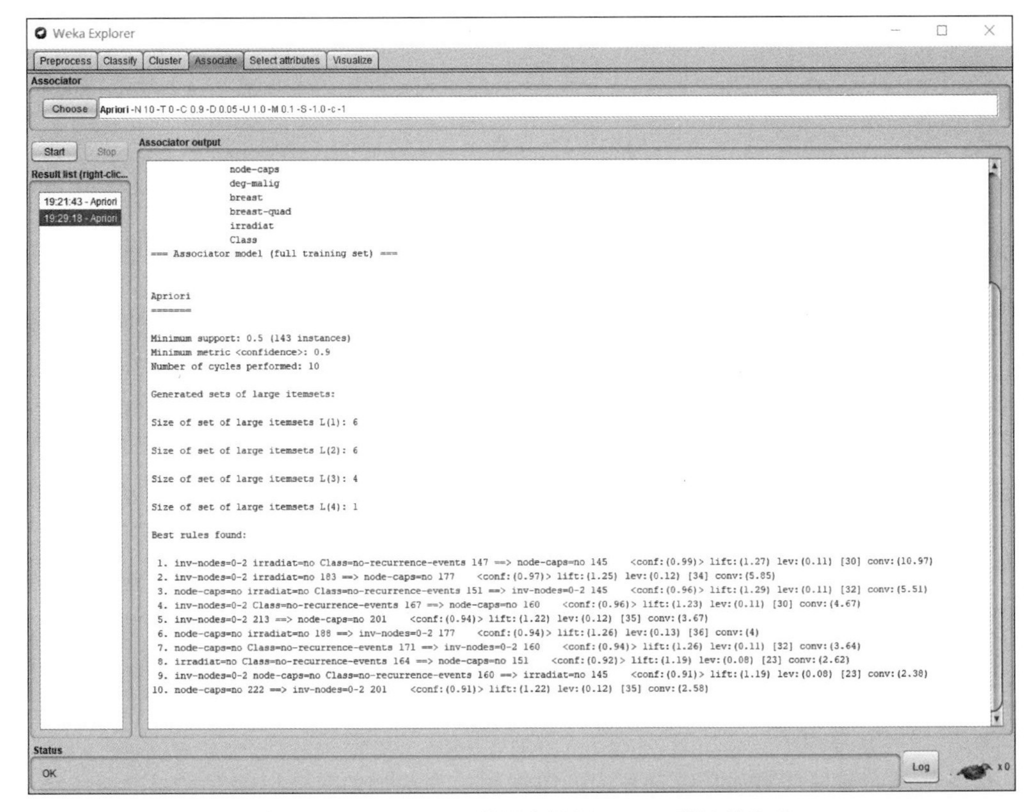

图 3.69 breast-cancer 数据集运行 Apriori 算法的结果

从图 3.69 的运行结果可以看到，输出的最小支持度达到 0.5，有 143 个实例最小置信度为 0.9，执行了 10 次迭代。达到最小支持度 0.5 时，产生的各个频繁项集分别为 6 个大小为 1 的项集、6 个大小为 2 的项集、4 个大小为 3 的项集、1 个大小为 4 的项集。

挖掘产生的 10 条规则如下。

- 第 1 条规则：受侵淋巴结数＝0～2，未放疗，无复发＝＝>无结节帽。
- 第 2 条规则：受侵淋巴结数＝0～2，未放疗＝＝>无结节帽。
- 第 3 条规则：无结节帽，未放疗，无复发＝＝>受侵淋巴结数＝0～2。
- 第 4 条规则：受侵淋巴结数＝0～2，无复发＝＝>无结节帽。
- 第 5 条规则：受侵淋巴结数＝0～2 ＝＝>无结节帽。
- 第 6 条规则：无结节帽，未放疗＝＝>受侵淋巴结数＝0～2。
- 第 7 条规则：无结节帽，无复发＝＝>受侵淋巴结数＝0～2。
- 第 8 条规则：未放疗，无复发＝＝>无结节帽。
- 第 9 条规则：受侵淋巴结数＝0～2，无结节帽，无复发＝＝>未放疗。
- 第 10 条规则：无结节帽＝＝>受侵淋巴结数＝0～2。

在这 10 条关联规则中，有 3 个指标是多次同时出现，而且实例数非常多。这给出了一条比较符合实际的结论：如果一个病人的受侵淋巴结小于两个，并且无结节帽，未做过放疗，那这个病人复发的可能性就比较低。也就是说这四者之间的关联性非常大。

对于医生来说，这就是一条重要的参考信息，可以根据挖掘到的规则来给病人做出合理的判断，或者当病人来到医院检查时，也可以关注这几项指标，让整个看病过程更快捷。

最后建议读者试着借助于通用对象编辑器，修改 Apriori 算法的不同参数，针对以上数据集进行挖掘，看看挖掘效果，尝试能否从中分析出一些意外而又在情理之中的结论。

3.5 选择属性

事物的属性从多个角度描述了事物，然而有的属性对于目标是不重要的，或者起了反作用，这就需要从众多属性中，把不重要的识别出来，保留重要的属性。数据挖掘中，在考虑挖掘模型拟合效果、系统运行时间等前提下，对某些数据集来说，构建的包含所有或大多数属性的模型并不一定是最优模型。原因在于数据集中存在的跟挖掘任务不相关的属性或冗余的属性，可能会导致无效的挖掘过程或降低挖掘的效率。很多研究表明，一些常见的算法可能会因为不相关或冗余的数据而产生低质量的结果，甚至于冗余的属性也可能直接影响某些分类算法的表现。

因此我们需要对所有的属性进行甄别，在数据挖掘操作之前选择合适有效的属性。大量的实证研究表明，属性选择对于提高挖掘的效率以及挖掘结果的准确性是非常有效的，所以要重视属性的选择问题。

3.5.1 属性选择概述

1. 属性选择的定义

属性选择一般属于数据挖掘过程中的数据预处理阶段的工作。面对大量的高维数据，从理论上来说，当然是属性数目越多越有利于目标的分类，但实际情况却并非如此。一般在选取的样本数目有限的情况下，用很多属性去对数据做分类，设计分类器，从计算的复杂性或分类器的性能角度来说都是不适宜的。而样本的属性中既包括有效属性，又包括噪声属性，还包括问题无关属性以及冗余属性。很明显我们希望保留有效属性，尽可能地去掉噪声属性，对于无关属性或冗余属性也希望尽量减少到最少。

属性选择的目的就是从属性集中删除不具有预测能力或预测能力极其微弱的属性，从而建立高效的挖掘模型。属性选择也是对高维数据进行降维的一种有效方法。当然，在不同的应用问题中，属性选择的目标或标准也不一样。在本小节内容中，只研究数据挖掘中的属性选择问题。下面给出一个最典型的定义。

属性选择是指在属性个数为 n 的属性集合中，选择 m 个属性成为一个属性子集，其中 $m<n$，要求在所有属性个数为 m 的属性子集中，该子集的评估函数结果最优。

在数据挖掘的研究中，通常使用距离来衡量样本之间的相似度，而样本距离是通过属性值来计算的。因为不同的属性在样本空间的权重是不一样的，即它们与类别的关联度是不同的，所以有必要筛选一些属性或者对各个属性赋一定的权重，然后搜索数据集中全部属性的所有可能组合，找出预测效果最好的那一组属性。

2. 属性选择的关键因素

根据属性选择的目的和定义，在做属性选择的时候一般要考虑如下 3 个问题。

(1) 如何选择属性或属性子集?

(2) 如何判断一个属性或属性子集对于预测结果是最优的?

(3) 按照什么标准对属性进行选择和排序?

这些应该是在做属性选择时必须考虑的问题。解决了这些问题,属性选择就完成了。很显然,在某些情况下,手工选择属性是可选方法之一。但是,手工选择属性的缺陷在于,选择过程既烦琐又容易出错。所以有必要借助于一定的软件实现属性选择的自动化。要实现自动选择属性就需要考虑如何借助于计算机解决上面的3个问题。所以,在自动选择属性时设定两个对象:一个是属性评估器,即用什么样的方法给每个属性赋予一定的评估值,而该评估值能决定该属性的重要性;另一个是搜索方法,即当设定了判断每个属性的重要程度的标准后,采取什么样的方法或风格在整个属性集中搜索。

3.5.2 Weka 中 Select attributes 标签页

Weka 软件专门提供了如图 3.70 所示的 Select attributes 标签页,可以帮助用户实现选择属性自动化。结合前面提到的用于自动选择属性的两个对象,属性评估器在该标签页中的 Attribute Evaluator 选项组中设置,而搜索方法在 Search Method 选项组中设置。如图 3.70 所示,简单介绍一下这两个选项组的内容及设置。

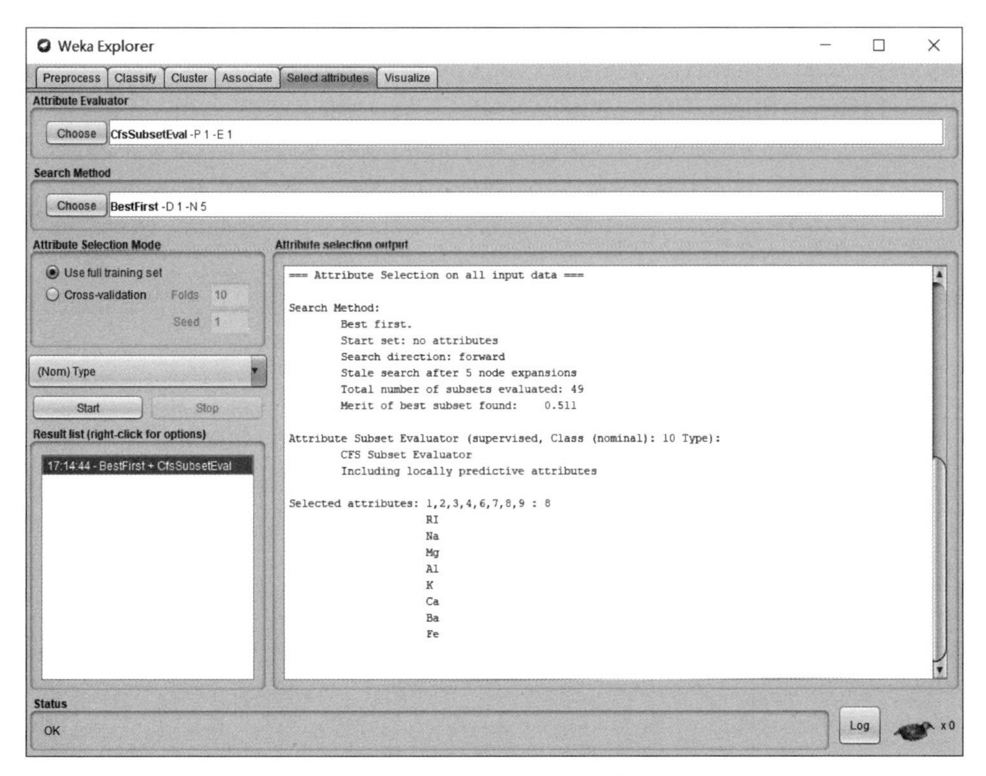

图 3.70 Select attributes 标签页

属性评估器和搜索方法是成组匹配的,在 3.5.3 小节中会进行解释。也就是说虽然用户在 Weka 中是分别设置这两个对象,但是如果用户选择的组合不匹配,Weka 会弹出一个错误消息提示框,也会帮忙自动定位一个匹配的内容。

Select attributes 标签页包含 4 部分内容，现解释如下。

- Attribute Evaluator 选项组用于设置属性评估器，可以通过单击 Choose 按钮选择不同的属性评估方法，具体方法的介绍，请见 3.5.4 小节内容。
- Search Method 选项组用于设置搜索方法，同理也可以通过 Choose 选择不同的搜索方法，具体见 3.5.4 小节。
- Attribute Selection Mode 选项组用于设置属性选择模式，有两种模式可以选择：Use full training set（使用完整的训练集），该模式的意思即为使用所有的训练数据集来确定属性或属性子集的评估值；Cross-validation（交叉验证），通过交叉验证来确定属性或属性子集的评估值。其中 Folds 选项用于设置交叉验证的折数，Seed 选项用于设置打乱数据时使用的随机种子。
- Select attributes 标签页有一个下拉列表框，用于设置在选择属性时哪个属性用作类别属性。

设置好上面内容后，单击 Start 按钮，即可启动自动选择属性的过程。当过程结束后，结果会显示在 Attribute selection output（属性选择输出）区域，同时会在 Result list（结果列表）区域添加一个关于本次执行的条目。同样，在结果列表区域中的条目上右击，弹出的快捷菜单可以设置以何种方式查看结果，例如，View in main window 表示在主窗口中查看；View in separate window 表示在单独窗口中查看。

需要提醒的是，选择属性操作除了可以在 Select attributes 标签页中完成之外，还可以在 Classify 标签页中使用元分类器 AttributeSelectedClassifier 完成，如图 3.71 所示。通过该元分类器可以在数据挖掘中做训练数据的分类前，先通过选择属性来减少维度。

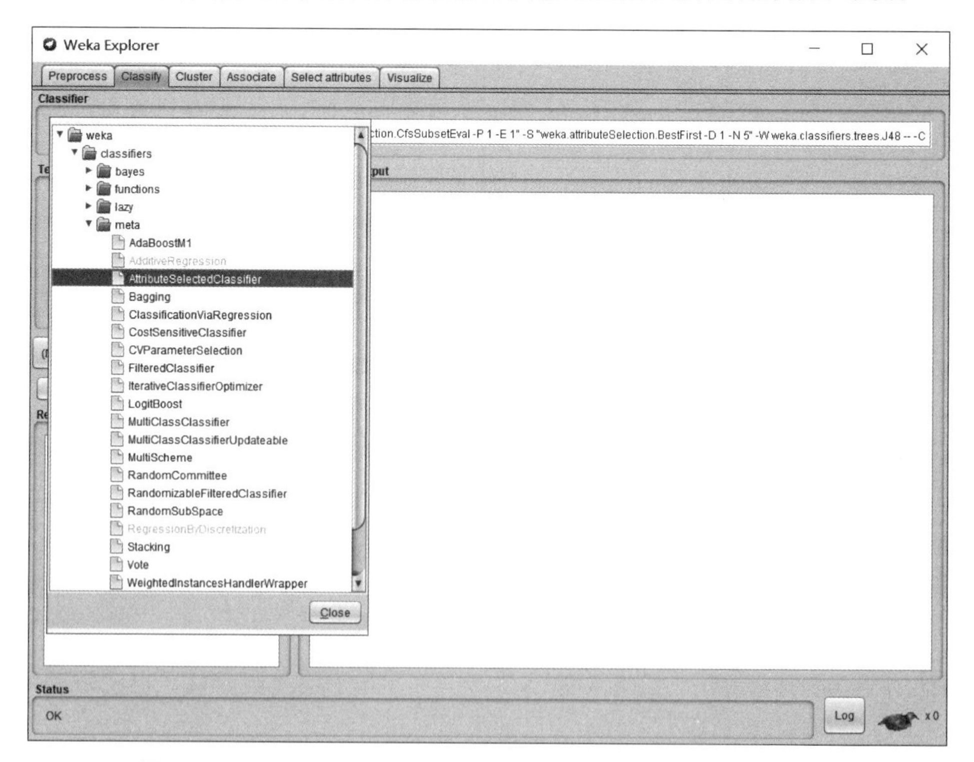

图 3.71 **Classify 标签页中元分类器 AttributeSelectedClassifier 的设置**

3.5.3 选择属性模式介绍

从图 3.70 可以看到使用 Weka 软件实现自动选择属性的关键之处在于设置合适的属性评估器和搜索方法。选择属性的目的在于从所有属性集中搜索出满足需要的属性子集空间，然后评估每一个空间；或者也可以考虑针对属性全集中的每一个属性分别给出一定的评估值，然后按照评估值进行排序，舍弃低于一定标准的属性。Weka 中刚好提供了这样的两种属性选择模式，一种是属性子集评估器＋搜索方法的模式，后者可以说是一种循环，而前者则是循环中每个环节需要做的操作；另一种模式是单一属性评估器＋排序方法，前者针对每个属性给出一个评估值，后者对所有评估值做排序。操作软件时，由用户自己选择属性评估器和搜索方法的组合，当用户选择的组合不恰当时，Weka 软件会给出一个错误提示信息。下面具体介绍各个属性评估器以及搜索方法。

1. 属性子集评估器

属性子集评估器，是选取属性的一个子集，并且给出一个用于后续搜索方法的度量数值。所有的属性子集评估器，都可以通过 Weka 的 GenericObjectEditor（通用对象编辑器）进行相关参数的配置，如图 3.72 所示。

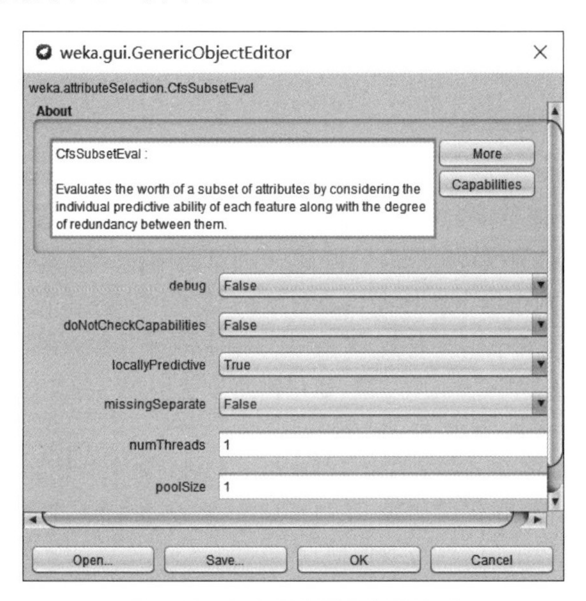

图 3.72 属性子集评估器的配置

下面解释一下 Weka 中常见的几种属性子集评估器。

- CfsSubsetEval 评估器，根据属性子集中每一个特征的预测能力以及它们之间的关联性进行评估，与类具有高相关性的属性子集被推荐选择。循环搜索的过程中，在已有推荐的基础上迭代添加与类别属性相关度最高的属性，同时还要注意选出的属性要与当前已有属性相关度低。
- ClassifierSubsetEval 评估器，根据训练集或测试集之外的数据评估属性子集。
- WrapperSubsetEval 评估器，是一种包装器方法，使用一种学习模式或者分类器对属性集进行评估，该评估器会对每个子集采用交叉验证来估计学习方案的准确性。由于该方法使用分类器进行评估，所以需要在它的 GenericObjectEditor（通用对象编辑器）中设置具体的分类器方法，其中包括之前学过的贝叶斯、决策树、线性回归、Logistic 回归以及元分类器等，可以根据自己的需要进行选择。具体设置方法如图 3.73 所示。

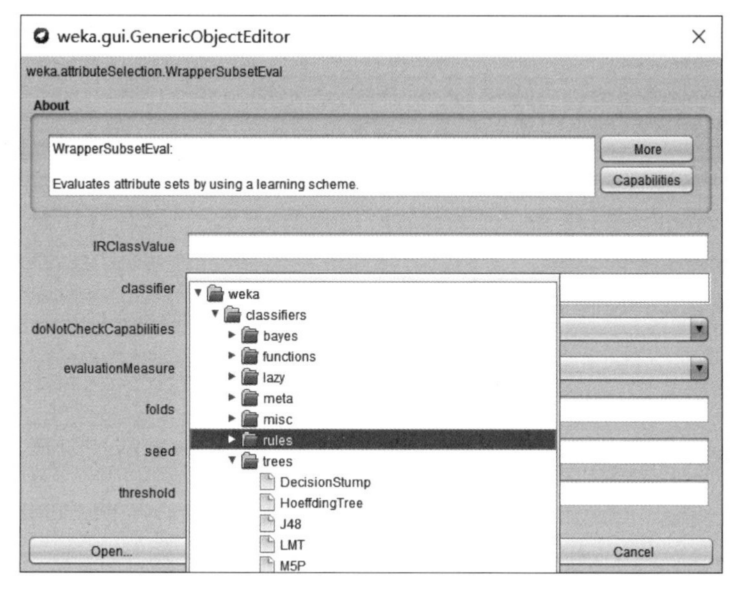

图 3.73 WrapperSubsetEval 评估器的配置

2. 单个属性评估器

单个属性评估器，是针对每个属性给出一个评估值，该评估器必须跟后续的排序 Ranker 方法一同使用，排序方法会通过舍弃若干属性后得出一个具有一定数目属性的排名列表。Weka 中经常用到的单个属性评估器如下。

- ClassifierAttributeEval 评估器，使用用户指定的分类器来评估属性。
- CorrelationAttributeEval 评估器，通过测量单个属性与类之间的相关性（Pearson 相关系数）来评估属性。
- GainRatioAttributeEval 评估器，通过测量相应类别的每一个属性的增益比来评估属性。
- InfoGainAttributeEval 评估器，通过测量类别对应的每一个属性信息增益来评估属性。如果数据集中的属性为数值型，该评估器会先使用基于最小描述长度的离散化方法对数值型属性进行离散化。
- OneRAttributeEval 评估器，使用简单的 OneR 分类器采用的准确性度量来评估属性。
- ReliefFAttributeEval 评估器，基于实例的评估器，它会随机抽取实例样本，并检查具有相同和不同类别的邻近实例。该评估器可以针对离散型数据，也可以运行于连续型数据。其中的参数包括指定抽样实例的数量、要检查的邻近实例的数量等。
- SymmetricalUncertAttributeEval 评估器，通过测量属性的对称不确定性来评估属性。
- PrincipalComponents 评估器，使用主成分分析法进行属性评估。该评估器不同于其他单个属性评估器的地方在于，它会转换成属性集，新属性按照各特征值进行排序。

3. 搜索方法

属性评估器只是针对属性的评估方法，要想得到需要的属性子集，还需要借助于一定的搜索方法，在属性全集中进行相应的搜索。搜索方法是指，遍历属性空间以搜索好的子集，通过所选的属性子集评估器来衡量其质量。同样，每个搜索方法都可以使用Weka通用对象编辑器进行配置。常用的搜索方法介绍如下：

(1) BestFirst 最佳优先搜索方法。BestFirst是一种可以回溯的贪婪上升的搜索方法。它可以从空属性开始向前通过一步步增加属性进行搜索，也可以从全集开始向后通过一步步减少属性个数进行搜索，还可以从中间点开始双向搜索，同时考虑所有可能的单个属性的增删操作。

(2) GreedyStepwise。GreedyStepwise是一种向前或向后的单步搜索方法，也是贪婪搜索属性的子集空间，可以从空集开始向前搜索，也可以从全集开始向后搜索，但是不回溯。在搜索过程中，如果加或减剩余的最佳属性会导致评估指标下降，那么搜索就会立即终止。在该方法中，用户可以指定要保留的属性数目，或者设置一个阈值，舍弃所有低于该阈值的属性。前面介绍的属性子集评估器，就是要与BestFirst和GreedyStepwise两种搜索方法其中之一相结合，构成一种选择属性的模式。

(3) Ranker 排序搜索方法。严格来说，这不是一个搜索属性的方法，而是一个对属性排序的方法。通过使用单个属性评估器对属性评估，然后按照评估值进行排序，所以该方法只能和单个属性评估器组合，不能与属性子集评估器匹配。而且，Ranker方法不仅可以对所有属性进行排序，还能把排名比较低的属性删掉，实现选择属性的目的。用户也可以在通用对象编辑器中设置一个截止阈值，从而舍弃低于该阈值的属性，或者指定选择留下多少个属性。用户甚至可以指定保留某些属性，不管它的排名如何。

3.5.4 Weka中选择属性操作示例

1. 手工选择属性

前面提到选择属性可以采取手工选择，也可以采取自动选择。手工选择过程既烦琐又容易出错，一般在实践中面对大量数据时，很少选择手工选择。不过在这一节做一个手工选择属性的简单实验，目的在于理解选择属性的工作原理和工作过程。当然本节的手工选择过程也是需要借助Weka软件的帮助。使用Weka提供的玻璃数据集，使用IBk算法，来验证一下哪个属性子集可以产生较好的分类准确率。

启动Weka，在Preprocess标签页中加载glass.arff文件，可以看到，除最后一个类别属性外，该数据集共有9个属性，如图3.74所示。在Attributes选项组中，通过选中属性表格里属性名称前面的复选框选择想要移除的属性，然后单击Remove按钮移除选中的属性，使用剩下的属性子集进行测试。

采用逐步消去属性的方法，从完整数据集中移除一个属性，形成一个属性子集，对每个属性子集进行交叉验证，可以确定最佳的8个属性的数据集，以此类推，移除两个属性，3个属性等。具体手工测试的步骤如下。

(1) 先以9个属性为属性子集，单击Classify标签页。

(2) 单击Choose按钮，选择IBk分类器。

(3) 在Test options选项中，选择十折交叉验证。

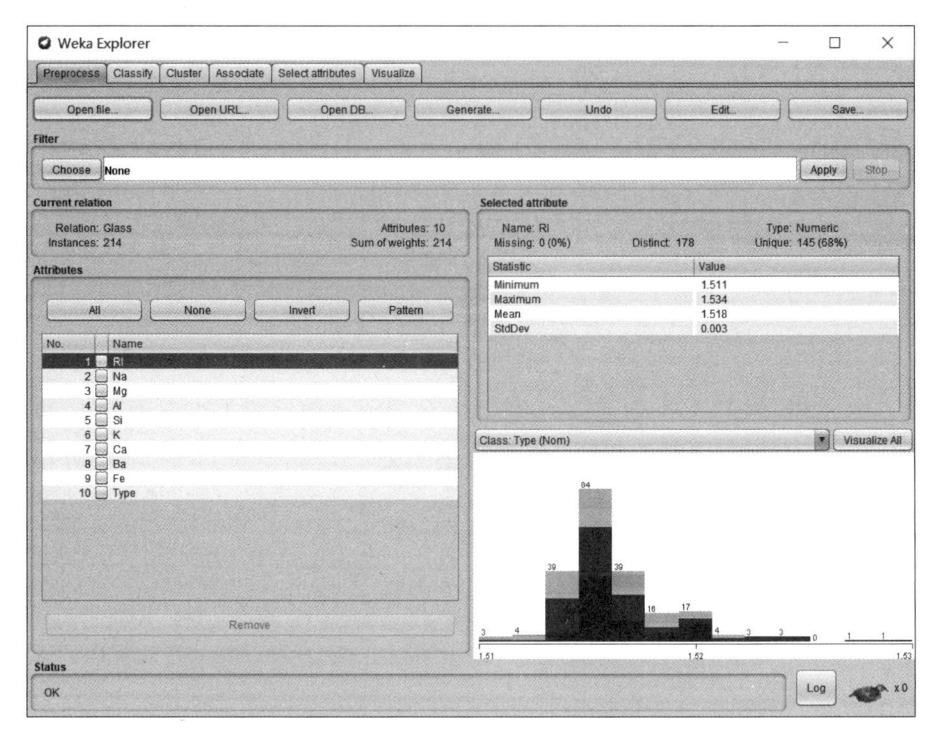

图 3.74　玻璃数据集的预处理 Preprocess 标签页

(4) 单击 Start 按钮，启动分类器，得出结果，记录正确分类的百分比，可以看到 9 个属性分类准确率为 70.560 7%，如图 3.75 所示，同时在准确率表 3.8 中记录下来。

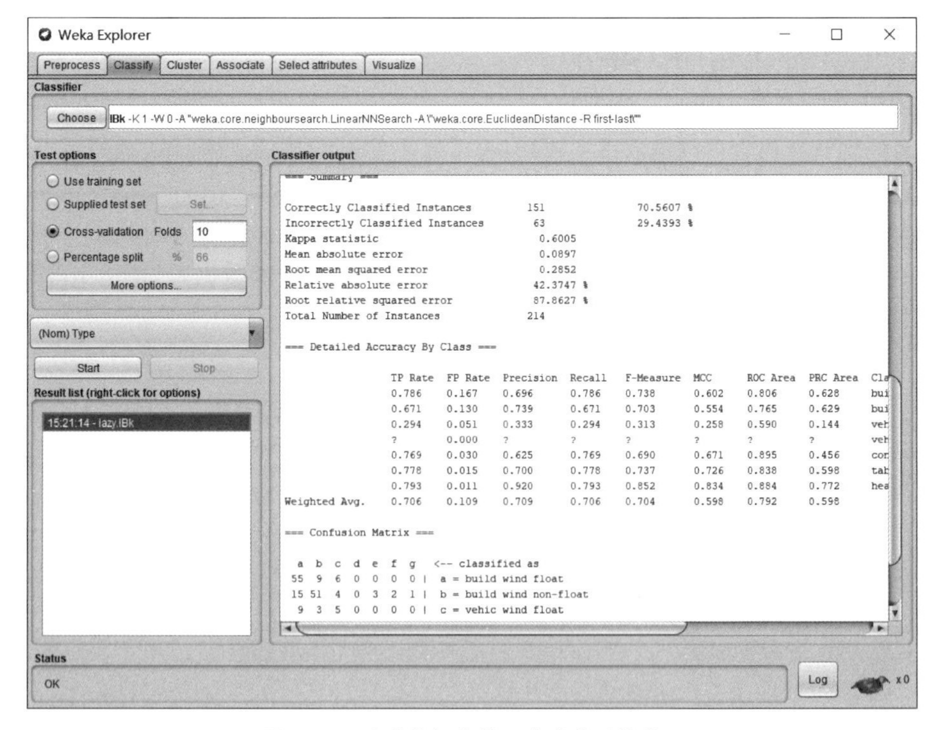

图 3.75　玻璃数据集第一次分类后的结果

(5) 回到预处理标签页，移除一个属性 Fe，再单击 Classify 标签页中的 Start 按钮，得出结果，可以看到 8 个属性的分类准确率为 77.102 8%。以此类推，移除其他单个属性，运行结果，发现在 8 个属性的分类准确率中，只有移除 Fe 属性的准确率最高，记录该准确率于表 3.8 的第 2 行。

(6) 回到预处理标签页，进行移除两个属性的运算，最后得出 7 个属性的最大准确率为 77.570 1%，记录于表 3.8 的第 3 行。如此反复，得出最终结果，如表 3.8 所示。

表 3.8 玻璃数据集不同属性子集分类的准确率

数据子集大小(属性数量)	最佳子集的属性	分类准确率/%
9	RI,Na,Mg,Al,Si,K,Ca,Ba,Fe	70.560 7
8	RI,Na,Mg,Al,Si,K,Ca,Ba	77.102 8
7	RI,Na,Mg,Al,K,Ca,Ba	77.570 1
6	RI,Na,Mg,K,Ca,Ba	78.972 0
5	RI,Mg,Al,K,Ca	79.439 3
4	RI,Mg,K,Ca	77.102 8
3	RI,K,Ca	73.831 8
2	RI,Mg	65.887 9
1	Al	52.336 4
0		35.514 0

从表 3.8 可以看出，玻璃数据集用 IBk 分类器进行分类时，当在 9 个属性中选择 5 个属性时可以达到最高分类准确率 79.439 3%，更多或更少的属性均会降低分类的准确率，即最佳的属性子集为 5 个属性，分别为 RI、Mg、Al、K、Ca。所以，最佳属性子集的分类准确率 79.439 3%，优于属性全集的分类准确率 70.560 7%。这再次证实了前面提到的“选择属性”操作的意义——去除冗余的属性，筛选出对预测学习结果最好的一组属性。

通过本次实验可以获知，在数据集中手工选择属性是很烦琐和复杂的，单纯从每次去除属性来看，实验的次数是巨大的，因为需要从 9 个属性全集中把任意 1 个或任意 2 个以至任意 8 个都要去掉，分别做实验，从而得出分类准确率，然后再选择最高的准确率填入表格。所以这样的实验不仅任务量很大，也会花费很长时间。要在数据量更大的数据集中实现显然是很不现实的，所以需要借助于一定的软件帮助进行自动属性选择。研究表明，自动的属性选择方法通常更快更好。

2. 自动选择属性

自动选择属性有两种模式：搜索方法＋属性子集评估器和单个属性评估器＋排序。下面就在 Weka 软件中用这两种模式来进行实验。

首先使用 CfsSubsetEval 评估器来评估属性子集，选择 GreedyStepwise 搜索方法，具体步骤如下。

继续使用玻璃数据集，便于将得出的结果跟手工选择属性的结果做对比。先加载 glass.arff 文件，然后选择 Select attributes 标签页。在 Attribute Evaluator 选项组中，单击 Choose 按钮，选择评估器，默认是 CfsSubsetEval 评估器，单击 Search Method 选项组中的 Choose 按钮，选择 GreedyStepwise 搜索方法，然后单击 Start 按钮，启动自动选择属性模式，运行结果如图 3.76 所示。从运行结果可以看出，已经选出最佳属性子集，共有 7 个属性，分别为 RI、Mg、Al、K、Ca、Ba、Fe。结果中显示的 1,3,4,6,7,8,9 是这 7 个属性在属性全集中的排位。

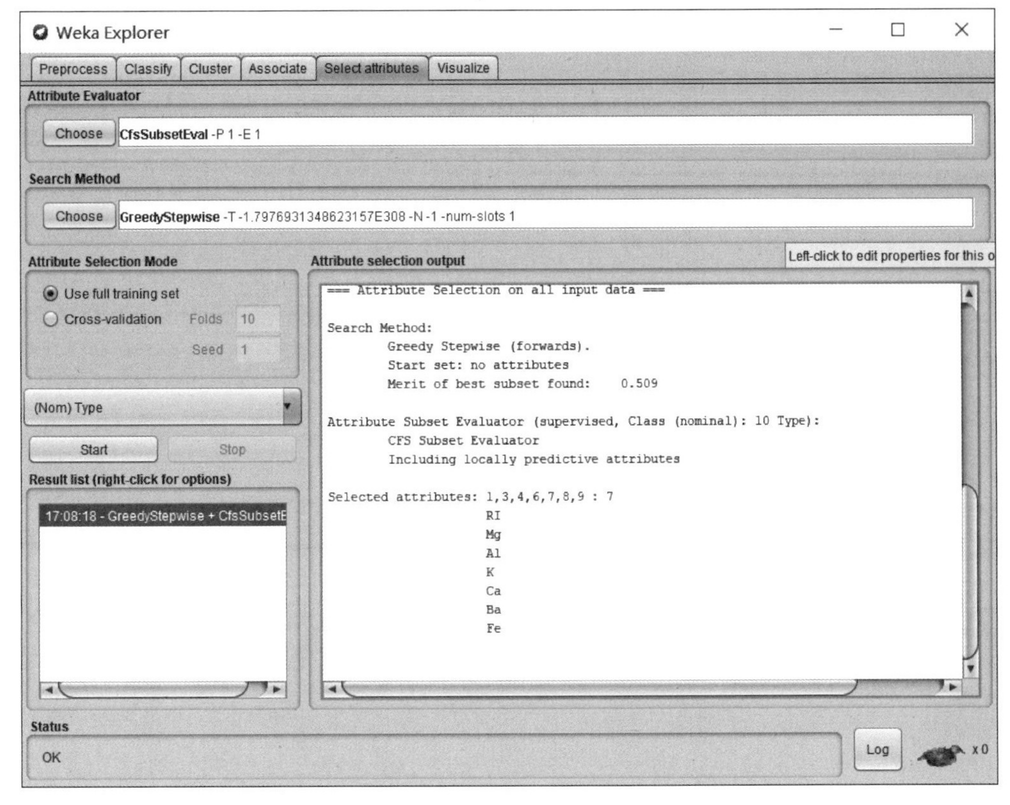

图 3.76 CfsSubsetEval 评估器运行结果

接下来换一种属性子集评估器再做一次实验，选择 WrapperSubsetEval 评估器，同时设置 BestFirst 搜索方法。注意选择此评估器时，需要在该评估器的通用对象编辑器中选择一种分类算法，这里选择 J48 分类算法，并设置搜索算法为 BestFirst，然后单击 Start 按钮，结果如图 3.77 所示。观察运行结果可以看到，该评估器选择出的最佳属性子集共有 5 个，分别为 RI、Mg、Al、K、Ba。5 个属性的排位标号分别为 1、3、4、6、8。

前面是使用属性子集评估器进行属性选择，接下来，换第 2 种属性选择模式进行实验。单个属性评估器使用 InfoGainAttributeEval 评估器，同时使用 Ranker 搜索方法对属性进行排名，具体步骤如下。

在 Attribute Evaluator 选项组中，单击 Choose 按钮，选择 InfoGainAttributeEval 评估器，此时会弹出一个警告对话框，如图 3.78 所示，帮用户询问是否需要选择 Ranker 搜索方法，单击"是"按钮，会发现 Search Method 选项组自动切换成了 Ranker 方法。然后单击 Start 按钮，启动自动选择属性的第二种模式，运行结果如图 3.79 所示。

从图 3.79 的属性选择输出结果可以看到，9 个属性已经按照信息增益的重要程度进行了排序，顺序是 Al、Mg、K、Ca、Ba、Na、RI、Fe、Si，各个属性的编号记为 4、3、6、7、8、2、1、9、5。用户可以按照这个排名选择实际的属性子集。

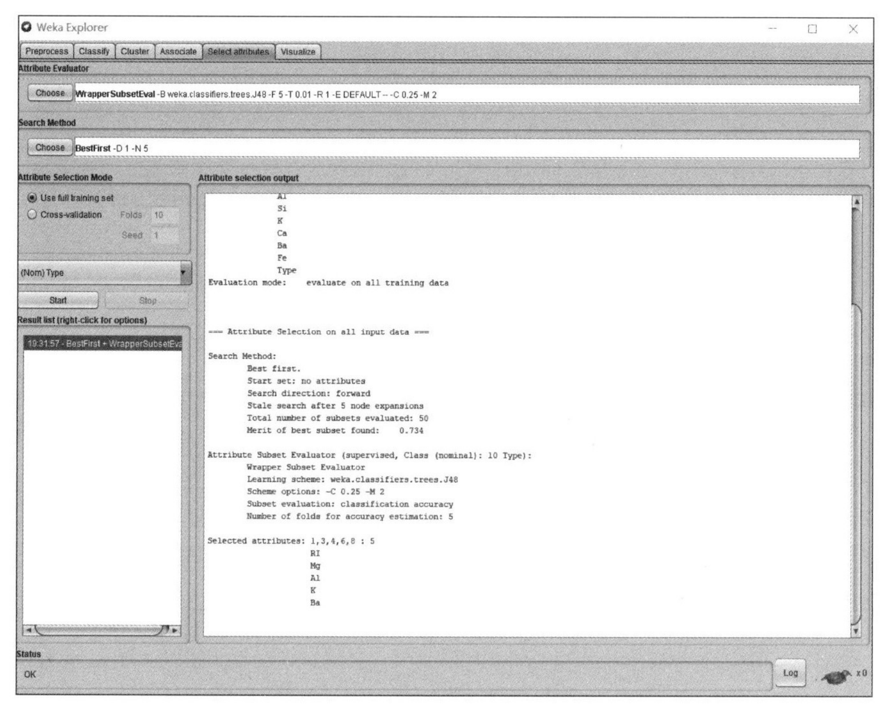

图 3.77 WrapperSubsetEval 评估器运行结果

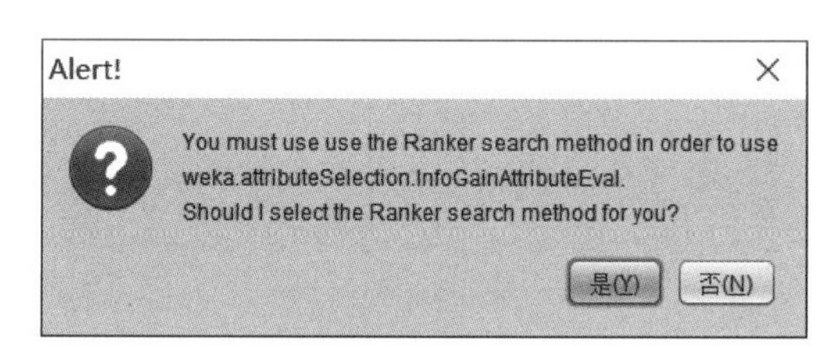

图 3.78 警告对话框

接下来，将两种属性子集评估器以及一种单个属性评估器的实验结果做一个简单的比较，CfsSubsetEval 评估器选出 1、3、4、6、7、8、9 共 7 个属性，WrapperSubsetEval 评估器选出 1、3、4、6、8 共 5 个属性。两种方法都选出了 1、3、4、6、8 这 5 个属性。而这 5 个属性在信息增益评估器中的排位分别为第 7 位、第 2 位、第 1 位、第 3 位、第 5 位。除了 1 和 8 属性，3、4、6 都是排位很靠前的属性。这也说明虽然 3 种方法得出的结果不完全相同，但各种算法都选中了跟类别属性相关性很强的属性。

最后参考刚才手工选择属性时使用的属性子集对分类准确度的影响的相关操作，比较一下两种不同的属性子集评估算法所选出的属性子集对分类准确度的影响，结果见表 3.9。

表 3.9 不同属性子集评估算法的分类准确率

序 号	属性子集	分类算法	评估策略	分类准确率/%
1	全集	IBk	十折交叉验证	70.560 7
2	1,3,4,6,7,8,9	IBk	十折交叉验证	72.429 9
3	1,3,4,6,8	IBk	十折交叉验证	76.168 2

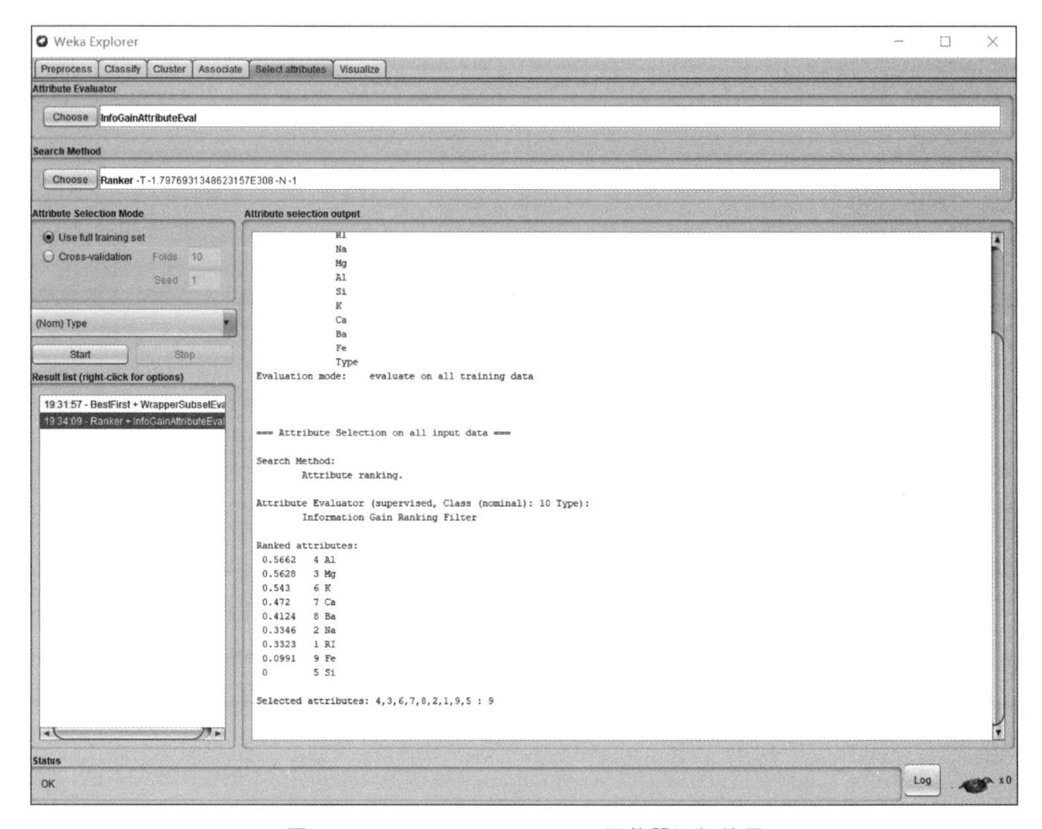

图 3.79 InfoGainAttributeEval 评估器运行结果

从表 3.9 中可以发现，经过属性选择后，分类准确度有了一定程度的提高，而且相对于玻璃数据集这个案例来说，WrapperSubsetEval 评估器选出的 5 个属性的子集，要比全集和 CfsSubsetEval 评估器选出的 7 个属性的分类效果更好一些。

综上所述，通过实验可以看到，自动属性选择得到的结果可以为数据挖掘工作的前期数据预处理工作提供很大的帮助。

3.6 数据可视化

所谓的可视化(Visualization)，是利用计算机相关技术，以图形、图像或表格的形式将数据在屏幕上显示出来。通过分析数据的特征或属性相互之间的关系来更好地研究数据，以发现其中所包含的信息。因为可视化的结果本身比较直观，所以更便于相关研究者发现其中冗余或无意义的属性及数据，从而更好地发现数据里所包含的模式。

本节借助 Weka 软件提供的工具，侧重于研究多属性的数据，通过构造两两属性之间的散点图来显示属性之间的关系，便于用户发现属性之间的关联性。

Weka 软件提供了两种途径进行数据的可视化。第 1 是 Weka GUI 窗口中提供的 Visualization 菜单项，其中包括 Plot、ROC、TreeVisualizer、GraphVisualizer 和 Boundary Visualizer，如图 3.80 所示；第 2 是 Weka Explorer 界面中的 Visualize 标签页。

简单解释图 3.80 中 Visualization 菜单项。

- Plot，散点图，可画出数据集的二维散点图。

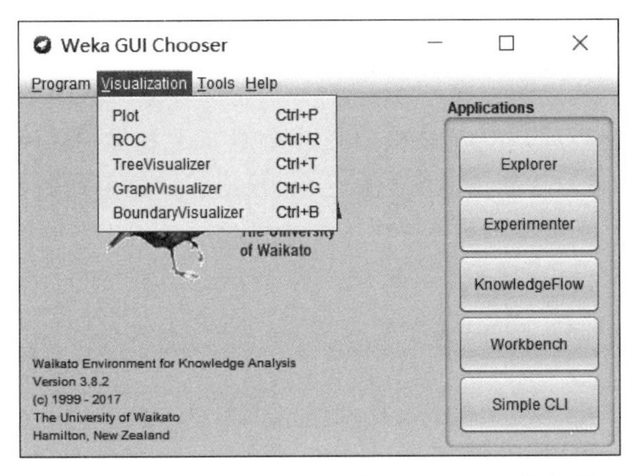

图 3.80 Weka GUI 窗口中的 Visualization 菜单项

- ROC,接受者操作特性曲线,如果打开预先保存的文件,选择该菜单项可显示 ROC 曲线。
- TreeVisualizer,树结构可视化工具,打开保存的数据文件,可显示一个有向图,例如决策树。
- GraphVisualizer,图可视化工具,显示为 XML、BIF 或 DOT 格式的图片,例如贝叶斯网络。
- BoundaryVisualizer,边界可视化工具,允许在二维空间中对分类器的决策边界进行可视化,从而可以比较直观地了解分类器的工作原理。

3.6.1 Visualize 标签页

Weka 软件除了通过其 GUI 窗口中的 Visualization 菜单项做比较简单的数据可视化外,通过其 Explorer 界面的 Visualize 标签页还可从散点图的角度更为详细地对当前数据集做可视化浏览。要注意这里的可视化对象并非分类或聚类模型的运算结果,而是数据集本身。它会把数据显示在一个二维散点图矩阵中,每个单元格对应两个属性。该矩阵的用途是:第一,可以直观地以二维矩阵图方式显示属性两两之间的关系;第二,当给定类别标签后,可以通过它看到所有不同类别的数据实例有两个属性分散的程度。在其中可以借助于一条直线或曲线选择并区分显示在矩阵中的数据点,可为基于该属性的分类做一定的铺垫。下面认识一下 Visualize 标签页中各个选项。

1. Visualize 标签页的组成

首先在 Preprocess 标签页加载数据集,这里使用 Weka 中自带的鸢尾花数据集 iris.arff。然后单击 Visualize 标签页,如图 3.81 所示。该标签页可分为三部分,最上方是由数据中的各属性两两组成的二维矩阵图区,因为 iris 有 5 个属性,所以构成一个 5×5 的矩阵;中间是按钮调节区;下面是 Class Colour 和 Status 的状态显示区。

先选择一个属性(一般选择类别 class 属性),用于对二维矩阵图中的数据点着色。通过单击窗口下方的 Colour:class 下拉列表框,选择一个类别属性,就会依据该属性的值对数据点进行着色;Class Colour 选项组显示的是不同类别对应的颜色,本例中鸢尾花的种类有三种,依次为山鸢尾、杂色鸢尾和弗吉尼亚鸢尾,所以 Class Colour 选项组里显示了 3 种颜色,单击其中的任一个类别属性名,会弹出 Select new Color 对话框,选择一种颜色,对应的类别名就会显示为该色。以此类推,为每一个类别属性设置一种颜色。如果类别属性属于标称型数据,则会显示离散的着色,如图 3.81 中显示了 3 种类别的不同颜色;如果类别属性是数值型数据,则会显示为颜色渐变的彩色条,根据属性值由低到高,对应的颜色会从蓝色变化到橙色。没有类别取值的数据点会显示为黑色。

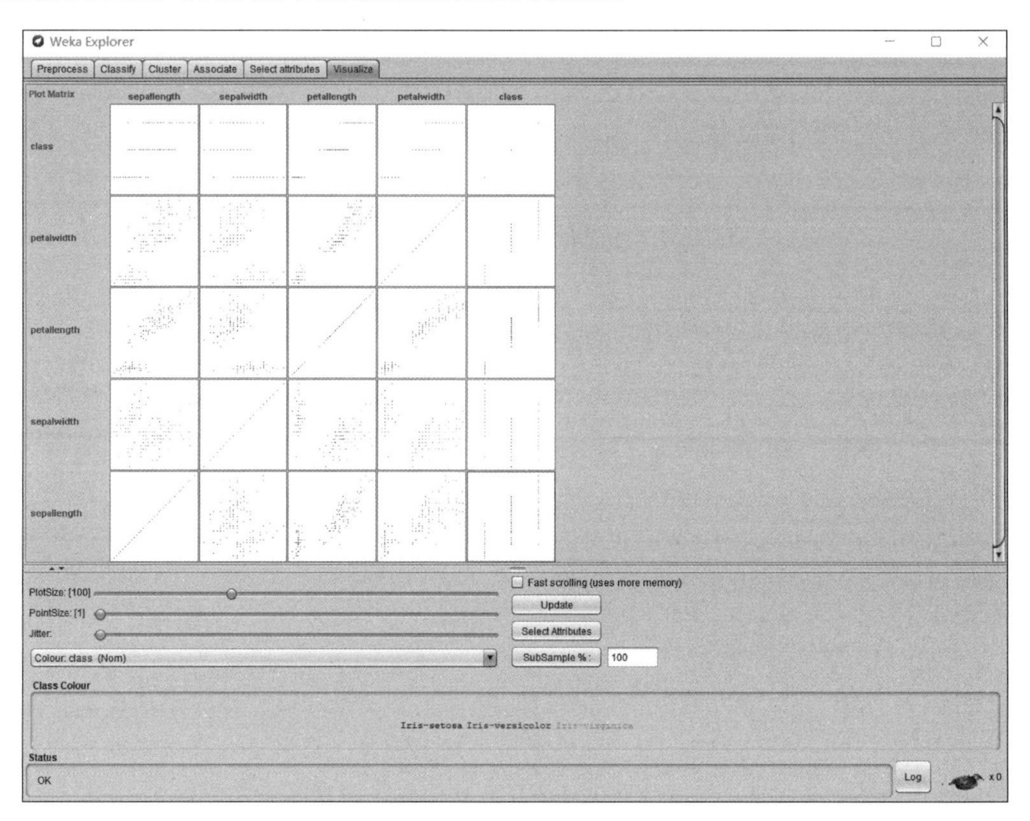

图 3.81 iris 数据集的可视化

在设置好类别属性各个值的颜色后,二维矩阵图区的各个数据点就会依据其所属的类别而显示相应的颜色。观察该二维矩阵区,可以发现数据集的各个属性分别显示在 X 轴和 Y 轴,同时 X 轴和 Y 轴的每个属性两两相交,形成一个单元格,整个二维矩阵图就是由多个单元格组成的,所有的数据点以各种颜色密集地分布在这些单元格中。

下面介绍中间的按钮调节区各个选项的意义。PlotSize 滑块和 PointSize 滑块分别用于改变单个二维散点图(即单元格)的大小和数据点大小;Jitter(抖动)滑块通过由左至右调整可以增加 X 轴、Y 轴上点的随机性,这样重叠的点随着抖动的增加,将不再重叠,会更清晰地显示出来。因此,抖动越大,数据点越多;Fast Scrolling 复选框用于加快数据滚动的速度;Select Attributes 按钮用于对散点图矩阵中的数据点进行属性子集的选择,可以只选择一组属性的子集放在散点图矩阵中,还可以取出数据的一个子样本;SubSample 按钮用于对数据进行二次抽样,可以在旁边的文本框设置随机数种子和抽样的百分比。最后注意,只有在单击 update 按钮后,按钮调节区的所有按钮内容的更改才会生效。

2. 单个二维散点图

当单击二维矩阵图中的一个单元格时，将会弹出一个单独的二维散点图，显示选定的两个属性交叉形成的数据散点图，如图 3.82 所示。

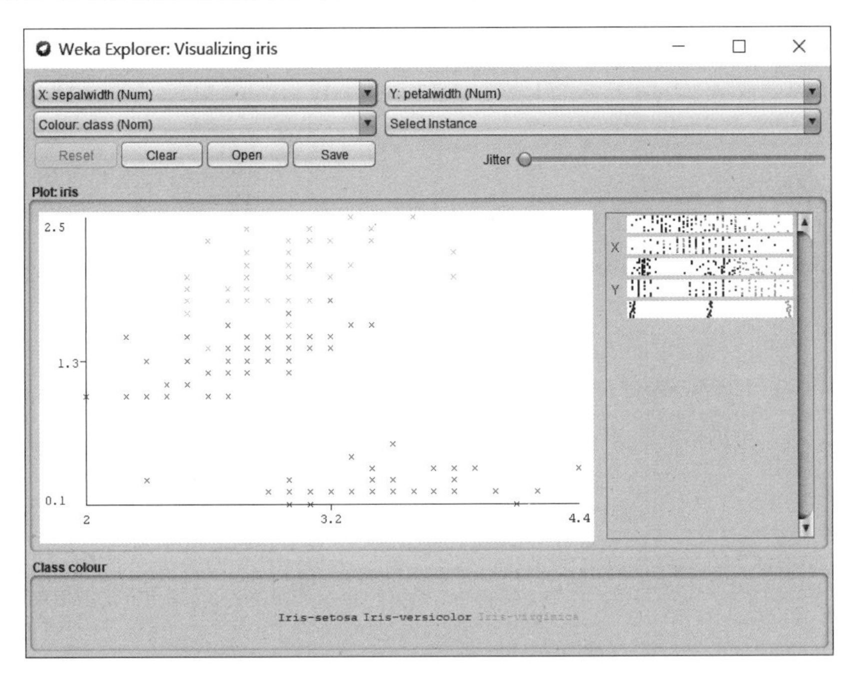

图 3.82 可视化 iris 数据集的单个散点图

从图 3.82 可以看到，跟两个属性相关的数据点散布在窗口的主要区域里，即 Plot：iris 区域。窗口最上方是两个下拉列表框，用来设置图中的 X 轴和 Y 轴。左边的下拉列表框用于设置 X 轴要显示的属性，右边的下拉列表框用于设置 Y 轴要显示的属性。本例需要在两个下拉列表框中把 5 个属性都显示出来，因此可以选择任意两个属性作为该散点图的横纵坐标。在 X 轴选择器下方是一个下拉列表框，用来选择着色的方案，它可以根据所选的属性给点着色，最下方的 Class Colour 选项组中图例颜色的设置跟 Visualize 标签页中的 Class Colour 选项组的设置是一样的，单击也会弹出 Select new Color 对话框。

中间 Plot：iris 区的右边有一些水平横条。每一条代表着 iris 数据集的一个属性，自上而下属性的顺序是与 Visualize 标签页中二维矩阵图中自左至右属性的顺序是一一对应的，横条中的点代表了属性值的分布。这些点随机地在竖直方向散开，使得点的密集程度能被看出来。

单击这些横条可以改变左侧 Plot：iris 区的坐标轴。单击可以改变 X 轴的属性；右击改变 Y 轴的属性。横条旁边的“X”和“Y”代表了当前的坐标轴使用的属性（如果某个横条旁边显示的是“B”，则说明 X 轴和 Y 轴都使用该属性）。

属性横条的上方是一个标着 Jitter 的抖动滑块。它能随机地使散点图中各点的位置发生偏移，也就是抖动。把它拖到右边可以增加抖动的幅度，这对识别点的密集程度很有用。如果不使用这样的抖动，几万个点放在一起和单独的一个点用肉眼看会没什么区别。

在 Y 轴选择器的下方是一个标着 Select Instance 的下拉列表框，它决定选取数据点的方法，Weka 软件提供了 4 种选择数据点的方法。

(1) Select Instance。单击图中某个数据点，会打开一个窗口列出它的属性值，若单击处的点大于一个，则其他组的属性值也会被列出来，如图 3.83 和图 3.84 所示。

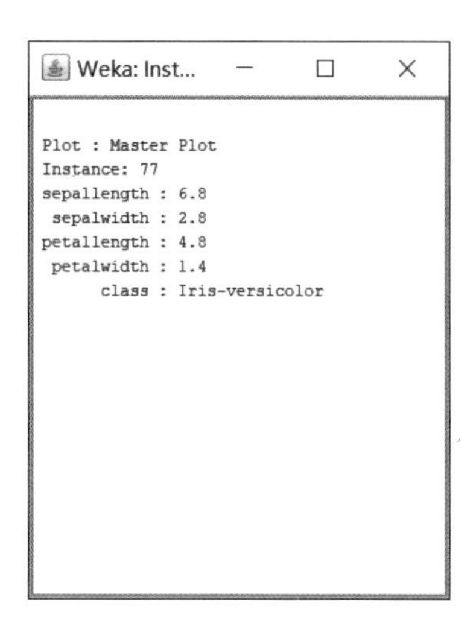

图 3.83　只有 1 个实例的数据点

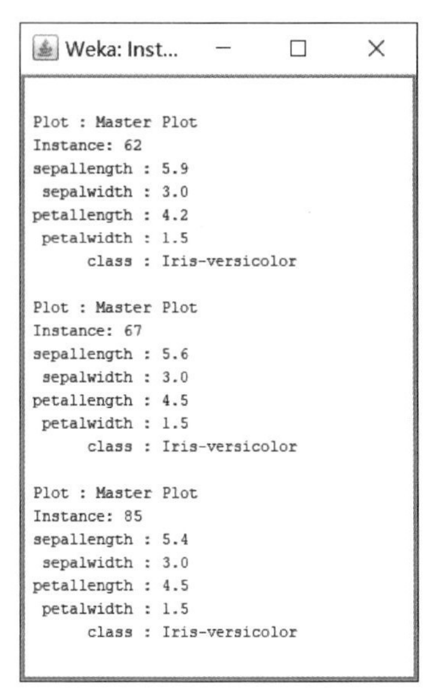

图 3.84　包含 3 个实例的数据点

(2) Rectangle。通过按住鼠标左键并拖动会创建一个矩形，可以把要选择的点框在该矩形中。

(3) Polygon。通过单击并拖动鼠标，会创建一个形式自由的多边形并选取其中的点。单击添加多边形的顶点，右击完成顶点设置即结束选择。起始点和最终点会自动连接起来，因此多边形总是闭合的。

(4) Polyline。可以创建一条折线把它两边的点区分开。单击添加折线顶点，右击结束设置。折线总是打开的(与 Polygon 中创建的闭合多边形相反)。

使用 Rectangle、Polygon 或 Polyline 圈定了散点图的一个区域后，该区域会变成灰色。这时单击散点图上方的 Submit 按钮会移除落在灰色区域之外的所有数据点，只显示所选中的数据点。同时可以发现 X 轴和 Y 轴的数据值范围也会发生改变，变成所选区域对应的数值范围。如果选中某个区域后，单击 Clear 按钮，会清除所选区域而对原有图形不产生任何影响。如果图中所有的数据点都被移除，则 Submit 按钮会变成 Reset 按钮。这个按钮能取消前面所做的全部移除操作，图形回到所有点都在的初始状态。最后，单击 Save 按钮可把当前能看到的数据集保存到一个新的.arff 数据集文件中。单击 Open 按钮可以打开保存后的数据集文件。

3.6.2　数值型类别属性可视化

在 iris 数据集中，类别属性 class 是标称型数据，可以看到图 3.81 中的点是有 3 种不同的灰度。再通过一个类别属性是数值型数据的例子，与图 3.81 对比一下。加载 Weka 中的 cpu.arff 数据集，它的类别属性是数值型数据，加载数据集后打开 Visualize 标签页，如图 3.85 所示。

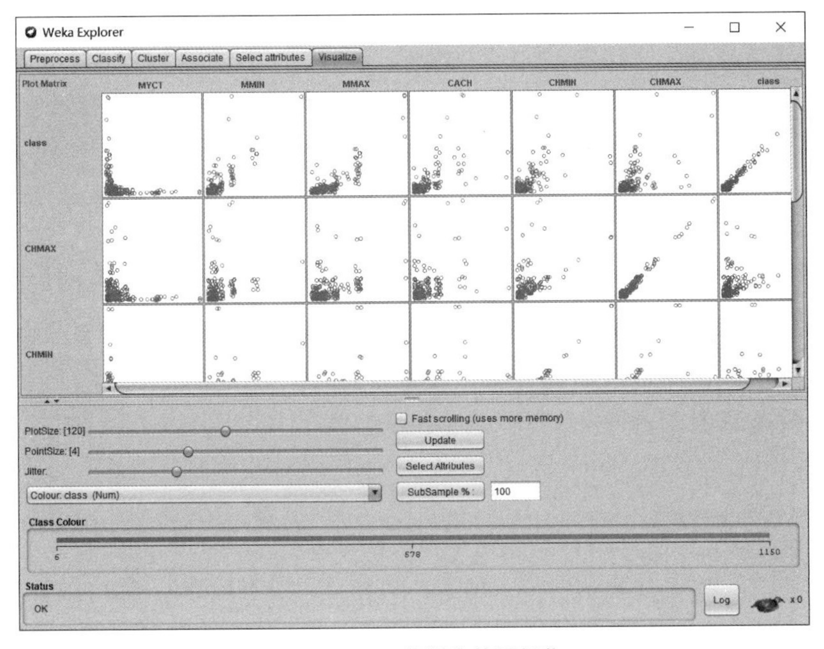

图 3.85 cpu 数据集的可视化

可以看到，该标签页窗口底部的 Class Colour 显示这里显示的不再是离散的几个颜色和属性名，而是显示为一个彩色条，伴随着属性值从左到右由低到高，颜色从蓝色一直逐渐变化到橙色（详见微课视频演示）。这正是与图 3.81 不一样的地方。除此之外，窗口中所有其他按钮的功能均与类别属性为标称型数据集（图 3.81）的功能完全相同。这里不再一一解释，读者可以使用 cpu 数据集自行尝试一下前面在图 3.81 中所做的所有实验操作。

值得一提的是，使用 Weka GUI 窗口中 Visualization 菜单下的 Plot 菜单项得出的二维散点图（图 3.86），与 Visualize 标签页中的单个二维散点图（图 3.82）相比，除了窗口的标题栏显示不一样以外，其他都完全一样。

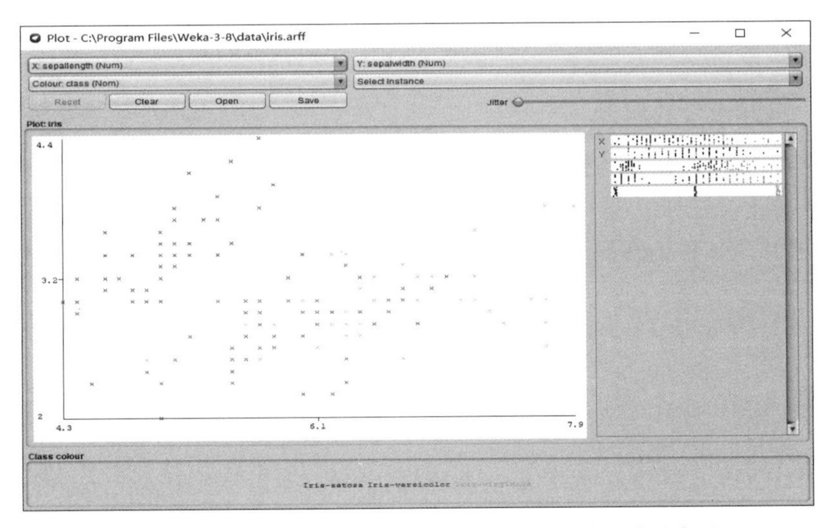

图 3.86 Visualization 菜单下 Plot 菜单项得出的二维散点图

第4章 BIG DATA

数据分析进阶

4.1 贝叶斯网络

贝叶斯网络,又称信念网络(Belief Networks),是一种基于概率模型的图结构,其由美国加州大学洛杉矶分校的 Judea Pearl 教授(2011 年因贝叶斯网络的研究获得图灵奖)在 1988 年提出,经过三十多年的发展,目前已经成为人工智能、机器学习、大数据分析领域内一个重要的研究热点。贝叶斯网络采用 DAG(Directed Acyclic Graph,有向无环图)来表示,由代表变量的节点和连接这些节点的有向边构成。节点代表随机事件,节点间的有向边代表了节点间的相互关系(由父节点指向子节点),可将从节点 A 指向节点 B 的有向边理解为 A“导致”B。此外,由于有向边模型可以对复杂不确定性关系进行编码,因此容易通过大规模的计算机集群学习得到分析结果。贝叶斯网络适用于不确定性和概率性事件的表达和分析,可以从不完全、不精确或不确定的知识或信息中进行推理和计算。在贝叶斯网络的概率图结构中,需要对每一个节点(随机事件)指定条件概率分布(Conditional Probability Distribution,CPD)。本书仅考虑节点类型是离散型的事件,采用表格形式表示,称为条件概率表(Conditional Probability Table,CPT),表中列出子节点与其父节点的每一组值的组合所对应的概率。存在父节点的节点用条件概率表示关系强度,没有父节点的节点则使用先验概率。

贝叶斯公式是贝叶斯网络的基础。贝叶斯公式是概率论中的重要公式,用来描述两个条件概率之间的关系,是概率加法公式和概率乘法公式的综合运用。下面首先对贝叶斯公式做简要介绍。

4.1.1 贝叶斯公式简介

通常,事件 A 在事件 B(发生)的条件下的条件概率 $P(A|B)$,与事件 B 在事件 A(发生)的条件下的条件概率 $P(B|A)$是不一样的,$P(A|B)$与 $P(B|A)$两者有确定的关系,贝叶斯公式就是描述这种关系的。贝叶斯公式的定义为:设 $B_1,B_2,\cdots,B_n$ 为事件集合 Ω 的一个分割,即 $B_1,B_2,\cdots,B_n$ 互不相容,且 $\bigcup_{i=1}^{n} B_i=\Omega$,如果 $P(A)>0,P(B_i)\neq 0$,则:

$$P(B_i \mid A)=\frac{P(B_i)P(A \mid B_i)}{\sum_{j=1}^{n} P(B_j)P(A \mid B_j)},\quad i=1,2,\cdots,n$$

贝叶斯公式可以理解为:假定有 n 个两两互斥的“原因”$B_1,B_2,\cdots,B_n$ 可引起同一种“现象”A 的发生,若该“现象”A 已经发生,利用贝叶斯公式可以算出由某一个“原因”$B_i(i=1,2,\cdots,n)$所引起的可能性有多大,如果能找到某个 B_i,使得 $P(B_i|A)=\max$

$\{P(B_i|A)\}$,$1\leqslant i\leqslant n$,则 B_i 就是引起"现象"A 最大可能的"原因"。

生活中经常会遇到这样的情况,事件 A 已发生,需要判断引起 A 发生的"原因"B_i。这就可以应用贝叶斯公式来判断引起 A 发生的"原因"B_i 的概率,如果某个"原因"B_i 的概率足够大(或者说在一组"原因"里面的概率最大),就倾向于确定该"原因"B_i 导致事件 A 发生的可能性最大。贝叶斯公式就能够对部分未知的状态用主观测量(先验概率)进行估计,然后用贝叶斯公式对概率进行修正,得到后验概率,最后基于后验概率做出最佳判断。

先来看一个用贝叶斯公式进行判断的例子。某地区某种癌症 C 的发病率为 0.0004,可以用某种试剂进行检验,但该检验结果是存在误差的。已知患有癌症 C 的人其化验结果 99%呈阳性(有病),而没有患癌症的人其化验结果 99.9%呈阴性(无病)。某人的检查结果呈阳性,问其真患癌症的概率是多少?解决问题的方法是,记 B 为事件"被检查者患有癌症",A 为事件"检查结果为阳性",由题设知:

$$P(B)=0.0004 \quad P(\bar{B})=0.9996$$

$$P(A\mid B)=0.99 \quad P(A\mid \bar{B})=0.001$$

目的是求 $P(B|A)$,由贝叶斯公式得:

$$\begin{aligned}P(B\mid A)&=\frac{P(B)P(A\mid B)}{P(B)P(A\mid B)+P(\bar{B})P(A\mid \bar{B})}\\&=\frac{0.0004\times 0.99}{0.0004\times 0.99+0.9996\times 0.001}\\&=0.284\end{aligned}$$

这表明,在检查结果呈阳性的人中,真患癌症的人不到 30%。这个结果可能会使人吃惊,但仔细分析一下就可以理解了。因为癌症发病率很低,在 10 000 人中约有 4 人,而另外有 9996 人不患癌症。对 10 000 个人中,用试剂进行检查,按其错误检测的概率可知,9996 个不患癌症者中约有 $9996\times 0.001\cong 9.996$ 个呈阳性。另外 4 个真患癌症者的检查报告中约有 $4\times 0.99\cong 3.96$ 个呈阳性,仅从 13.956(=9.996+3.96)个呈阳性者中看出,真患癌症的 3.96 人约占 28.4%。

进一步降低错检的概率是提高检验精度的关键,在实际应用中由于技术和操作等原因,降低错检的概率是很困难的。所以现实环境下,常采用复查的方法来减少错误率;或用一些简单易行的辅助方法先进行初查,排除大量明显不是癌症的病人后,再用试剂对被怀疑的对象进行检查,则被怀疑的对象群体中癌症的检出率就大大提高了。譬如,对首次检查患有癌症的人群再进行复查,此时 $P(B)=0.284$,用贝叶斯公式计算得:

$$\begin{aligned}P(B\mid A)&=\frac{0.284\times 0.99}{0.284\times 0.99+0.716\times 0.001}\\&=0.997\end{aligned}$$

结果试剂检验的准确率大大提高。

在上面的例子中,如果将事件 B("被检查者患有癌症")看作是"原因",将事件 A("检查结果呈阳性")看作是最后"结果"。则用贝叶斯公式在已知"结果"的条件下,求出"原因"的概率 $P(B|A)$。在上例中若取 $P(B)=0.284$,则求"结果"的(无条件)概率 $P(A)$用全概率公式计算如下:

$$P(A)=P(B)P(A\mid B)+P(\bar{B})P(A\mid \bar{B})$$
$$=0.284\times 0.99+0.716\times 0.001$$
$$=0.2819$$

在贝叶斯公式中，如果 $P(B_i)$ 为 B_i 的先验概率，则称 $P(B_i|A)$ 为 B_i 的后验概率，即事件 B_i 在已经知道了事件 A 发生后的概率。在实际应用中，贝叶斯公式专门用于计算后验概率，也就是通过事件 A 的发生这个信息，来对事件 B_i 的概率作出修正。

上述事件是现实生活中很常见的一个例子，计算过程中使用了两次贝叶斯公式，第 1 次利用贝叶斯公式计算出检出阳性然后患癌症的概率，第 2 次利用贝叶斯公式计算出利用试剂检测的准确率。通过计算出来的概率，人们可以采用有效的方法降低错误检验的概率，以便为人们的决策提供准确的理论依据。

4.1.2 贝叶斯网络简介

贝叶斯网络是在贝叶斯公式基础上，用有向无环图模型，根据有向无环图拓扑结构以及随机事件的条件概率分布知识，表达随机事件之间可能发生的概率关系。

1. 贝叶斯网络概念

用一个简单的例子来说明什么是贝叶斯网络。图 4.1 为一个说明草地是否潮湿（Wet Grass）的状态与天气（Cloudy 和 Rainy）和洒水车（Sprinkler）之间关系的经典贝叶斯网络。其中，4 个节点 Cloudy（多云）、Sprinkler（洒水车）、Rainy（下雨）和 Wet Grass（草湿）存在一定的因果关联，如“多云”会导致“下雨”。为简化起见，全部节点都只有两个可能的值，采用 T(True) 和 F(False) 来表示，W 表示 Wet Grass，C 表示 Cloudy，S 表示 Sprinkler，R 表示 Rainy。

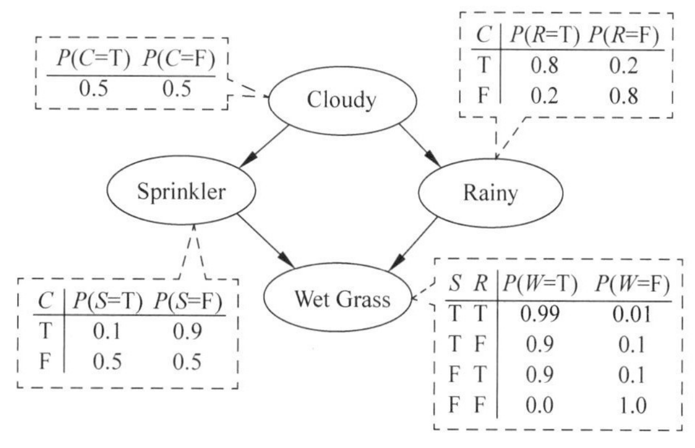

图 4.1 经典贝叶斯网络——草地和天气的关系

从图 4.1 容易看出，事件“草湿”($W=\mathrm{T}$)有两个可能的原因：要么是开洒水车($S=\mathrm{T}$)，要么是下雨($R=\mathrm{T}$)。开洒水车和下雨的概率如图中的条件概率表所示。例如，在 Wet Grass 节点的条件概率表第二行有 $P(W=\mathrm{T}|S=\mathrm{T},R=\mathrm{F})=0.9$，因此有 $P(W=\mathrm{F}|S=\mathrm{T},R=\mathrm{F})=1-0.9=0.1$，因为每一行的概率和必然为 1。

［注意］ 节点 Cloudy 没有父节点，其条件概率表是该节点的先验概率（即根据人们的经验总结的概率）。本例中多云的概率为 0.5，如果多云，从 Sprinkler 节点的条件概率表可

以看到，$P(S=F|C=T)=0.9$，说明有 90% 的可能不是开洒水车；而从 Rainy 节点的条件概率表也可以看到，$P(R=T|C=T)=0.8$，下雨的概率为 0.8，可以理解为 10 个多云的天气，可能有 8 天会下雨。

在贝叶斯网络中，最简单的条件独立关系可以表述如下：给定其父节点，子节点独立于其祖先节点，其中的祖先节点与父节点的关系由节点的固定拓扑顺序决定。

图 4.1 中，全部节点的联合概率遵从概率的链式法则，可表述为

$$P(C,S,R,W)=P(C)\times P(S\mid C)\times P(R\mid C,S)\times P(W\mid C,S,R)$$

考虑到 Rainy 与 Sprinkler 是独立事件的关系，$P(R|C,S)$ 可以改写为 $P(R|C)$ 条件独立关系，Wet Grass 仅与父节点 Sprinkler 和 Rainy 有关系。因此，可以将上述公式重写为

$$P(C,S,R,W)=P(C)\times P(S\mid C)\times P(R\mid C)\times P(W\mid S,R)$$

可知，条件独立关系使得其能够更加简化概率计算的复杂性。尽管这个例子节省的计算量很小，但在一般情况下，如果有 n 个二元节点，完整的联合概率需要 $O(2^n)$ 的空间，而分解形式只需要 $O(n\cdot 2^k)$ 的空间，这里的 k 为一个节点的最大父节点数量。参数越少，运算的开销越少，得出结论的速度越快。

本示例的有向无环图结构和条件概率表都已经确定，因此可以根据已知条件进行推理。现实情形中，大多既不知道有向无环图的结构，也不知道条件概率，那么就需要进行分析。分析贝叶斯网络包括两个步骤：第 1 步，确定贝叶斯网络的有向无环图结构；第 2 步，确定条件概率表。由于贝叶斯网络涉及很多概率知识，本书仅从应用的角度对贝叶斯网络进行介绍。如果读者想要深入学习贝叶斯网络的理论知识，请参考相关书籍。

2. 贝叶斯网络推理应用

贝叶斯网络推理的主要目标是在给定观察节点值的条件下，计算相关事件的概率。如果观察到的是贝叶斯模型的"子节点"，并尝试推断导致这一结果的可能性最大的"父节点"，这一过程被称为诊断(diagnosis)，或称为自底向上的推理；如果观察到的是贝叶斯模型的"父节点"，并尝试推断其哪一个"子节点"的可能性更大，这一过程被称为预测，或称为自顶向下的推理。

对于图 4.1 所示的贝叶斯网络，假如观察到"草地湿"($W=\text{True}$)这一事实，那么有两个可能的原因，要么是因为天下雨，要么是因为洒水车洒水。那么这两者哪个可能性更大？可以使用贝叶斯规则计算每一个原因的后验概率。根据贝叶斯公式：

$$P(X\mid y)=\frac{P(y\mid X)P(X)}{P(y)}$$

其中，X 为下雨或者开洒水车的后验概率；y 为已经观察到的草地湿了的概率。按照标准的做法，用大写字母表示未知的随机事件，用小写字母表示已知的随机事件。本例中，用 1 代表 True，用 0 代表 False。W 表示 Wet Grass，C 表示 Cloudy，S 表示 Sprinkler，R 表示 Rainy。根据概率链式乘法公式和全概率公式：

$$P(W=1)=\sum_{c,s,r}P(C=c,S=s,R=r,W=1)=0.6471$$

根据贝叶斯公式，则

$$P(S=1\mid W=1)=\frac{P(S=1,W=1)}{P(W=1)}$$

$$= \frac{\sum_{c,r} P(C=c, S=1, R=r, W=1)}{P(W=1)}$$

$$= \frac{0.278\,1}{0.647\,1} = 0.429\,8$$

和

$$P(R=1 \mid W=1) = \frac{P(R=1, W=1)}{P(W=1)}$$

$$= \frac{\sum_{c,s} P(C=c, S=s, R=1, W=1)}{P(W=1)}$$

$$= \frac{0.458\,1}{0.647\,1} = 0.707\,9$$

从上述两个计算结果容易看到：草地湿更有可能的原因是天下雨(0.707 9)，而不是洒水车洒水(0.429 8)。

如果贝叶斯网络节点数量多达几十、上百个，使用贝叶斯公式手工计算后验概率的计算过程就会十分烦琐，很容易出错。Weka 工具提供了图形化的界面来完成这一工作，无须烦琐的计算，只需要把贝叶斯网络结构在 Weka 中表示出来，并输入相应的条件概率表，Weka 就可以自动计算后验概率，过程简洁方便。

4.1.3 创建贝叶斯网络

接下来，利用 Weka 工具创建如图 4.1 所示的贝叶斯网络，步骤如下。

(1) 打开贝叶斯网络编辑器。选择 Tools→Bayes net editor 命令，如图 4.2 所示。

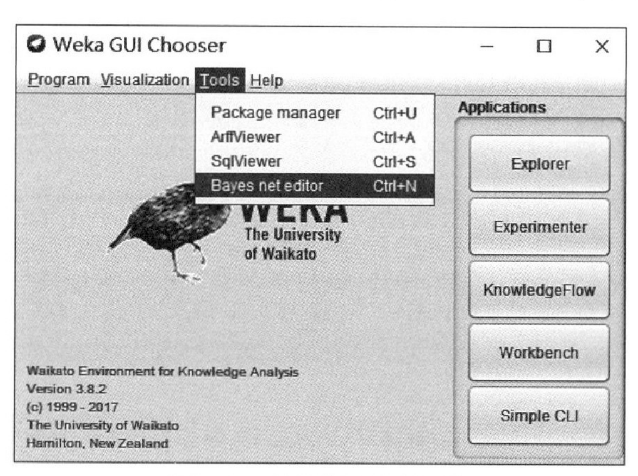

图 4.2　贝叶斯网络编辑器

(2) 选择 Edit→Add node 命令，或者在图形面板中右击 Add node 菜单项，如图 4.3 所示。

(3) 打开 Add node 对话框，将节点名称改为 Cloudy，保持重数为 2 不变(因为只有二元)，单击 Ok 按钮确认添加节点，如图 4.4 所示。

右击 Cloudy 节点，在弹出的快捷菜单中选择 Rename value→Value1 命令，如图 4.5 所示。

(4) 在图 4.6 所示的对话框中，将 Value1 名称改为 F，然后单击“确定”按钮结束修改。用同样的方法，将 Value2 值名称改为 T。

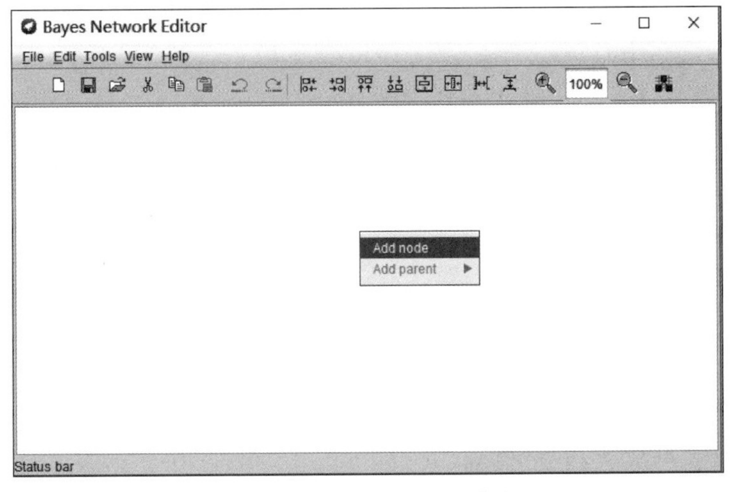

图 4.3 新增贝叶斯网络节点

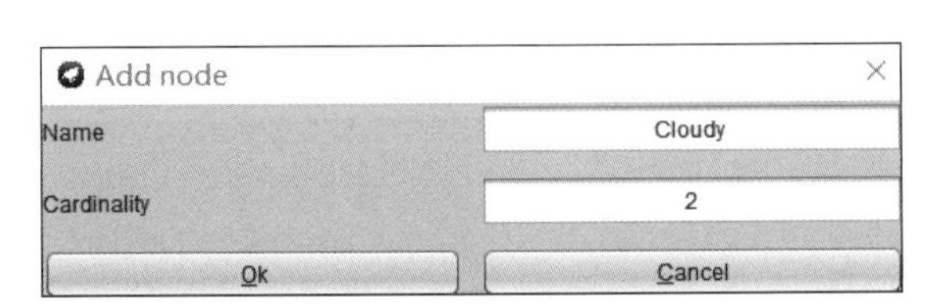

图 4.4 编辑贝叶斯网络节点 Cloudy

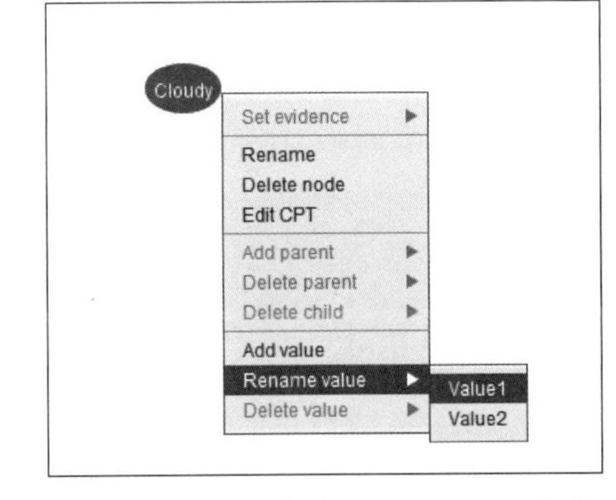

图 4.5 Cloudy 节点 Rename value 命令

(5) 重复以上步骤,添加 Sprinkler、Rainy 和 Wet Grass 节点,拖动节点到合理的位置,如图 4.7 所示。

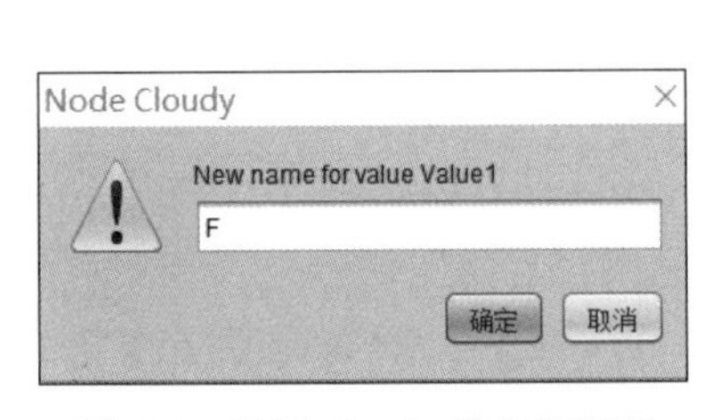

图 4.6 编辑 Cloudy 节点的取值

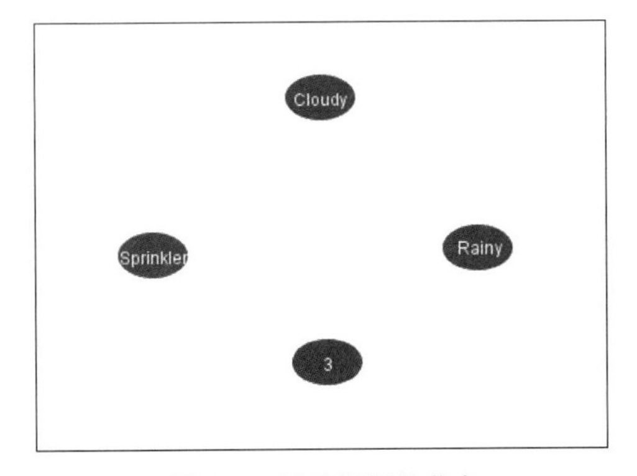

图 4.7 贝叶斯网络节点

[注意] Weka 3.8.2 及其以下版本中,贝叶斯网络编辑器的图形界面有些 BUG,在拖动节点时会有拽动的影子,而且时不时全部节点会重叠在一起。解决方法是:在选中节点

之后，在空白处单击，然后再拖动；或者选中一个节点之后，同时按住 Ctrl 键进行拖动。

(6) 图 4.7 中的 Wet Grass 节点没有显示出全名，只显示了一个"3"，这是因为 Wet Grass 节点名太长无法显示。解决的方法是选择 Tools→Layout 命令，如图 4.8 所示，打开如图 4.9 所示的 Layout 对话框，按照图中数值设置节点的宽为 100，高为 32。修改完成后，单击 Layout Graph 按钮关闭对话框。修改后的效果图如图 4.10 所示。

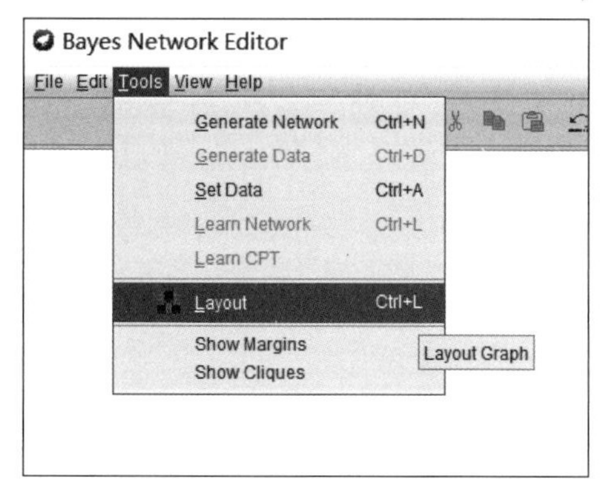

图 4.8 打开 Layout 对话框

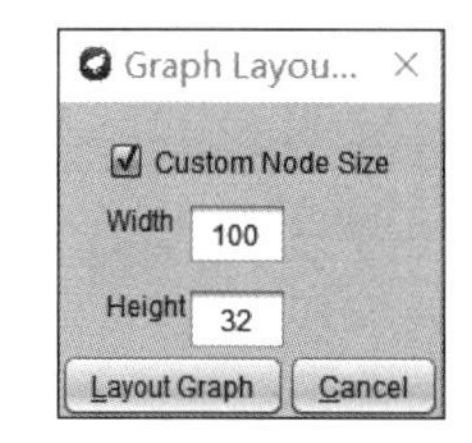

图 4.9 定制节点的宽和高

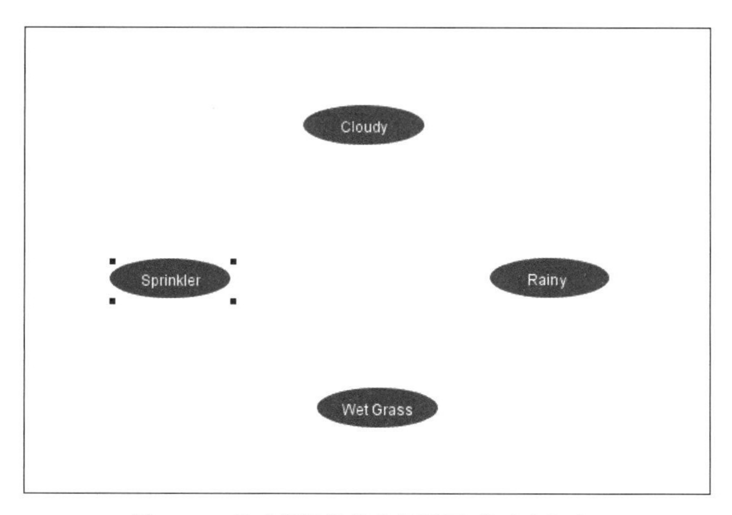

图 4.10 贝叶斯网络节点效果图(修改宽与高)

(7) 为网络添加有向边。右击 Sprinkler 节点，在弹出的快捷菜单中选择 Add parent→Cloudy 命令，添加从 Cloudy 节点到 Sprinkler 节点的有向边。按照同样的步骤添加 Cloudy 节点到 Rainy 节点的有向边、Sprinkler 节点到 Wet Grass 节点的有向边，以及 Rainy 节点到 Wet Grass 节点的有向边，并适当调整节点位置。完成以后的网络结构如图 4.11 所示。

(8) 编辑条件概率表 CPT。首先右击 Cloudy 节点，在弹出的快捷菜单中选择 Edit CPT 命令，弹出如图 4.12 所示的对话框。由于 Cloudy 节点没有父节点，因此其 CPT 只有一行；又因为其重数为 2，因此只有两列，每列的值 Weka 初始化均为 0.5，单击 Ok 按钮关闭对话框。按照同样的方式，分别编辑 Sprinkler 节点、Rainy 节点和 WetGrass 节点的条件概率表 CPT，如图 4.13～图 4.15 所示。

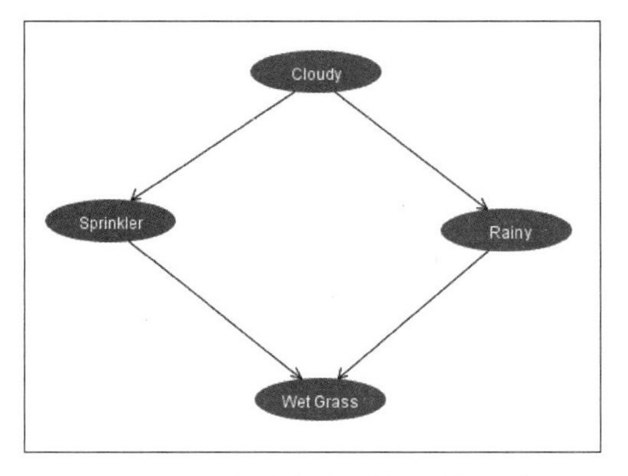

图 4.11　添加有向边后的贝叶斯网络

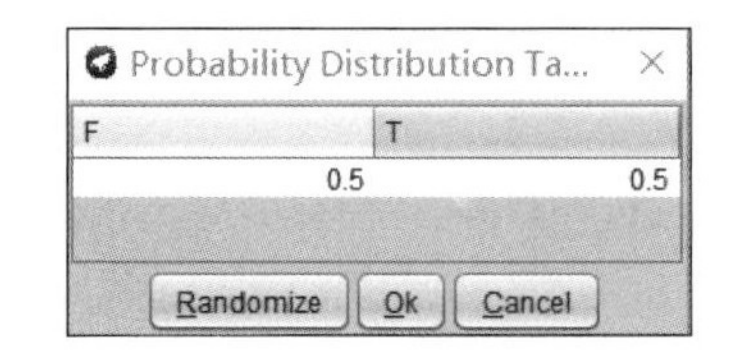

图 4.12　Cloudy 节点的条件概率表 CPT

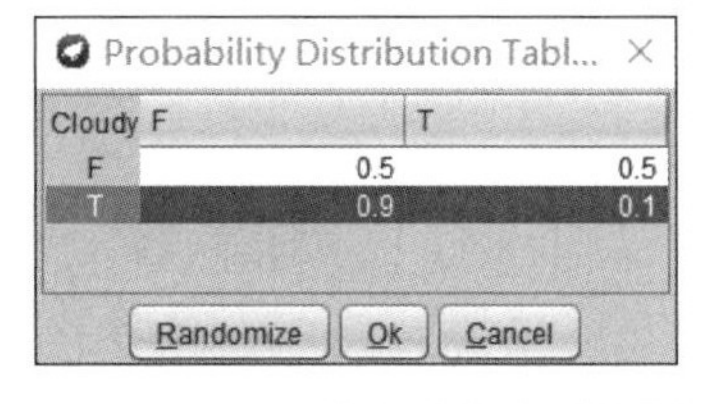

图 4.13　Sprinkler 节点的条件概率表 CPT

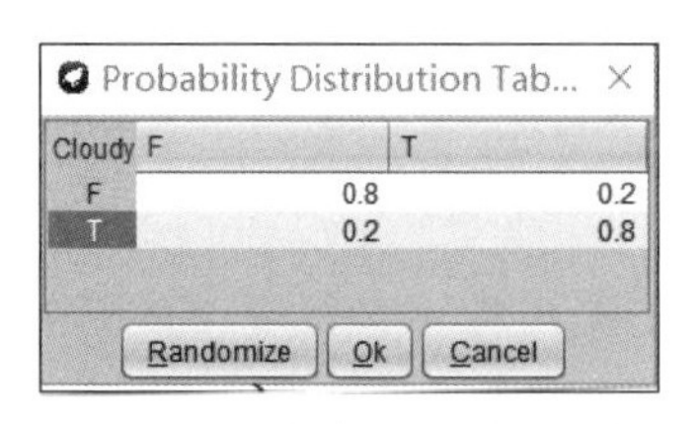

图 4.14　Rainy 节点的条件概率表 CPT

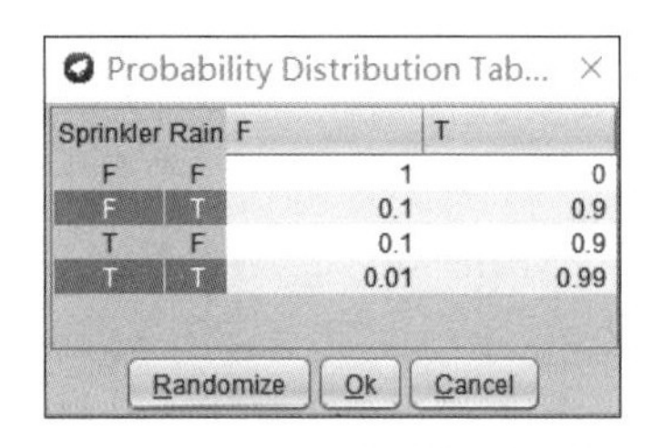

图 4.15　Wet Grass 节点的条件概率表 CPT

(9) 到目前为止，已经构建了完整的贝叶斯网络结构，并且编辑了条件概率表 CPT。为了将来能够重复使用，将当前贝叶斯网络保存为 XML BIF 格式文件。选择 File→Save As 命令，在弹出的 Save Graph As 对话框中选择保存目录，输入保存文件名，选择文件类型，如图 4.16 所示，最后单击“保存”按钮关闭对话框。

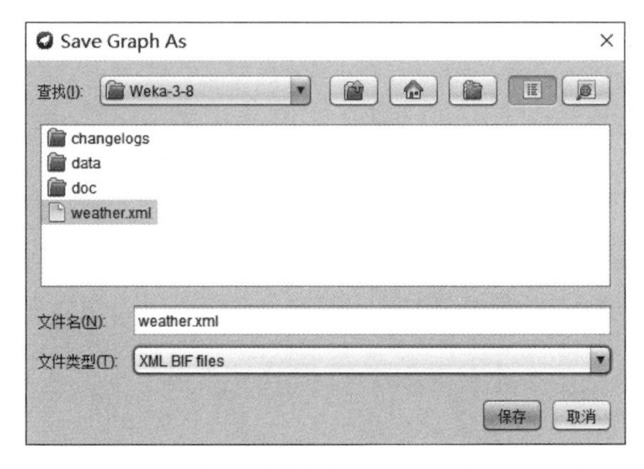

图 4.16　保存贝叶斯网络为 XML BIF 格式文件

4.1.4 使用贝叶斯网络进行推理

正如前文所说，贝叶斯网络主要用于推理和诊断。本小节继续使用4.1.3小节创建的贝叶斯网络，计算相应的后验概率，并与手工计算的后验概率结果进行比对，确认Weka工具的有效性。

首先打开贝叶斯网络编辑器，从Weka主界面的File菜单中选择Load菜单项，加载前文保存的贝叶斯网络weather.xml文件。选择贝叶斯网络编辑器主界面的Tools菜单栏中的Show Margins菜单项。可以看到，贝叶斯网络中每个节点旁边都以绿色文字显示该节点的边缘概率(详见微课视频演示)，如图4.17所示。

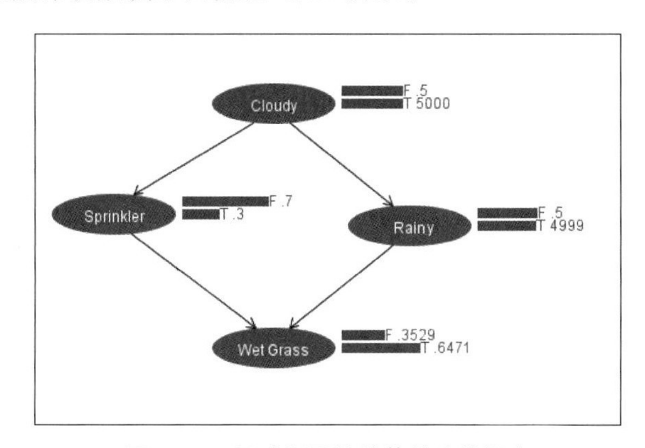

图 4.17 贝叶斯网络计算的边缘概率

图4.17中的Wet Grass节点为T的概率为0.6471，和前文计算得到的$P(W=1)$值一致。为了计算$P(S=1|W=1)$和$P(R=1|W=1)$，首先设置$W=1$，右击Wet Grass节点，选择Set evidence→T命令，这时，Wet Grass节点旁边的概率变成红色(详见微课视频演示)，显示当前证据(草湿为True)，如图4.18所示。

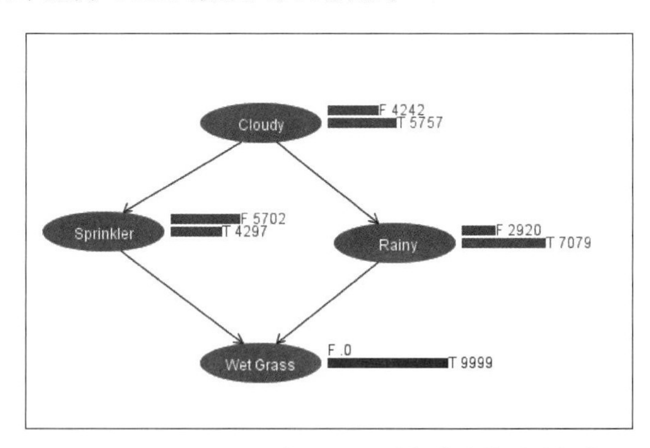

图 4.18 Wet Grass设为True之后各节点的后验概率图

[注意] Wet Grass节点旁边的T没有显示1，而是显示9999(实为0.9999)，这可能是由于计算结果未能调整浮点数表示的误差，但这并不影响对结果的判断。Sprinkler节点的第2行T显示0.4297，与前面计算得到的结果$P(S=1|W=1)=0.4298$基本一致；Rainy节点的第2行T显示0.7079，与$P(R=1|W=1)=0.7079$完全一致。可见，使用Weka工

具对贝叶斯网络进行推理,可以大大节约计算工作量。如果要恢复为设置前的状态,右击Wet Grass节点,选择Set evidence→Clear命令即可。

4.2 神经网络

神经网络(Neural Network,NN)是人工神经网络(Artificial Neural Network,ANN)的简称,它是在现代神经科学研究成果的基础上,模仿生物神经网络结构和功能的计算模型,其通过简化、抽象等方式模拟大脑功能的若干基本特征。神经网络按照一定的学习规则,通过对大量训练数据的学习,调节神经元之间的连接权和阈值,最终确定神经网络结构和相关网络参数。利用这些学习到的网络结构,神经网络可以实现特定的分类、判断以及预测等功能。

4.2.1 神经网络介绍

神经网络是一种集成了神经科学、数学、统计学、物理学、计算机科学及工程等学科知识的一种综合性技术。其从人脑的生理结构出发研究人的智能行为,模拟人脑的信息处理能力。根据神经科学的研究,人大脑中大约含有上百亿个生物神经元。生物神经元以细胞体为主体,由许多向周围延伸的不规则树枝状纤维构成神经细胞,其形状很像一棵枯树的枝干。生物神经元主要组成部分如下。

- 树突(dendrite)。树突是神经元接收输入信号的处理器,相当于输入模块。
- 轴突(axon)。轴突表示神经元和神经元之间的连接,计算机术语常称之为权值,相当于处理模块。
- 轴突末梢(terminal)。轴突末梢负责神经元输出,相当于输出模块。

单个生物神经元如图4.19所示。

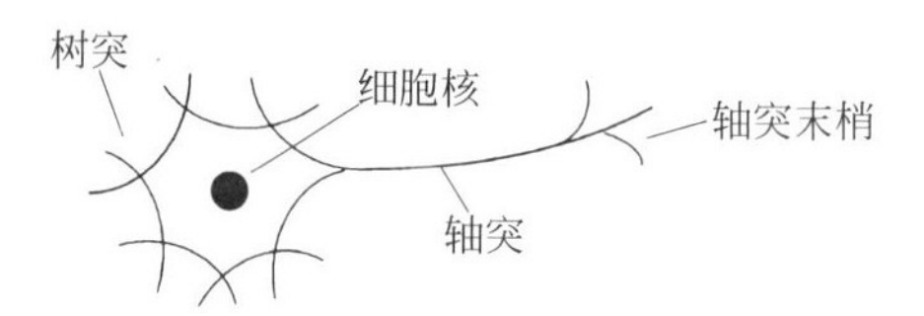

图4.19 单个生物神经元示意图

多个神经元连接组合成神经网络,如图4.20所示。图4.20中黑色圆点表示神经元,黑色细线表示神经元之间的连接。

基于对神经元的理解,1943年,心理学家W. S. McCulloch以及数理逻辑学家W. Pitts首次提出神经元计算模型。在此基础上,1957年Frank Rosenblatt发明了用于模拟神经元的感知器模型,如图4.21所示。图4.21中的输入向量、加权合计、激活函数分别对应神经元模型中的树突、轴突和轴突末梢。

感知器模型被视为一种形式最简单的前馈式人工神经网络,其作为二元线性分类器被广泛研究和使用。感知器一般指单层感知器,它是只含有输入层和输出层的神经网络。单个神经元的工作机制被模拟为单层感知器模型的工作机制。神经元接收各种生物电信号(感知器中以输入向量表示),然后经过神经元进行处理(感知器中的加权合计),输出另一

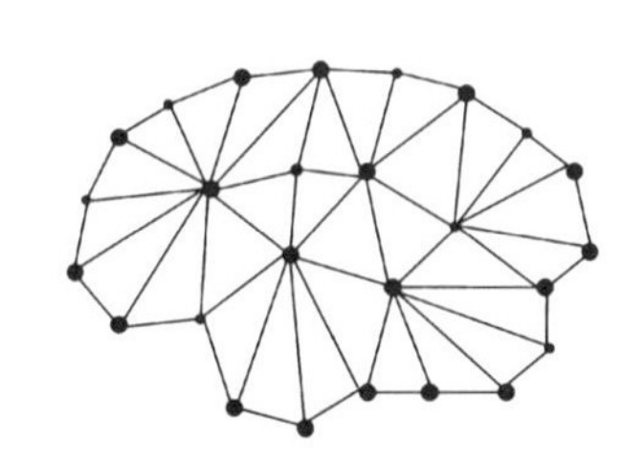

图 4.20　神经元组成的神经网络

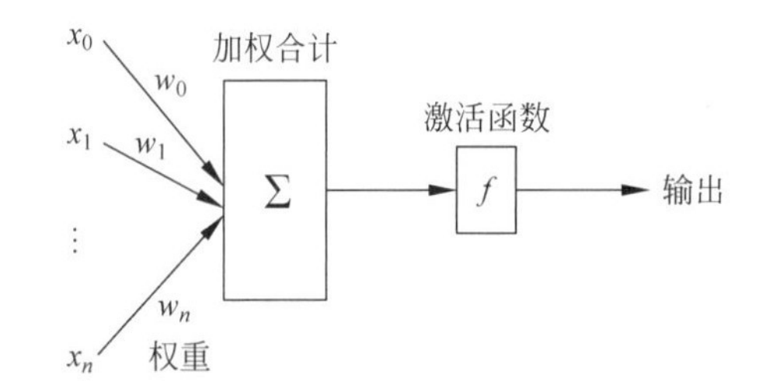

图 4.21　模拟神经元的单层感知器模型

种生物电信号(感知器中的第一次输出,并交给激活函数)。如果输出的生物电信号强度不够大,那么神经元就不会做出任何反应;如果输出生物电信号的强度大于某个阈值,那么神经元就会做出反应(对应感知器中的激活函数)。

一个神经网络的特性和功能取决于3个要素:一是构成神经网络的基本单元,即人工神经元;二是人工神经元之间的连接方式,即神经网络的拓扑结构;三是不断地学习和训练,即通过计算机程序运行,逐步调整并最终确定的人工神经元之间连接的权值和阈值等各种神经网络参数。

1. 人工神经元

神经网络由大量的节点(或称"人工神经元""单元")以及节点与节点之间的连接构成。每两个节点间的连接都有一个数值型的权重,通过训练可以调节权重值,这使得神经网络能够针对输入进行学习,从而匹配预期的输出结果。网络的连接方式、权重值和激励函数决定了网络的输出。

2. 网络拓扑结构

单个人工神经元的功能是简单的,只有将大量的人工神经元广泛地连接起来,组成一个特定结构的、庞大的人工神经网络,才能实现对复杂的信息进行处理,并表现出不同的网络特性。根据人工神经元之间连接的拓扑结构的不同,人工神经网络拓扑结构分为两大类:层次型结构和互连型结构。

(1) 层次型结构。层次型结构的神经网络将神经元按功能的不同分为若干层,一般包括输入层、中间层(隐层)和输出层,各层顺序连接,如图4.22所示。典型的层次型拓扑结构是BP(Back Propagation,后向传播)神经网络。输入层接收外部的信号,并由各输入单元传递给直接相连的中间层各个神经元。中间层是网络的内部处理单元层,它与外部没有直接连接,连接只存在于层与层之间。神经网络所具有的处理能力,如模式分类、模式完善、特征提取等,主要在中间层进行。根据处理任务的不同,中间层可以是一层、也可以是多层。深度学习的层数多达数百甚至上千。由于中间层单元不直接与外部输入输出进行信息交换,因此常将神经网络的中间层称为隐层或者隐藏层。输出层是神经网络输出运行结果并与网络外部相连接的部分。

(2) 互连型结构。互连型结构的神经网络是指网络中任意两个神经元之间都是可以相互连接的,如图4.23所示。Hopfield网络(循环网络)、玻尔兹曼机网络结构等均属于该类型。从网络拓扑结构图可以得知,将多层感知器连接起来,就可以实现一个层次型的神经网络。

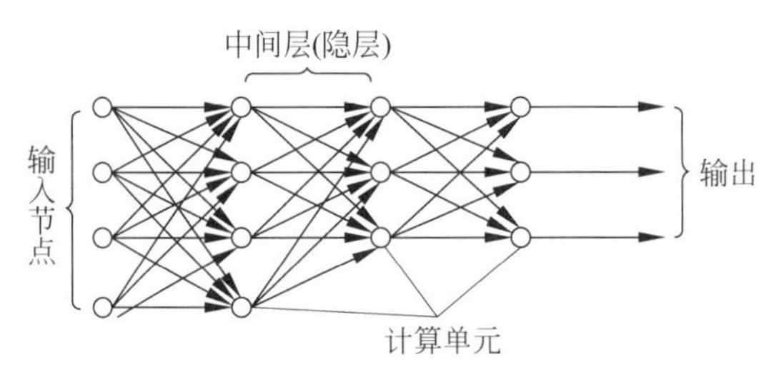

图 4.22 层次型神经网络拓扑结构图

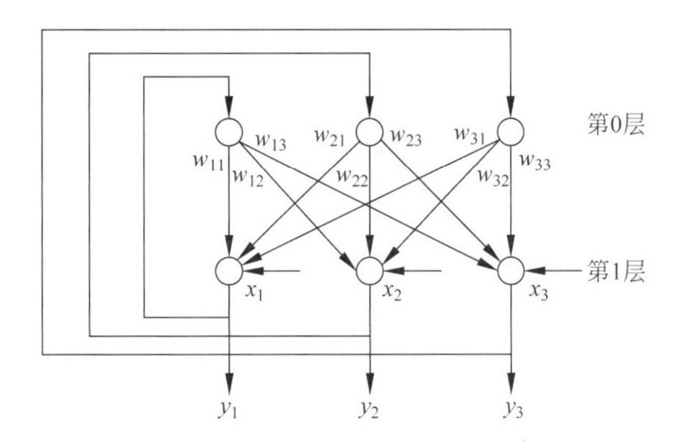

图 4.23 互连型神经网络拓扑结构图

3. 神经网络学习和训练

神经网络的应用已逐步深入到社会的各个学习场景,比如文字理解、图片理解、自动驾驶、环境感知和预测等。神经网络变得越来越复杂,一些主流神经网络模型的参数数量多达数十亿个,神经网络中人工神经元之间连接的权值和激活函数阈值等各种神经网络参数的数量越来越庞大。神经网络为什么如此复杂呢?原因是:当数据规模较小的时候,每种算法性能的优劣跟输入数据的特征选择有较大的关联,各种算法的优势不会太明显。然而当数据量提升时,传统机器学习算法,例如支持向量机、Logistic 回归、线性回归等,算法的性能会趋于稳定,不会再提升。随着大数据时代的来临,传统的机器学习算法的性能由于并不会因为数据量的增加而提升,因此很难处理大规模的数据,此时,大规模神经网络的效果就会远远优于传统的机器学习算法。时代的发展需要神经网络获得更好的学习性能,对于神经网络而言,节点规模如果能够跟随数据量的增大而增大效果更好。现代的优秀神经网络需要具备两个基础条件,大规模的神经网络和大规模的数据。因此,在大数据时代,只有深度学习能够通过训练和学习海量的数据来提高算法性能,这也是目前深度学习流行的重要原因之一。

目前,神经网络的应用场景遍及人类生活的方方面面,下面举几个例子。例如,商品推荐。具体来说商品推荐是首先分析用户的浏览和购买习惯,然后将其他相似用户的相关购买结果推送到当前用户的广告信息里。针对这些信息建立相应的神经网络模型,神经网络就可以推测出最匹配当前用户的广告信息,从而促进销售。再例如,在计算机图像领域,可以输入病人的 X 光、CT(Computed Tomography,计算机断层扫描)等医学图像给神经网络模型,神经网络可以根据学习的知识,迅速判断这些医学图像是否符合某些疾病的特征,从而迅速做出判断，效率可以比经过医学影像专业训练的专业人员提高数十倍。还有一个比较热门的神经网络的应用领域是自动驾驶。神经网络在自动驾驶系统中发挥了十分关键的作用。传感设备将汽车周围的实时图像输入神经网络，系统识别出图像中包含的内容，例如路标、障碍物、行人以及行驶的车辆等，引导汽车采取相应的驾驶策略安全行驶。

以上3个例子是神经网络在不同领域的应用，三者对应的神经网络模型在规模和结构上都不相同。购物推荐使用经典的BP神经网络完成；图像应用使用卷积神经网络(Convolutional Neural Networks，CNN)；复杂的自动驾驶技术则需要将各种神经网络综合应用，形成一个更加复杂的、混合的神经网络。由于神经网络在处理非结构化数据(音频、图像、文本等)方面有着独特的优势，再加上近些年深度学习和智能芯片的大力发展，使得计算机处理非结构化数据的研究越来越受到相关专业人员的青睐。相信在不久的未来，神经网络的应用会全面深入到人类社会的每一个角落，为人类文明的发展做出巨大的贡献。

4.2.2 Weka神经网络选项设置

本节学习如何使用Weka建立一个简单的多层感知器(multi-layer perceptron)来实现BP神经网络，并利用该BP神经网络对一组天气数据进行训练和学习，检测神经网络的学习效果。

(1) 单击Weka主界面的Explorer按钮，在Explorer界面的Preprocess标签页中单击Open file按钮，从Weka安装目录下的data目录中找到并加载weather.numeric.arff数据集，如图4.24所示。

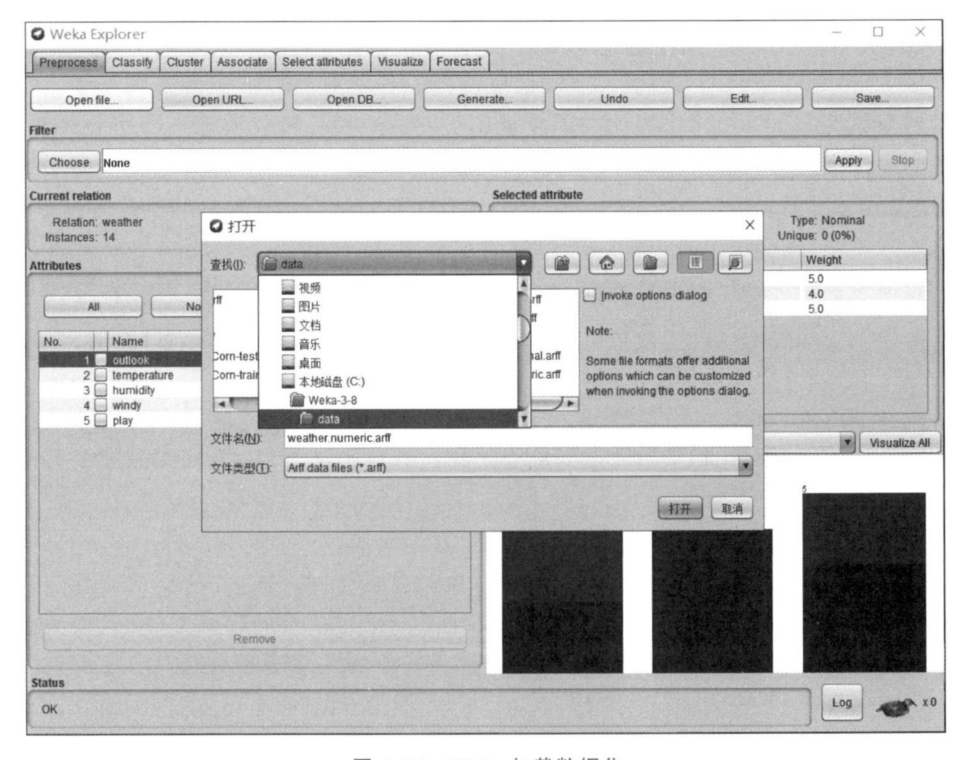

图4.24 Weka加载数据集

（2）切换至 Classify 标签页，单击 Choose 按钮，打开分类器分层列表，如图 4.25 所示。

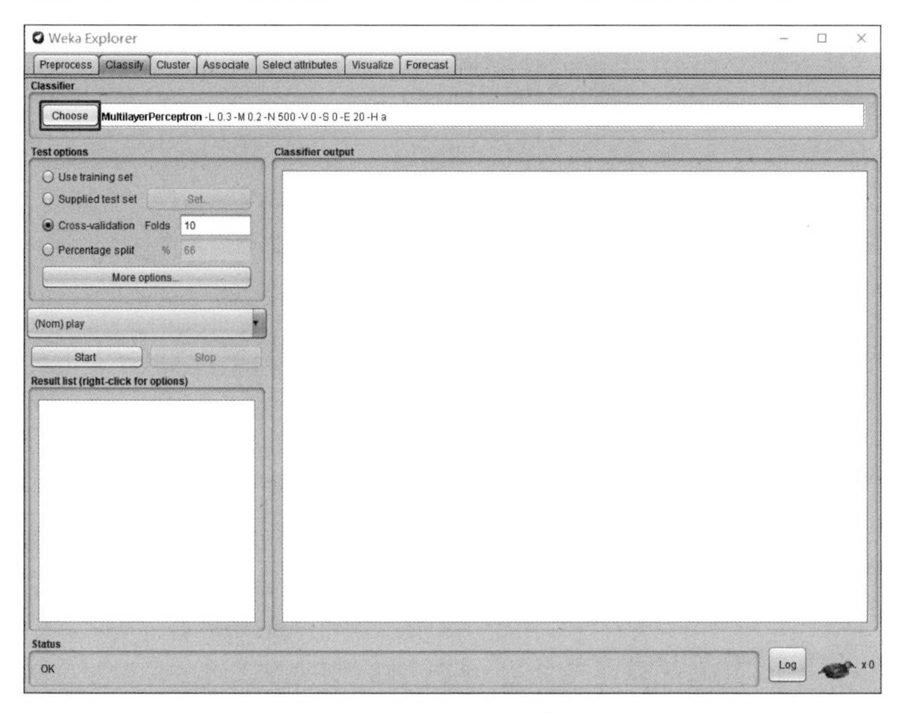

图 4.25　选择分类器

（3）在弹出的分类器菜单项中，选择使用 functions 目录下 MultilayerPerceptron 分类器，如图 4.26 所示。

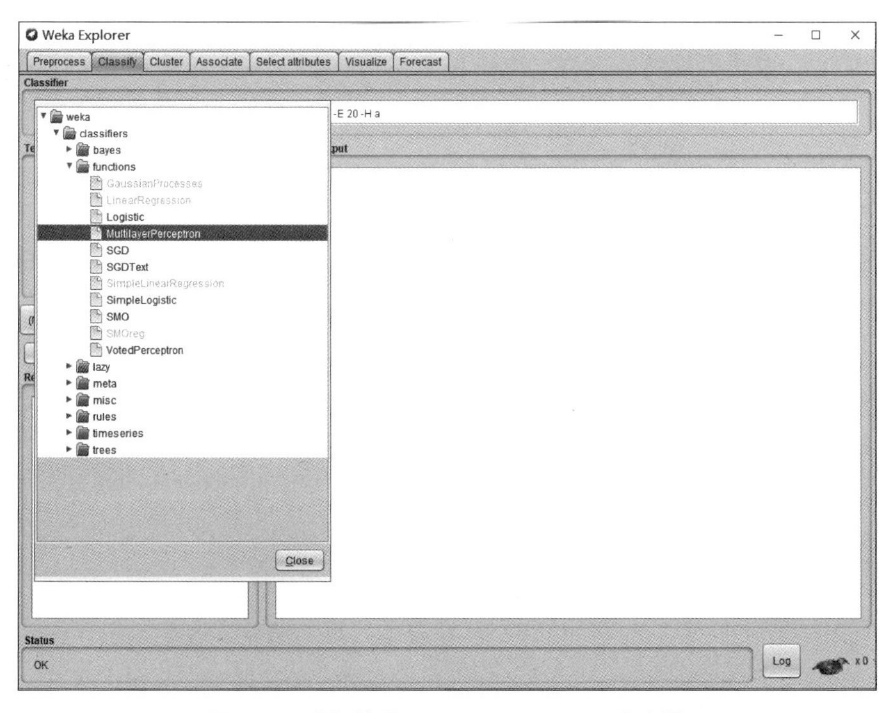

图 4.26　选择使用 MultilayerPerceptron 分类器

(4) 单击 Classifier 选项组中右边的文本框，在打开的通用对象编辑器中设置所选分类器的选项，如图 4.27 所示。

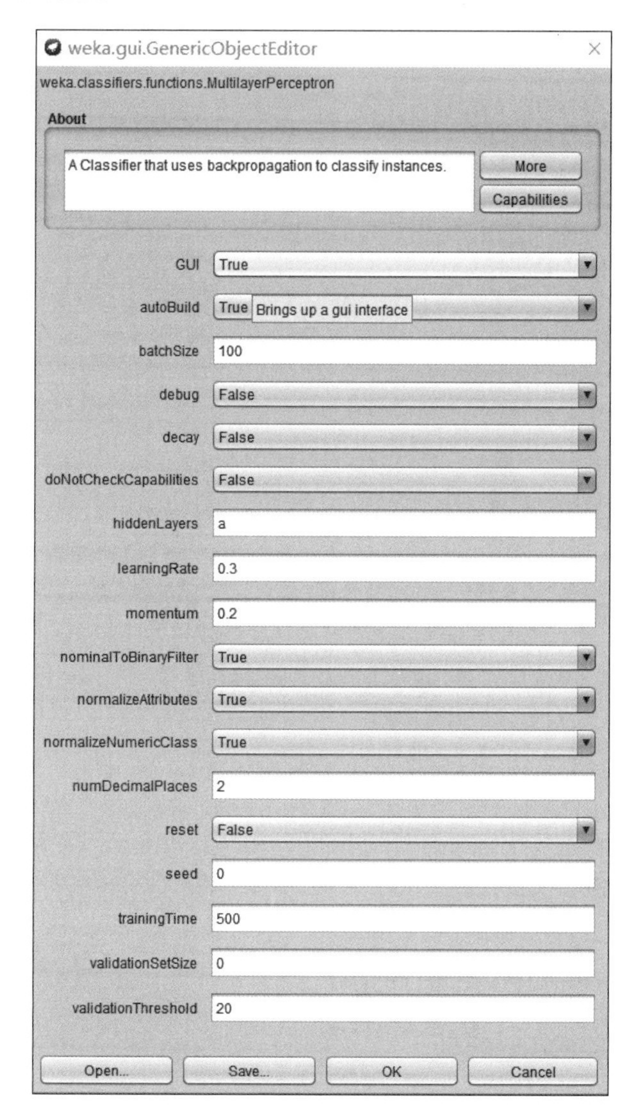

图 4.27　MultilayerPerceptron 分类器选项对话框

在图 4.27 的对话框中，将 GUI 选项设置为 True，可以弹出一个图形化操作界面，该操作界面允许用户在神经网络训练过程中暂停和修改神经网络。保持其他选项不变，单击 OK 按钮关闭对话框。对话框中所有选项的含义均可通过图 4.27 中右上方的 More 按钮查看相关帮助信息，部分选项的解释如下。

- GUI 设置为 True 时，Weka 会展示一个图形化的操作界面。允许用户在神经网络训练的过程中对神经网络进行暂停或者修改。
- autoBuild 设置为 True 时，由 Weka 自动添加神经网络中的连接和隐藏层节点，无需用户干预。
- batchSize 用于设置一次训练所选取的样本数量。在小样本数的数据库中，不使用

batchSize 是可行的,而且效果也很好。但是处理大型数据集时,一次性把所有数据输进神经网络,会导致计算机计算资源难以处理。所以需要设置合适的 batchSize。一般而言,要到达较好的学习准确度,需要增加神经网络的迭代次数。

- debug 设置为 True,分类器将附加的运行信息输出到控制台。
- decay 学习率的衰减设置。如设置为 True,则将初始的学习率除以当前迭代次数确定当前的学习率,学习率会在神经网络的训练过程中逐渐减小;如设置为 False,则在神经网络的训练过程中学习率始终保持不变。一般而言,在模型训练初期,会使用较大的学习率进行模型优化,随着迭代次数增加,学习率则逐渐衰减,保证模型在训练后期不会有太大的波动,从而更加接近最优解。此选项与 learningRate 配合使用,设置为 True 有助于神经网络较快向最优解稳定,也能提高神经网络的运算性能。
- hiddenLayers 定义神经网络的隐藏层节点数量,用一个逗号分隔的正整数列表来表示各隐藏层的节点数量。如果没有隐藏层就在这里输入 0。Weka 采用了一些通配符来表示特定的隐藏层数量。通配符 'a' = (属性数目 + 类别数目) / 2,'i' = 属性数目,'o' = 类别数目,'t' = 属性数目 + 类别数目。一般设置为'a'。在图 4.28 所示的例子中,因为输入属性数量为 16,输出类别数目为 2,所以 a=(16+2)/2=9,即有 9 个隐藏节点。
- learningRate 指明 Weights 被更新的数量。如果学习率较大,在神经网络优化的前期权重更新较快,能够使得模型更容易接近局部或全局最优解。但是在神经网络优化的后期会有较大波动,有可能出现损失函数的值在最小值附近的区间来回摆动,波动较大,始终难以达到最优。一般设置为 0.3。
- momentum 动量。梯度下降方法中,用于抑制迭代过程中学习梯度锯齿下降问题的参数,可以提高神经网络学习的收敛速度。一般设置为 0.2。
- normalizeAttributes 归一化属性,该属性能提高神经网络的性能。归一化就是把需要处理的数据值经过处理后限制在一定范围内。归一化是为了方便后面数据处理,也能够保证程序运行时收敛加快。标称性属性也会被归一化为[-1,1]。
- normalizeNumericClass,如果输出类别为数值型数据,该参数将输出类别归一化为[-1,1]。
- reset,此选项仅在不使用图形界面时才可用,也就是说,在 GUI 参数为 True 时,reset 参数只能选择为 False。如果 reset 参数设置为 False,当神经网络无法得到预期结果时,会返回错误信息并停止运行。如果 reset 选项设置为 True,则允许神经网络用一个更低的学习率重新开始。
- seed 用于初始化随机数生成器的种子。随机数用于设定节点之间连接的初始权重,并可用于训练数据集的洗牌。
- trainingTime 神经网络训练的迭代次数。如果数据验证集设置的是非 0,神经网络有可能在少于 trainingTime 的时候终止训练。
- validationSetSize 用于设置验证数据集的百分比,如果神经网络的训练在验证数据集上的误差不再减小,或者神经网络的训练超时,则神经网络会终止训练。如果 validationSetSize 设置为 0,则神经网络的训练会执行 trainingTime 所设置的迭代次数。

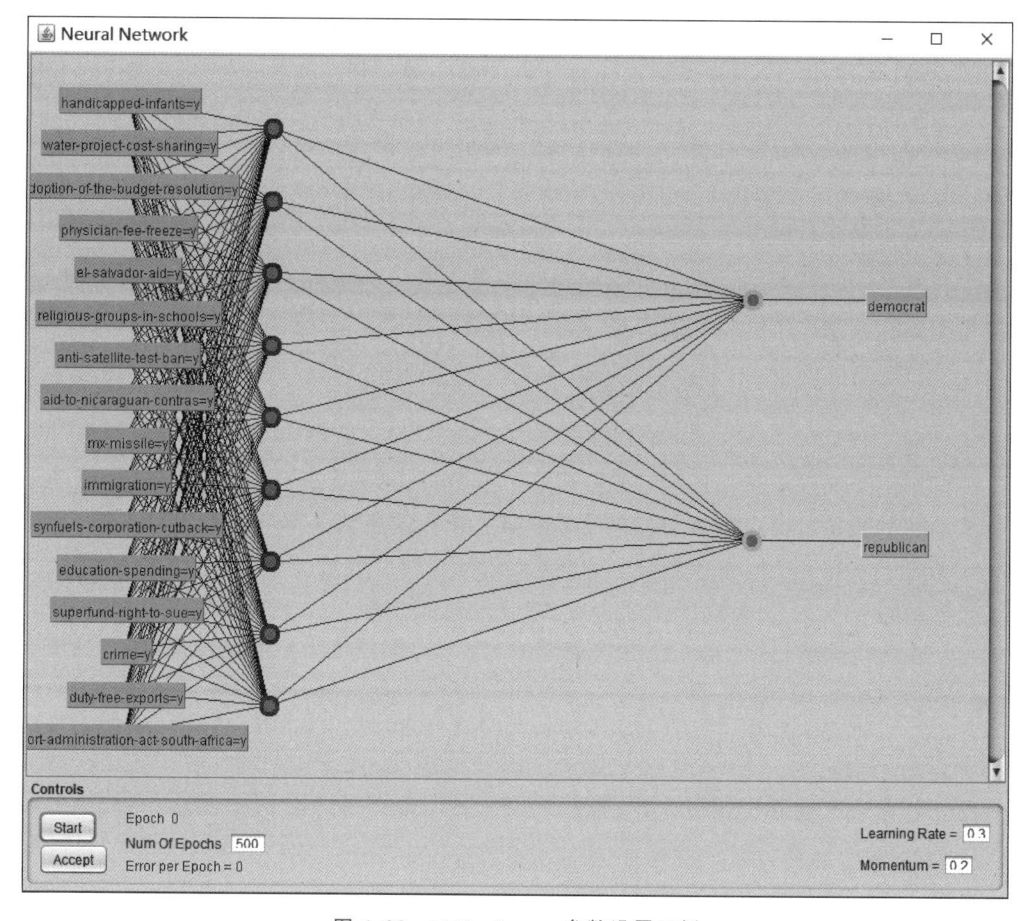

图 4.28 hiddenLayers 参数设置示例

- validationThreshold 用于终止神经网络在验证数据集上的测试。这个值用于决定神经网络在验证数据集上验证误差的上限值。

(5) 在 Classify 标签页中单击 Start 按钮启动神经网络学习,Weka 会自动弹出一个显示神经网络框图的窗口,如图 4.29 所示。窗口分上下两个区域,上部区域显示神经网络的结构框图,下部区域可以设置一些参数以及控制神经网络的运行。

图 4.29 显示的神经网络从左到右分为 3 层:最左边的矩形框为输入层,每个矩形框对应一个输入属性;输入层右边的节点是隐藏层(图中有 4 个圆环型节点),所有的输入节点都和隐藏层相连接;右边的圆环型节点是输出节点,最右边的标签显示输出节点所代表的类别(yes 和 no)。

[**注意**] 输入层的节点数量与数据集中的属性数量不完全对应。在本例数据集中,属性一共有 4 个:outlook {sunny,overcast,rainy}、temperature、humidity 和 windy {True,False}。其中,temperature 和 humidity 是数值型属性;outlook 是标称型属性;windy 是二元标称属性。

Weka 神经网络会把数值型属性(如 temperature 和 humidity)和二元标称属性(如 windy)都当作一个输入节点,标称属性 outlook 有 3 个取值,因此占用 3 个输入节点。图 4.29 中共有 6 个输入节点,分别为 outlook(3 个),temperature(1 个),humidity(1 个),windy(1 个)。

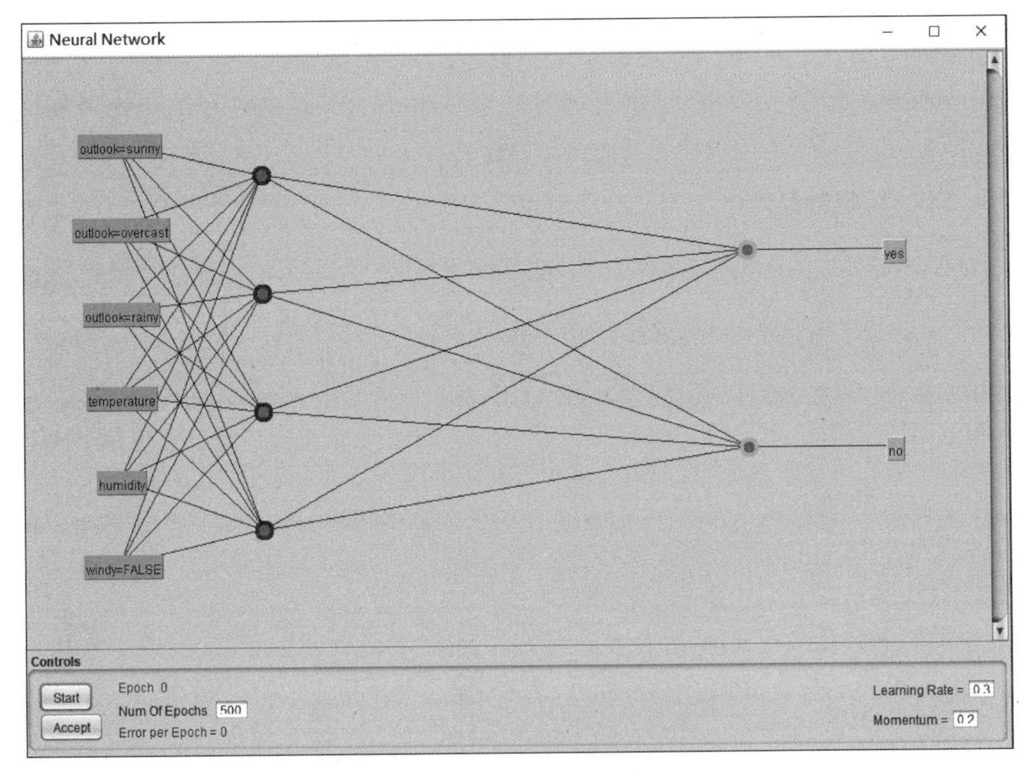

图 4.29 Weka 神经网络结构图

在单击图 4.29 左下方的 Start 按钮运行神经网络之前，可以添加一些节点和连接来更改神经网络结构。Weka 通过节点的颜色表示节点是否处于选定状态：亮黄色表示处于选定状态，灰色表示处于取消选定状态。相关操作如下。

① 如果要选择一个节点，需要单击该节点。

② 如果要取消选定节点，需要右击空白处。

③ 如果要添加节点，首先要确保没有选定任何节点，然后在窗口空白部区域内单击，就会在单击位置产生一个新节点，且新节点自动变为选定状态。默认情况下，Weka 每次单击产生的新节点都是选定状态。

④ 如果要连接两个节点，先选定起始节点，然后单击结束节点。如果在单击结束节点之前已经选定了多个起始节点（注意新节点的选定状态），则这些节点都会连接到结束节点。如果单击的不是结束节点而是空白位置，则创建一个新节点作为结束节点。连接节点后，起始节点还保持为选定状态，这样，用户可以只用很少几次单击就能添加全部的隐藏层。特别要注意的是，尽管节点间的连接没有用箭头在网络中显示出来，但是连接都是有向的。

⑤ 如果要删除某个节点，先确保没有任何节点处于选定状态，然后右击该节点。删除节点也会自动删除所有与该节点的连接。要删除单个连接，选择一个节点（不论是起始节点还是结束节点），然后右击另一个相连节点即可。

(6) 在配置好网络结构的同时，图形操作界面还可以控制 learningRate、momentum，以及遍历数据的 numOfEpochs 等选项。单击 Start 按钮启动网络训练，窗口左下方显示正在运行的趟(Epoch)以及每趟训练的误差指标(Error per Epoch)。训练误差会随着神经网络的变化而变化。当达到训练指定数量的趟数时,神经网络训练停止。此时,可以单击 Accept 按钮接受结果,也可以修改神经网络的节点或者相应参数,再次单击 Start 按钮继续训练。

4.2.3 编辑神经网络

图 4.29 的神经网络只有一个包含 4 个节点的隐藏层,本节在图 4.29 的基础上,通过手工编辑,再添加一个包含 5 个节点的隐藏层。具体操作分为以下 3 步。

(1) 删除隐藏层到输出层的连接。首先单击选中最上方的隐藏节点,可以看到选中节点的中心颜色由灰色变为亮黄色(参见微课视频演示),然后右击最上面的输出节点,删除两个节点间的连接线;右击下方的输出节点,这样就删除了最上方隐藏节点到两个输出节点的连接。这样一次次地操作,即可将所有隐藏节点到输出节点的连接删除,但这样的操作效率太低。可以借助 Ctrl 键使用批量操作的方式加快神经网络的编辑。在窗口上部的空白区域右击,取消所有节点的选中状态。然后单击选中第 2 个隐藏节点,在按住 Ctrl 键的同时,依次单击第 3 个隐藏节点和第 4 个隐藏节点,确保第 2、3、4 个隐藏节点的中心全部变为亮黄色,然后放开 Ctrl 键,依次右击两个输出节点。这样就删除了从隐藏节点到输出节点的全部连接。最后,在空白处右击,取消节点的选中状态。编辑结果如图 4.30 所示。

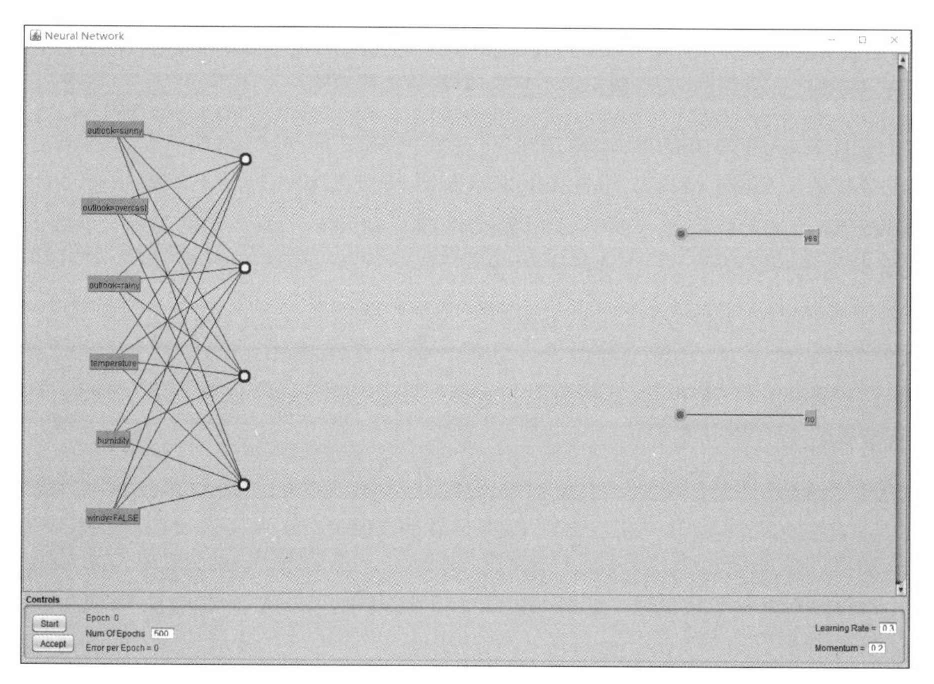

图 4.30 删除了隐藏节点和输出节点连接的神经网络

(2) 建立有 5 个节点的隐藏层及连接。首先,在窗口上部的空白区域右击,取消所有节点的选中状态。按照上面的方法,用 Ctrl 键选中第 1 个隐藏层的全部 4 个节点;然后,在希望的位置单击,可以看到创建了一个新节点且新节点已经是 4 个节点连接的结束节点。重复单击 5 次,完成的网络如图 4.31 所示。

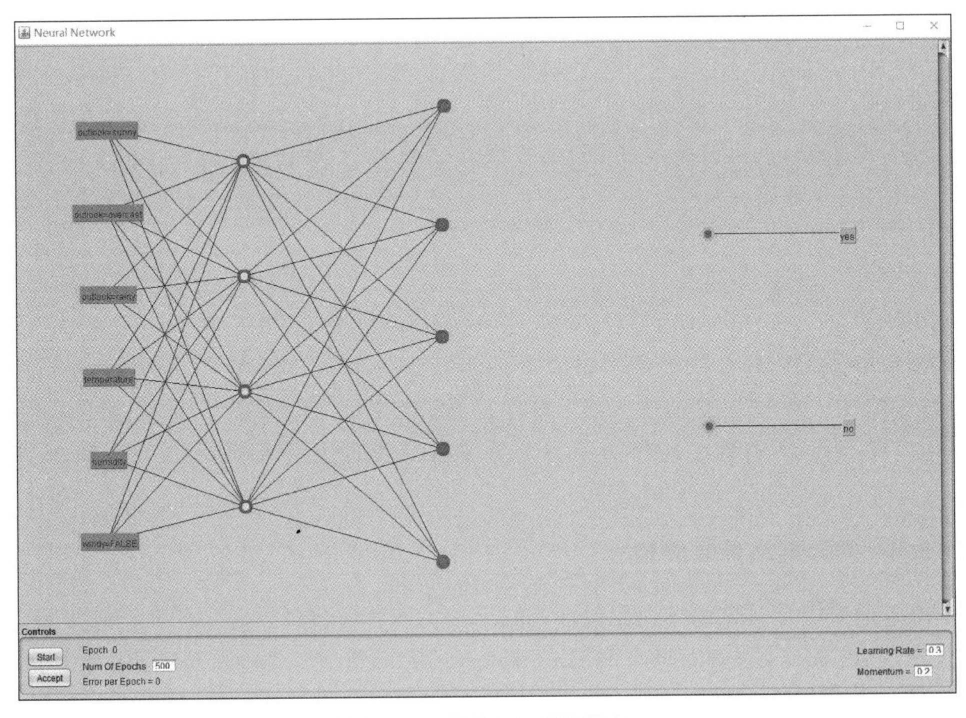

图 4.31　新增 5 个隐藏节点

(3) 建立隐藏层新增节点与输出节点的连接。首先,在窗口上部的空白区域右击,取消所有节点的选中状态。然后,按照第(1)步的方法,按 Ctrl 键依次选中隐藏层的 5 个节点,再依次单击两个输出节点。完成以后的网络如图 4.32 所示。

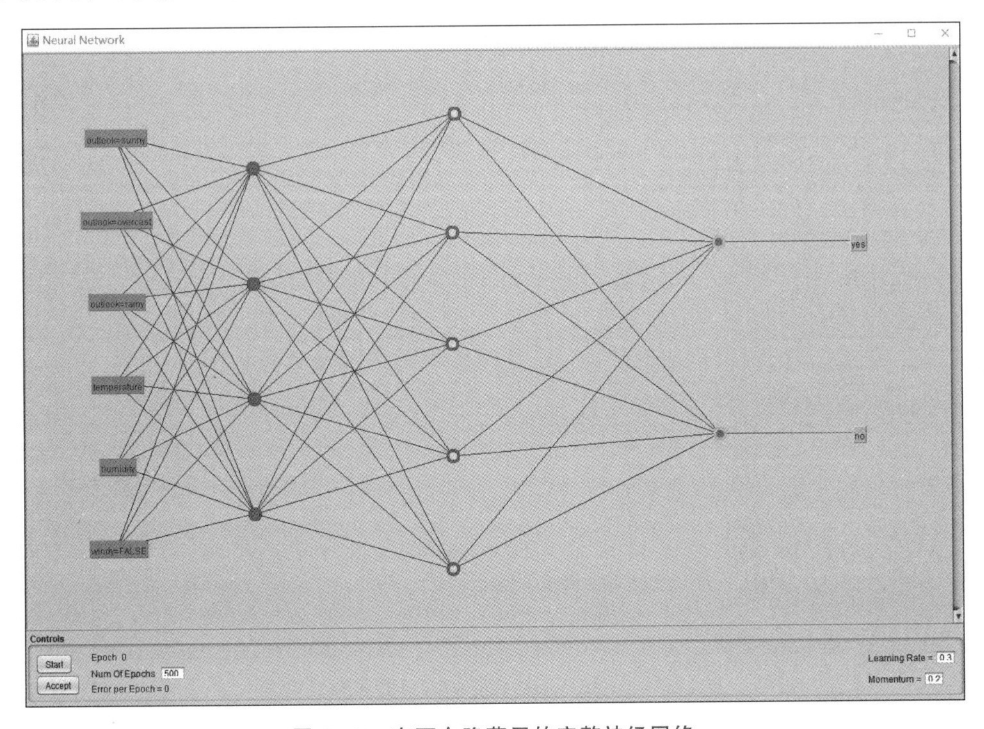

图 4.32　有两个隐藏层的完整神经网络

完成后，可以单击 Start 按钮开始训练。训练完成后，可以查看界面左下方每趟训练的误差指标(Error per Epoch)，如果对训练结果满意，单击 Accept 按钮接受修改好的网络模型。虽然每趟训练的时候神经网络的结构没有发生变化，但实际上，神经网络的连接参数每趟训练都会有变化，只是这些变化没有反映在结构上，只能通过 Error per Epoch 输出当前训练的结果，供数据分析人员决定是否可以接受当前的训练结果。如果结果不能满足要求，则可以继续用调整网络结构，修改训练参数等方式来进行调整，直到 Error per Epoch 达到预期。

使用图形交互的方式虽然直观，对于复杂的神经网络而言还是很麻烦。这时，可以通过设置参数的方式达到修改神经网络的目标。打开图 4.27 的对话框，修改 hiddenLayers 参数，将参数默认值由“a”修改为“a,5”，并保持其他参数不变。单击 Start 按钮再次启动网络学习，可以看到，新的神经网络框图与手工编辑得到的神经网络框图(如图 4.32 所示)一致。

4.2.4 神经网络参数调整

本小节通过一个具体的案例探讨神经网络相关参数调整对数据分析的影响。

首先，通过 Weka 主界面进入 Weka Explorer 窗口，接着从 Weka 安装目录下的 data 目录中加载 ionosphere.arff 文件。选择 Classify 标签页，选中 MultilayerPerceptron 分类器，保持其默认参数，同时设置 GUI 参数为 False，在 Classify 标签页中的 Test Options 中，将 Cross-validation Folds 设置为 10，如图 4.33 所示。

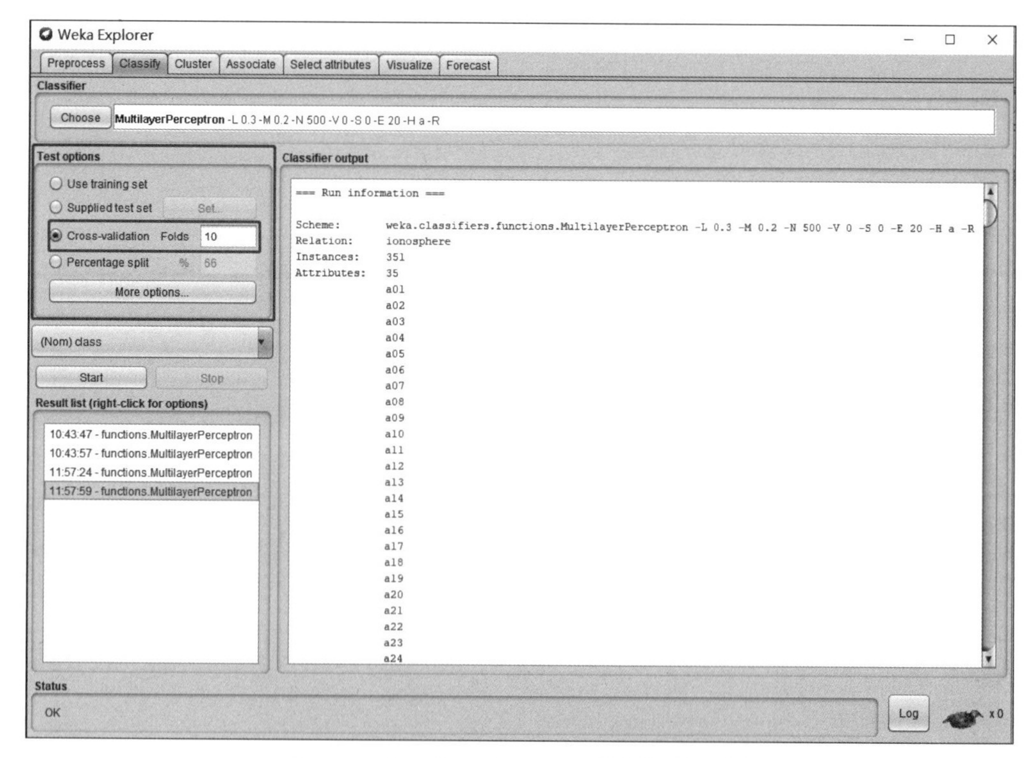

图 4.33 MultilayerPerceptron 分类器参数设置

单击 Start 按钮启动训练及评估，完成后 Weka 会在分类器输出区域输出训练和评估结果。下面对输出进行说明。

(1) 输出的第 1 部分内容是当前神经网络相关的描述信息，包括各种参数取值以及数据集的信息。可以看到，当前数据集的名称是 ionosphere，实例有 351 个，共有 35 个属性，采用十折交叉验证(10-fold cross-validation)。

```
Scheme:       weka.classifiers.functions.MultilayerPerceptron -L 0.3 -M 0.2 -N 500 -V 0
              -S 0 -E 20 -H a -R
Relation:     ionosphere
Instances:    351
Attributes:   35
              a01
              a02
               ⋮
Test mode:10 - fold cross - validation
```

(2) 神经网络的两个输出节点 Node 0 和 Node 1，分别表示输出类别 b 和 g。Threshold 表示激活函数的阈值，Weights 表示隐藏节点到输出节点的连接权重。

```
=== Classifier model (full training set) =
Sigmoid Node 0
Inputs Weights
Threshold      2.059883437903601
Node      2    2.076233359394848
Node      3    3.2183559170557805
⋮
Node      19   4.045989528132257
```

(3) 接下来显示的是从输入节点到隐藏层节点的连接权重，输出如下：

```
Sigmoid Node 2
Inputs   Weights
Threshold      - 0.18027927909992883
Attrib   a01   - 0.9694519022960929
Attrib   a02     0.016992161115539056
Attrib   a03   - 0.8999129576661208
⋮
Attrib   a34     1.1459036574648676
```

(4) 最后一部分显示评估指标，可以看到正确分类的实例(Correctly Classified Instances)320 个，超过了 90%。错误分类的实例(Incorrectly Classified Instances)数目为 31 个。输出如下：

```
== Stratified cross - validation ==
== Summary ==
Correctly Classified Instances320      91.1681 %
Incorrectly Classified Instances    31  8.8319 %
Kappa statistic                        0.7993
Mean absolute error                    0.0938
Root mean squared error                0.2786
```

```
Relative absolute error                 20.3738 %
Root relative squared error             58.0756 %
Coverage of cases (0.95 level)          94.302 %
Mean rel. region size (0.95 level)      54.9858 %
Total Number of Instances               351
```

MultilayerPerceptron 分类器的参数很多，要将参数调整到一个可接受的范围内需要进行多次尝试。本例对 trainingTime、momentum、learningRate 和网络结构进行调整，检验调整参数对性能的影响。

(1) trainingTime 参数。trainingTime 参数是训练的迭代次数。显然，trainingTime 参数值越大，训练花费的时间越多。默认的 trainingTime 参数值为 500，分别将其修改为 300 和 1000，启动训练和评估，得到如表 4.1 所示的评估数据。

表 4.1　不同 trainingTime 参数对比实验结果

trainingTime 参数值	运行时间/s	正确分类精度/%	误差均方根
300	0.82	90.313 4	0.273 7
500	1.36	91.168 1	0.280 9
1000	2.74	91.168 1	0.283 1

由此可知，构建模型的时间与 trainingTime 参数值成正比，但当重复迭代训练超过一定次数后，正确分类实例的比例并不一定会提升，有时候反而会造成过度拟合。

[注意]　由于读者的计算机与本书运行实例的计算机配置不一定相同，并且实际运算中，随机选取训练集和测试集的结果可能会存在差异。因此，如果读者的计算机运行结果同表 4.1 不一致的话，也是正常现象。

(2) momentum 参数。momentum 字面意思是动量，其被用于提高神经网络学习的收敛速度。一般而言，适当增加 momentum 参数的数值对加快收敛有一定帮助。但是，也会出现 momentum 参数值增加，反而会扩大训练误差，导致训练结果不能加快收敛的现象发生。为避免这种现象，需通过试错法来调整 momentum 参数。

下面先将 multilayerPerceptron 分类器的全部参数重置为默认值，trainingTime 参数值固定为 500。然后修改 momentum 参数为 0.1、0.3 和 0.7，启动训练和评估，得到表 4.2 所示的训练结果。

表 4.2　不同 momentum 参数对比实验结果

momentum 参数值	运行时间/s	正确分类精度/%	误差均方根
0.1	1.35	91.737 9	0.271
0.3	1.36	91.737 9	0.279 8
0.7	1.36	91.168 1	0.277 8

如表 4.2 所示，就本例而言，修改 momentum 参数对评估的影响有限。当 momentum 参数值从 0.1 增加到 0.3 时，分类精度并没有提高，参数值增加到 0.7 时，分类精度反而下降了。

(3) learningRate 参数。learningRate 参数用于控制学习率，决定每一次训练时，神经网络中的节点之间连接的权重修改数量。如果学习率设置太低，训练会进展得很慢，因为神经网络的节点连接权重只做了很少的调整；如果学习率设置得太高，可能错过最优答案。因此希望设置一个能极大地提高学习准确率的学习率。可以通过观察学习率每次小幅度的线性或指数增加对损失函数的影响来调整学习率。较小的学习率可能导致损失函数小幅减小。当进入了最优学习率区域，损失函数可能会出现非常大的下降。进一步增加学习率会造成损失函数"来回摆动"，甚至在最优结果附近发散。

下面先重置 MultilayerPerceptron 分类器的全部参数为默认值，trainingTime 参数值固定为 500，momentum 参数为 0.2。然后再修改 learningRate 参数为 0.1、0.3、0.7、1.0，启动训练和评估，得到的评估数据见表 4.3。

表 4.3　修改 learningRate 参数的对比实验结果

learningRate 参数值	运行时间/s	正确分类精度/%	误差均方根
0.1	1.46	91.168 1	0.283 8
0.3	1.54	91.168 1	0.278 6
0.7	1.48	91.453	0.279 2
1.0	1.47	90.883 2	0.282 4

如表 4.3 所示，就本例而言，修改 learningRate 参数对评估有较大的影响，当该参数值为 0.7 的时候，分类精度取得最大值 91.453%。当 learningRate 增加到 1.0 时，精度反而下降到最低值 90.8832。因此，需要多次反复尝试，以确定最优学习率。

(4) 修改神经网络结构。下面先将 MultilayerPerceptron 分类器的全部参数重置为默认值，trainingTime 参数值固定为 500，momentum 参数为 0.2，learningRate 为 0.7。然后再修改 hiddenLayers 参数，启动训练和评估，得到如表 4.4 所示的评估数据。

表 4.4　修改神经网络结构的对比实验结果

hiddenLayers 参数值	运行时间/s	正确分类精度/%	误差均方根
a	1.44	91.453	0.279 2
10	0.85	90.598 3	0.291 8
6,10	0.83	92.022 8	0.263 8
10,15	1.43	92.307 7	0.273 8

如表 4.4 所示，修改网络结构对评估性能有较大影响。当设置两个节点数分别为 10 和 15 的隐藏层时，神经网络的分类精度取到最大值 92.307 7%。但是，Weka 的神经网络无法自动学习修改神经网络结构，只能采用多次尝试去寻找更优秀的神经网络结构。

通过上述训练结果可知，神经网络的优化是一个烦琐的过程，不同类型的神经网络，其网络参数调整也不尽相同。如果贸然去尝试优化，往往是不得其法，花费了大量时间也得不到更好的结果，甚至很有可能还不如什么都不做。只有熟悉神经网络的结构，同时对神经网络的运行过程有深入的了解，并且具备较好的数学理论知识，才能对神经网络做出正确的优化。

4.3 时间序列分析及预测

时间序列分析是一门统计学、经济学相结合的综合性学科。早在公元前5000年,古埃及人就开始记录尼罗河每天涨落的情况,这些记录就是时间序列。古埃及人通过长期观察和分析尼罗河每天涨落的信息,掌握了尼罗河泛滥的规律,从而帮助古埃及统筹安排农业生产,物质文明得以迅速发展,进而创建了灿烂辉煌的古埃及文明。

通过古埃及人记录尼罗河涨落信息的例子可知,时间序列是按照时间顺序记录的一组数据,其他例如国内生产总值、居民消费价格指数、股票指数、贷款利率、人民币汇率等都是时间序列。时间序列的时间间隔可以是秒、分钟、小时等小的时间单位,也可以是日、月、年等更大的时间单位。

时间序列分析是对时间序列进行观察、研究,寻求时间序列变化发展的规律,建立时间序列随时间发展的模型,并预测时间序列未来发展情况的方法。典型的数据挖掘和机器学习过程中,每个数据点通常是一个独立的随机样本,可能服从相同的概率分布,也可能服从不同的概率分布,数据集内数据出现的先后顺序通常会因为数据随机采样而被忽略。不同于常见的数据挖掘和机器学习过程,时间序列数据有一个自然的时间顺序。时间序列分析强调大量使用数学、统计学、计算机等技术来建立模型,并解释跟随时间进度时间序列数据的变化过程。

时间序列分析的典型应用包括国民经济宏微观控制、市场预测、气象水文预报、流行病学跟踪预测、农作物病虫灾害预报以及环境污染控制等。Weka时间序列分析采用机器学习和数据挖掘集成的方法来对时间序列建模,将数据转换为计算机可以处理的形式,利用附加的信息保留数据的时间依赖关系,从而让计算机能够处理没有时间顺序的样本数据。

使用Weka进行时间序列分析,要求安装Weka 3.7.3及以上版本,同时需要通过Weka包管理器安装时间序列分析的功能模块。通过选择Weka主界面的Tools菜单栏中Package Manager命令(快捷键为Ctrl+U),启动包管理器。在包管理器界面中找到timeseriesForecasting(时间序列预测)包[①],然后单击左上方Install按钮进行安装,安装完成后的窗口如图4.34所示。

时间序列环境安装完成后,在本地计算机用户目录下的"wekafiles\packages\timeseriesForecasting"子目录中,可以找到安装后的文件目录,如图4.35所示。其中doc子目录存放API文档,lib子目录存放时间序列分析包所需要的jar库文件,sample-data子目录存放3个测试数据集文件,src子目录存放源代码文件。另外,在目录中还可以找到一个名称类似于timeseriesForecasting1.0.27.jar的文件,如果使用Java进行程序开发,需要导入这个jar库文件。

重新启动Weka,在Weka Explorer界面中可以看到一个新的Forecast(预测)标签页,该标签页需要加载数据文件之后才可以使用,否则为灰色不可用状态。使用Explorer界面的Preprocess标签页中的Open File按钮来加载wine.arff数据文件,如图4.36所示。该数据文件与另外两个数据文件(appleStocks2011.arff和airline.arff)都在timeseriesForecasting包的

① 截至本书完稿之时,最新的timeSeriesForecasting功能包的版本为1.0.27。

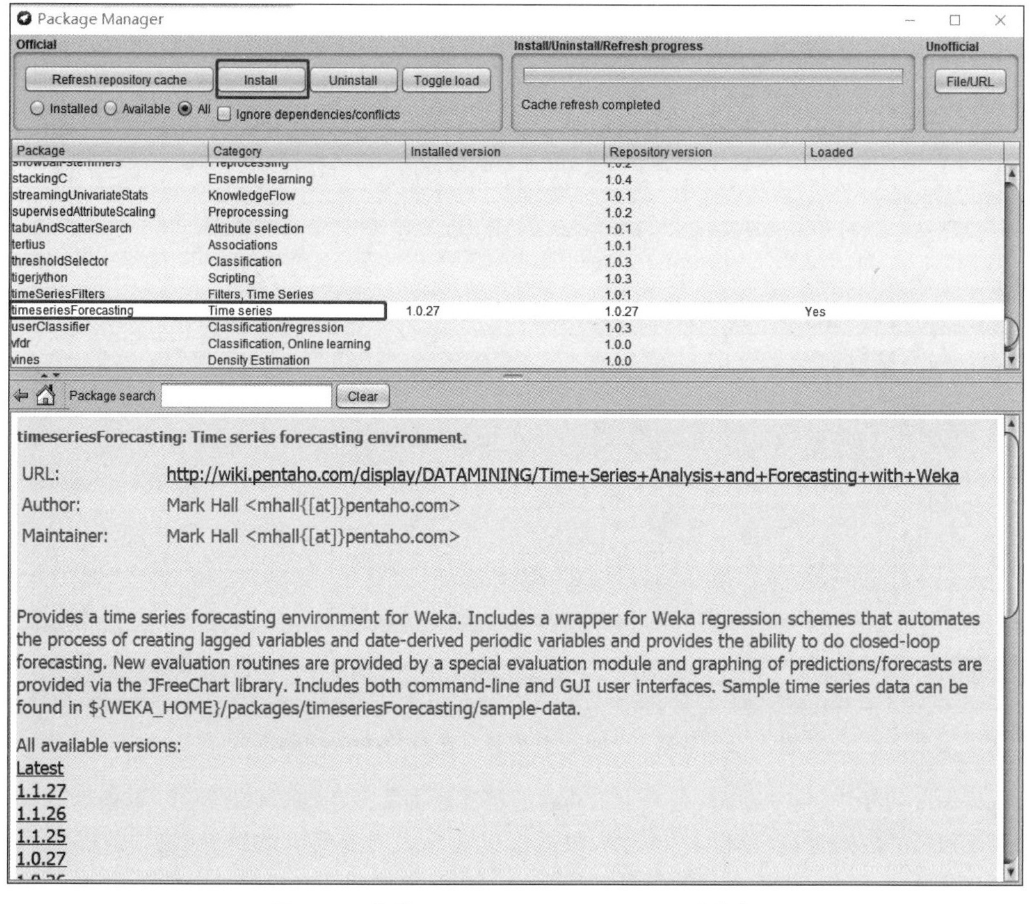

图 4.34 安装 Weka timeseriesForecasting 功能包

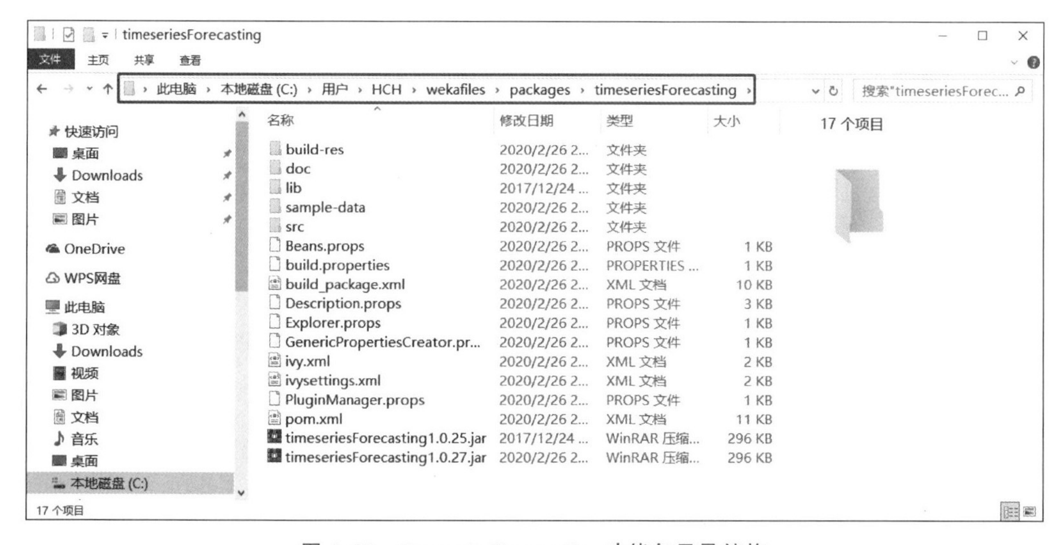

图 4.35 timeseriesForecasting 功能包目录结构

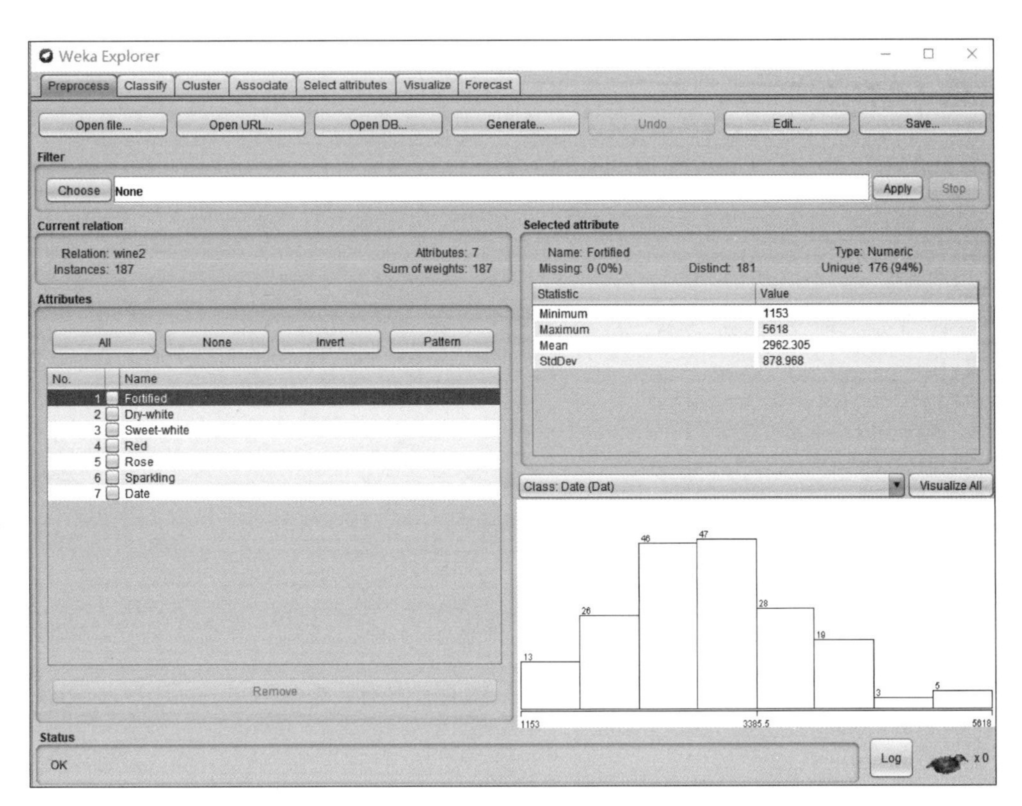

图 4.36　加载了 wine.arff 数据文件的 Preprocess 标签页

sample-data 目录中。wine.arff 是一个葡萄酒的基准数据集。在这个数据集中，数据是每月澳大利亚葡萄酒的销售量(单位：升/月)，数据集包含六大类葡萄酒的销售数据，销售量为从 1980 年 1 月直到 1995 年 6 月的每月销售记录。数据文件的部分内容如下：

```
% Sales of Australian wine (thousands of litres)
% from Jan 1980 - 1980 - 07 - 01 1995. Data is sorted in time
@relation wine2
@attribute Fortified numeric
@attribute Dry - white numeric
@attribute Sweet - white numeric
@attribute Red numeric
@attribute Rose numeric
@attribute Sparkling numeric
@attribute Date date 'yyyy - MM - dd'
@data
2585,1954,85,464,112,1686,1980 - 01 - 01
3368,2302,89,675,118,1591,1980 - 02 - 01
⋮
2612,3937,189,2585,28,1670,1995 - 05 - 01
2967,4365,220,3310,40,1688,1995 - 06 - 01
3179,4290,274,3923,62,2031,1995 - 07 - 01
```

Forecast 标签页又分为 Basic configuration(基本配置)和 Advanced configuration(高级配置)两个标签页，下面介绍基本配置使用方法。

Basic configuration 标签页默认的配置方式如图 4.37 所示。

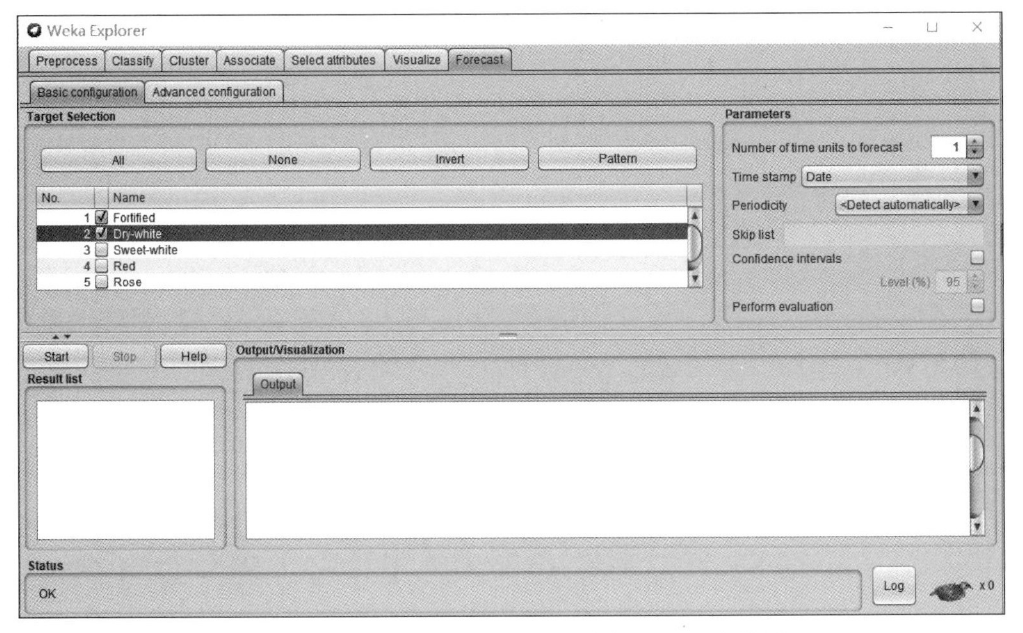

图 4.37 加载了 wine. arff 数据文件的 Forecast 标签页

(1) 目标选择。Basic configuration 标签页的左上部为 Target Selection(目标选择)选项组,用于用户在数据集中选择希望预测的目标字段,可以同时为多个目标字段共同建模,以获取多个目标字段之间的依赖关系。当数据中只有一个目标时,系统就会自动选择唯一的目标;在可能有多个目标的情况下,用户必须手动进行选择。图 4.37 中选择了 Fortified 和 Dry-white 两个目标字段。

(2) 基本参数。Basic configuration 标签页的右上部是 Parameters(参数)选项组,在该选项组中,可以用几个简单的参数控制预测算法的行为。下面分别介绍这几个参数。

- Number of time units to forecast(预测的时间单位数值)。该参数是最重要的参数。用来控制预测器对未来要预测多少个时间步长,默认为 1,即系统预测一个时间单位的数据。对于图 4.37 所示的葡萄酒数据,根据数据文件内容可知,如果设置为 12,即每月预测一次,一共预测一年。步长单位应该与已知数据的周期性相对应,例如,以天为基础记录的数据,其预测的时间单位为天。图 4.38 显示了 wine. arff 数据集 12 个月的预测结果。由于数据文件记录的最晚时间为 1995 年 7 月 1 日,因此从 1995 年 8 月开始到 1996 年 7 月的数据均为预测值,Fortified 和 Dry-white 两个系列分别用三角形和菱形块表示。每月数据之间的连线为虚线。
- Time stamp(时间戳)。如果数据中只有一个日期字段,系统会自动选择该字段。如果系统检测到数据集中有多个时间字段,则允许用户选择可能的时间戳字段。如果数据中不存在日期字段,则系统自动选择 Use an artificial time index(使用人工时间索引)选项。用户还可以从下拉列表框中选择 None(无)选项,以告诉系统没有人工产生的或其他方式的时间戳可供使用。
- Periodicity(周期性)。Time stamp 下拉列表框下面为 Periodicity(周期性)下拉列

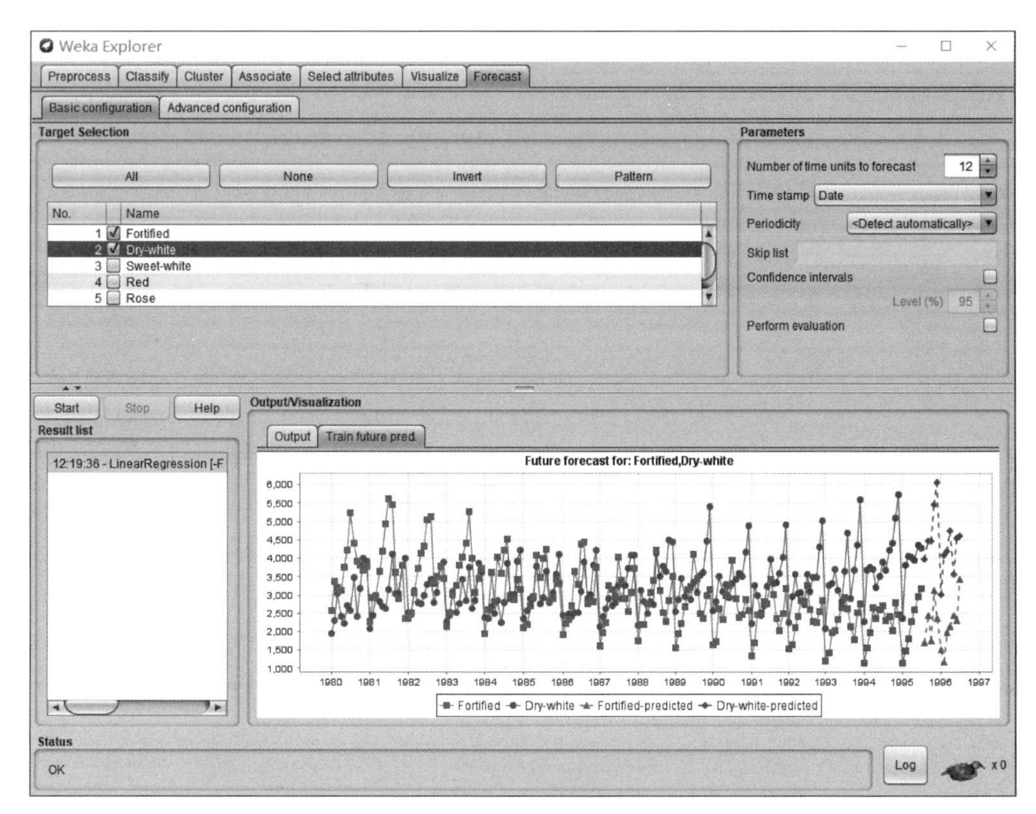

图 4.38 Wine.arff 数据集 1995 年 8 月到 1996 年 7 月的预测结果

表框,允许用户指定数据的周期性。如果日期字段已经选定为时间戳,那么可以让系统使用启发式算法来自动检测周期性。<Detect automatically>“自动检测”选项为默认值,系统初始时就会主动寻找日期型属性作为时间戳。如果时间戳没有明确提供周期性信息,那么用户可以明确告诉系统的周期性是哪一个(Weka 系统提供小时,天,周,月,季度,年等周期性选项)。如果不知道数据的周期性就选择 Unknown(未知)。在时间戳为日期的情形下,Weka 可以创建基于日期型时间戳的派生字段。例如,时间戳提供了每月的周期性,Weka 将自动创建年度的月份和季度字段。

- Skip list(跳过列表)。Periodicity 下拉列表框之下为 Skip list(跳过列表)文本框,允许用户指定要忽略的时间段,该时间段在建模、预测和可视化过程中不计为时间戳增量。例如,考虑股票的每日交易数据,在周末及公众假期内交易休市,因此这些时间段不应计为增量,并且其差值也要相应调整。即市场自周五收盘到下周一开盘之间是一个单位时间,而不能计算为 3 个。由于自动检测周期性的启发式算法无法处理这些数据中的特殊情况,因此用户必须指定使用的周期性,并在 Skip list 文本框中提供不计为增量的时间段。

Skip list 选项可以接受很多种类的字符串,如 Weekend(周末)、Saturday(星期六)、Tuesday(星期二)、Mar(三月)和 October(十月),还可以是具体日期加上可选的日期格式字符串,如 2020-02-02@yyyy-MM-dd,或者可以提供一个整数,整数的含义取决于指定的周期性。例如,对于周期性为小时数据,将解释为一天中的第几个小时;对于周期性为每天的数据,整数可以解释为一年中的第几天;对于月数据,将解释为一年中的第几个月等。对于具体的日期,系统有一个默认的格式化字符串 yyyy-MM-ddTHH:mm:ss,用户也可以指定一个使用@< Format >作后缀的日期。如果列表中所有日期的格式都相同,那么只需对列表中的第一个日期指定一次,以后的日期列表中都使用该默认格式。

图 4.39 展示了 2011 年苹果计算机股票走势预测设置的例子,appleStocks2011 数据文件可以在 timeseriesForecasting 包的 sample-data 目录中找到。该文件包含苹果计算机股票自 2011 年 1 月 3 日至 2011 年 8 月 10 日的数据,包括每天的最高价、最低价、开盘价和收盘价,其数据通过雅虎财经获得。本例已经设置预测未来五天的每日收盘价,设置周期性为 Daily,并提供跳过列表以忽略周末和公共假期,跳过列表如下:weekend,2011-01-17@yyyy-MM-dd,2011-02-21,2011-04-22,2011-05-30,2011-07-04。

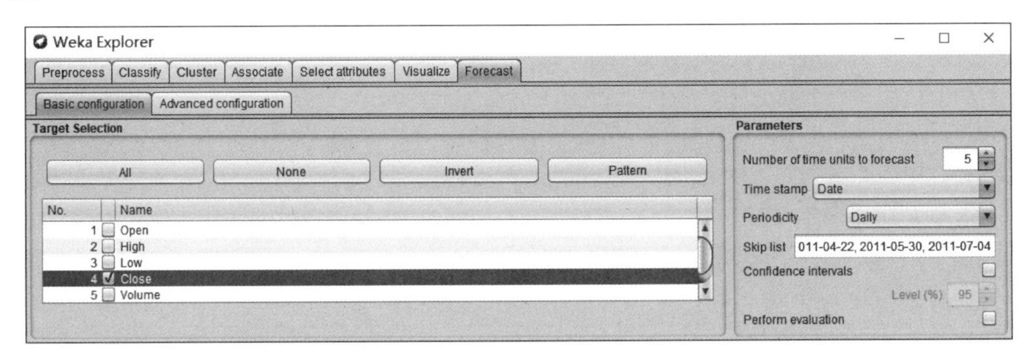

图 4.39　appleStocks2011 数据集 5 天预测的参数设置

[注意]　跳过列表不但要包括已知数据的时间段,而且一定要包括将要进行预测的未来时间内需要跳过的时间段,比如公共假期以及不能计入为增量的任何其他日期。

- Confidence intervals(置信区间)。Skip list 文本框之下为 Confidence intervals 复选框和 Level(水平)微调框,默认的置信水平为 95%。系统采用训练数据中已知的目标值来设定预测的置信边界。
- Perform evaluation(执行评估)。默认情况下,上述参数的设置会让 Weka 系统建立一个预测模型,同时对训练数据结束时间之后的数据进行预测。选中 Perform evaluation 复选框,系统则会使用训练数据对预测器进行评估。

(3) 输出。Basic configuration 标签页中的输出包括三个部分,即训练评估、训练数据结束之后预测值的图形、以文本形式给出的预测值以及完成学习模型的文字说明。图 4.40 所示为完成 wine. arff 数据学习后得到的模型。默认情况下,时间序列环境配置为线性回归(Linear Regression)。Advanced configuration 标签页中的输出有更多选项,并且可以完全控制底层模型的学习以及可用参数。

图 4.40 中左侧的 Result list(结果列表)区域用于保存时间序列分析的结果。每次单击 Start 按钮启动一个预测分析,就会在该列表中创建一个条目。所有的文本输出以及与分析运行关联的图表都存储在列表的各自条目中,存储在列表中的还有预测模型本身。图 4.41 为右击列表中的条目弹出的快捷菜单,快捷菜单中一共有六个菜单项,从上到下分别为 View in main window(在主窗口中查看)、View in separate window(在单独的窗口中

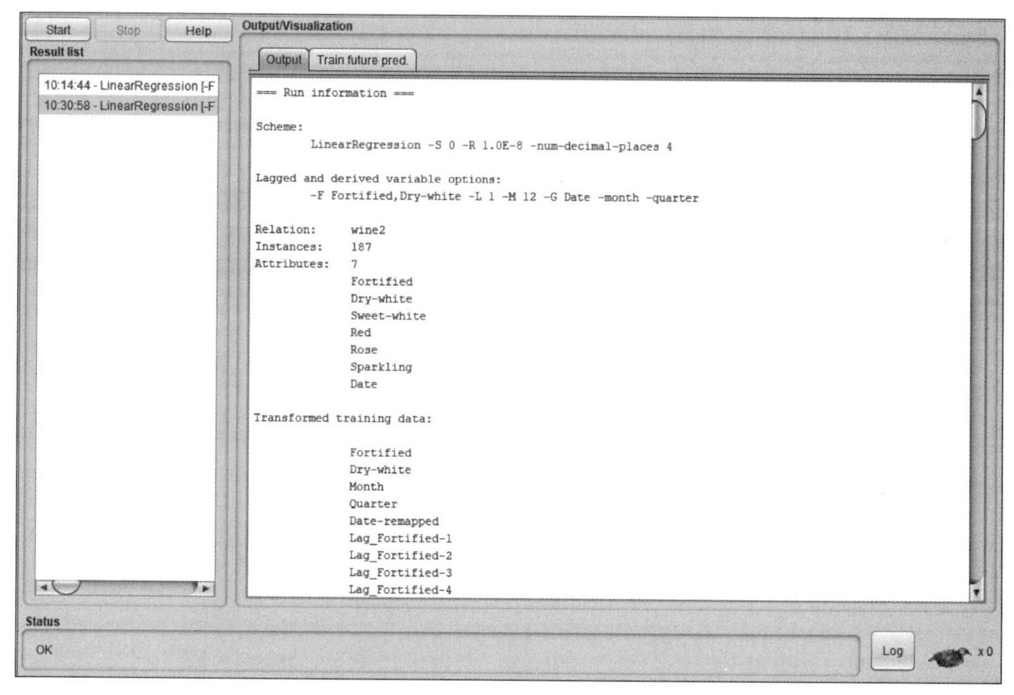

图 4.40 wine.arff 数据学习的输出信息

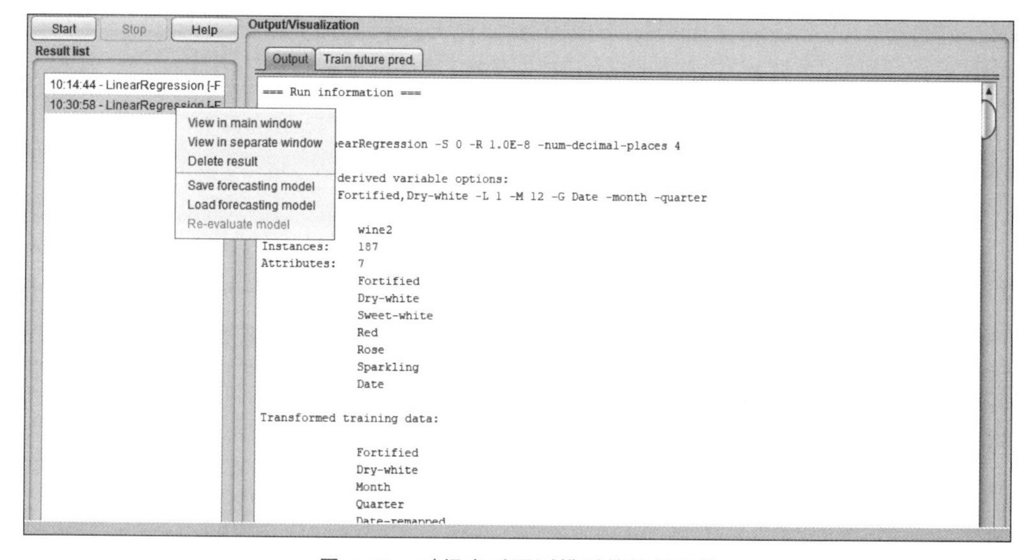

图 4.41 时间序列预测模型的快捷菜单

查看）、Delete result（删除结果）、Save forecasting model（保存预测模型）、Load forecasting model（加载预测模型）、Re-evaluate model（重新评估模型）。如果在启动学习前没有选中 Perform evaluation 复选框，Re-evaluate model 菜单项就会变灰而不可用。选择 Save forecasting model 命令，可以将模型保存为文件；选择 Load forecasting model 命令，可以将事先保存的模型从文件加载到系统。

当保存模型时，所保存的模型是建立在训练数据之上的，对应于结果列表中的条目。

如果要把其中的一部分数据拿出来作为单独测试集的方案进行评估，那么所保存的模型只是对现有的部分数据进行训练。因此，建议在保存模型前取消选中 Perform evaluation 复选框，对全部可用数据构建模型。

随着机器学习的发展，人工智能得到广泛的普及。很多人希望能够将机器学习和金融市场结合起来，在计算机大量学习已有交易数据的基础上，构建预测模型来对未来股票交易的价格进行预测。通常的做法是将得到的交易数据随机地划分为训练集和测试集。利用训练集训练模型去预测股票涨跌的概率(涨或跌的二分类问题)。尽管这些模型在测试数据集上的效果表现非常优秀——能够达到 80%～90%的准确度。但在实际应用中却效果不佳，模型的预测性能大体相当于随机猜测。

造成这个现象的原因有很多，模型所涉及的外部因素、交易者的心理素质等都是影响模型预测准确率的重要原因。对于时间序列数据，随机划分训练集和测试集的结果会导致“利用未来数据”来预测“过去走向”的问题。这也是为什么不建议选择 Perform evaluation 选项的一个重要原因。

对比贝叶斯网络和神经网络，从上面介绍的时间序列分析使用过程来看，时间序列分析要简单很多，分析过程中描述的参数也少了很多。但实际上，时间序列分析是统计学理论中的一个重要分支，涉及社会诸多领域的活动，需要较好的数学理论基础。这些内容远远超出了本书的范围，有兴趣的读者可以自行查阅相关书籍了解详情。

Tableau数据可视化

俗语说，一图胜万言。图表在展示数据和揭示信息方面的重要性不言而喻。数据可视化是将数据背后的信息以图表的形式直观地呈现出来，让数据实现自我解释，以此传递各种价值。进一步而言，数据可视化是受数据驱动，利用计算机工具进行图表制作的一门艺术。好的数据可视化要求制作的图表既要简明清晰地反应数据和信息，又要符合人们的审美观念，具有视觉吸引力。为了更深入了解数据可视化，本章将介绍明星工具 Tableau 的基本操作和应用案例。

5.1 Tableau 概述与入门

5.1.1 概述

Tableau 是 Tableau Software 公司研发的软件产品。Tableau Software 公司是一家商业智能软件提供商，由斯坦福大学的三位校友 Patrick M. Hanrahan，Christian Chabot 和 Chris Stole 于 2003 年创立。Hanrahan 是皮克斯(Pixar)动画工作室创始成员之一，在渲染和计算机图形研究方面获得过三项奥斯卡技术奖，他和 Edwin Catmull 由于在计算机图形学领域的卓越贡献，一起获得 2019 年图灵奖(计算机界的全球最高奖项)。

Tableau 是一款敏捷的自助式的数据可视化工具，它能快速灵活地连接和整合数据，提供简单的方式实现从不同的角度观察、计算和展示不同的指标，能马上分享并获得反馈。Tableau 作为轻量级数据可视化工具的优秀代表，在 Gartner(高德纳)咨询公司发布的 2020 年《分析和商业智能平台魔力象限报告》中，连续八年获评领先者象限。Tableau 出色的表现主要得益于以下几个方面的特性。

(1) 高效易用。Tableau 通过内存数据引擎，可以直接查询外部数据库，同时动态地从数据仓库抽取实时数据，极大地提高了数据访问和查询效率。而且，Tableau 提供了友好的可视化界面，用户仅需要通过单击或者拖曳鼠标就可以迅速创建出智能、精美、直观和具有强交互性的报表和仪表盘。

(2) 能够连接多种数据源，轻松实现数据融合。Tableau 支持多种类型的数据源，包括带分隔符的文本文件、Excel 文件、SQL 数据库、Oracle 数据库和多维数据库等。而且，Tableau 支持用户轻松地在多个数据源之间切换，以及整合多个不同的数据源，轻松实现数据融合。

(3) 集成高效的接口，支持多种编程语言。Tableau 提供了多种应用编程 API 接口，支持 C、C++、Java、JavaScript、R 以及 Python 等多种语言。

Tableau 的产品体系非常丰富，主要包括 Tableau Desktop、Tableau Server、Tableau

Online、Tableau Mobile、Tableau Public 以及 Tableau Reader。本章主要围绕 Tableau Desktop 讲授。

Tableau Desktop 是设计和创建美观的视图与仪表板、实现快捷数据分析功能的桌面分析工具，支持 Windows 和 Mac OS 操作系统。它包括 Personal（个人版）和 Professional（专业版）两个版本。Personal 版本仅支持与本地文件和本地数据库连接，分析成果可以发布为图片、PDF 和 Tableau Reader 等格式；而 Professional 版本除了具备 Personal 版本的全部功能之外，还支持更加丰富的数据源，几乎支持与所有类型的数据和数据库系统的连接，还支持将分析结果发布到企业或者个人的 Tableau 服务器、Tableau Online 服务器和 Tableau Public 服务器上，实现移动办公。因此，Professional 版本比 Personal 版本更加通用，但价格更贵。

5.1.2 下载与安装

登录 Tableau 官方网站 http://www.tableau.com/zh-cn/products/trial（建议使用 Google Chrome 或者 Firefox 浏览器），如图 5.1 所示，填写"商务电子邮件"后，单击"下载免费试用版"，进入下载过程，即可以下载 Tableau Desktop 最新的免费试用版本。最新的 Tableau Desktop 只提供 64 位版本，而不提供 32 位版本。

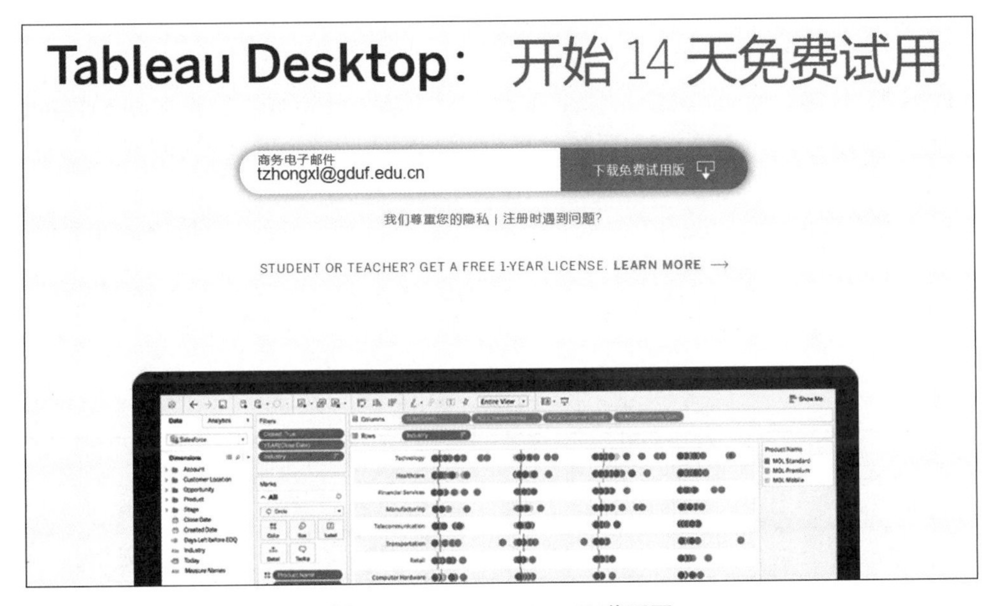

图 5.1 Tableau Desktop 下载页面

如果需要下载 Tableau Desktop 的历史版本或者 32 位版本，可以到 https://www.tableau.com/support/releases 下载，该链接也可以下载 Tableau Server 等其他产品。Tableau Desktop 安装文件下载完成后，在 Windows 操作系统的安装过程与其他软件基本相同。软件安装结束后，直接进入"激活 Tableau"，用户可以通过产品密钥激活 Tableau。若无产品密钥激活 Tableau，注册完成后只能无限制使用 14 天。

针对一般人员，Tableau 公司要求必须付费购买产品密钥；针对全球高校的老师和学生，Tableau 公司推出学术版，通过申请可以获得 Tableau Desktop 等产品免费一年使用期限的产品密钥。学生登录网址 https://www.tableau.com/zh-cn/academic/students 申请；教师登录网址 https://www.tableau.com/zh-cn/academic/teaching 申请。不管是教师还是学生，在申请过程中需要按照指引，详细填写个人信息以及提供相应证明材料。注意要准确填写邮箱地址，以便能接收产品密钥。为更好地证明自己的教师（学生）身份，申请者最好使用教育网邮箱，以及上传自己的教师证（学生证）扫描文件（图片）等材料。当获得产品密钥时，可以选择 Tableau Desktop“帮助”菜单下的“产品激活”命令，在弹出的对话框中输入产品密钥激活产品。

5.1.3 数据类型

通常，数据表中的每一列称为一个字段，代表着一个属性；每一行称为一个实例，代表着一条数据记录。数据表中的每个字段都具有一种特定的数据类型。数据类型反映了该字段存储数据的种类，如字符串、数字和日期时间等。Tableau Desktop 主要有以下五种数据类型：

（1）字符串（STRING）类型。字符串是由零个或者多个字符组成的序列，例如，“story book”“abc-12345”都是字符串。字符串通过添加单引号或者双引号进行标识。

（2）数字（NUMBER）类型。数字可以是整数或浮点数，浮点数即是实数。

（3）布尔（BOOLEAN）类型。布尔值即是逻辑值，包括 TRUE（真）和 FALSE（假）。例如，表达式 8>6 的布尔值为 TRUE，表达式 8>9 的布尔值为 FALSE。

（4）日期/日期时间（DATE & DATETIME）类型。日期或者日期时间，如“January 12,2020”或“January 12,2020 11:45:30 AM ”。Tableau 几乎能识别所有格式的日期时间。如果需要将字符串强制识别为日期时间，则在该字符串之前添加一个 # 符号。

（5）地图（MAP）类型。地图值可以是国家、省和市等，也可以是精确的经度值与纬度值。

在 Tableau Desktop，字段的数据类型在“数据”选项卡中由图标标识，每种数据类型对应的图标如表 5.1 所示。

表 5.1 主要数据类型图标

图　标	类　型	图　标	类　型
Abc	字符串	📅	日期
#	数字	📅⏱	日期时间
T|F	布尔	🌐	地图

5.1.4 Tableau Desktop 软件界面

Tableau Desktop 的开始界面如图 5.2 所示，左侧的“连接”可以连接 Microsoft Excel、文本文件、JSON 文件等，也可以连接到 Microsoft SQL Server、MySQL、Oracle 等数据库，还可以连接到已保存的数据源。Tableau Desktop 自带有 Superstore、世界发展指标和超市三个数据集。

与数据源建立连接后，Tableau Desktop 进入数据源界面，如图 5.3 所示。该界面给出

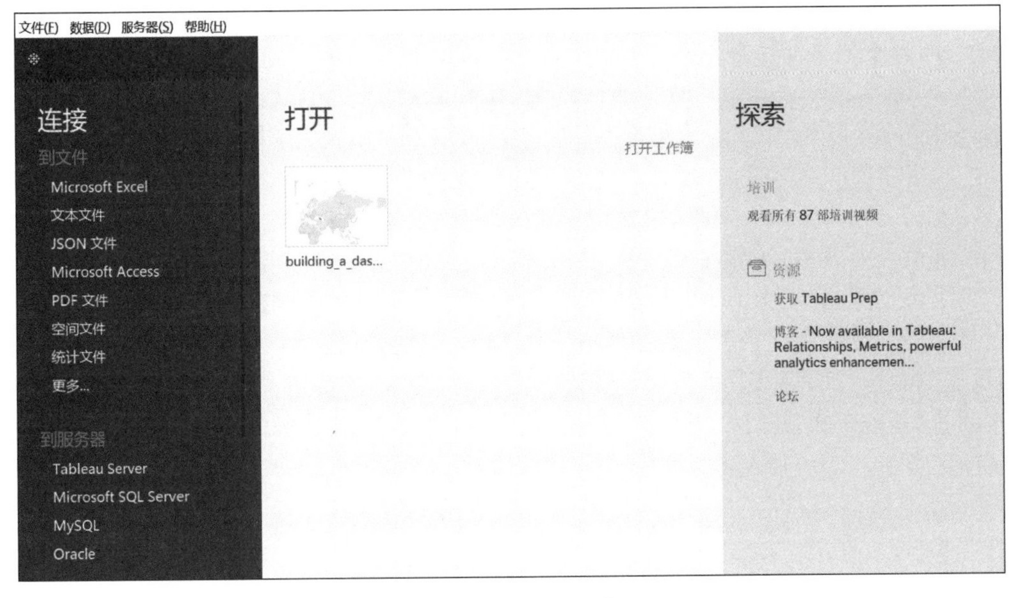

图 5.2　Tableau 开始界面

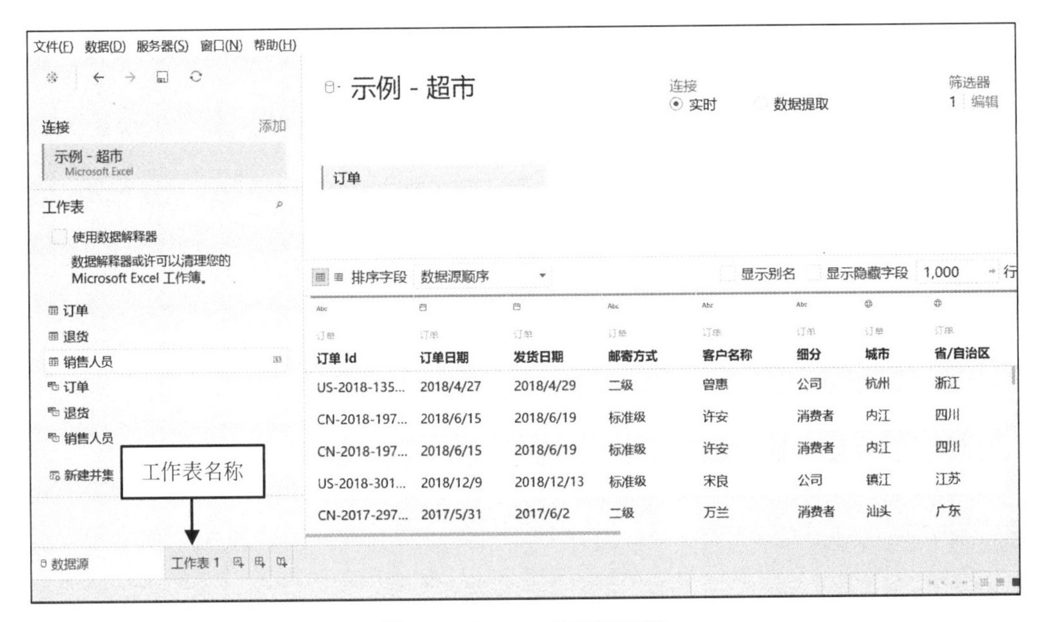

图 5.3　Tableau 数据源界面

了数据源的详细信息，以及其中包含的字段（数据表中的一列变量称为字段）和 1000 行数据。单击左下方的工作表名称可以进入工作簿，即进入 Tableau Desktop 的工作区。在正式介绍工作区环境之前，首先需要了解以下几个基本概念。

- 工作表（worksheet）：又称为视图（visualization），是可视化分析的最基本单元。
- 仪表板（dashboard）：是多个工作表和一些对象（图像、文本、网页和空白等）的组合，可以按照一定的方式对其进行组合和布局，以便揭示数据关系和内涵。
- 故事（story）：是按顺序排列的工作表或者仪表板的集合，故事中各个单独的工作表或仪表板称为“故事点”。可以使用创建的故事，向用户叙述某些事实，或者以故事的方式揭示各种事实之间的上下文或事件发展的关系。

- 工作簿(workbook)：包含一个或多个工作表，以及一个或多个仪表板和故事，是用户在 Tableau 中工作成果的容器。用户可以把工作表成果组织、保存或发布为工作簿，以便共享和存储。

Tableau Desktop 的工作区包括工作表工作区、仪表板工作区和故事工作区。工作表工作区如图 5.4 所示，该界面的左侧是“数据”和“分析”两个选项卡。“数据”选项卡最顶部显示的是数据源，数据源下方是“维度”和“度量”两个分组，分别用来显示导入的维度字段和度量字段。维度和度量是一种数据角色的划分。该界面的中部从上往下依次为“页面”“筛选器”和“标记”，“标记”中包含了“颜色”“大小”“文本”等按钮。“页面”的右侧是“列”功能区、“行”功能区和视图区。将“数据”选项卡中的字段拖曳到“行”或者“列”功能区时就会在视图区显示相应的轴或者标题。

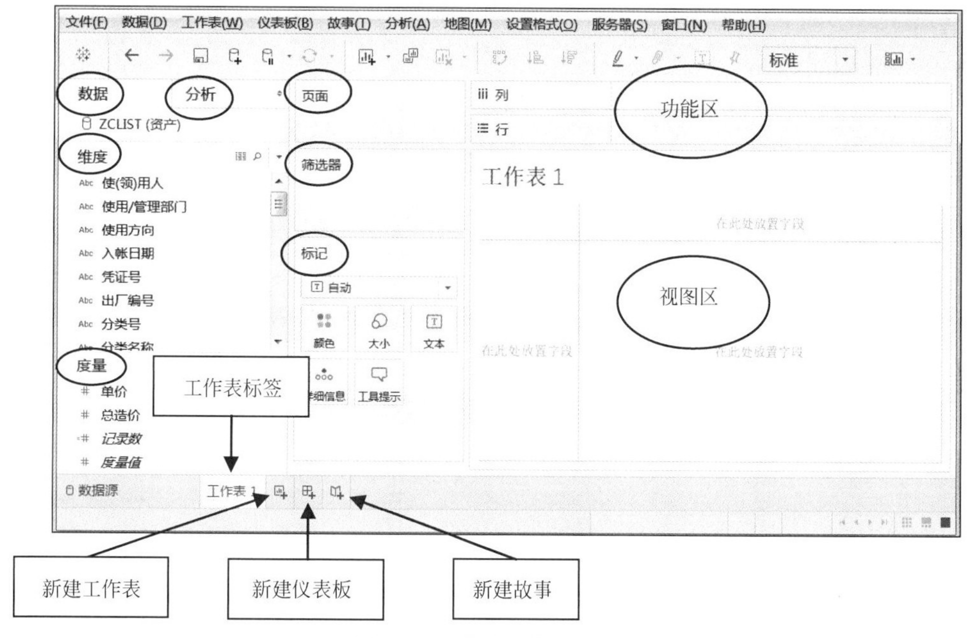

图 5.4 工作表工作区界面

“维度”分组中显示的数据角色被称为维度，往往是具体分类或时间方面定性的离散字段。如果将维度字段拖曳到“行”或“列”的功能区，Tableau 将在视图区创建行或列标题，比如将“使用方向”拖曳到“行”功能区就会出现五种资产的“使用方向”，如图 5.5 所示。

“度量”分组显示的数据角色被称为度量，往往是数值字段，将其拖曳到功能区时，Tableau 默认会进行聚合运算，同时在视图区产生相应的轴，轴上是连续刻度。聚合运算是将多个值聚集为一个数字，如通过求和，求平均数、计数，求最大值或最小值等。

Tableau 连接数据源时会对各个字段进行自动评估，将其分配至“维度”或者“度量”分组。一般而言，这种分配都是正确的，但有时也会出错，比如对于数据源中由一串数字构成的电话号码，Tableau 可能会将这样的字段分配到“度量”中。此时，可以把电话号码从“度量”分组拖曳至“维度”分组，或右击选中“转换为维度”以合理调整数据的角色。

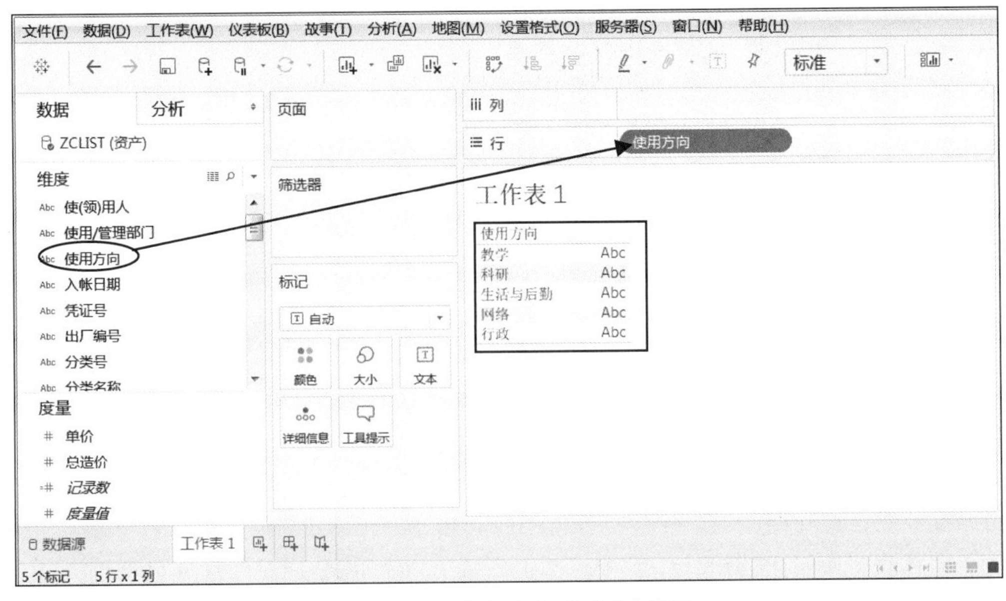

图 5.5 拖曳维度字段到"行"功能区

字段除了可以划分为"维度"和"度量"外,也可以划分为"离散"和"连续"。通常,将字段从"维度"分组拖到"列"或"行"功能区时,该字段的值默认是离散的,Tableau 将创建列或行标题;将字段从"度量"分组拖到"列"或"行"功能区时,该字段的值默认是连续的,Tableau 将创建轴。而且,字段的图标颜色用以区分离散和连续,蓝色代表离散字段,绿色代表连续字段。离散和连续类型可以相互转换,右击字段,在弹出菜单中有离散和连续的选项,单击选择就可实现转换。

5.1.5 文件类型

Tableau 支持以下 6 种专用的文件类型。

(1) 工作簿(twb)文件,它的后缀名为.twb。工作簿可以包含工作表、仪表板和故事等可视化内容,但不包含源数据。

(2) 书签(tbm)文件,它的后缀名为.tbm。书签包含单个工作表,是快速分享所做工作的简便方式。

(3) 打包工作簿(twbx)文件,它的后缀名为.twbx。打包工作簿是一个 zip 压缩文件,包含了所有工作表、连接信息以及所有提供支持的本地资源(本地数据源、背景图像、自定义地理编码等),最适合与不能访问该数据源的其他人分享。

(4) 数据提取(tde)文件,它的后缀名为.tde。该文件是部分或者整个数据源的一个本地副本,可用于共享数据、脱机工作和提供数据库性能。

(5) 数据源(tds)文件,它的后缀名为.tds。该文件是连接经常使用的数据源的快捷方式,不包括实际数据,只包含连接到数据源所必需的信息和在"数据"选项卡中所做的修改。

(6) 打包数据源(tdsx)文件,它的后缀名为.tdsx。该文件是一个 zip 压缩文件,包含数据源文件(tds)和本地文件数据源,可使用此格式创建一个文件,以便与不能访问该数据的其他人共享。

Tableau 默认保存文件至“我的 Tableau 存储库”目录下的关联文件夹中。安装 Tableau 时，在“我的文档”文件夹中自动创建了“我的 Tableau 存储库”。当然，Tableau 的文件也可以指定其他位置保存。

5.2 初级可视化分析

本节将通过实例详细介绍如何使用 Tableau 生成一些简单的图形，如条形图、直方图、饼图、折线图、压力图、树地图和气泡图等。

5.2.1 条形图

条形图又称条状图、柱状图、柱形图，是最常使用的图表类型之一。它通过垂直或水平的条形展示维度字段的分布情况，以每个维度字段的条形长度代表其数据量的大小。水平方向的条形图即为一般意义上的条形图，垂直方向的条形图通常称为柱形图。创建条形图时将维度放在“行”功能区上，并将度量放在“列”功能区上，反之则创建了柱形图。

下面将介绍如何在“资产.xlsx”数据源上创建一个条形图，用于查看每个资产使用人名下的资产情况。打开 Tableau Desktop，连接“资产.xlsx”数据集，在一个空白工作表上按以下步骤操作。

(1) 将“维度”分组中“使(领)用人”拖曳到“列”功能区，“度量”分组中“总造价”拖曳到“行”功能区(显示为“总和(总造价)”)，在视图区则生成资产情况垂直条形图(柱形图)，如图 5.6 所示。

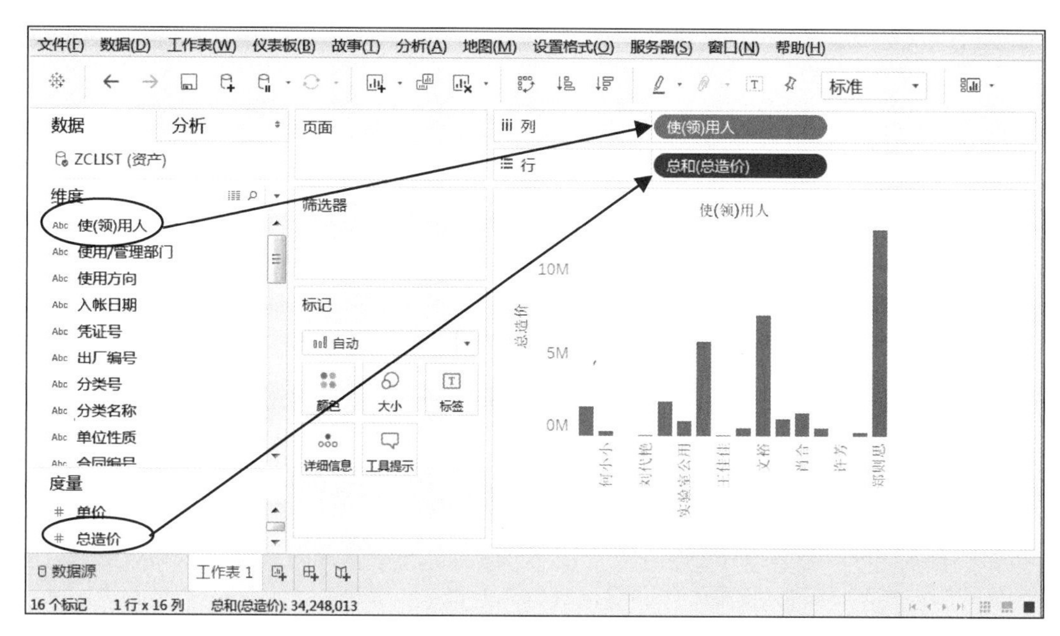

图 5.6 资产情况垂直条形图(柱形图)

(2) 单击工具栏的“交换”按钮，将垂直条形图转置为水平条形图；单击“标记标签”按钮，将显示数据标签；单击“降序”按钮排序，将按总造价的降序排列，如图 5.7 所示。现在可以很直观地看到条形图水平方向显示的是使用人的名称，而垂直方向则是以条

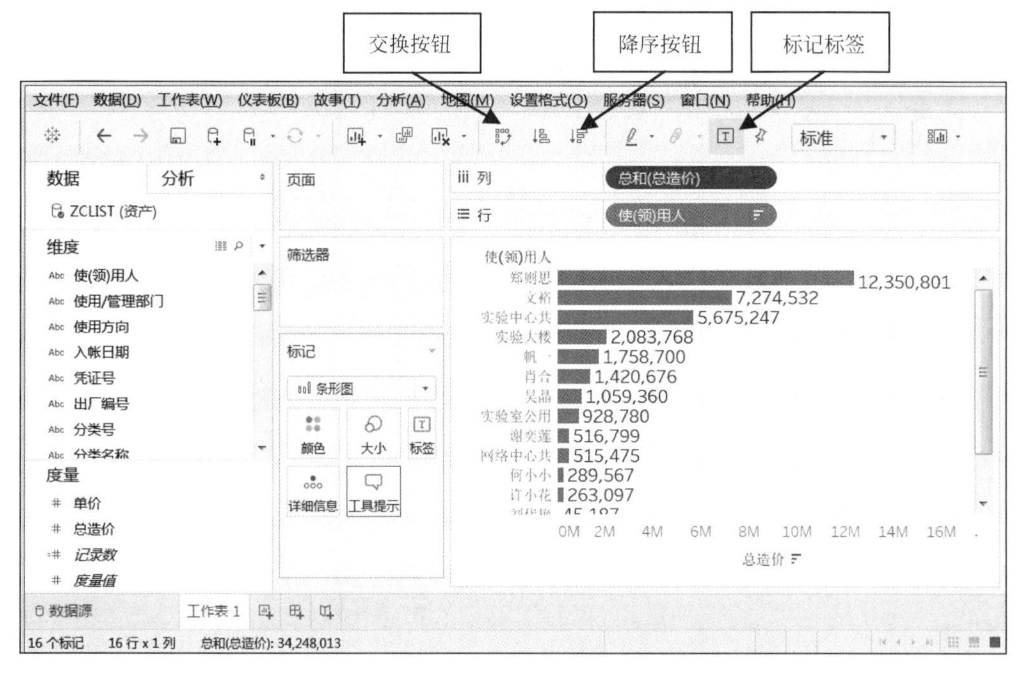

图 5.7　对柱形图进行交换、降序排列

形长度来显示其名下资产总造价的大小。

(3) 若需要进行平均值比较，在“分析”选项卡的“汇总”分组，拖曳“平均线”到视图，放至弹出对话框的“表”位置，此时，在视图中自动生成了一条平均值线，即总造价的平均值为2 140 501，如图 5.8 所示。平均值线显示了不同使用人的资产造价与平均值的对比情况。右击视图上的平均线，选择“设置格式”，可以编辑其展示形式。

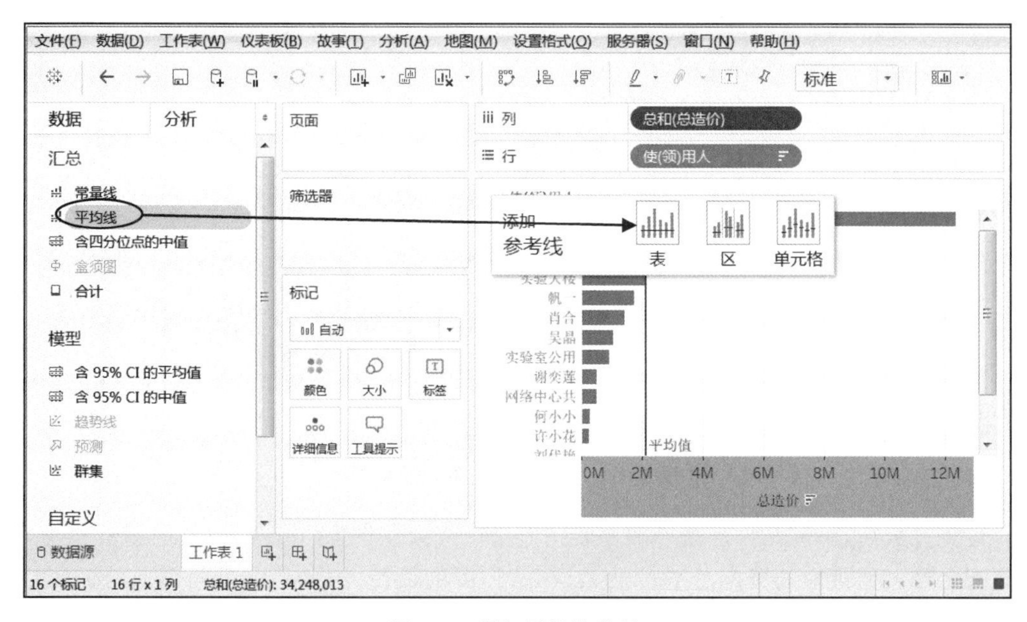

图 5.8　添加平均值分析

（4）将“维度”分组中的“生产厂家”拖至“标记”中的“颜色”，生成堆积条形图，可以查看资产使用人按照资产生产厂家统计的造价情况，如图 5.9 所示。

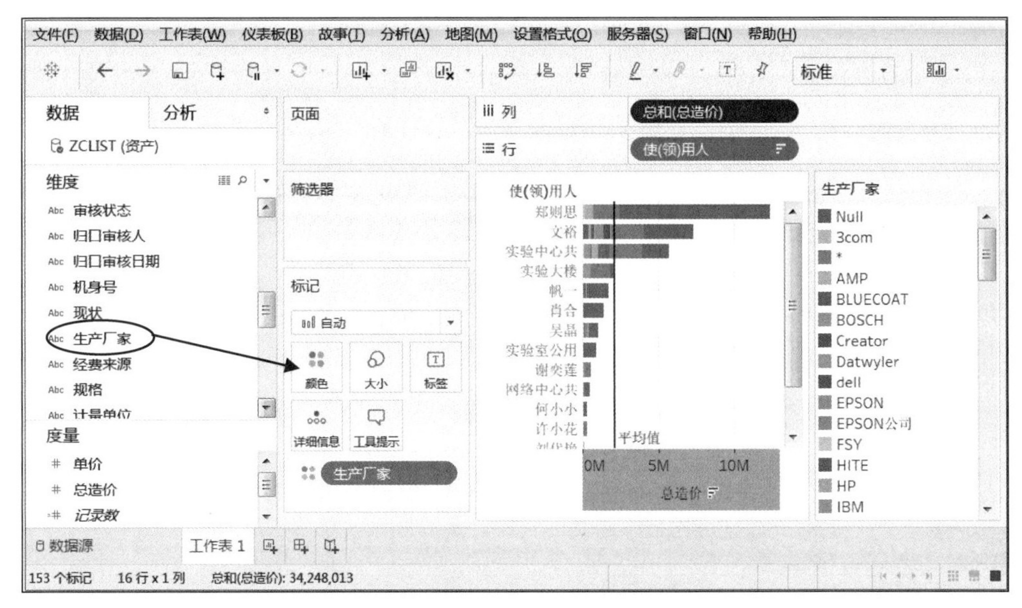

图 5.9 堆积条形图

（5）当生产厂家字段过多时，生成的堆积条形图不够直观，可以对图中“生产厂家”按照造价的值进行排序。单击“生产厂家”图例的下拉菜单按钮，选择“排序”命令，在弹出的对话框中设置排序，“排序依据”为“字段”，“排序顺序”为“升序”，“字段名称”为“总造价”，“聚合”为“总和”，如图 5.10 所示。

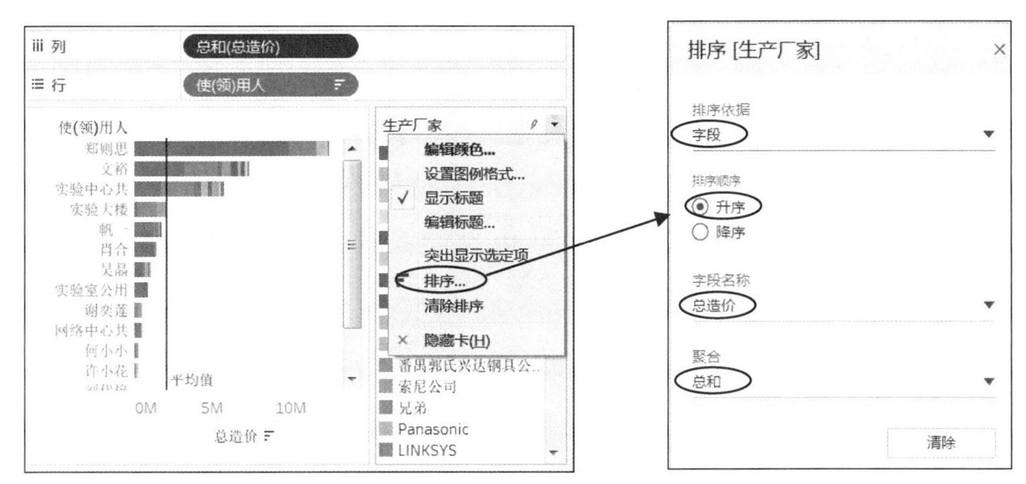

图 5.10 为堆积条形图设置排序

设置完成后，堆积图中的颜色顺序将按照生产厂家总造价的升序排列，如图 5.11 所示。未登记生产厂商供应的资产总造价最大，在条形图的最左方，北泰德公司供应的资产总造价最小；在条形图的最右方，针对某个资产使用人，各个生产厂商向其提供的资产总造价也必须按照总体情况进行排序，而不是单独针对其情况进行排序。

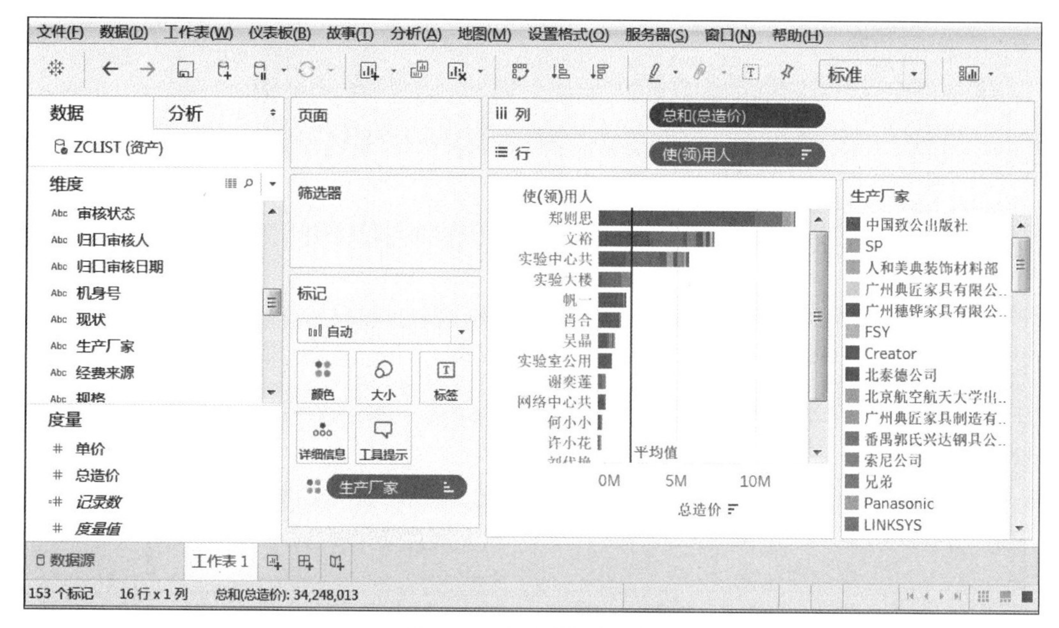

图 5.11　排序后的堆积图

5.2.2　直方图

直方图是一种统计报告图,它是对数据分布情况的图形表示,它的两个坐标分别是统计样本和与该样本对应的某个属性的度量。

直方图与条形图虽然图形效果类似,但是区别在于:条形图的水平轴为单个维度,是通过条形长度来表示度量的多少。而直方图的水平轴是针对某个字段的分组,水平轴宽度表示各组的组距,垂直轴代表每组包含样本数量的多少。条形图往往用于展示离散的且取值较少的维度字段,而直方图则是选取某个字段进行分组统计。分组的原因可能是因为选取的字段是连续的,或者字段虽然离散但是数量过多(可以视为近似于连续),再或者基于某种业务的需要。通常,使用直方图分析的样本数据量最好在 50 个以上。

下面将介绍如何在"资产. xlsx"数据源上创建一个直方图,用于查看总造价小于 10 000 元设备数量的分布情况。为此,首先需要筛选出总造价小于 10 000 元的设备,并创建一个数据桶。数据桶是将需要分析的度量再次细分成同等步长组距并转换为维度的一种方法。打开 Tableau Desktop,连接"资产. xlsx"数据集,在一个空白工作表上按以下步骤操作。

(1) 筛选总造价小于 10 000 的记录,具体操作如下:

① 拖动"度量"分组中的"总造价"到"筛选器",在弹出的对话框中选择"最大值",如图 5.12 所示,然后单击"下一步"按钮。

② 在弹出的对话框中,选择"至多",并在文本框中输入 10 000 作为最大值,如图 5.13 所示,单击"确定"按钮,这样就完成了符合要求的筛选。

(2) 针对总造价小于 10 000 的记录创建数据桶,具体操作如下:

① 右击"度量"分组中的"总造价",在弹出的菜单中选择"创建"→"数据桶"命令,如图 5.14 所示。

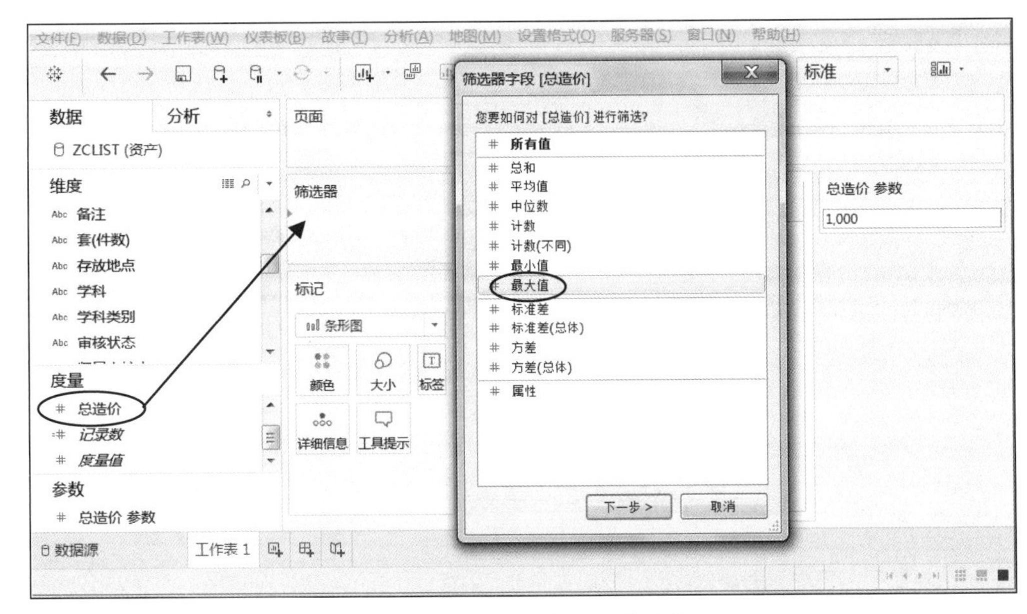

图 5.12　拖动“总造价”到筛选器

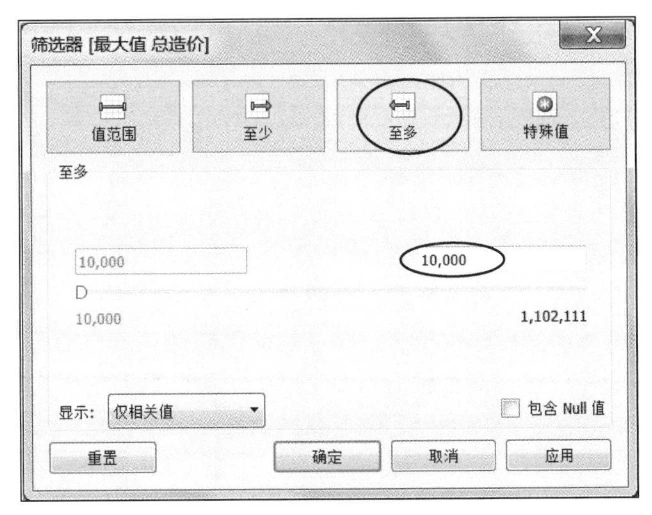

图 5.13　设置最大值

② 在弹出的对话框中，“数据桶大小”选择“创建新参数”，如图 5.15 所示。

③ 在弹出的对话框中，“允许的值”选择“全部”，“当前值”填写 1000，如图 5.16 所示，单击“确定”按钮，完成了数据桶参数的设置。

这样就创建了一个符合要求的数据桶，在“维度”分组中新建了“总造价(数据桶)”字段，如图 5.17 所示。

(3) 创建直方图。拖动“维度”分组中“总造价(数据桶)”字段到“列”功能区，拖动度量的“总和(记录数)”到“行”功能区，如图 5.18 所示。从该直方图可知，总造价小于 1000 元的记录有 3007 条，总造价在 1000～1999 元的记录有 1584 条，总造价在 2000～2999 元的记录有 664 条，其他以此类推。

文件(F) 数据(D) 工作表
分析(A) 地图(M) 设置格式(O) 服务器(S) 窗口(N) 帮助(H)
复制
重命名
隐藏
创建
变换
转换为离散
转换为维度
更改数据类型
地理角色
默认属性
分组
文件夹
替换引用...
描述...
计算字段...
组...
数据桶...
参数...
标准
数据
分析
ZCLIST (资产)
维度
存放地点
学科
学科类别
审核状态
归口审核人
度量
单价
总造价
记录数
度量值
参数
总造价 参数
列
行
在此处放置字段
总造价 参数
1,000
大小
标签
详细信息
工具提示
数据源
工作表 1
1 个标记
1 行 x 1 列

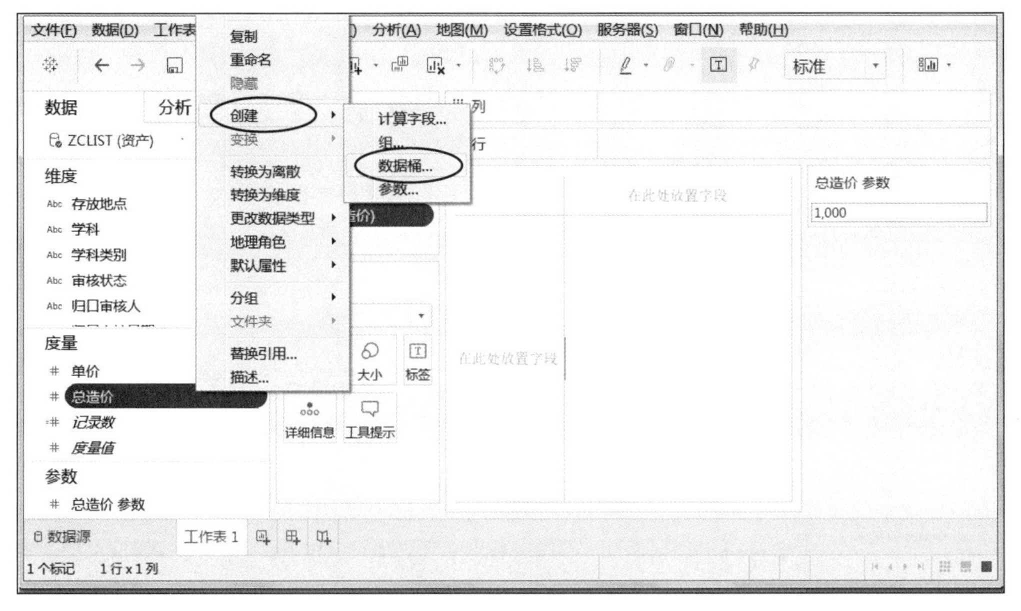

图 5.14 创建数据桶

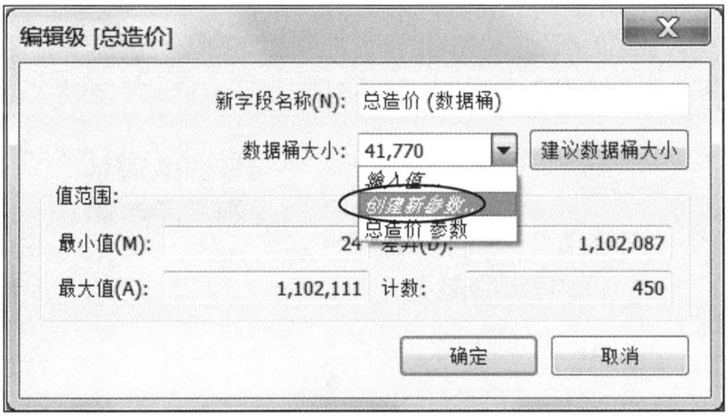
编辑级 [总造价]
新字段名称(N): 总造价 (数据桶)
数据桶大小: 41,770
建议数据桶大小
输入值
创建新参数
总造价 参数
值范围:
最小值(M): 24
差异(D): 1,102,087
最大值(A): 1,102,111
计数: 450
确定
取消

图 5.15 创建新参数

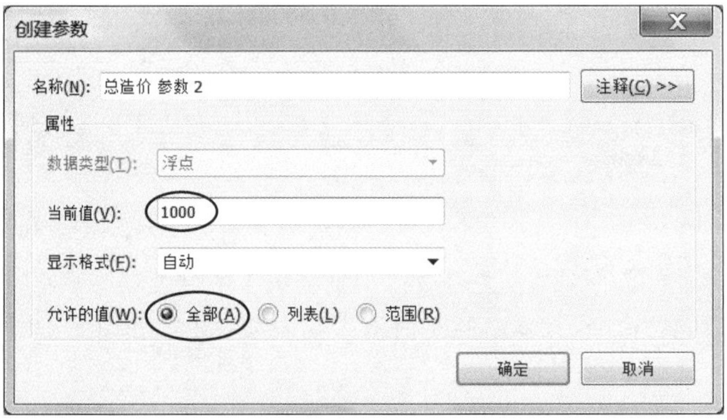
创建参数
名称(N): 总造价 参数 2
注释(C) >>
属性
数据类型(T): 浮点
当前值(V): 1000
显示格式(F): 自动
允许的值(W): 全部(A) 列表(L) 范围(R)
确定
取消

图 5.16 参数设定

图 5.17 完成数据桶创建

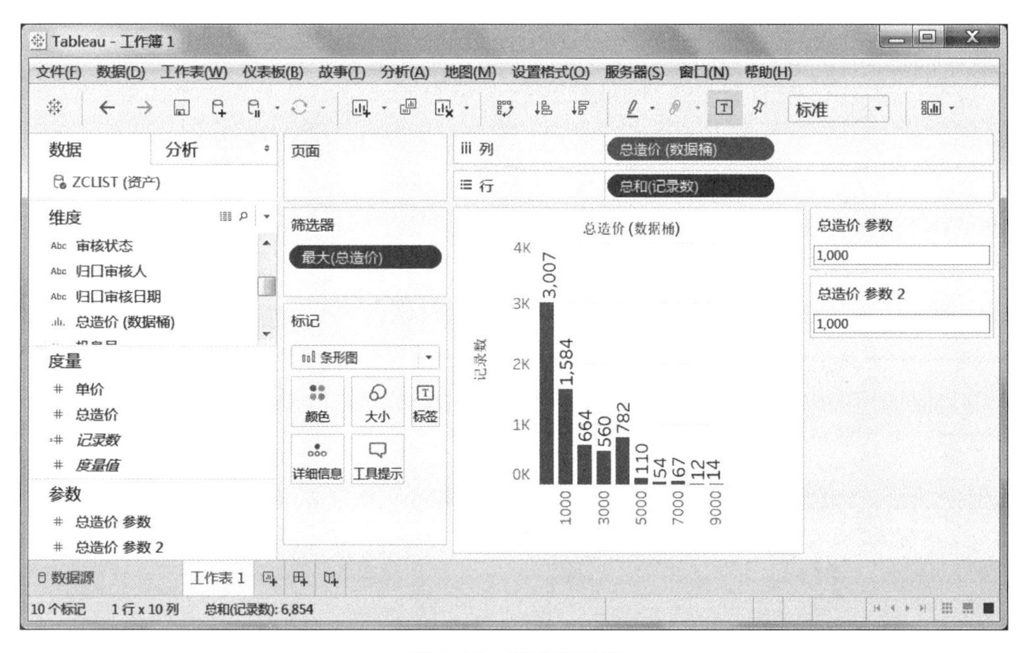

图 5.18 创建直方图

(4) 编辑水平轴刻度的别名。先修改水平轴上第 1 个刻度“0”的别名，右击“0”，在弹出菜单中选择“编辑别名”命令，在弹出的对话框中输入“0-999”，如图 5.19 所示，单击“确定”按钮完成编辑。

完成修改水平轴上第 1 个刻度“0”的别名后，直方图如图 5.20 所示。其他值的修改以此类推。编辑完成后，可以清晰地看到水平轴上的每一个刻度都代表一个区间。

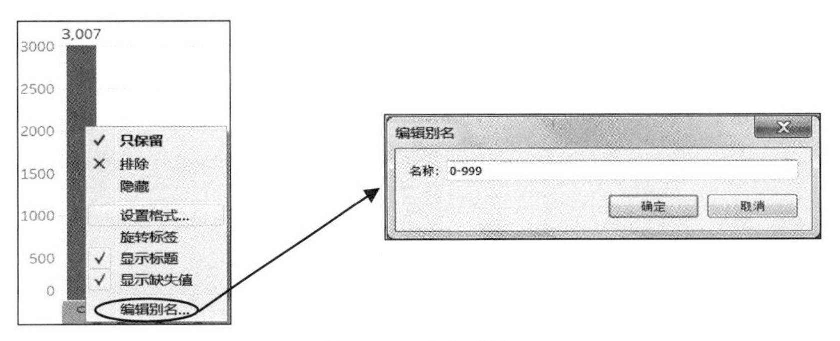

图 5.19　编辑别名

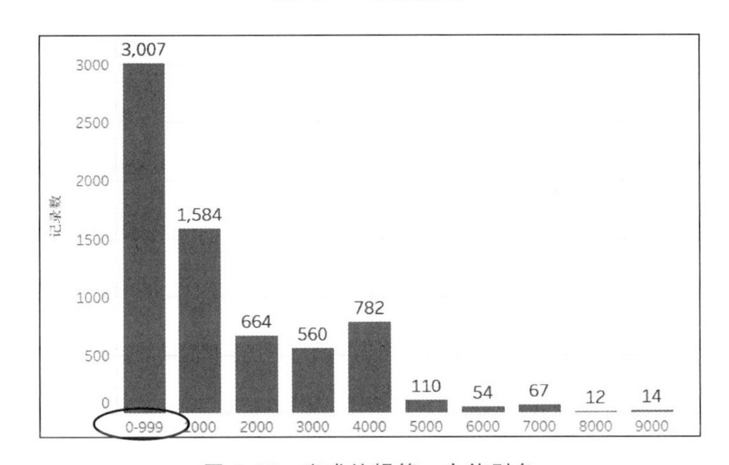

图 5.20　完成编辑第一个值别名

由图 5.20 可知，总造价小于 10 000 元的记录中，绝大部分记录的总造价小于 4000 元，峰值集中于 0～999 元。

5.2.3　饼图

饼图是将数据分类情况表示为不同大小和颜色的圆切片，以此展示各分类所占的比例。使用饼图时，需注意以下几点。

- 圆切片不宜过多，最好不多于 4 块，而且每个切片需占据一定分量比例，这样会显得更为直观。
- 确保各切片的总占比是 100%。
- 避免在切片中使用过多的标签。

下面将介绍如何在“资产. xlsx”数据源上创建一个饼图，用于查看各部门资产总造价的占比情况。打开 Tableau Desktop，连接“资产. xlsx”数据集，在一个空白工作表上按以下步骤操作。

(1) 查看部门。将“维度”分组中的“使用/管理部门”拖曳至“行”功能区展示部门情况，如图 5.21 所示，可以看出部门数量较多，有必要按照部门归属进行分组。

(2) 分组。具体操作如下。

① 右击“维度”分组中的“使用/管理部门”，在弹出菜单中选择“创建”→“组”命令，弹出“创建组”对话框，如图 5.22 所示。

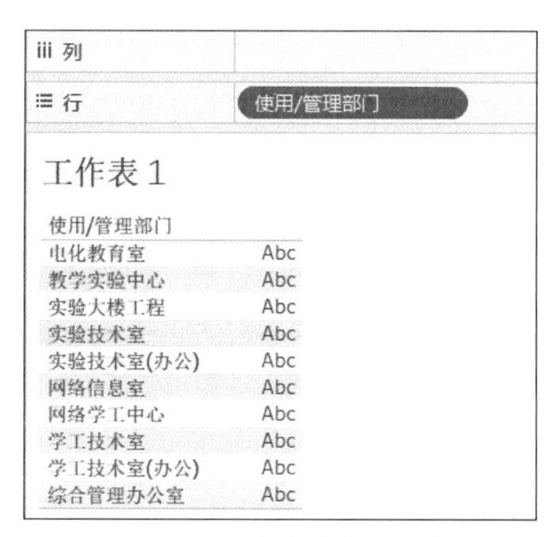

图 5.21　使用/管理部门列表

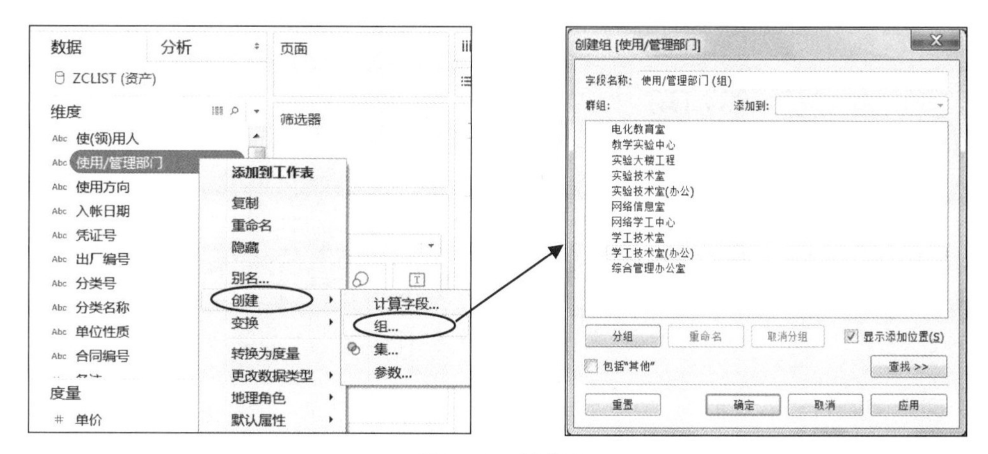

图 5.22　创建组

② 按住 Ctrl 键，选择“电化教育室”“网络信息室”“网络学工中心”，单击“分组”按钮，将它们归为一组，然后输入“网络部门”作为分组名称，如图 5.23 所示。

图 5.23　创建“网络部门”分组

③ 将其余部门按同样操作一一分组，“教学实验中心”“实验技术室”“实验技术室(办公)”归为“实验部门”，“学工技术室”和“学工技术室(办公)”归为“学工部门”，“实验大楼工程”和“综合管理办公室”归为“其他”，如图 5.24 所示。

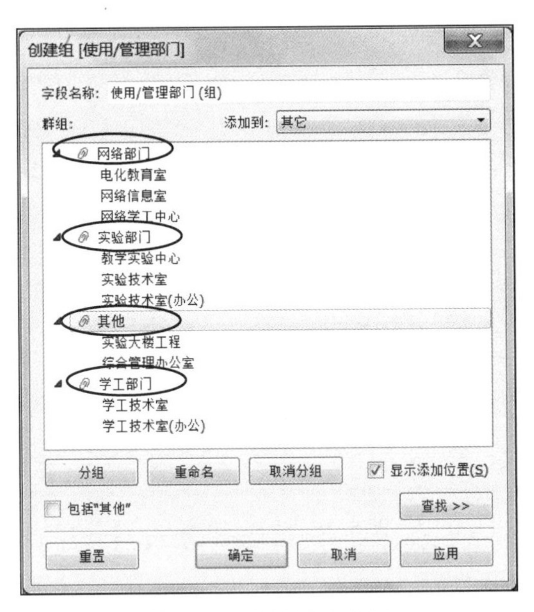

图 5.24　创建四个分组

④ 单击“确定”按钮，在维度中添加了一个字段“使用/管理部门(组)”，如图 5.25 所示，至此完成了部门分组的创建。

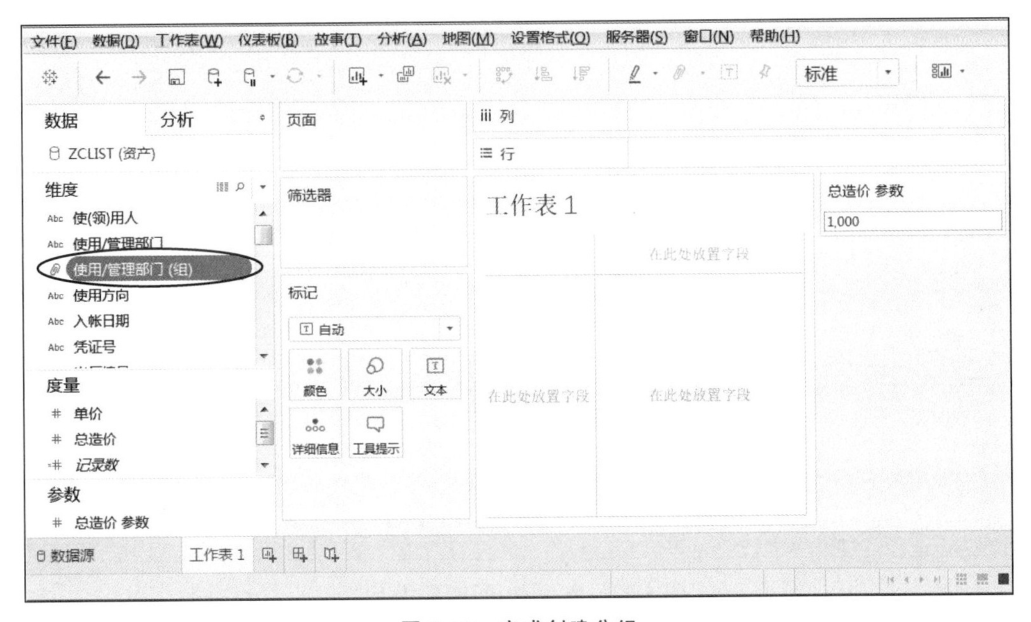

图 5.25　完成创建分组

⑤ 将“维度”分组中的“使用/管理部门(组)”拖曳至“标记”中的“颜色”，并设置标记类型为“饼图”，“标记”中出现了“角度”按钮，如图 5.26 所示。

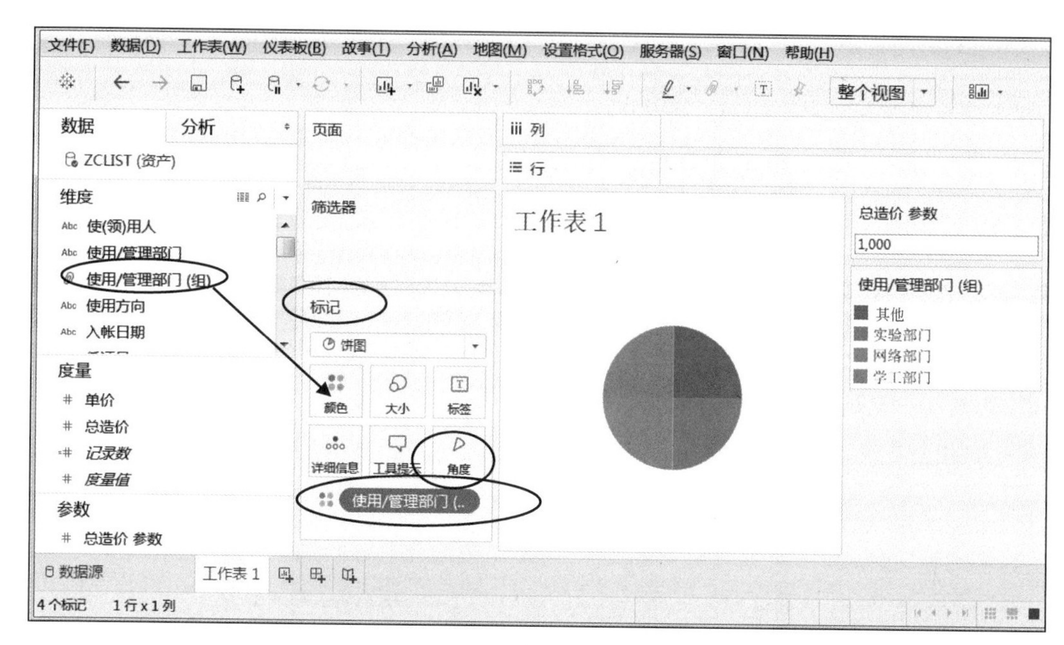

图 5.26　生成饼图样式

⑥ 将"度量"分组中的"总造价"拖至"标记"中的"角度"后，饼图将根据该度量的数值大小改变饼图扇形角度的大小，从而生成占比图。同时，为达到更好的视觉效果，将工具栏中的视图模式由"标准"切换到"整个视图"，如图 5.27 所示。

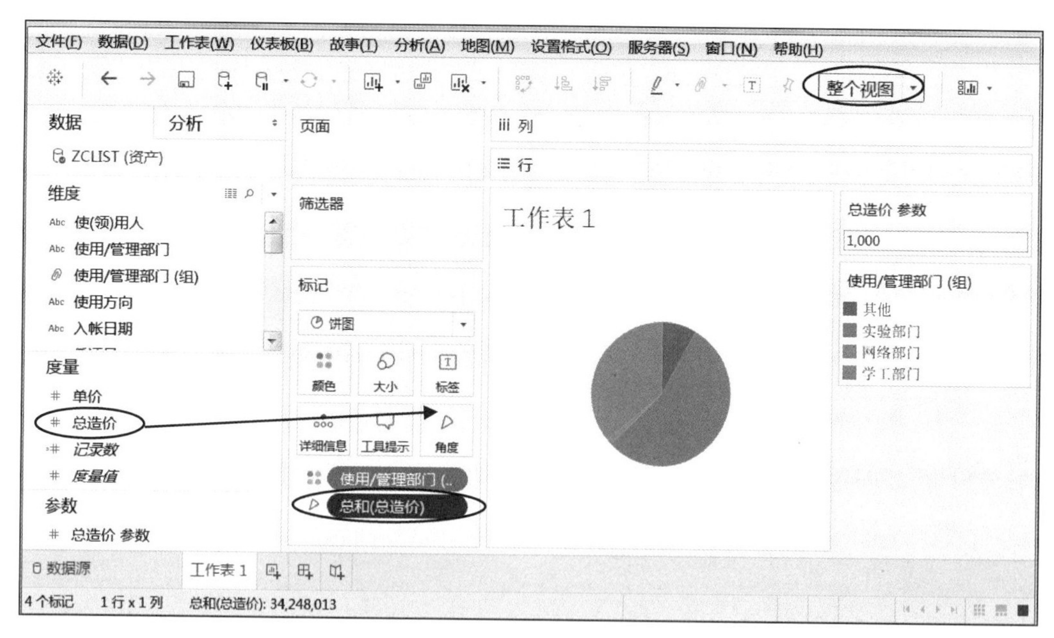

图 5.27　将"总造价"拖至"角度"

[注意]　创建饼图时"行"与"列"功能区均为空白。

⑦ 为饼图添加标签信息。将"维度"分组中的"使用/管理部门(组)"和"度量"分组中的"总造价"拖动至"标记"中的"标签"，如图 5.28 所示。

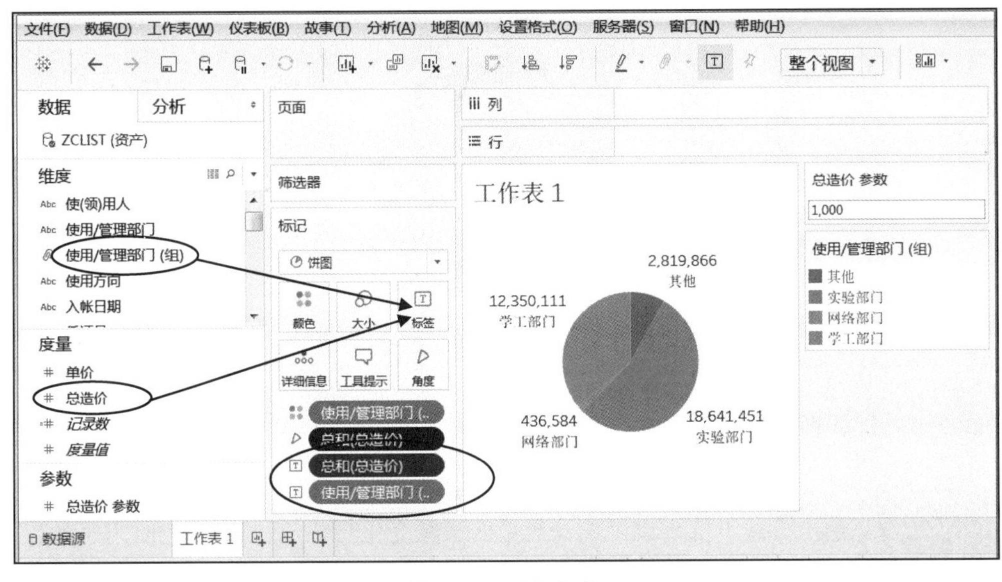

图 5.28　添加标签

⑧ 将“总造价”标签由数值改为百分比。右击“标记”中的“总和(总造价)”,在弹出的菜单中,选择“快速表计算”→“合计百分比”命令,如图 5.29 所示。

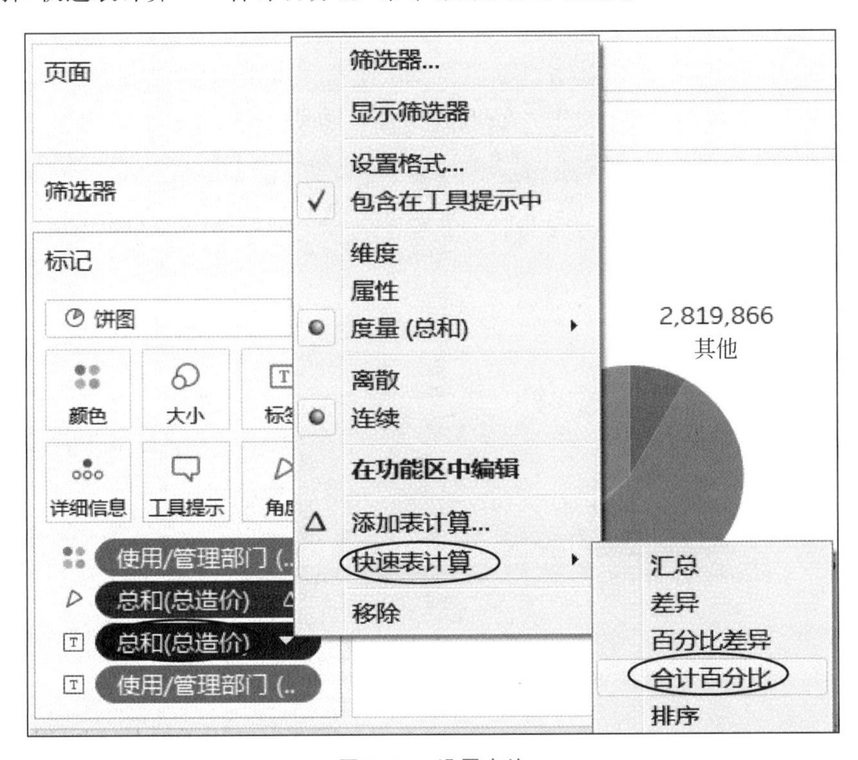

图 5.29　设置占比

⑨ 完成以上所有操作后,饼图的效果如图 5.30 所示。此外,为进一步优化展示效果,可在饼图中将各个分组按照总造价的多少排序。

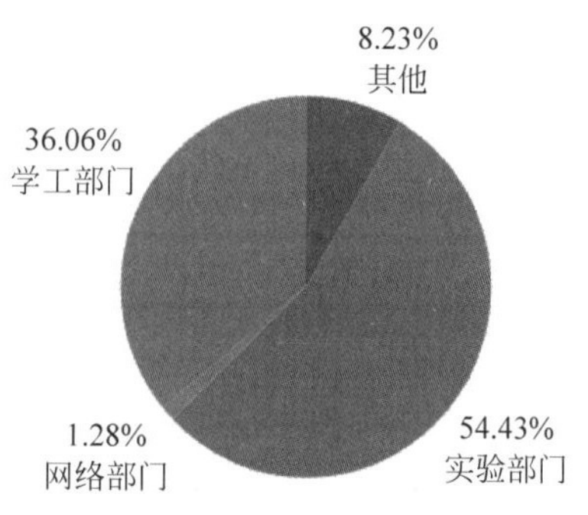

图 5.30　饼图效果

5.2.4　折线图

折线图是用线段将各个数据点连接起来而构成的统计图，它通过折线的上升或下降来表示统计数量的增减变化趋势，适用于描述时间序列数据。与条形图相比，折线图不仅可以表示数量的多少，而且可以直观地反映同一事物随时间序列发展变化的趋势。

下面将介绍如何在“资产.xlsx”数据源上创建一个折线图，用于查看各个年度资产购置情况。打开 Tableau Desktop，连接“资产.xlsx”数据集，在一个空白工作表上按以下步骤操作。

(1) 右击“维度”分组中的“购置日期”，在弹出菜单中选择“更改数据类型”→“日期”命令，将“购置日期”的数据类型由字符串更改为日期，如所图 5.31 示。

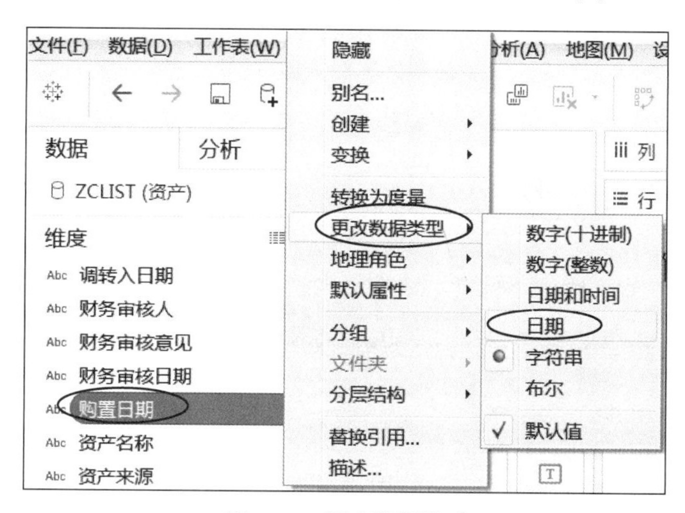

图 5.31　更改数据类型

(2) 将维度“购置日期”拖曳至“列”功能区，度量“总造价”拖曳至“行”功能区，生成折线图。将工具栏中的视图模式由“标准”改为“整个视图”，单击工具栏中的“标签”按钮 T，在折线图中显示各年度资产购置的具体数值，如图 5.32 所示。

(3) 部分资产由于种种原因未登记采购日期，在折线图水平轴上表示为 Null，右击该值，在弹出的菜单中选择“排除”将其清除，如图 5.33 所示。

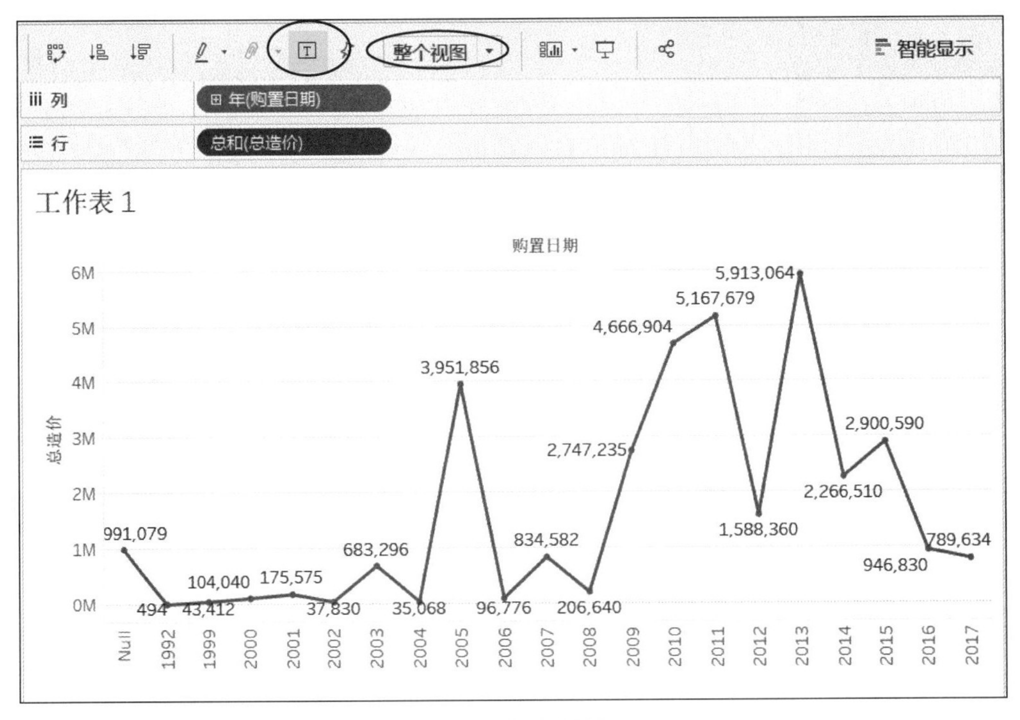

图 5.32 生成折线图

(4) 若要观察各季度或月度的资产购置情况，右击功能区“列”中的“年(购置日期)”，在弹出的菜单中分别选择“季度”或者“月”命令，如图 5.34 所示，这样就可以生成相对应的折线图。

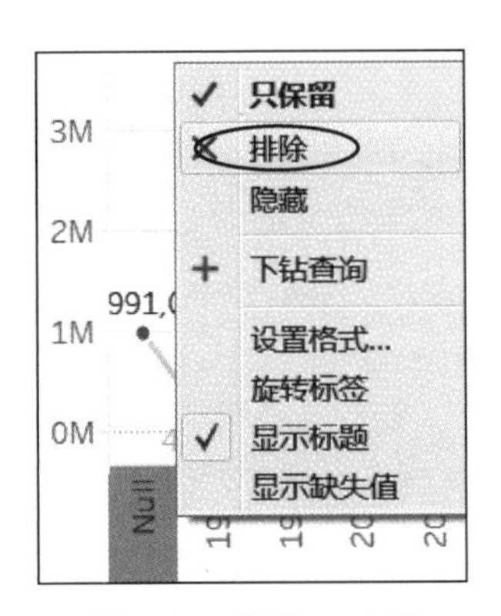

图 5.33 删除 Null 值

图 5.34 设置“季度”或者“月”资产购置情况

5.2.5 压力图

压力图又称为热力图或者热图，是一种对表格中数值的可视化表示。通过对较大的数值赋予较深的颜色或较大的尺寸，对较小的数值赋予较浅的颜色或较小的尺寸，可以帮助分析人员快速地在众多数据中识别异常点或重要数据。

下面将介绍如何在“资产.xlsx”数据源上创建一个压力图，用于查看使用人名下的资产条目数。打开 Tableau Desktop，连接“资产.xlsx”数据集，在一个空白工作表上按以下步骤操作。

(1) 将“维度”分组中的“使(领)用人”拖曳至功能区“行”，度量“记录数”拖曳至功能区“列”，Tableau 默认建立了一个条形图，然后在右方的“智能显示”中选择“热图”，得到如图 5.35 所示的压力图。

图 5.35 压力图

(2) 将“度量”分组中的“记录数”拖曳至“标记”中的“标签”，同时将压力图右侧的边界扩大，呈现更好的图形效果，如图 5.36 所示，较多的记录数则生成较大的方块。

此外，当仍然需要利用表格展示数据又要突出重点信息时，可以选择使用突显表。在“智能显示”区切换成突显表，如图 5.37 所示，较多的记录数则对应较深的颜色。

5.2.6 树地图

树地图也称树形图，它使用一组嵌套矩形来显示数据，定义树图结构的维度以及单个矩形的大小和颜色，矩形的大小和颜色反映了度量的值。树地图与压力图一样，也是一种突出显示异常数据点或重要数据的方法，是一种较为直观的可视化图形。

下面将介绍如何在“资产.xlsx”数据源上创建一个树地图，用于查看使用人名下的资产总造价及资产条目数。打开 Tableau Desktop，连接“资产.xlsx”数据集，在一个空白工作表

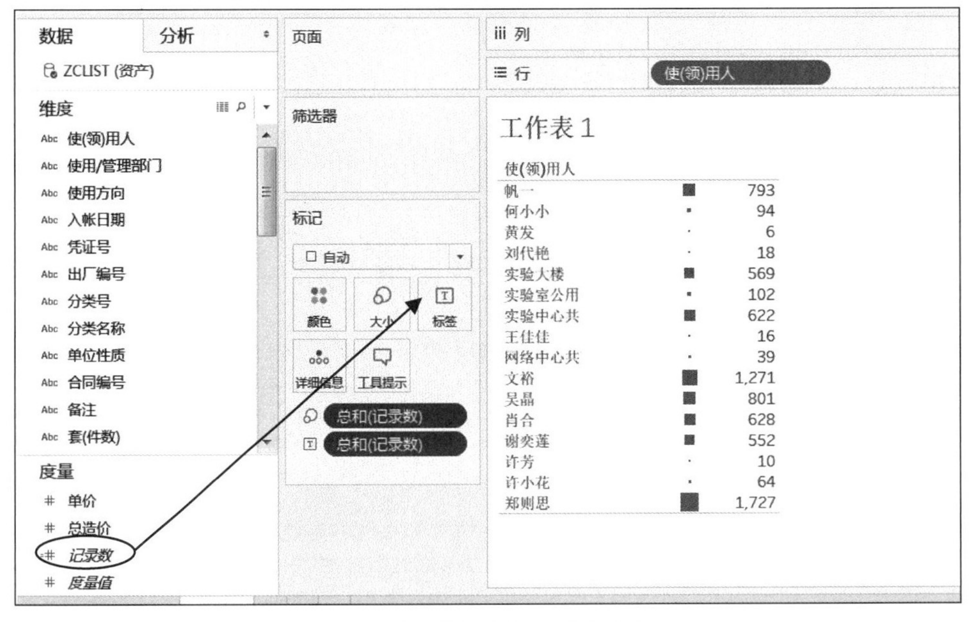

图 5.36　添加标签后的压力图

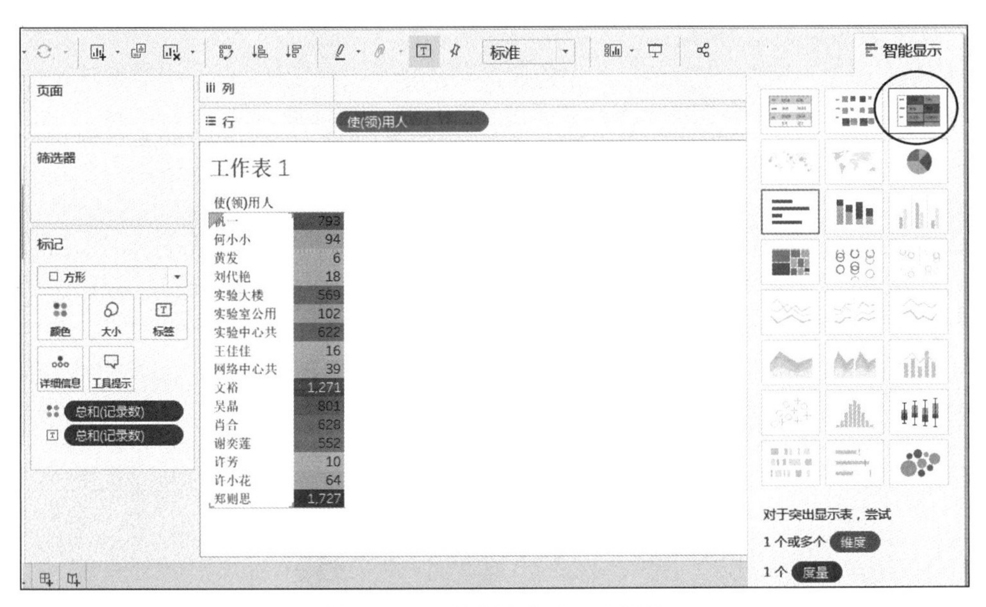

图 5.37　突显表的形式展示数据

上按以下步骤操作。

在“标记”中选择标记类型为“方形”，将“度量”分组中的“总造价”拖曳至“标记”中的“大小”，“记录数”拖曳至“标记”中的“颜色”，“维度”分组中的“使(领)用人”拖曳至“标记”中的“标签”，将“度量”分组中的“总造价”和“记录数”拖曳至“标记”中的“标签”，生成的树地图如图 5.38 所示。

在该树地图中，可以清晰地辨识到矩形的面积大小代表使用人资产总造价多少，而矩形颜色的深浅则表示资产条目数。

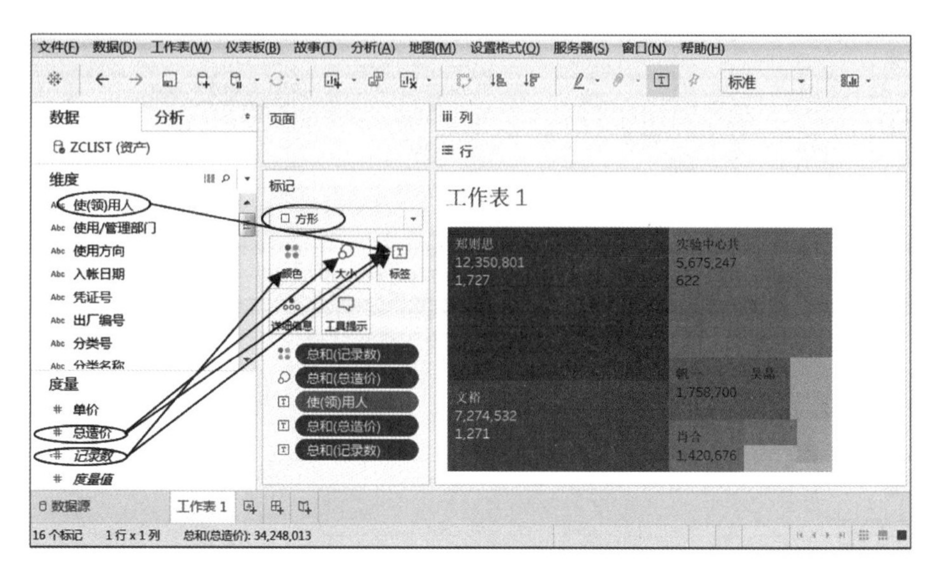

图 5.38　树地图的形式展示数据

5.2.7　气泡图

气泡图将数据显示为圆的群集，每个气泡表示维度字段的一个取值，各个气泡的大小及颜色代表了一个或两个度量的值。气泡图的特点是具有视觉吸引力，能够以非常直观的方式展示数据。

下面将介绍如何在“资产.xlsx”数据源上创建一个气泡图，用于查看使用人名下的资产总造价及资产条目数。打开 Tableau Desktop，连接“资产.xlsx”数据集，在一个空白工作表上按以下步骤操作。

(1) “标记”中选择标记类型为“圆”，将“度量”分组中的“总造价”拖曳至“标记”中的“大小”，“记录数”拖曳至“标记”中的“颜色”，“维度”分组中的“使(领)用人”拖曳至“标记”中的“标签”，将“度量”分组中的“总造价”和“记录数”拖曳至“标记”中的“标签”，生成如图 5.39 所示的气泡图。

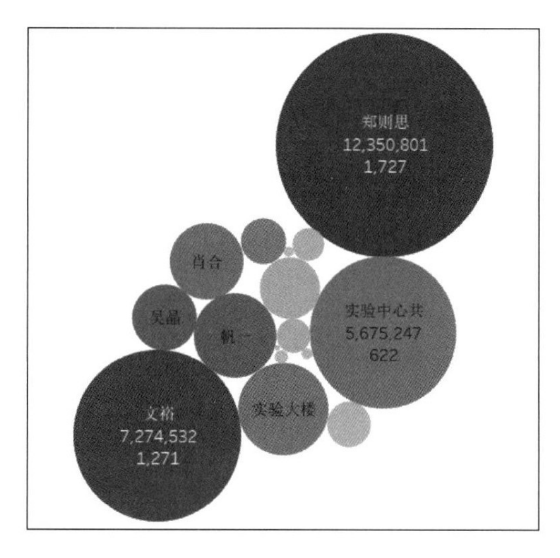

图 5.39　气泡图

(2) 按住 Ctrl 键,单击选择最大的 3 个气泡,然后右击,在弹出菜单中选择"添加注释"→"标记"命令,在弹出的对话框中单击"确定"按钮，如图 5.40 所示,这样就为主要的气泡添加了注释。

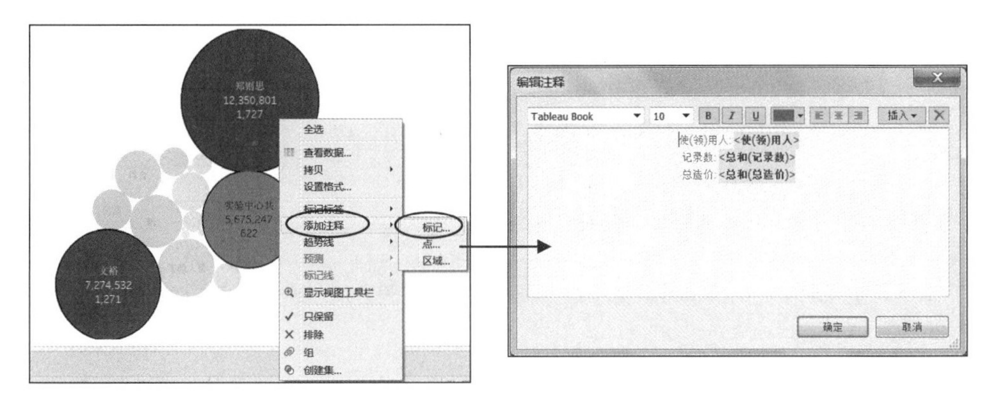

图 5.40　添加注释

完成所有操作后,气泡图效果如图 5.41 所示,在该气泡图中,可以清晰地辨识到气泡的大小代表使用人资产总造价多少,而气泡颜色的深浅则表示资产条目数的多少。

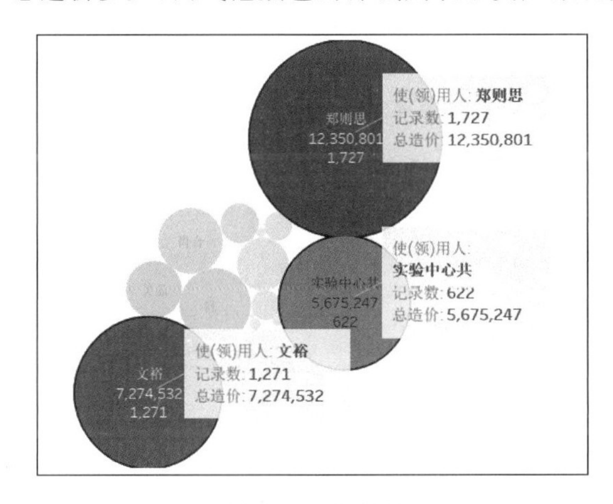

图 5.41　气泡图

5.3 地图分析

5.3.1　认识地图

Tableau 的地图功能十分强大,能够自动识别国家、省/直辖市/自治区、城市等不同等级地理信息的名称、拼音或缩写,且在地图上展示。同时,还可以编辑经纬度信息,实现对地理位置的定制化功能。Tableau 将每一级地理位置信息定义为"地理角色"。"地理角色"包括"国家地区""省/直辖市/自治区""城市""地区""州""县"以及"区号"和"邮政编码"。但是,对于中国区域,只有"国家地区""省""市/自治区""城市"有效,如图 5.42 所示。

地理分析的核心是绘制点。地图图像提供背景,坐标绘制在背景上。纬度和经度坐标跟任何其他坐标的点一样。地图上的任何点都可用纬度和经度坐标表示。在 Tableau 中,

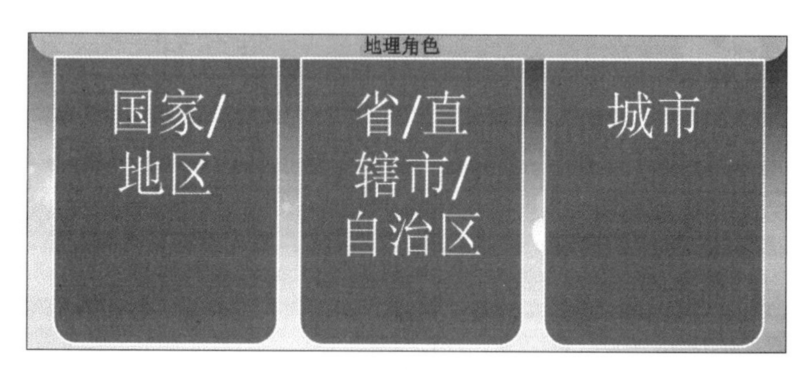

图 5.42　地理角色分类

坐标表示为十进制格式。正纬度表示北半球，正经度表示本初子午线以东。这样，地球上的每个点都有唯一的经纬度坐标。

一般情况，Tableau 连接数据源时，会给地理信息字段自动分配相应的地理角色。此时，该字段在维度窗口显示的图标为 🌐，表示 Tableau 已自动对该字段进行了地理编码，实现了字段值与纬度值、经度值的关联，并且在度量窗口自动添加了两个字段："纬度(生成)" 和"经度(生成)"。在创建地图时，可以拖曳度量窗口的这两个字段进行展示。但是，Tableau 有时候会把地理信息字段识别为字符串类型，在这种情况下，需要手动为其分配地理角色，具体操作为：在维度窗口中右击该字段，在弹出菜单中选择"地理角色"→"省/市自治区"命令，从而为其分配对应的地理角色，之后该字段的图标将由 Abc 变为 🌐，如图 5.43 所示。

图 5.43　修改地理角色

5.3.2 创建地图

Tableau 创建的地图主要有符号地图、填充地图、多维地图和混合地图 4 种类型，具体介绍如下。

(1) 符号地图以地图为背景，在对应的地理位置上以多种形状展示信息。

(2) 填充地图将地理信息作为面积进行填充。

(3) 多维地图通过对不同维度的信息用多个地图展示，实现信息的分维度比对。多维度地图展示要在已经创建好的符号地图或填充地图的基础上进行创建。

(4) 混合地图是把符号地图和填充地图叠加而形成的一种地图形式。

下面将介绍在“ABC 公司销售数据. xlsx”数据源上创建和设置这四种类型的地图。为方便读者，本书附带的学习资源也包括了该数据集。

1. 符号地图

打开 Tableau Desktop 连接数据源“ABC 公司销售数据. xlsx”，该数据源包含“价位表”“渠道表”“类别表”“销售数据表”4 个数据表。双击打开左方“工作表”窗口的“销售数据表”，如图 5.44 所示。

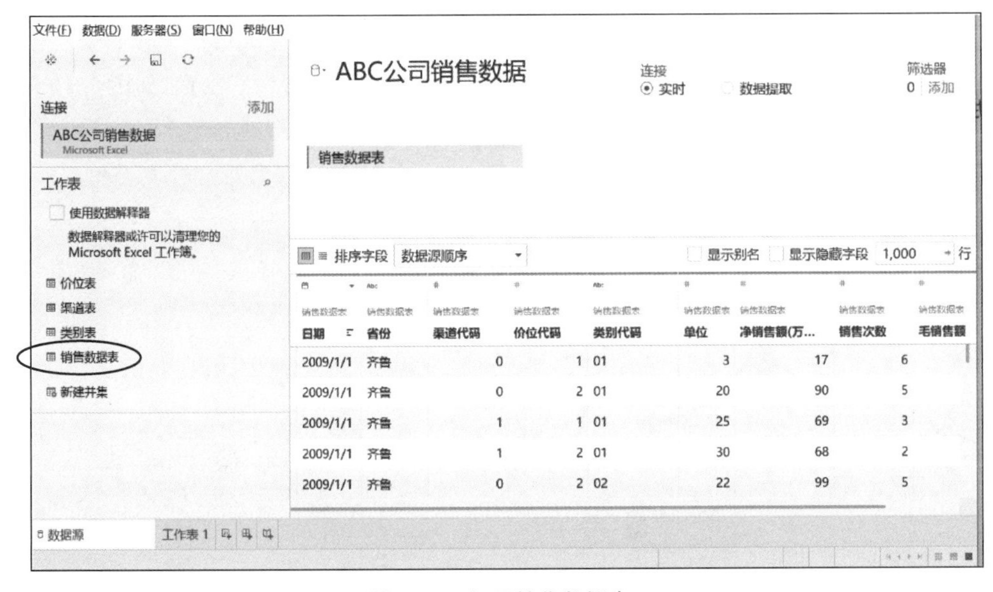

图 5.44 打开销售数据表

单击左下方的“工作表 1”进入工作表工作区，发现 Tableau 没有将“维度”分组中的“省份”自动识别为“地理角色”，右击“省份”，在弹出菜单中选择“地理角色”→“省市/自治区”命令，如图 5.43 所示。Tableau 将省份转换为地图类型，同时在度量区自动添加 “纬度(生成)” 和“经度(生成) ”两个字段。下面正式创建展示各省毛销售额的符号地图，具体步骤如下。

(1) 初步创建。首先双击“维度”分组中的“省份”，再拖曳“度量”分组中的“毛销售额”至“标记”下的“大小”，在视图区创建一幅符号地图，标识有销售记录的省份，如图 5.45 所示。

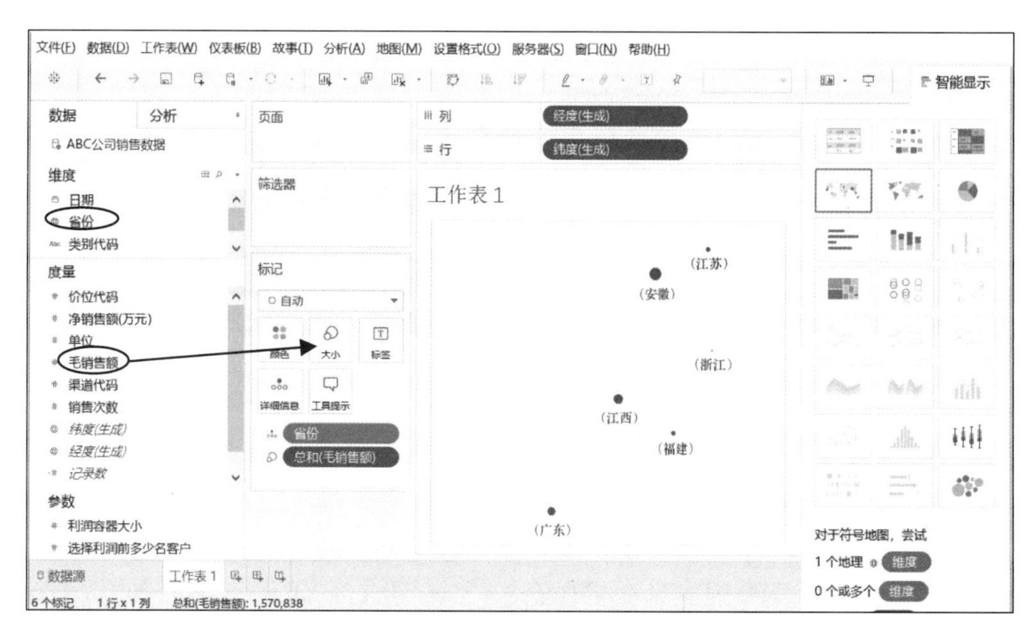

图 5.45　创建符号地图

(2) 添加标签。分别将“维度”分组中的“省份”和“度量”分组中的“毛销售额”拖曳到“标记”中的“标签”,此时各省份的名称及销售量会显示在地图的相应位置,如图 5.46 所示。

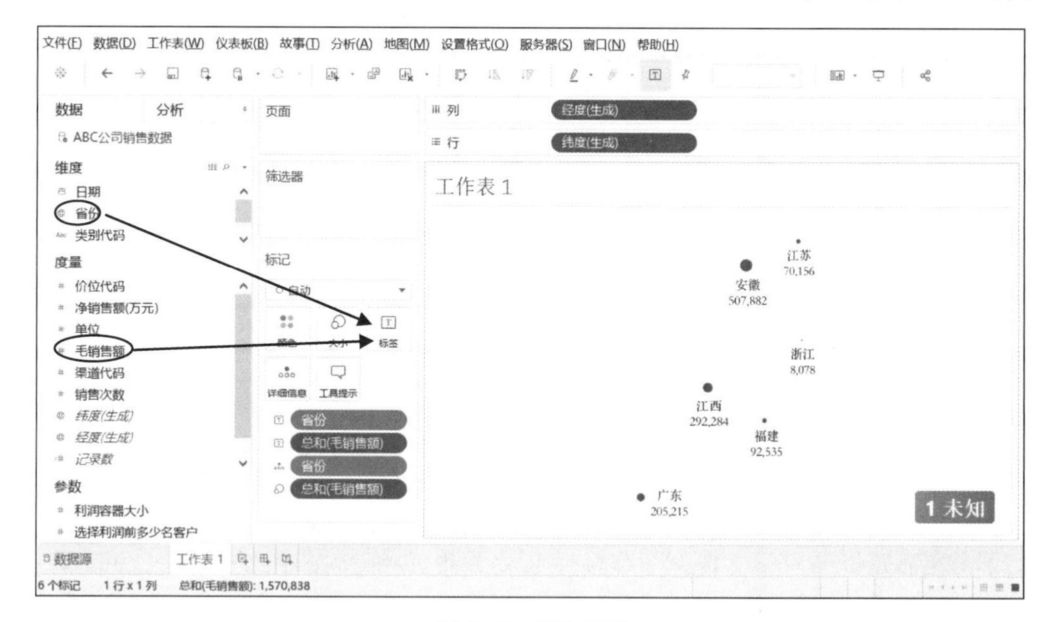

图 5.46　添加标签

(3) 修饰地图层。现在可以对地图上的效果进行设置,如图 5.47 所示。

① 选择菜单栏的“地图”→“地图层”命令,在左侧出现“地图层”窗口,在该窗口的“背景”分组,将地图背景“样式”由默认的“浅色”转换为“普通”。

② 在“地图层”分组,选择“海岸线”和“街道和高速公路”,设置完成后,关闭“地图层”窗格,回到“数据”选项卡。

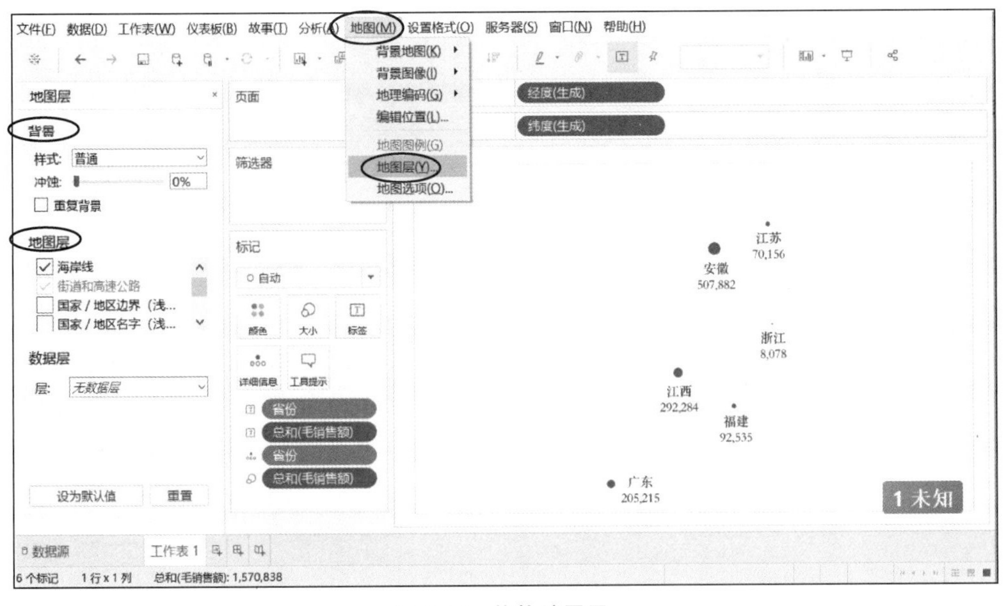

图 5.47 修饰地图层

(4) 更改“标记”类型。单击“标记”下方的下拉列表框，选择下拉列表中的“形状”选项，则在“标记”中出现了“形状”按钮，单击该按钮，选择三角形▲，则地图上的标签由圆形转换为三角形，如图 5.48 所示。

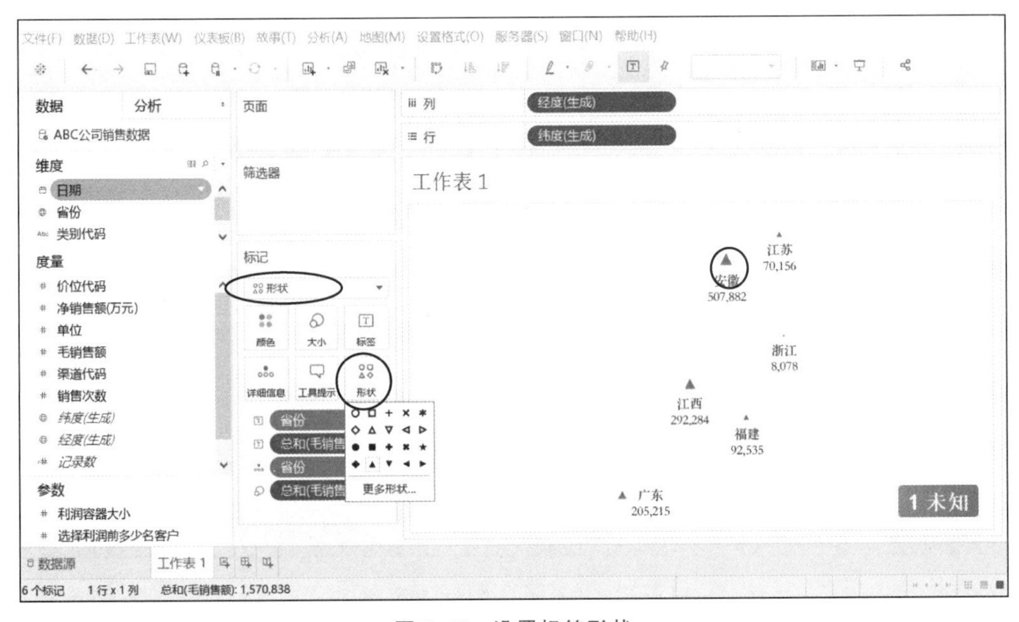

图 5.48 设置标签形状

2. 填充地图

基于创建好的符号地图，可以轻松地实现地图填充。单击“标记”下方的下拉框，选择下拉列表中的“地图”选项，在地图上有销售额的省份被同种颜色填充，如图 5.49 所示。

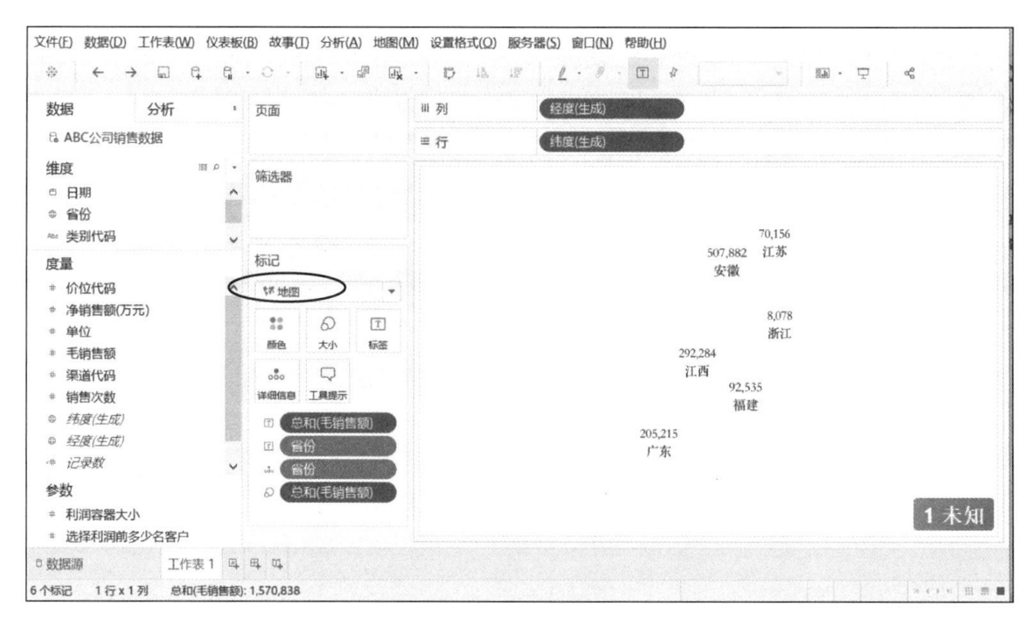

图 5.49　创建填充地图

如果要按照填充颜色的深浅区分毛销售额的多少，则需要将“度量”分组中的“毛销售额”拖曳到“标记”下的“颜色”，如图 5.50 所示。

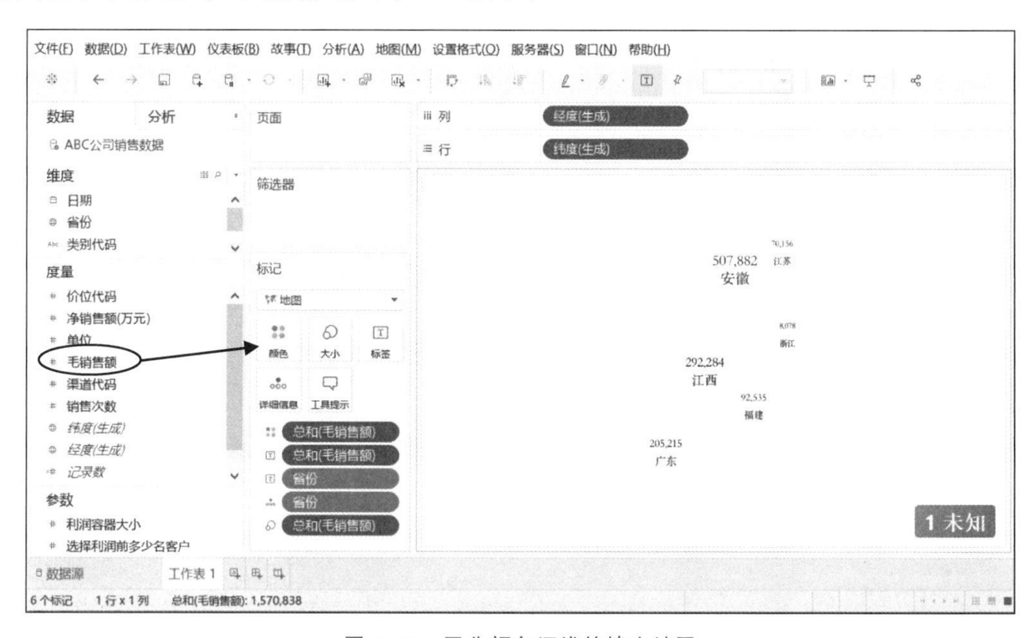

图 5.50　区分颜色深浅的填充地图

如果要以不同颜色来填充各个省份，则需要将维度“省份”拖曳到“标记”下的“颜色”，如图 5.51 所示。

观察视图区右下角，发现存在“1 未知”字样，如图 5.51 所示，这意味着存在一个省份未被 Tableau 自动识别。选择菜单栏“地图”→“编辑位置”命令，在弹出的对话框中，发现“齐

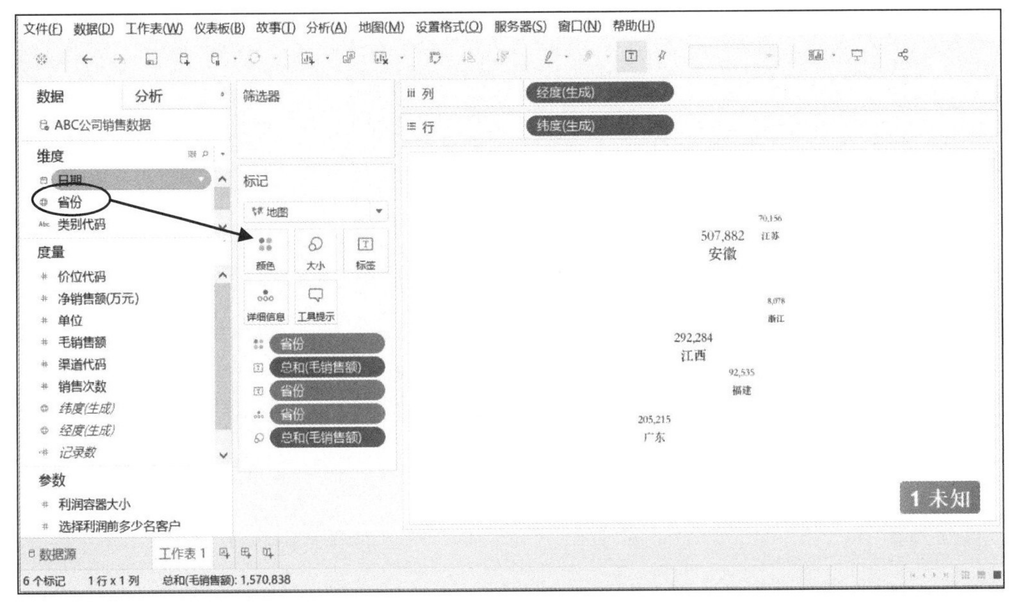

图 5.51 颜色不同的填充地图

鲁”无法识别，未能正确匹配位置，单击“无法识别”，再单击在下拉列表框的倒三角，选择“山东省”与之配对，如图 5.52 所示。

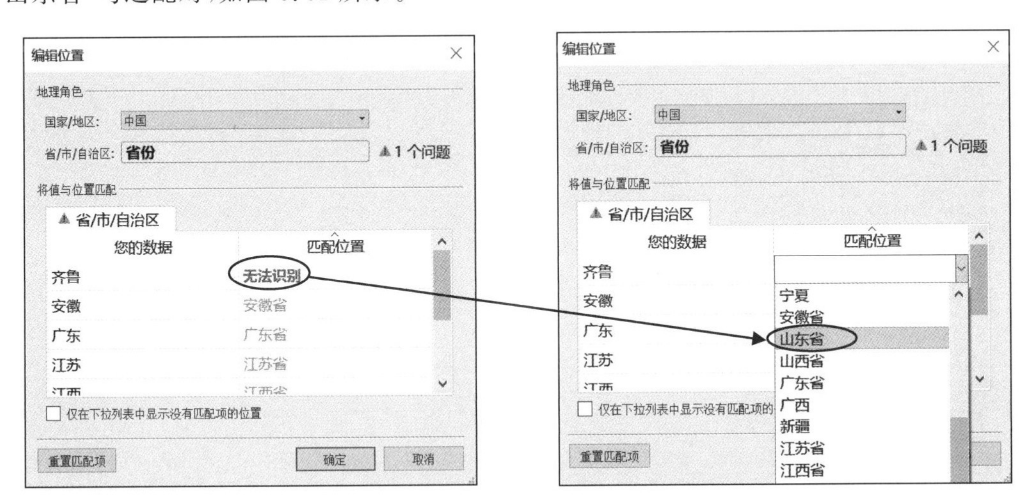

图 5.52 匹配“齐鲁”与“山东省”

手动匹配未自动识别的“齐鲁”后，东部 7 个省份的填充地图成功地展示在视图区，如图 5.53 所示。此外，保存包含该填充地图的工作簿为“符号-填充地图.twb”文件。

3. 多维地图

多维地图需要在符号地图或者填充地图基础上创建。接下来，将以前面创建好的填充地图为基础继续创建多维地图，对比各省份逐年的毛销售额。打开“符号-填充地图.twb”文件，拖曳“维度”分组中的“日期”至“列”功能区，视图区自动创建三幅地图，展示 2009 年、2010 年和 2011 年三年的毛销售额，如图 5.54 所示。

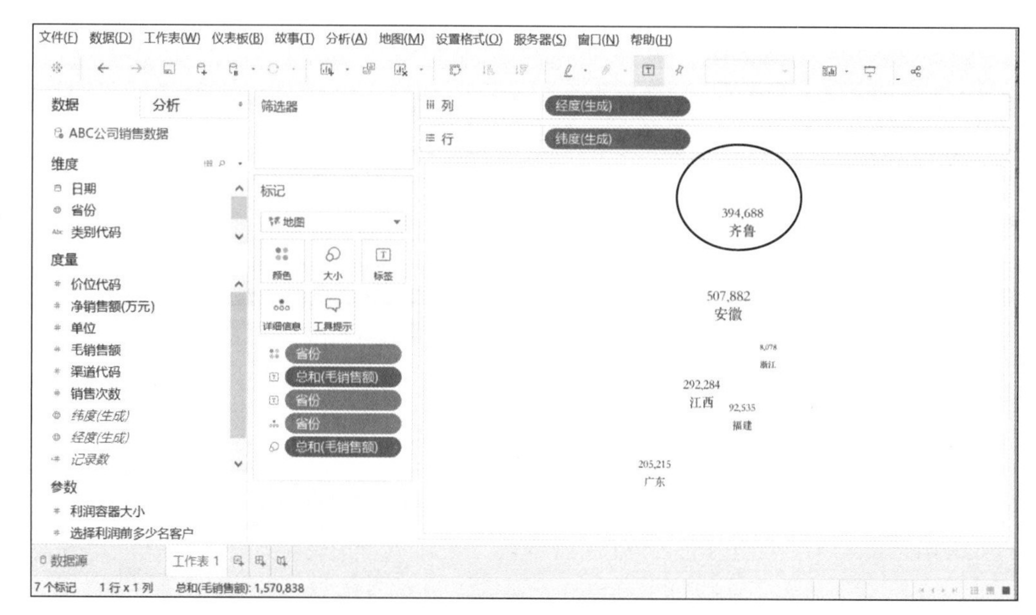

图 5.53 正确匹配所有省份的填充地图

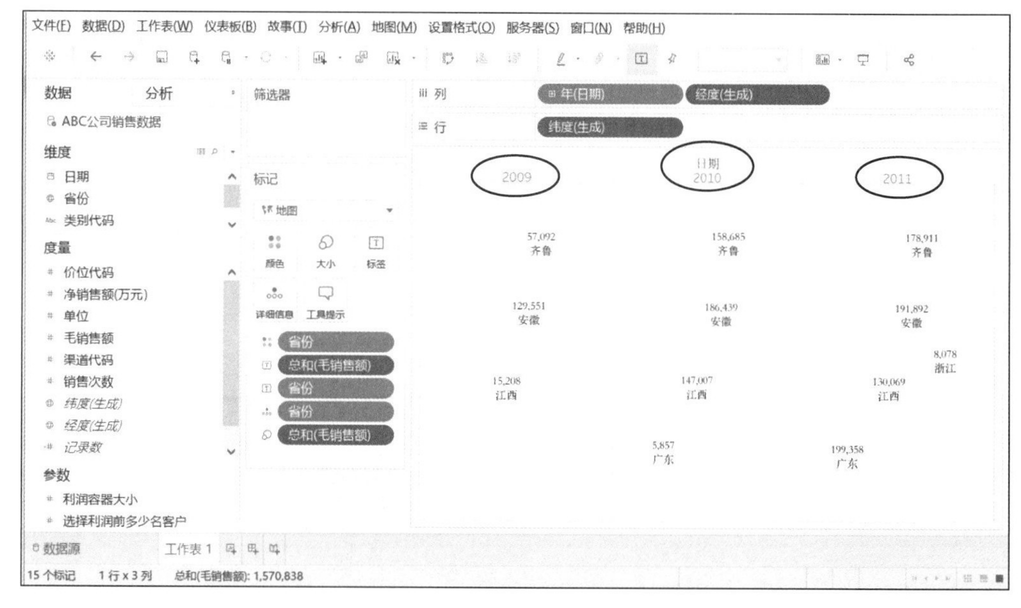

图 5.54 展示 2009—2011 年的毛销售额

根据视图中的三幅地图，可以看出江苏和广东两个省份是在 2010 年打开市场，福建与浙江两个省份是在 2011 年打开市场，但广东的销售增长非常快，2011 年广东省的毛销售额达到七省之首。

如果需要查看每个季度的销售情况，右击"列"功能区中的"年(日期)"，在弹出的菜单中，选择"季度　第 2 季度"，则展示每个季度的毛销售额，如图 5.55 所示。

4. 混合地图

混合地图同样需要在符号地图或者填充地图基础上创建。接下来，将以之前创建好的

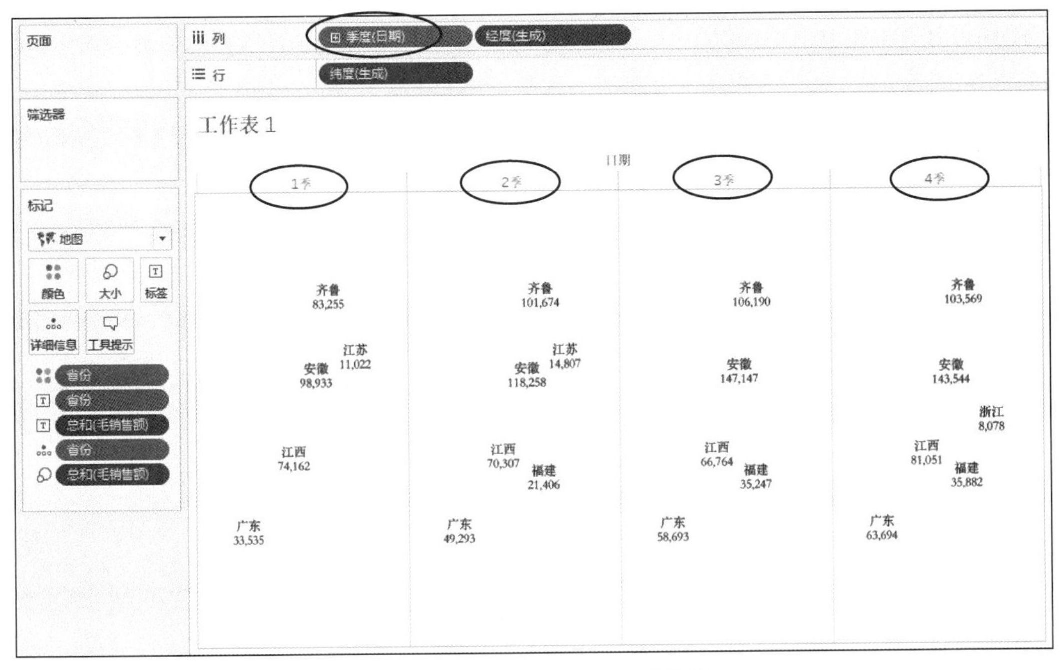

图 5.55　展示每个季度的毛销售额

填充地图为基础继续创建混合地图，展示各省份逐年的毛销售额和销售次数。具体操作如下。

(1) 打开"符号-填充地图.twb"文件，将"度量"分组中的"纬度(生成)"再次拖曳到"行"功能区，此时在视图区出现了两幅地图(下方地图为副本)，并在"标记"中添加了"纬度(生成)(2)"折叠面板，如图 5.56 所示。

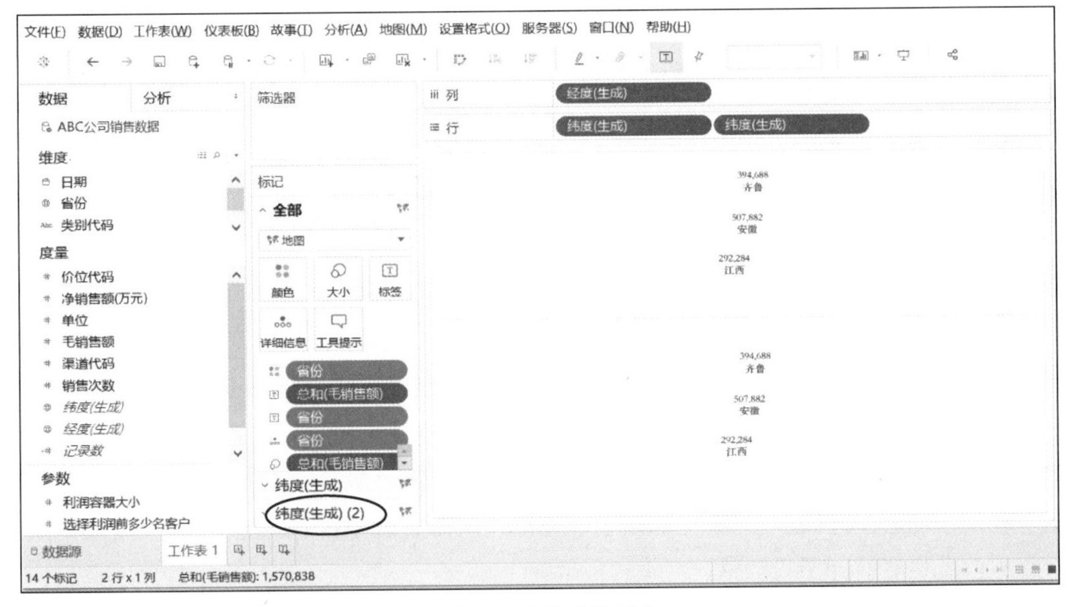

图 5.56　创建地图副本

（2）调整地图副本设置。单击“标记”中“纬度(生成)(2)”，如图5.56所示，展开针对地图副本的“标记”面板，执行以下操作：首先将类型由“地图”修改为“圆”；接着右击“总和(毛销售额)”标签，在弹出的菜单中选择“移除”删去该标签，用同样的方法删去“省份”标签；然后将度量“销售次数”分别拖曳到“标记”下的“颜色”“大小”和“标签”；最后单击“颜色”，在弹出窗口中选择“编辑颜色”，选择更为醒目的“紫色”，如图5.57所示。

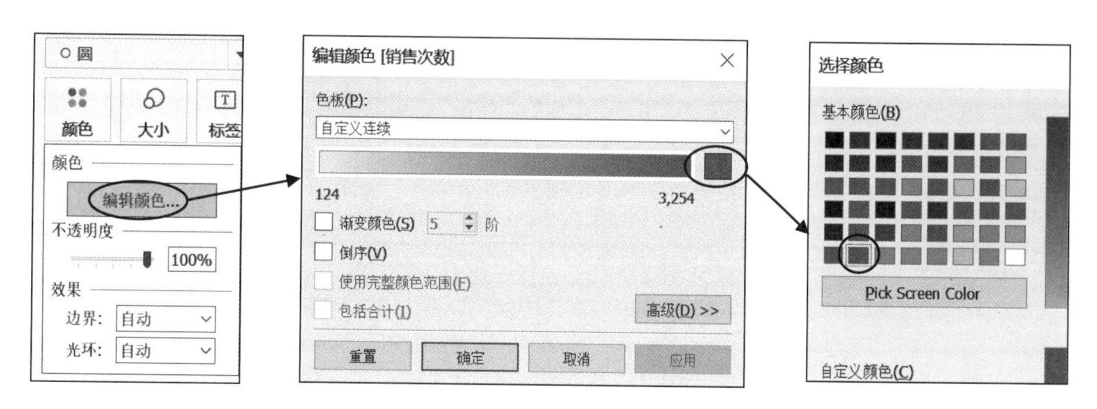

图5.57 编辑地图副本颜色

完成此步操作后，视图区如图5.58所示。

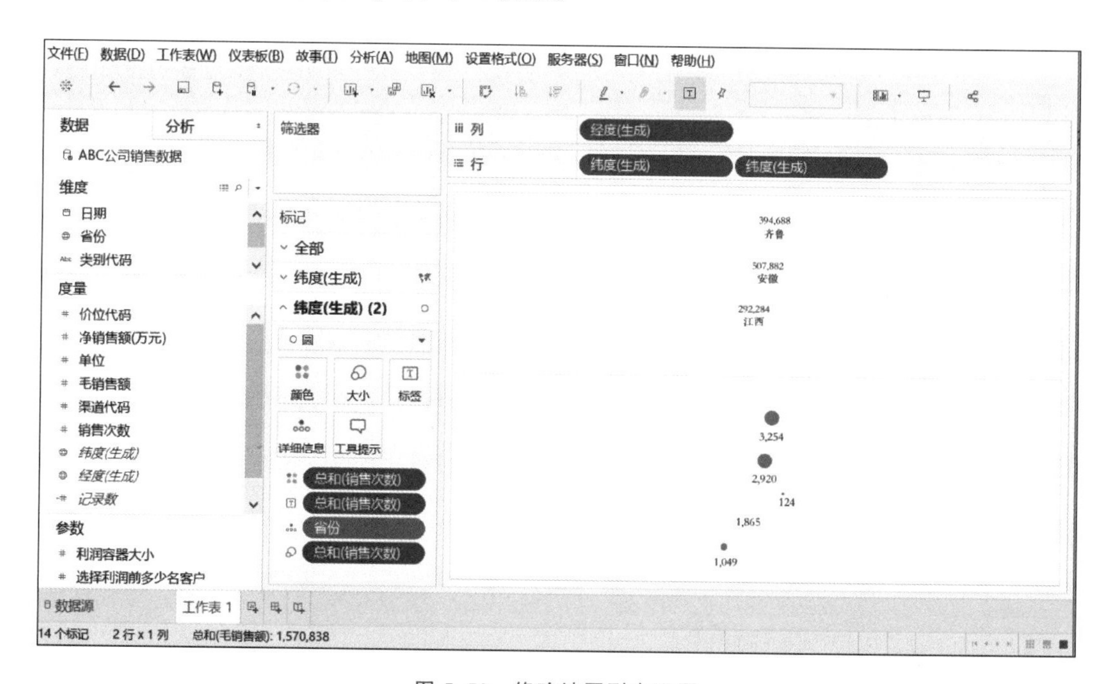

图5.58 修改地图副本设置

（3）合并两个地图。右击“行”功能区中右方的“纬度(生成)”，在弹出的菜单中选择“双轴”，视图中的两个地图合二为一，如图5.59所示，从而实现了在一幅地图上同时展示各省份逐年的毛销售额和销售次数。

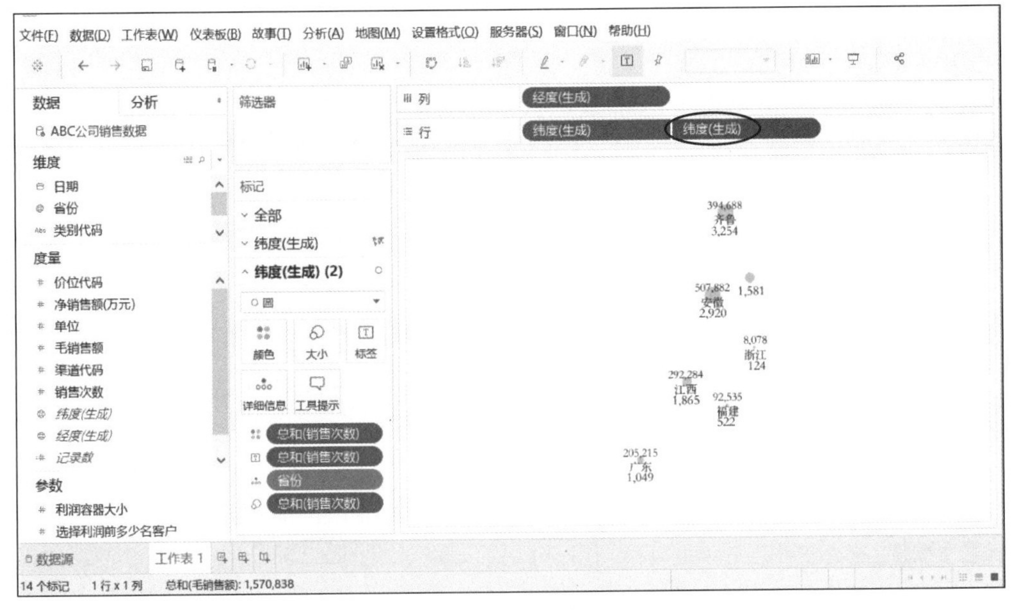

图 5.59 混合地图

5.4 高级数据操作

本节主要介绍 Tableau 的高级数据操作，如创建和使用分层结构、组、集、参数、计算字段、参考线和参考区间等。本节使用的是 Tableau 自带的“超市”数据源，该数据源文件的默认存储路径为“库\文档\我的文档\我的 Tableau 存储库\数据源\10.5\zh_CN-China\示例-超市.xls”，通过该路径可以找到并打开它，也可以启动 Tableau 时，在图 5.60 界面直接打开它。

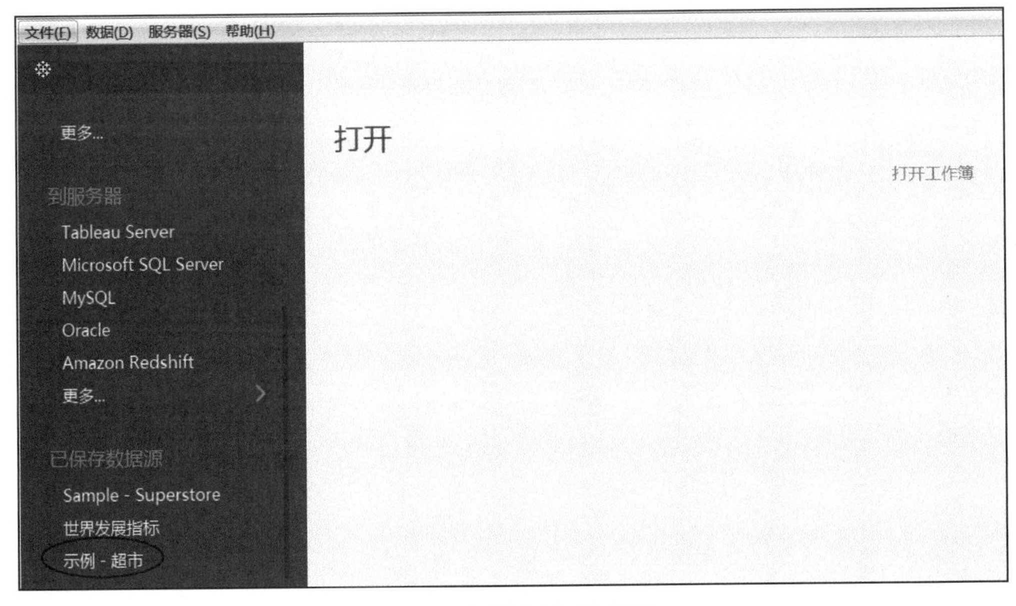

图 5.60 打开“超市”数据源

5.4.1 分层结构

分层结构(hierachy)是一种维度之间自上而下的组织形式。Tableau 默认了一些字段存在分层结构,比如日期类型的字段有着"年-季度-月-日"的分层结构。除此之外,Tableau 允许用户针对维度字段自定义分层结构,分层结构将显示在维度窗口,字段图标为品。

打开"超市"数据源,发现已经有"产品"和"地点"两个分层结构。"地点"分层包括"国家-省/自治区-城市"的结构,如图 5.61 所示。"国家"包含了若干个"省/自治区","省/自治区"又包含了若干个"城市"。"国家"是大类,"省/自治区"是"国家"下的小类,"城市"是"省/自治区"下的小类,这样的分层结构体现了数据粒度的逐步细化和深入。

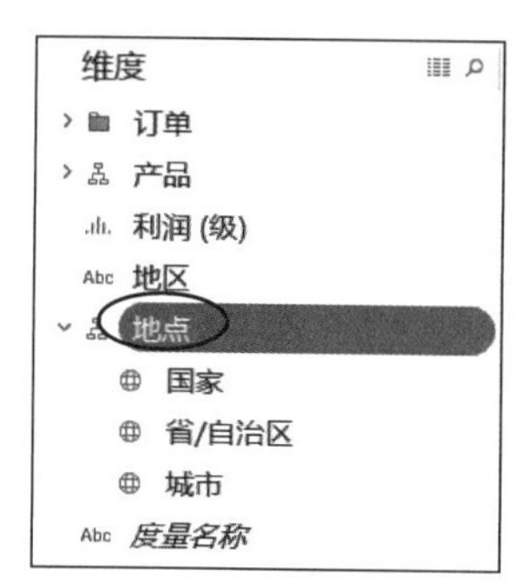

图 5.61 "地点"分层结构

分层结构通过重新组合维度字段之间上下层关系,进而实现向上钻取(drill up/roll up)和向下钻取(drill down/roll down)功能。例如,在查看不同地点的利润时,单击"列"功能区的⊞按钮,可以下钻查看各个省/自治区的利润;单击"列"功能区上的⊟按钮,上钻查看各个国家的利润,如图 5.62 所示。

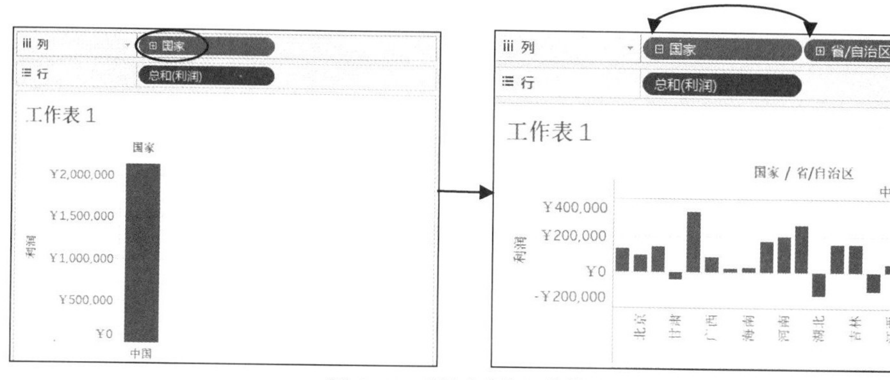

图 5.62 "地点"分层结构向下钻取

下面观察"产品"分层结构,该分层包括"类别-子类别-制造商-产品名称"的结构,如图 5.63 所示。

为更好地观察"产品"分层中的各个字段的含义,分别拖动"类别""子类别""制造商"和"产品名称"到"行"功能区,视图区呈现的内容分别如图 5.64 所示。

"类别"包含了若干个"子类别","子类别"包含了若干个"制造商","制造商"包含了若干个"产品名称",如此分层结构体现了分类的逐步细化和深入,是一种金字塔的结构。

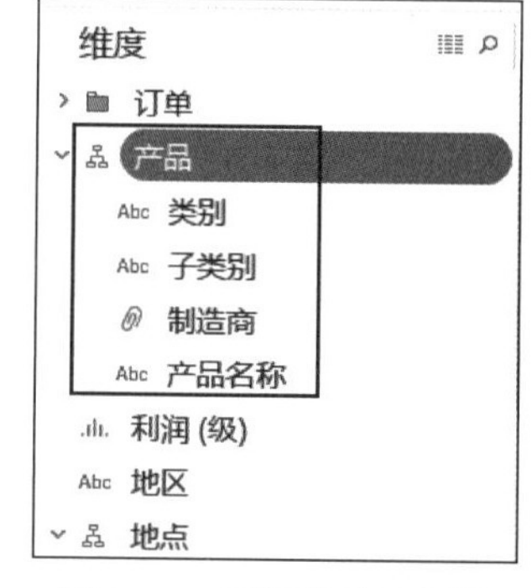

图 5.63 "类别"分层结构

在实际中,当不需要"产品"分层结构时,只需要右击维度"产品",在弹出的菜单中选择"移除分层结构"即可删去。

分层结构可以实现向上钻取和向下钻取的功能,那么如何创建一个分层结构呢?下面以重建"产品"分层结构来说

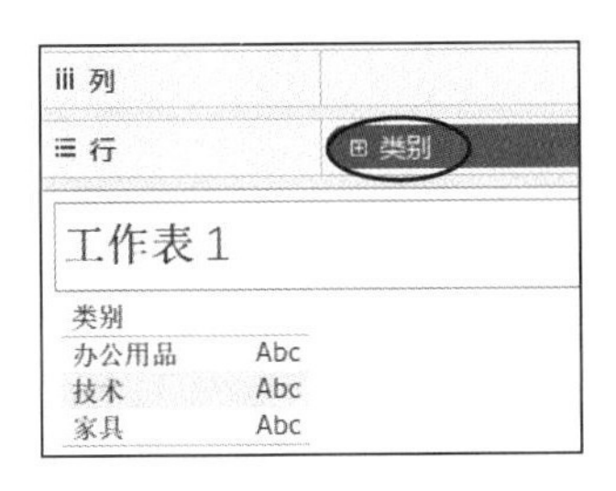

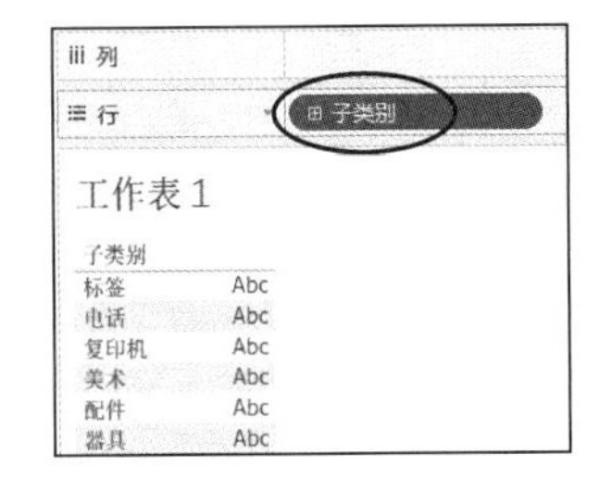

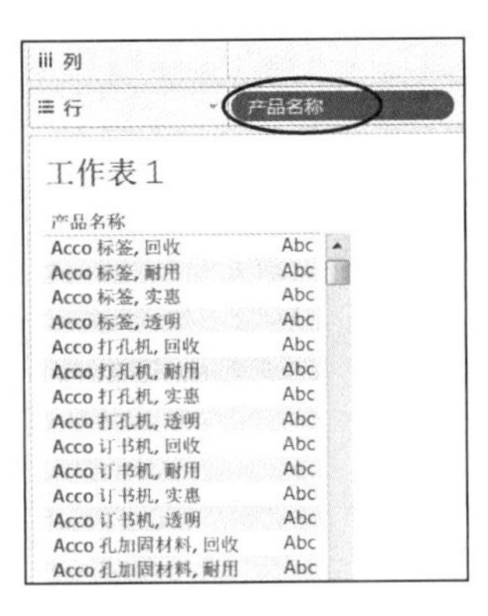

图 5.64 “产品”分层中的各个字段的取值

明，步骤如下。

（1）右击维度“类别”，在弹出菜单中选择“分层结构”→“创建分层结构”命令，在弹出的对话框中输入分层结构的名称“产品”，再单击“确定”按钮，在维度中新添加了“产品”分层，如图 5.65 所示。

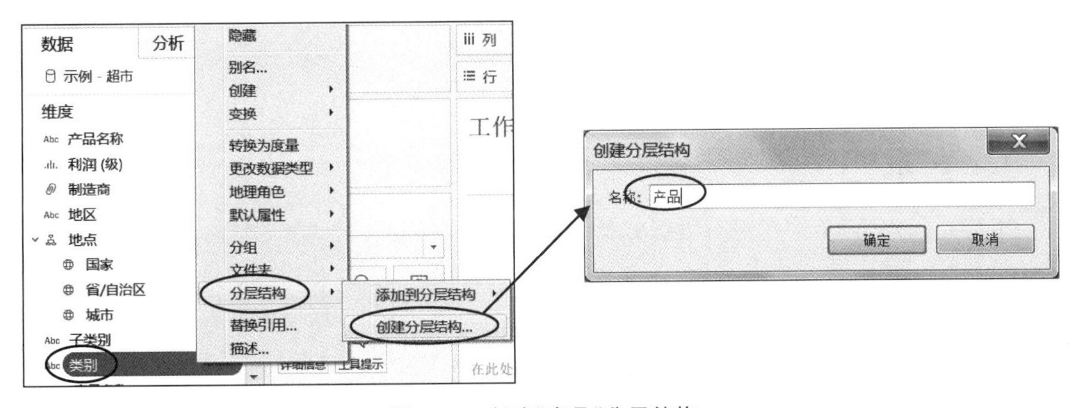

图 5.65 创建“产品”分层结构

（2）右击“维度”分组中的“子类别”，在弹出的菜单中选择“分层结构”→“添加到分层结构”→“产品”命令，那么“子类别”就添加到了“产品”分层，如图 5.66 所示。以此方法，将“制造商”和“名称”添加到“产品”分层中。

根据创建的分层结构，单击功能区或“标记”中的 ⊞ 或者 ⊟ 按钮可以轻松完成向下钻取或者向上钻取的工作。根据“产品”分层结构可以实现由第一层“类别”一直下钻到第 4 层“产品名称”，如图 5.67 所示。

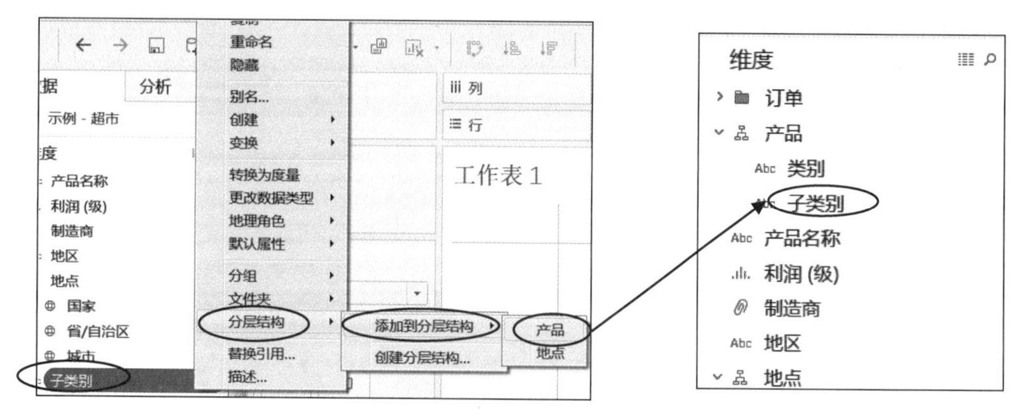

图 5.66　添加其他分层

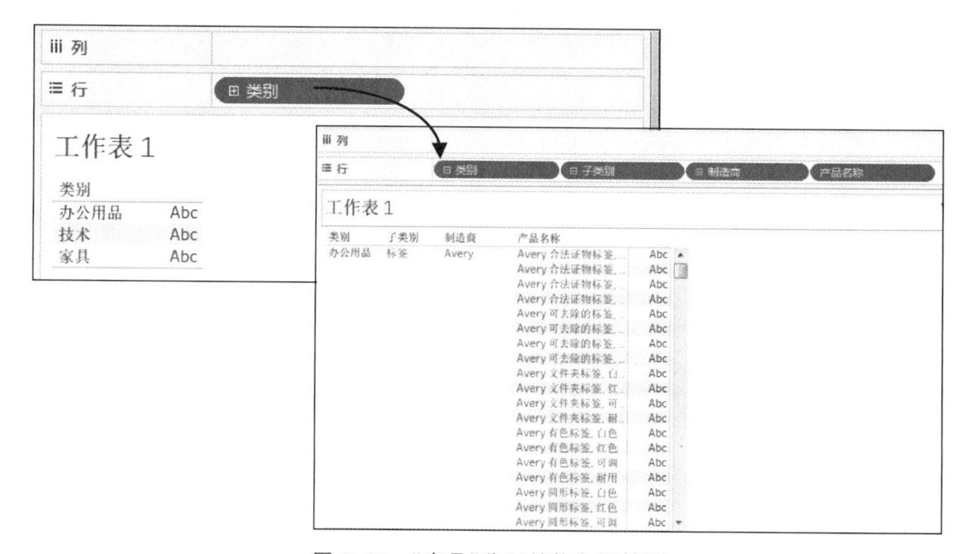

图 5.67　“产品”分层结构向下钻取

5.4.2　组

组(group)是为了构建更高级别分类而对“维度”成员进行的重新组合。在 Tableau 中，重新组合“维度”成员的方式不少，但分组是最常见和最快速的方式之一，前面介绍饼图时曾经创建和使用过“分组”，大家已经略知一二。需要注意的是，组不能参与计算，即组不能出现在公式中。

下面将介绍如何在“超市”数据源上对维度“地区”进行“南方和北方”分组，用于比较南方和北方的销售额和利润。为方便演示，首先定位维度“地区”中的“东北”“华北”“西北”为北方，“华东”“西南”“中南”为南方。操作的具体步骤如下。

(1) 双击维度“地区”(或者拖曳维度“地区”到“行”功能区)，按住 Ctrl 键，选择“东北”“华北”“西北”，在自动弹出窗口中，单击“分组”按钮，如图 5.68 所示。

(2) 右击“东北，华北，西北”，在弹出菜单中选择“编辑别名”命令，在弹出对话框中输入“北方”，单击“确定”按钮，如图 5.69 所示。

(3) 依照同样方法，“华东”“西南”“中南”创建为“南方”分组。完成之后在维度中添加

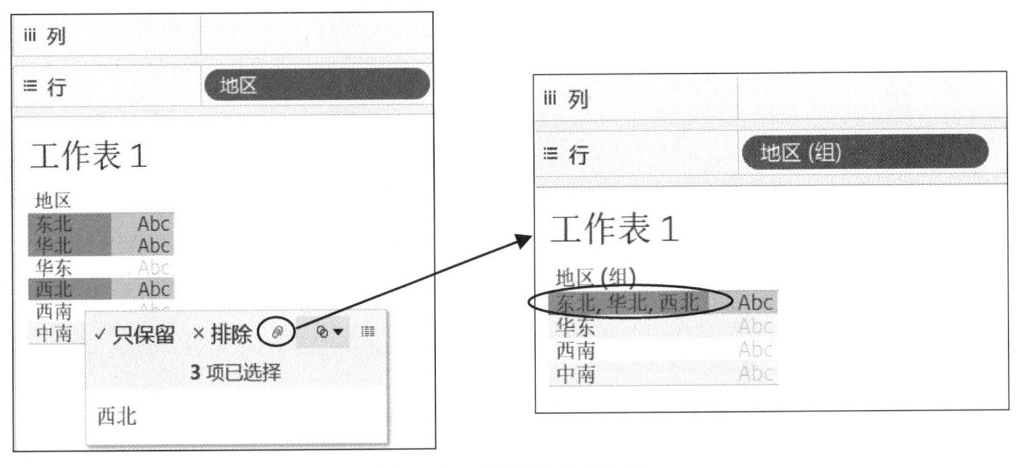

图 5.68 创建"北方"分组

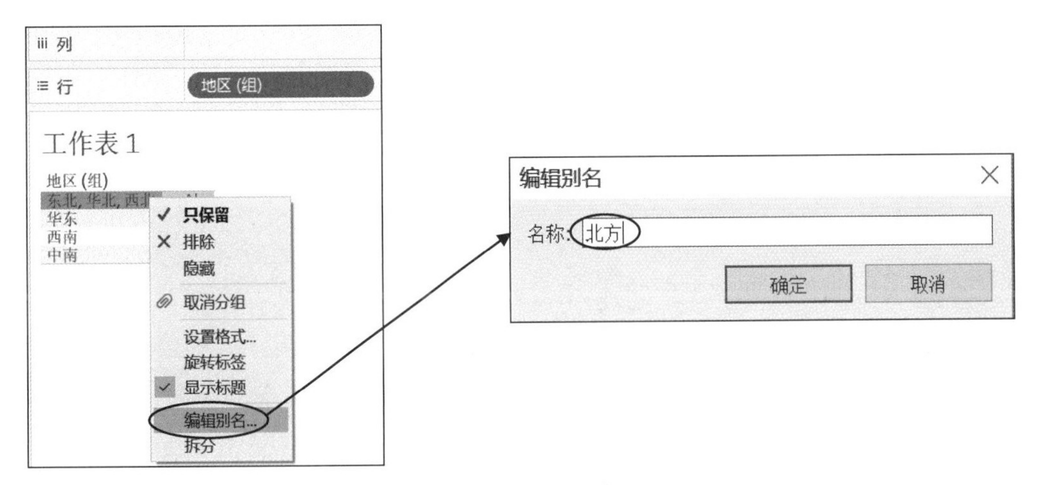

图 5.69 编辑别名

了"地区(分组)"字段，右击该字段，在弹出的菜单中选择"重命名"，输入"北方 or 南方"，完成后如图 5.70 所示。

(4) 单击工具栏中的"清除工作表"按钮。在空白的工作表上，首先依次双击"维度"分组中的"销售额""利润""北方 or 南方"；然后在"标记"中将类型由"自动"改选为"圆"；再按住 Ctrl 键，分别拖曳"标记"下方的"北方 or 南方"到"标签"和"颜色"；进而单击"标记"中的"大小"，向右方拖动弹出的滑块，使得视图区中标记数据点的圆变大一些，如图 5.71 所示。

依据创建的可视化图，可以清楚观察到南方在销售额和利润两方面都在一定程度上优于北方。

下面将介绍在"超市"数据源上对"维度"分组中的"地区"利用拖曳实现分组，用于比较旺区和淡区的销售额和利润，旺区是销售额和利润较好的区域，淡区则是销售额和利润较差的区域。在一张空白的工作表上，进行如下步骤操作。

(1) 第(1)步的操作类似于图 5.71 展示北方和南方的销售额和利润的操作，只是操作的维度由分组"北方 or 南方"改变为字段"地区"。具体操作如下：首先依次双击"维度"分

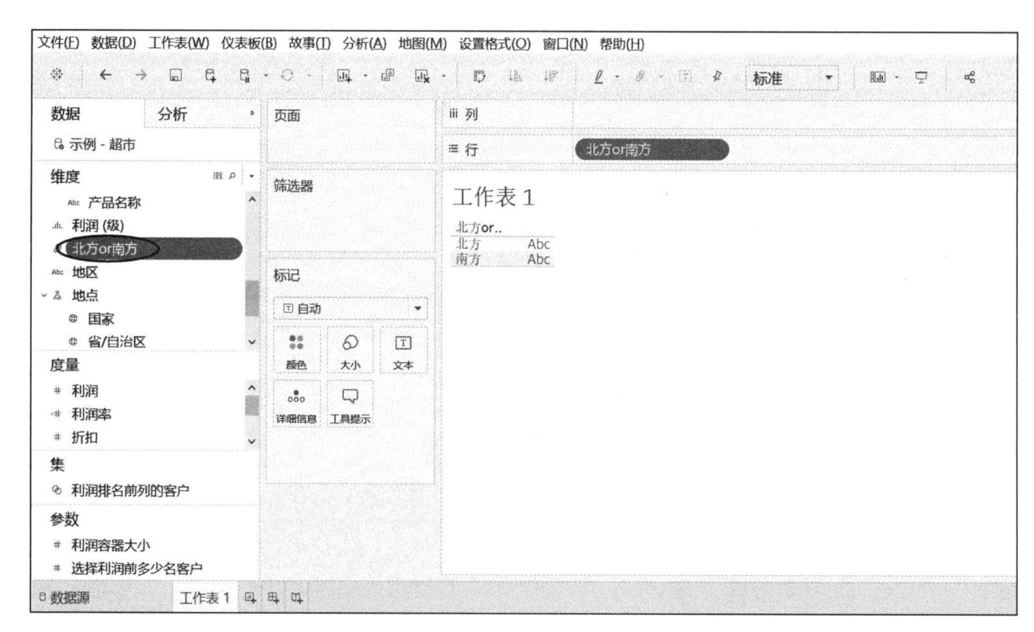

图 5.70 完成创建"北方 or 南方"分组

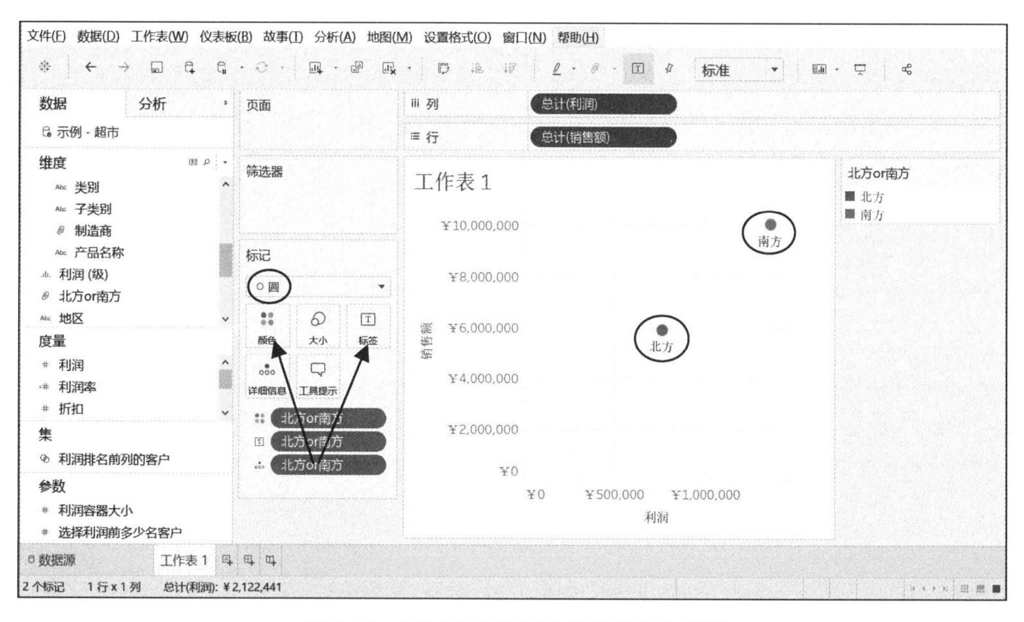

图 5.71 展示北方和南方的销售额和利润

组中的"销售额""利润""地区";接着将标记类型由"自动"改选为"圆";然后按住 Ctrl 键,分别拖曳"标记"下方的"地区"到"标签"和"颜色";最后单击"标记"中的"大小",向右方拖动弹出的滚动条,使得视图区中标记数据点的圆变大一些。完成这一系列操作后,视图区如图 5.72 所示。

(2) 经过观察,"华东""中南""东北""华北"4 个区域具有较好的销售额和利润,这是"旺区",按住左键拖曳出一个矩形框选定以上 4 个区域,右击,在弹出的菜单中选择"组"命

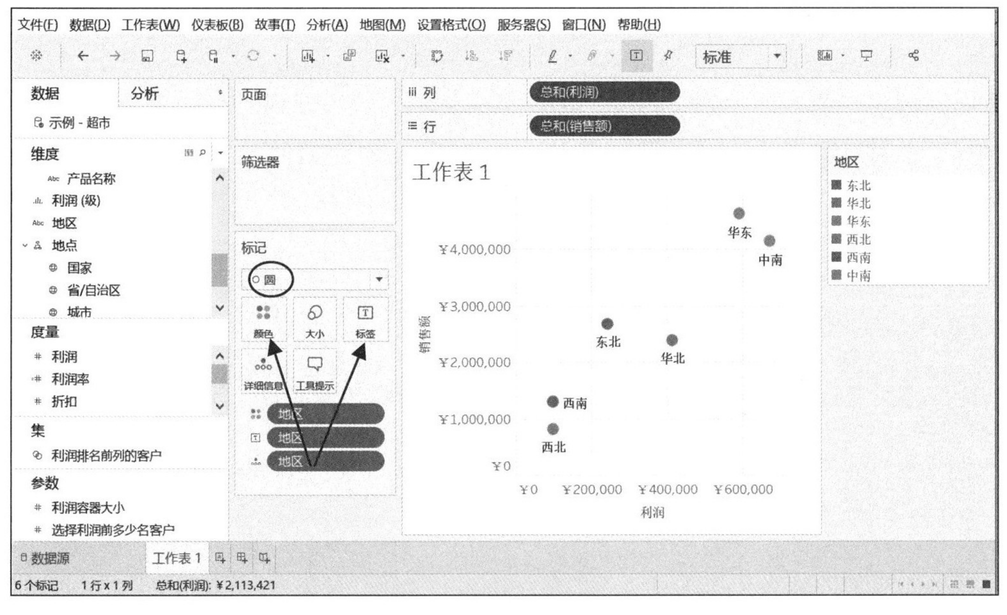

图 5.72 展示各个地区的销售额和利润

令，在维度中添加了“地区(组)1”，这样就创建了“旺区”组别，其他两个区域属于“淡区”组别，两个分组在视图区中标记数据的圆的颜色也有深浅的分别，如图 5.73 所示。

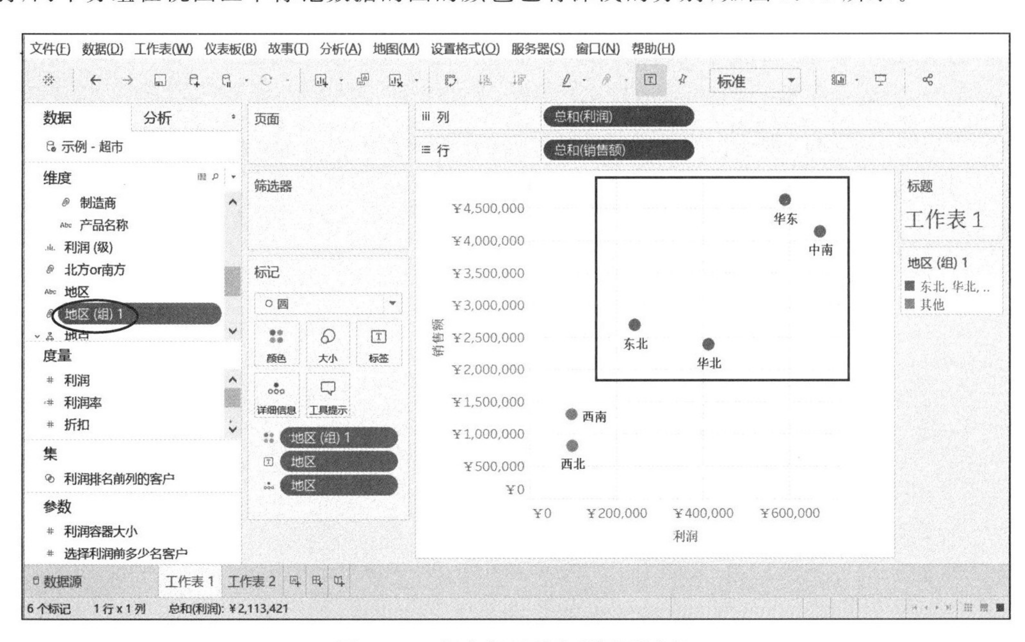

图 5.73 创建“旺区”和“淡区”分组

(3) 右击“维度”分组中的“地区(组)1”，在弹出的菜单中选择“编辑组”命令，在弹出的对话框中，将“字段名称”修改为“旺区 or 淡区”，右击“东北，华北，华东 和 1 以上”，在弹出的菜单中选择“重命名”将其重命名为“旺区”。同样，将“其他”重命名为“淡区”。单击“确定”按钮，这样就完成了利用拖曳创建分组，如图 5.74 所示。

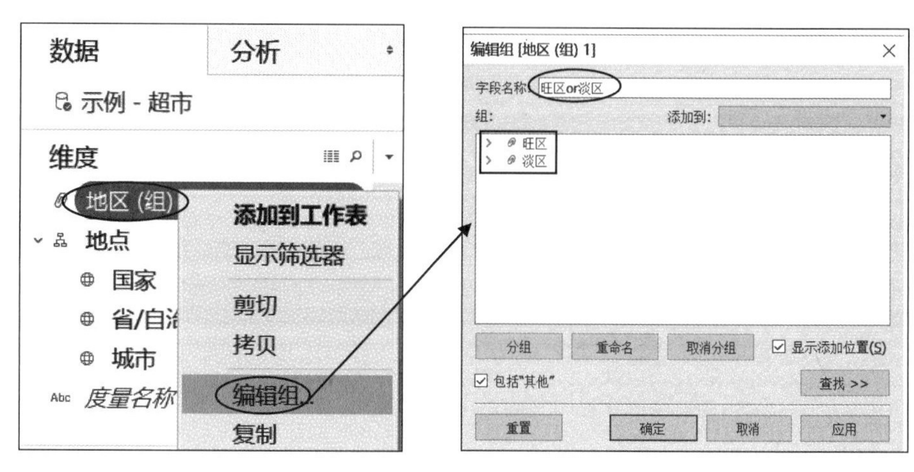

图 5.74 编辑组

5.4.3 集

集(set)是根据某些字段条件定义的数据子集。集统一显示在"数据"选项卡底部,使用 作为图标。集可以基于计算添加建立,也可以参与计算字段的编辑。

创建集类似于进行数据筛选,用于选择满足给定字段条件的记录作为数据子集,以实现对不同记录的选取。创建的集主要有以下两方面作用。

(1) 对比和分析集内外记录。Tableau 提供了集的一对特性——内/外(in/out),通过选择"在集内/外显示"可以直接对集内和集外记录通过聚合进行对比分析。

(2) 分析集内记录。当只分析集内记录时,可选择"在集内显示成员",集的作用就是筛选,只展示属于集内的记录。

下面将介绍在"超市"数据源上分析和比较高利润客户和低利润客户的销售额。根据业务情况,高利润客户定义为利润大于等于 250 元的客户,其他则是低利润客户。具体步骤如下。

(1) 右击"维度"分组中的"订单日期",在弹出的菜单中选择"创建"→"集"命令,如图 5.75 所示。

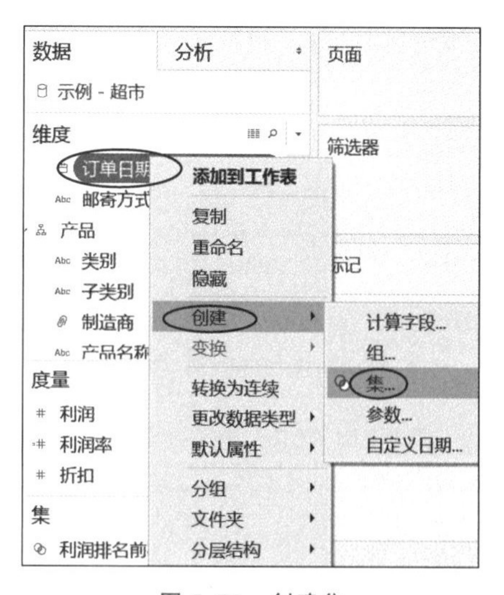

图 5.75 创建集

(2) 在弹出的"创建集"对话框中，首先在"名称"中输入"高利润客户"，然后选择"条件"选项卡，在该选项卡中选择"按字段"，再选择"利润""平均值"">="，以及在文本框中输入"250"，这样就设定了挑选高利润客户的条件"平均利润大于等于250元"，如图5.76所示。

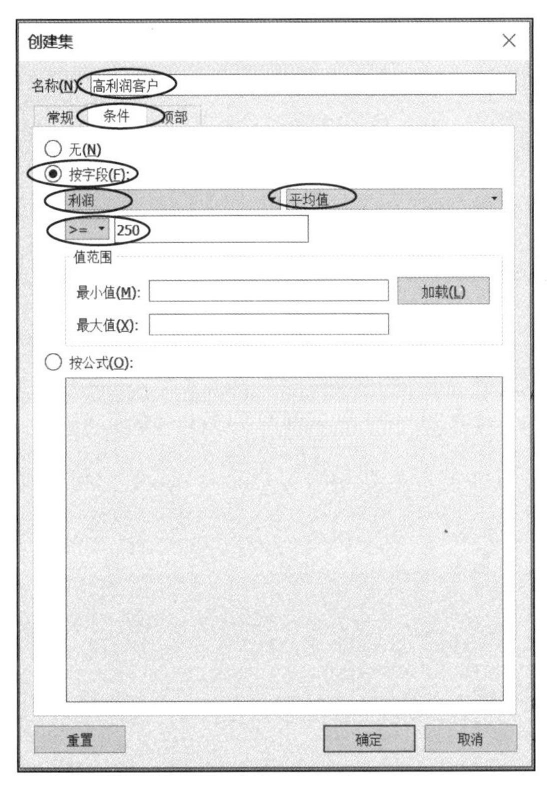

图5.76 "创建集"对话框

(3) 双击"维度"分组中的"订单日期"，以及拖动"销售额"到"行"功能区；然后右击"列"功能区的"年(订单日期)"，在弹出的菜单中选择"月 2015年5月"，如图5.77所示。

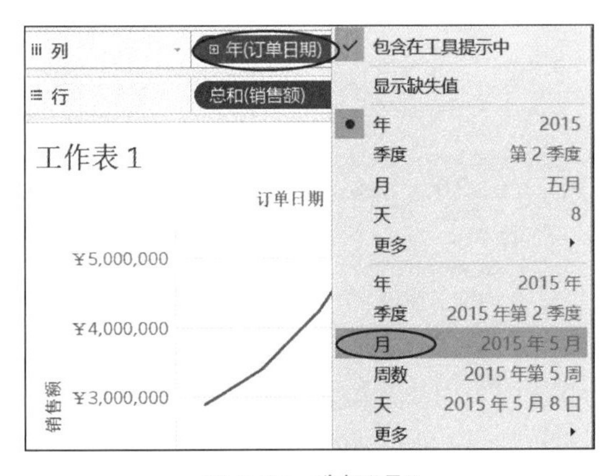

图5.77 选择"月"

(4) 最后，在"数据"选项卡的"集"分组中双击"高利润客户"，产生的折线图如图5.78所示。

图 5.78 内/外(高利润客户)销售额折线图

分析图 5.78 视图区的"内"表示高利润客户,"外"表示低利润客户。总体而言,高利润客户和低利润客户的销售额整体都是逐步递增的,但高利润客户的销售额逐步低于低利润客户的销售额,说明了其销售额逐步上升,但利润在逐步下降。

5.4.4 参数

参数(parameter)是由用户自定义的,可在集、筛选器、计算集、计算字段中替换常量值的动态值。用户通过控制和调整参数,能够快速和轻松地与工作表视图进行交互,从而实现图表动态分析。参数在工作簿中是全局变量,可以同时运用于多个工作表。

下面介绍在"超市"数据源上展示排名前 N 名的销售总额,N 是 1~10 的整数。步骤如下。

(1) 在"数据"选项卡的"参数"分组,右击任意一个字段,在弹出的菜单中选择"创建"→"参数"命令,如图 5.79 所示。

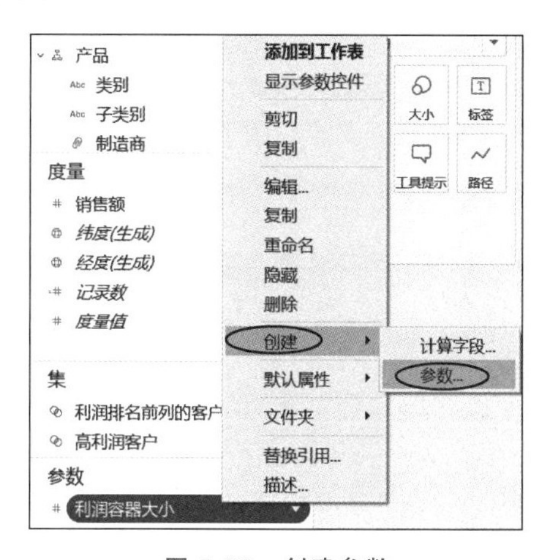

图 5.79 创建参数

在弹出的“创建参数”对话框中，首先在“名称”中输入“top”，然后“数据类型”选择“整数”，“当前值”输入 10，“允许的值”选择“范围”，“最小值”输入 1，“最大值”输入 10，“步长”输入 1，这样就设定了“创建参数”对话框，如图 5.80 所示。

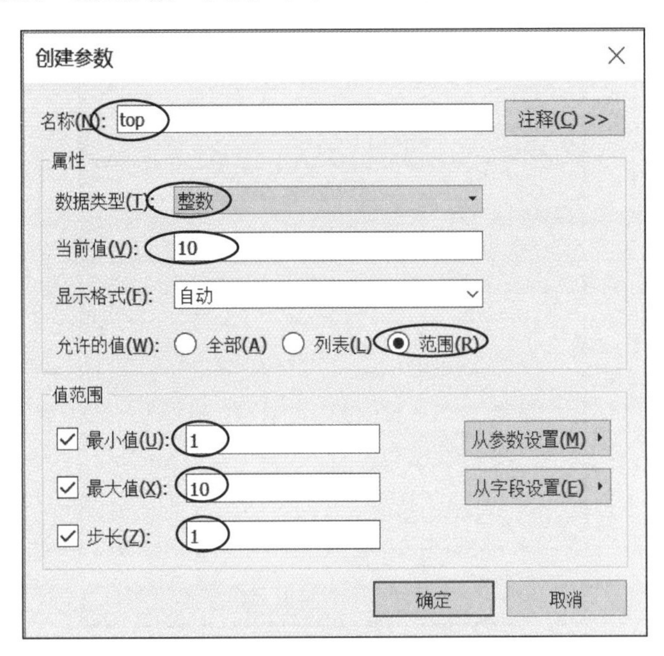

图 5.80　设置“创建参数”对话框

在图 5.80 所示的对话框中，主要是在“创建参数”时需要提供的一些设置，尤其需要如下说明。

- 注释：输入对参数意义的描述，以帮助理解所设参数的含义，此处非强制项，可不填写。
- 属性：“数据类型”用于设置参数值接受的数据类型；“当前值”用于设置参数的默认值；“显示格式”用于设置在参数控件中数值的显示格式。“允许的值”用于设置参数接受值的方式，包括 3 种类型：“全部”表示参数可以调整为任意值；“列表”表示参数只能设置为列表内的值，有 3 种设置方法，分别是“手动输入”“从字段中添加”或“从剪切板粘贴”；“范围”表示参数可在指定范围内进行调整，可设置最小值、最大值和每次调整的步长。

(2) 创建“销售额 TOP10”集。右击“维度”分组中的“订单日期”，在弹出的菜单中选择“创建”→“集”命令，在弹出的“创建集”对话框中，首先在“名称”中输入“销售额 TOP10”，然后单击选择“顶部”选项卡，在该选项卡中选择“按字段”，再选择“顶部”“top”，选择依据的字段是“销售额”，聚合方式“总和”，这样就设定了挑选销售总额排名前 top 位客户的条件，单击“确定”按钮即成功创建了集，如图 5.81 所示。

(3) 在一张空白工作表中，首先双击“维度”分组中的“订单日期”，以及拖动“销售额”到“行”功能区；然后右击“列”功能区的“年(订单日期)”，在弹出的菜单中选择“月　2015 年 5 月”；下一步，双击“集”分组中的“销售额 TOP10”，则在视图区生成一个折线图，如图 5.82 所示。

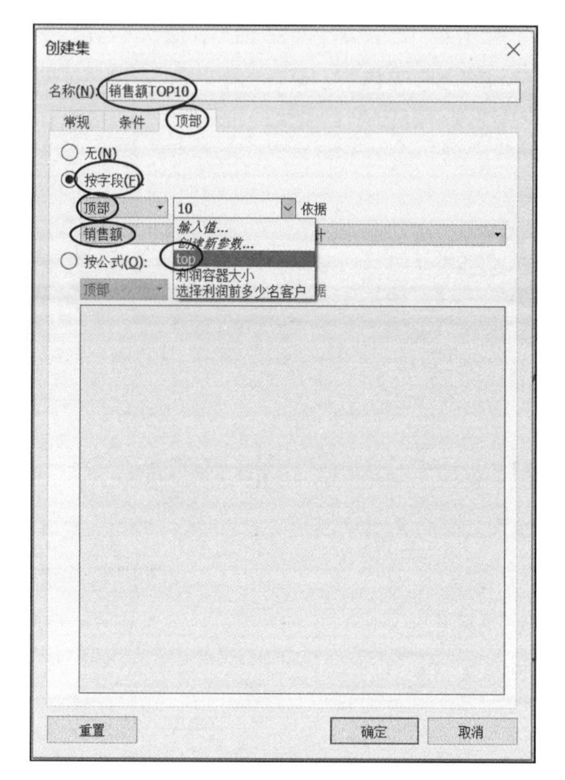

图 5.81 “销售额 TOP10”集对话框

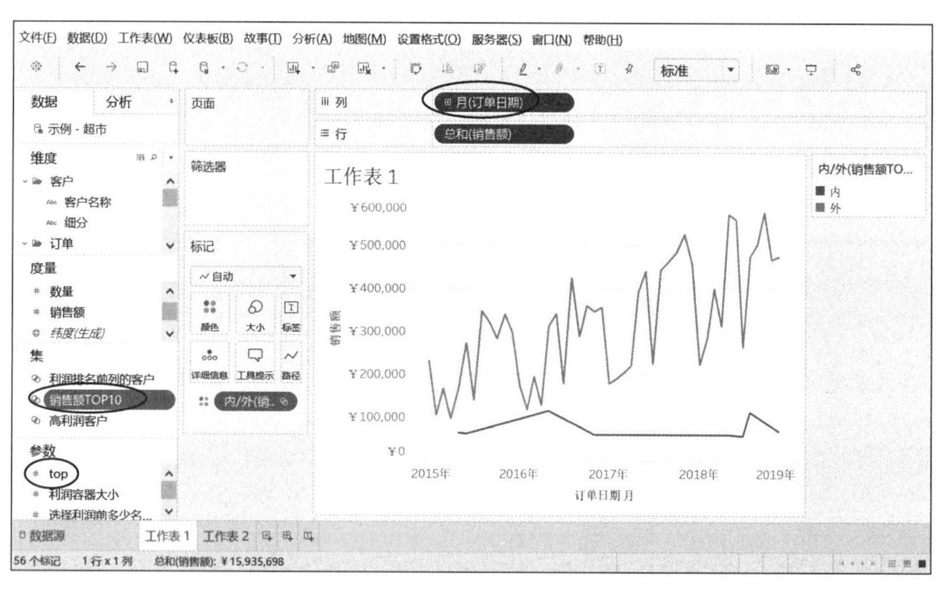

图 5.82 内/外(销售额 TOP10)销售额折线图

(4) 在“数据”选项卡的“参数”分组，右击参数“top”，在弹出的菜单中选择“显示参数控件”命令，此时参数控件将显示在视图区域的右上角。通过在参数控件中调整 top 的值，可动态观察销售额折线的变化。图 5.83 是 top=5 时所呈现的折线图。

图 5.84 是 top=9 时所呈现的折线图。

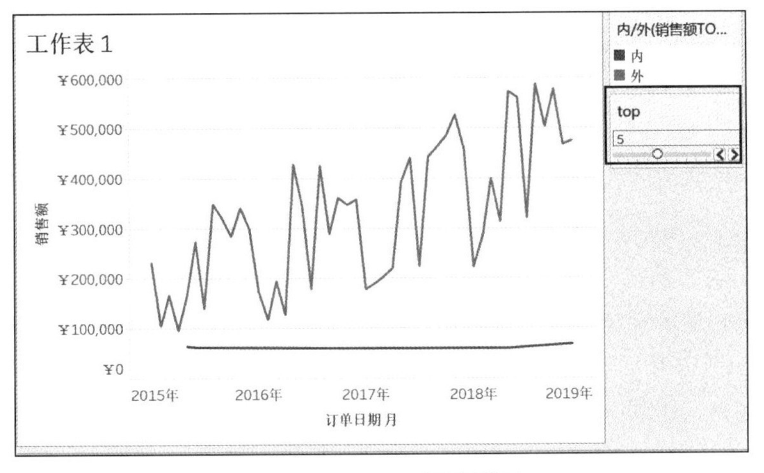

图 5.83　top=5 时的折线图

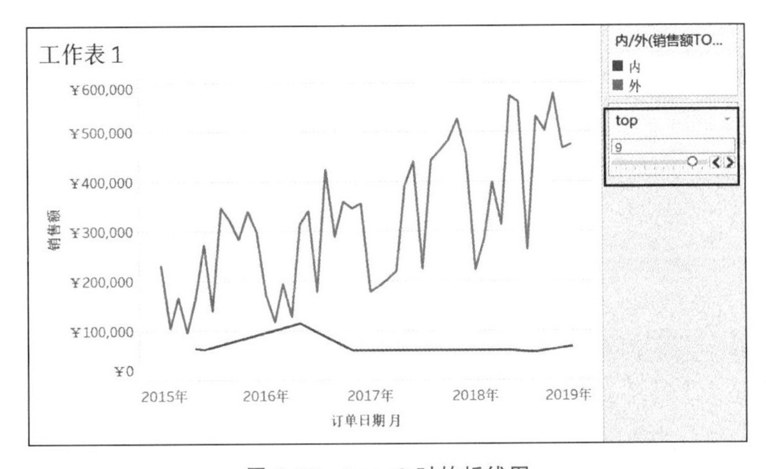

图 5.84　top=9 时的折线图

5.4.5　计算字段

计算字段(calculated field)是根据维度、度量、参数等,使用函数和运算符构建公式来定义的新字段,它的计算结果(字段值)也具有某种数据类型。与其他字段一样,计算字段也能拖曳到各功能区去创建视图,还能用于创建新的字段。

下面将介绍在“超市”数据源上创建一个计算字段“让利金额”,用于展示销售额前 N 名的让利总额,N 是 1～10 的整数,按照业务逻辑,让利金额定义为销售额×折扣,具体步骤如下。

(1) 右击“度量”分组中的“折扣”,在弹出的菜单选择“创建”→“计算字段”命令,打开对话框,如图 5.85 所示。

在图 5.85 所示界面的左方是输入窗口,右方是函数窗口。在输入窗口的上方文本框中输入计算字段名称。在输入窗口的下方文本框中,可输入计算公式,包括运算符、计算字段和函数。运算符支持算数运算符[加(+)、减(-)、乘(*)、除(/)等]、关系运算符和逻辑运算符等。字符、数字、日期/时间、集、参数等字段均可作为计算字段。函数是 Tableau 自带

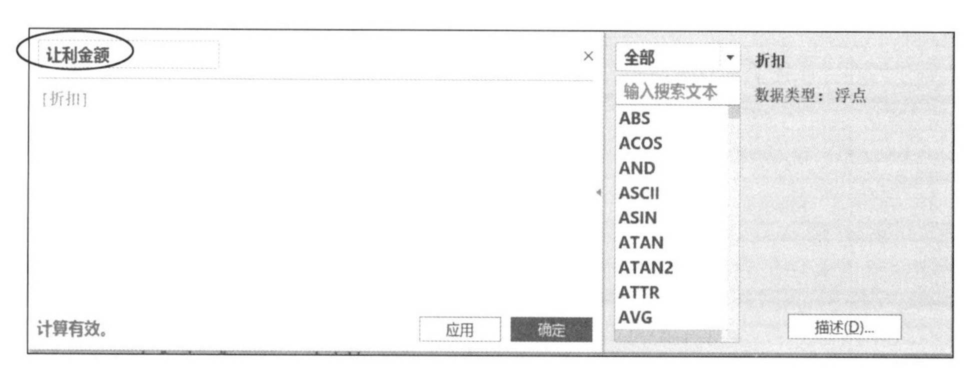

图 5.85　创建计算字段

的，实现某种特定功能。包括数字、字符串、日期、类型转换、逻辑、聚合和表计算 7 大类型，大部分 Tableau 函数的功能与 Excel 函数功能类似。

所有的函数按照类型呈现函数窗口，在函数窗口中双击函数即可以出现在输入窗口，也可以直接在输入窗口中输入。Tableau 具有自动填写功能，即在输入时会自动提示和填充可使用计算的字段名称和函数名称。在图 5.85 对话框中，首先在上方的文本框中输入计算字段名称“让利金额”。然后在下方文本框的“[折扣]”之后输入乘号“*”，再拖动度量“销售额”到乘号之后。最后，单击“应用”或者“确定”按钮，度量窗口添加了一个“让利金额”字段。

(2) 首先双击维度“订单日期”，以及拖动“让利金额”到“行”功能区；然后右击“列”功能区的“年(订单日期)”，在弹出菜单中选择“月　2015 年 5 月”；双击“集”分组中“销售额TOP10”，则在视图区生成一个折线图。

(3) 在“数据”选项卡的“参数”分组，右击参数“top”，在弹出菜单中选择“显示参数控件”命令，此时参数控件将显示在视图区域的右上角。通过在参数控件中调整 top 的值，可动态观察让利总额折线的变化，top＝10 时的视图如图 5.86 所示。

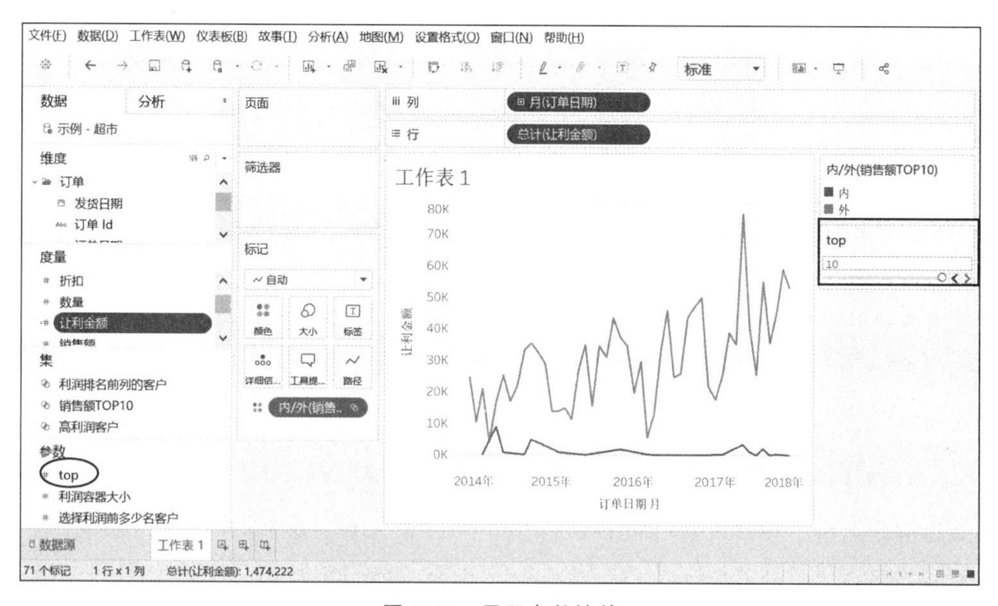

图 5.86　显示参数控件

由于销售额 Top N 的销售总额比较小，因此让利总额也小。如果右击“行”功能区“总计(让利金额)”，在弹出菜单中选择“度量(总和)”→“平均值”命令，“行”功能区就变成“平均值(让利金额)”，如图5.87所示。

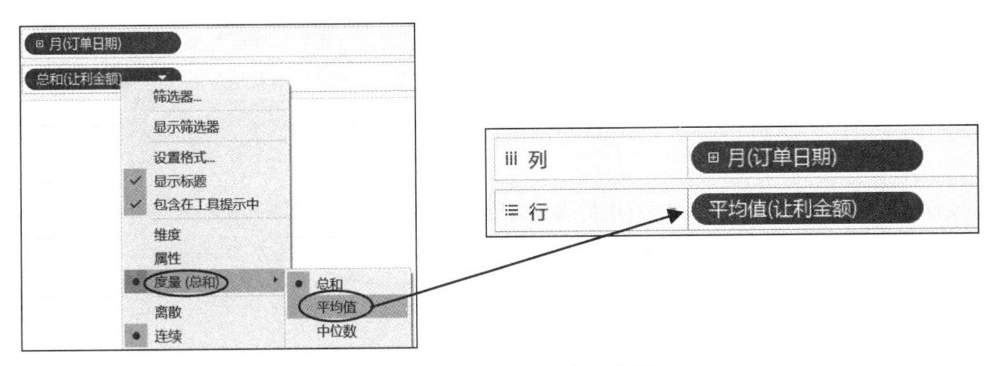

图5.87 设置“平均值(让利金额)”

通过图5.88，可以观察到销售总额排前10位客户的平均让利金额波动非常大，而其他客户的平均让利金额波动很小，非常平稳，而且平均让利金额都比较低。

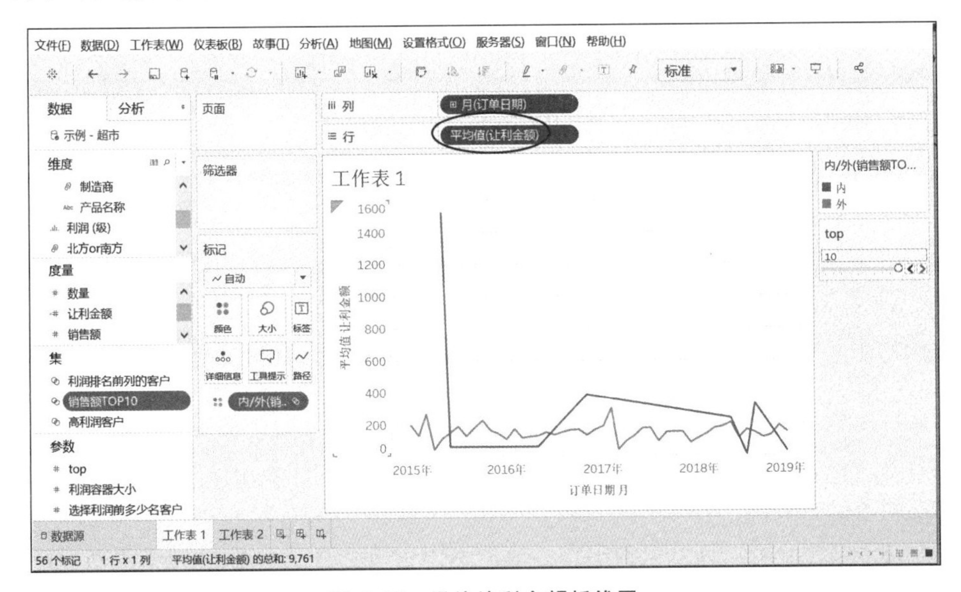

图5.88 平均让利金额折线图

5.5 分析图表整合

本节将简单介绍Tableau仪表板的功能。仪表板能按照一定的方式组合和布局多个工作表以及支持对象(图像、文本、网页和空白等)，并可完成添加表间筛选、网页链接、突出显示等交互式操作，以便实现关键数据的对比和分析结论的展示。仪表板的运用非常广泛，上至高管驾驶舱，下至日常工作汇报，仪表板都是一种常用的展示形式。

单击Tableau工作界面左下方的“新建仪表板”按钮 ，即可创建一个空白的仪表板，如图 5.89 所示，仪表板工作区左侧上方是"仪表板"和"布局"选项卡；"仪表板"选项卡包括"大小""工作表""对象"3 个分组；"布局"选项卡包括"选定项"和"顶分层结构"两个分组。右侧大片区域是视图区。各个部分具体介绍和基本操作如下。

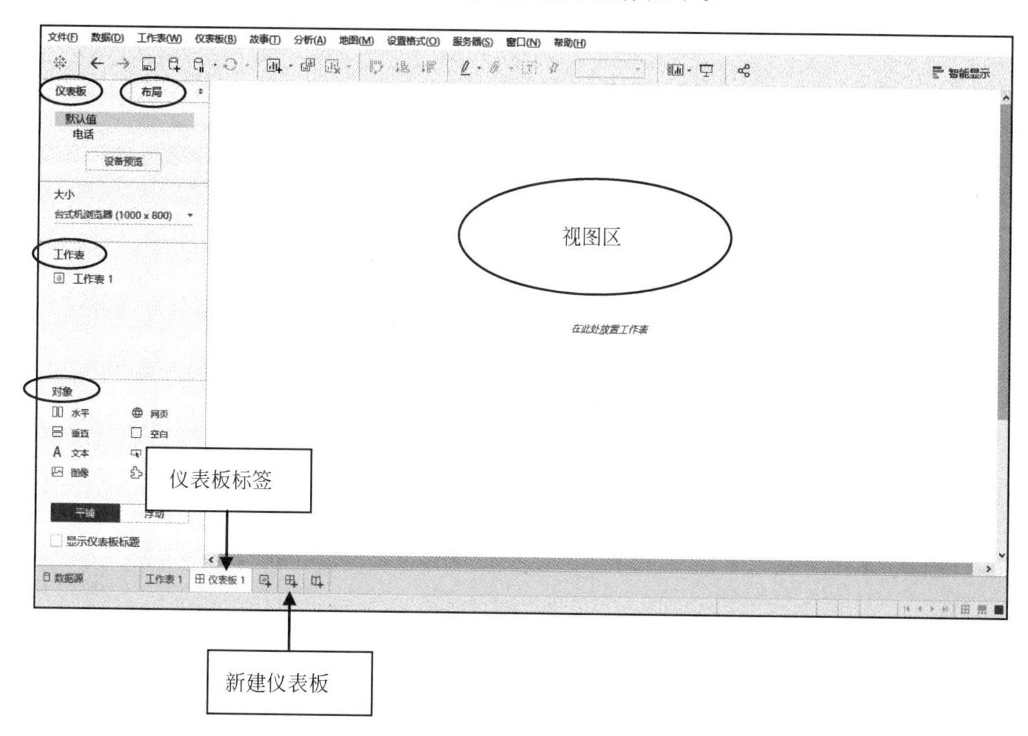

图 5.89　仪表板工作区

(1)"大小"分组。该分组可用于调整仪表板整体的大小，以及视图中各工作表或对象的大小和位置。仪表板默认大小为"台式浏览器(1000×800)"，即宽度 1000px、高度 800px。如图 5.90 所示，确定仪表板大小有 3 种方式：第 1 种为"固定大小"，指仪表板宽度和高度始终保持固定，这需要预先获知展示设备屏幕的大小；第 2 种为"自动"，指仪表板自动填充整个窗口，实现自动排版；第 3 种为"范围"，指设定仪表板中所有对象缩放展示的最大值和最小值。

(2)"工作表"分组。该分组列出在当前工作簿中的所有工作表，新建工作表后，仪表板分组会自动更新。

(3)"对象"分组。该分组包括容器和对象的创建和设置。容器是仪表板布局的框架，分为"水平"和"垂直"两种，可用于组织仪表板中的工作表对象，新增容器会在仪表板中创建一个区域。"对象"是除工作表外可用于展示的要素，包括"图像""文本""网页""空白"等。

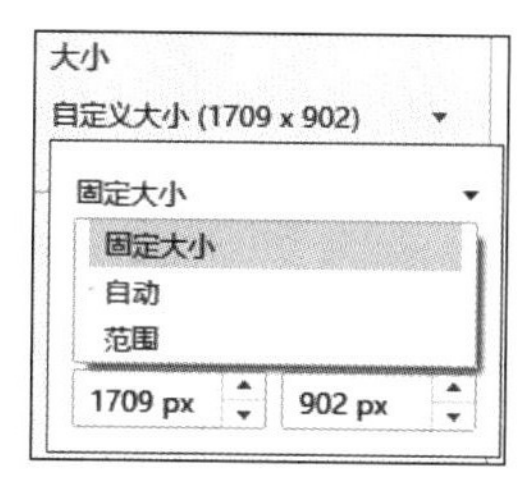

图 5.90　确定仪表板大小的 3 种方式

此外，该分组还用于调整工作表或对象的布局方式，包括"平铺"和"浮动"两种。"平铺"是指所选工作表或者对象平行分布而不相互覆盖，Tableau 会根据仪表板大小自动分配工作表和对象的大小；"浮动"是指所选工作表或者对象会相互覆盖地展示，用户可手动调整它们的大小和位置。

(4)“选定项”分组。该分组的“位置”指的是工作表或者对象的左上角在仪表板坐标中的坐标位置,该坐标轴以视图区坐上角为原点,x代表水平坐标的值,y代表垂直坐标的值;布局窗口的“大小”指的是工作表或者对象的宽度和高度,“宽”代表的是长度,“高”代表的是高度。图5.91所示的图表位置在x=0,y=0;宽为330px,高为190px。除了输入x和y坐标值改变图表在仪表板中的位置外,还可以单击选择图表,把鼠标放至图表上边框图标▭处,待鼠标变成十字架时,就可以拖动它到仪表板的其他位置。此外,单击选择图表,把鼠标放至图表右下角,当鼠标变成双箭头斜杠时,拖动鼠标也能改变图表的大小。单击图表右上角的☒按钮可以将其清除。

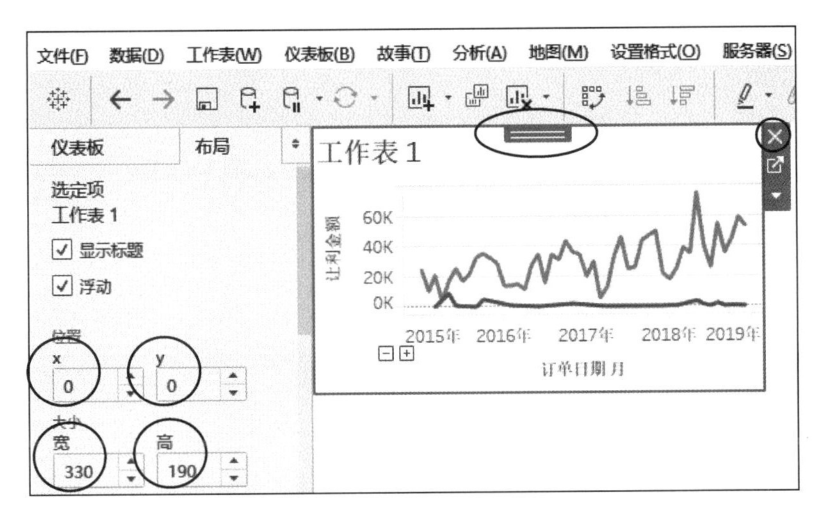

图5.91 位置和大小

(5)“顶分层结构”分组。该分组展示了视图中各个工作表和对象的层级树形结构,如图5.92所示。

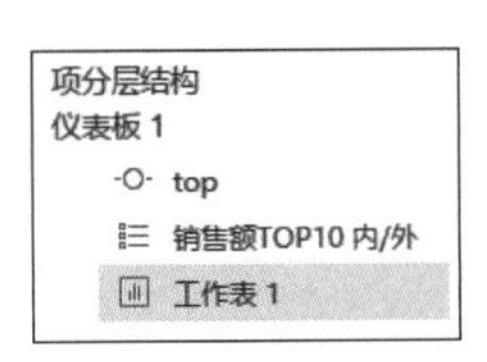

图5.92 层级树形结构

(6)视图区。该区域是用于创建和修饰仪表板的工作区域,可以添加工作表以及图像、文本、网页和空白等对象。之前介绍“计算字段”时创建了一个“销售额排名前N名的让利总额”折线图,该折线图所在工作表名称为“工作表1”,下面以此为基础简单介绍仪表板的创建过程,具体步骤如下。

① 单击左下方的“新建仪表板”按钮,创建仪表板。仪表板大小固定,自定义为1709×902,即宽度为1709px,高度为902px。

② 在“对象”分组设置以“浮动”的方式添加对象,以方便在仪表板上排版。

③ 将“工作表”的“工作表1”拖动到仪表板视图区,如图5.93所示,切换到“布局”选项卡,设定“位置”中的x值为400,y值为300,“大小”中的“宽”值为800,“高”值为300。

④ 将“图例”和“显示参数控件”拖曳至图表左上角合适的位置。

完成以上操作,单击工具栏中的演示模式按钮,屏幕如图5.94所示。

本节简单介绍了仪表板的基本操作和功能,后续结合实际案例将会进行更详细地介绍。

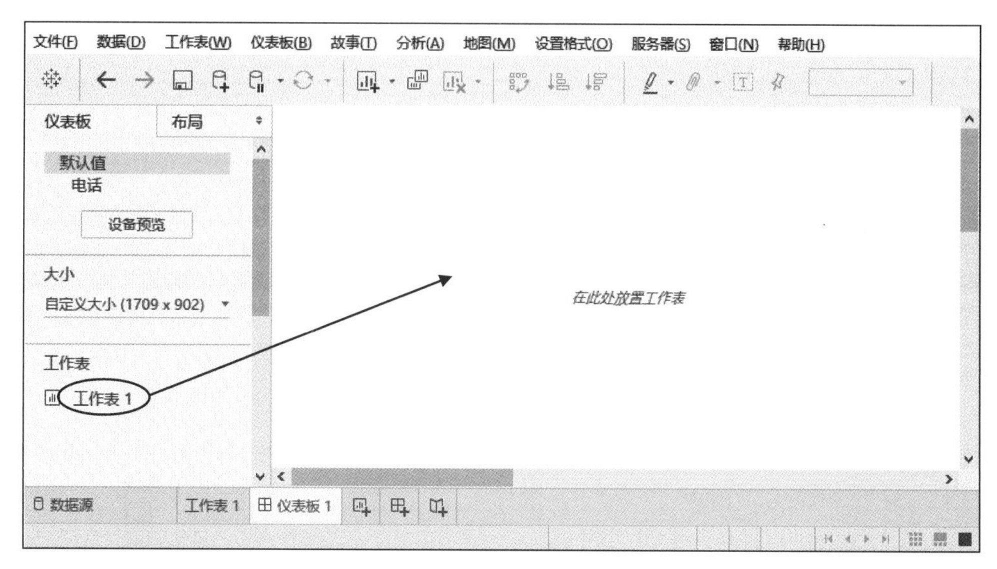

图 5.93 拖动工作表至视图区

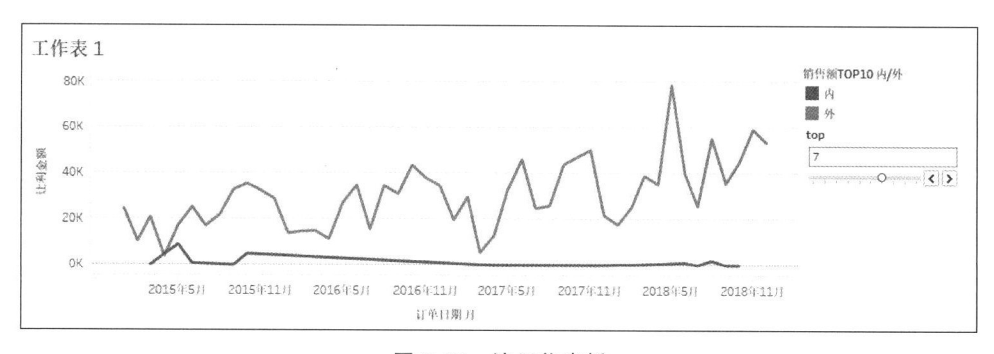

图 5.94 演示仪表板

5.6 案例一：无锡市宜居时间分析

本节将介绍一个综合案例，该案例是分析无锡市的宜居情况，数据来自无锡市气象局，选取时间是 2017 年。为方便读者，本书附带的学习资源也包括了该数据集，即“2017 年无锡市天气数据.hyper”文件。在进行数据分析时，往往需要注意两点。

- 综合考虑分析的目的、获取的数据、业务逻辑，确定分析的思路和角度。
- 根据分析思路和角度，选取并使用数据集中的相关数据，注意并非一定用到所有获取到的数据。

打开 Tableau Desktop，连接“2017 年无锡市天气数据.hyper”数据集。该数据集包含日期、年份、平均 AQI(空气质量指数)、天气状况、节假日、季节、风向、风向变化、风力、平均气温、最低气温、最高气温等字段。

经过观察获取的所有数据，同时依据宜居的一般标准，确定分析思路为从空气质量和气温(人体感知)两个角度确定无锡市宜居的时间段。

5.6.1 创建计算字段

本小节将分别创建"空气质量等级""气温感知""温差"3个计算字段。

1. 创建"空气质量等级"计算字段

数据集中,衡量空气质量的是"平均AQI"字段,但该字段的取值是连续的,不方便统计。为此,根据我国空气质量指数AQI分级标准,先在"平均AQI"字段的基础上创建离散的计算字段"空气质量等级"。我国空气质量指数AQI具体分级标准如表5.2空气质量等级标准所示。

表5.2 空气质量等级标准

平均AQI(空气质量指数)	空气质量等级	平均AQI(空气质量指数)	空气质量等级
0～50	Ⅰ级,优	201～300	Ⅳ级,重度污染
51～100	Ⅱ级,良	大于300	Ⅴ级,严重污染
101～200	Ⅲ级,轻度污染		

在创建"空气质量等级"字段时,需要使用Tableau的If函数。该函数提供了一种多分支的结构,建立3个分支的语法格式为:IF test1 THEN value1 ELSEIF test2 THEN value2 ELSEIF test3 THEN value3 END。在这行简单的代码中,test1、test2和test3为逻辑表达式,运算结果为TRUE或者FALSE。首先测试逻辑表达式test1,如果test1的运算结果为TRUE,则整个IF函数的结果为value1;否则进一步测试逻辑表达式test2,如果test2的运算结果为TRUE,则整个IF函数的结果为value2;否则进一步测试逻辑表达式test3,如果test3的运算结果为TRUE,则整个IF函数的结果为value3。如果需要建立更多的分支,格式以此类推。

Tableau的函数与Excel的函数在定义和使用上非常相似,因此,基本上可以按照Excel的函数去理解和使用Tableau的函数。使用Tableau函数时有两点需要特别说明:一是不区分英文字母的大小写;二是必须使用英文输入状态下的各种符号。

在明确创建"空气质量等级"计算字段思路后,下面进行具体操作,步骤如下。

(1) 右击左下方"工作表1",在弹出的菜单中选择"重命名工作表"命令,将"工作表1"重命名为"空气质量",如图5.95所示。

(2) 右击"度量"分组中的"平均AQI"字段,在弹出的菜单中选择"创建"→"计算字段"命令,如图5.96所示。

(3) 在弹出对话框的文本框中输入计算字段名称"空气质量等级",在输入窗口的下方文本框中输入以下语句:

```
IF AVG([平均 AQI])<= 50 THEN 'I 级'
ELSEIF 50 < AVG([平均 AQI]) and AVG([平均 AQI])<= 100 THEN 'II 级'
ELSEIF 100 < AVG([平均 AQI]) and AVG([平均 AQI])<= 200 THEN 'III 级'
ELSEIF 200 < AVG([平均 AQI]) and AVG([平均 AQI])<= 300 THEN 'IV 级'
ELSE 'V 级'
END
```

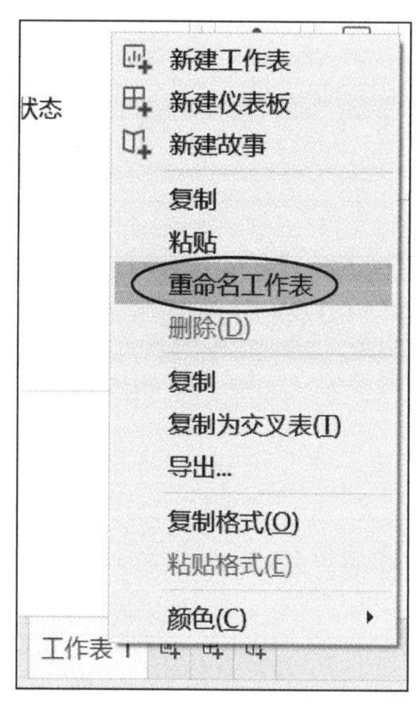

图 5.95　重命名工作表

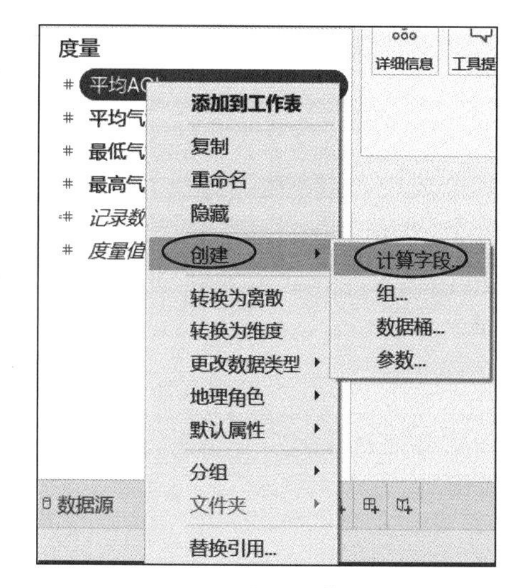

图 5.96　创建计算字段

完成语句输入且检查无误后，单击“确定”按钮，如图 5.97 所示，则在度量中产生了一个新的字段“空气质量等级”。

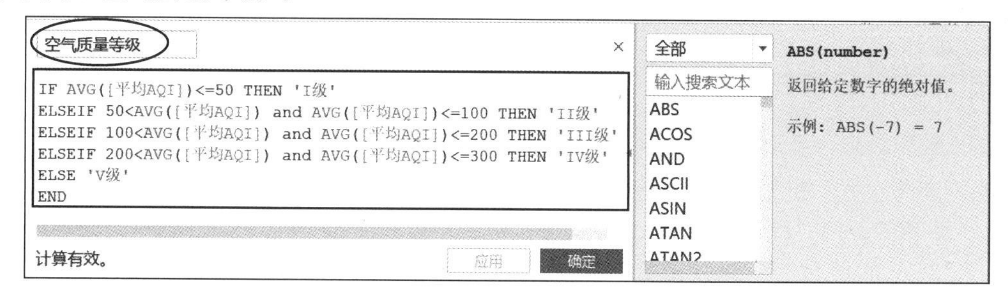

图 5.97　输入空气质量等级公式

2. 创建“气温感知”计算字段

数据集有“平均气温”“最高气温”“最低气温”3 个与气温有关的字段，而气温与人体感知往往有对应关系（如表 5.3 所示）。为了将气温与宜居建立联系，先在“平均气温”字段的基础上创建计算字段“气温感知”。

表 5.3　气温与人体感知对应关系

气温/℃	人体感知	气温/℃	人体感知
<0	冻	>=18 且 <25	适宜
>=0 且 <10	冷	>=25 且 <30	热
>=10 且 <18	凉	>=30	炎热

在明确创建“气温感知”计算字段思路后，下面进行具体操作，步骤如下。

(1) 右击“度量”分组中的“平均气温”字段，在弹出的菜单中选择“创建”→“计算字段”命令，如图 5.98 所示。

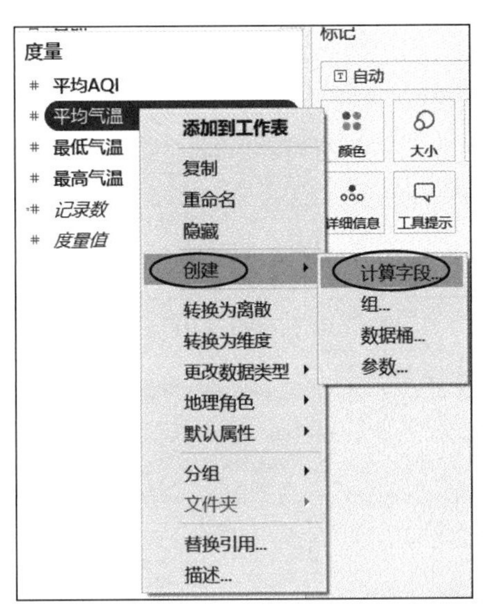

图 5.98　创建计算字段

(2) 在弹出对话框的文本框中输入计算字段名称“气温感知”,在输入窗口的下方文本框中输入以下语句:

```
IF AVG([平均气温])< 0 THEN '冻'
ELSEIF 0 <= AVG([平均气温]) and AVG([平均气温])< 10 THEN '冷'
ELSEIF 10 <= AVG([平均气温]) and AVG([平均气温])< 18 THEN '凉'
ELSEIF 18 <= AVG([平均气温]) and AVG([平均气温])< 25 THEN '适宜'
ELSEIF 25 <= AVG([平均气温]) and AVG([平均气温])< 30 THEN '热'
ELSE '炎热'
END
```

完成语句输入且检查无误后,单击“确定”按钮,如图 5.99 所示,则在“度量”分组中产生了一个新的字段“气温感知”。

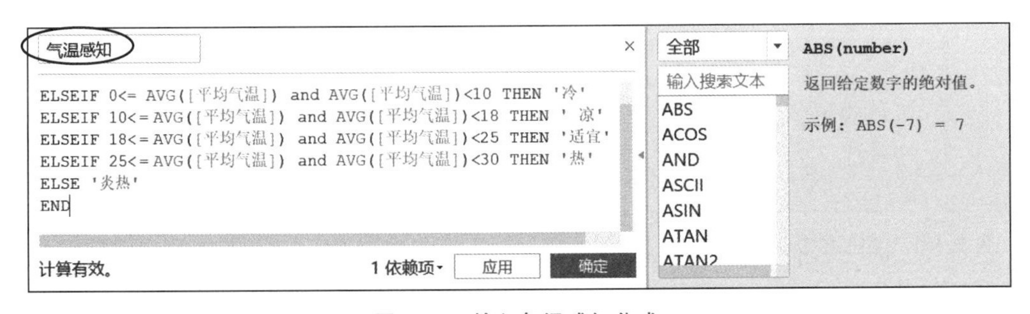

图 5.99　输入气温感知公式

3. 创建“温差”计算字段

温差也是一个影响宜居的重要因素。数据集有“最高气温”和“最低气温”两个字段。温差=最高气温-最低气温。依照此公式,下面将创建“温差”计算字段,步骤如下:

(1) 右击“度量”分组中的“最低气温”字段,在弹出的菜单中选择“创建”→“计算字段”命令。

(2) 在弹出对话框的文本框中输入计算字段名称“温差”，在输入窗口的下方文本框中输入以下公式：

```
AVG([最高气温]) - AVG([最低气温])
```

完成公式输入且检查无误后，单击“确定”按钮，如图 5.100 所示，则在“度量”分组中产生了一个新的字段“温差”。

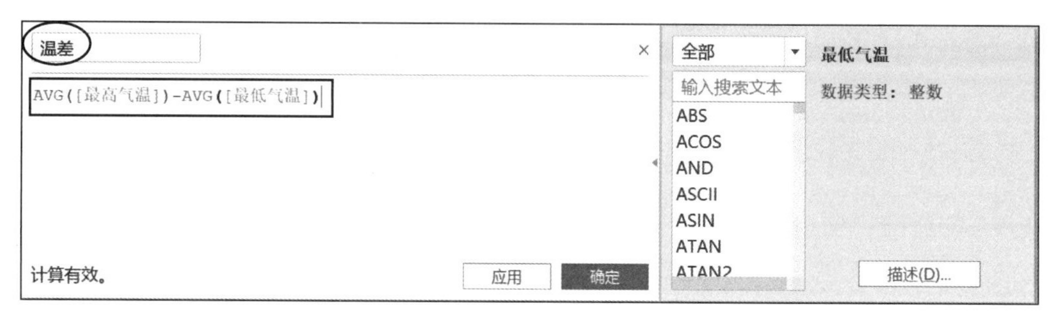

图 5.100　输入温差公式

5.6.2　空气质量

本节将创建折线图，展示无锡市空气质量在各个月份的总体情况，步骤如下：

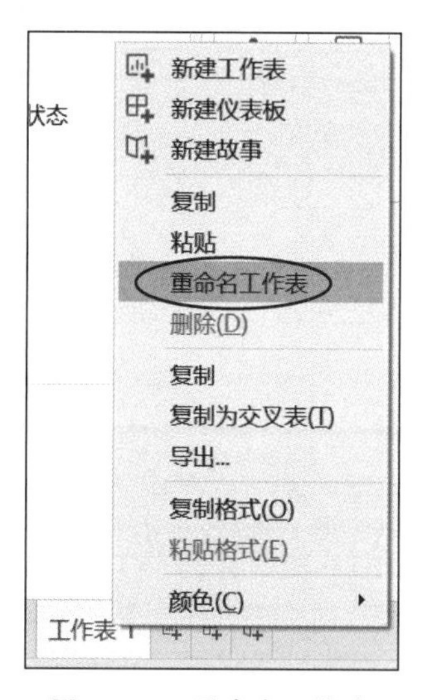

图 5.101　重命名工作表

(1) 连接“2017 年无锡市天气数据.hyper”数据集，进入工作表工作区，右击左下方“工作表 1”，在弹出的菜单中选择“重命名工作表”命令，将“工作表 1”重命名为“空气质量”，如图 5.101 所示。

(2) 生成折线图。拖曳“维度”分组中的“日期”到“列”功能区，右击“年(日期)”，在弹出的菜单中选择“月　2015 年 5 月”，修改日期的粒度为月；拖曳“度量”分组中的“平均 AQI”到“行”功能区，右击“平均值(平均 AQI)”，在弹出菜单中选择“度量(总和)”→“平均值”命令，如图 5.102 所示。

完成此步骤操作后，产生的折线图如图 5.103 所示。

(3) 修改垂直轴结束点。双击视图区中的垂直轴，在弹出的对话框中，“范围”选择“固定”，“固定结束”的值设定为 120，如图 5.104 所示。关闭对话框，使得折线图在坐标轴上稍微下移，从而方便后续的操作，也更为美观。

［**注意**］　“固定结束”的值设定为 120 是经过调试得来。

(4) 修饰折线的颜色和粗细。具体操作如下。

① 按住 Ctrl 键，拖曳“行”功能区的“平均值(平均 AQI)”到“标记”中的“颜色”。

② 单击“标记”中的“颜色”，在弹出的窗口中选择“编辑颜色”，然后在弹出对话框的“色板”中选择“红色”，如图 5.105 所示。

③ 单击“标记”中的“大小”，向右拖动滑块到合适位置，把折线粗细调整合适，如图 5.106 所示。

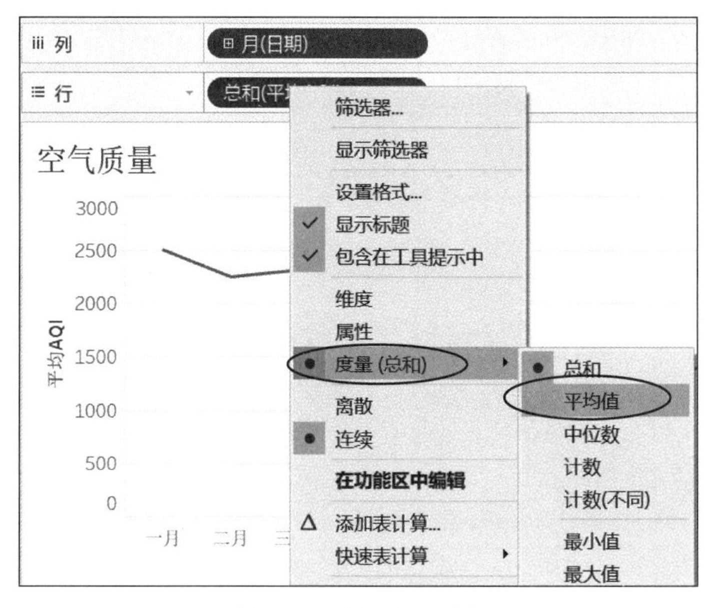

图 5.102 修改为平均值

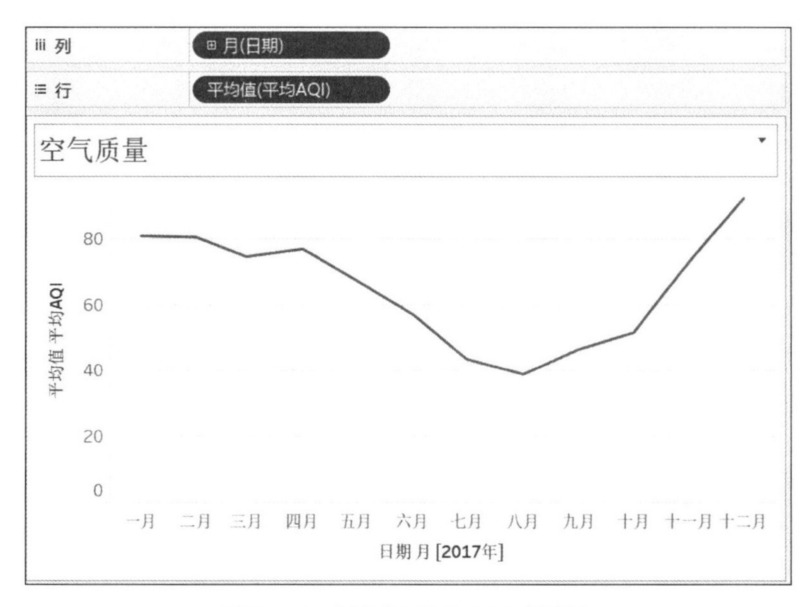

图 5.103 平均值(平均 AQI)折线图

(5) 添加趋势线。单击“分析”选项卡,拖动“模型”分组下的“趋势线”到视图区,放置在悬浮窗口中的“多项式”处,如图 5.107 所示。

完成此步骤操作后,在视图区中增加了一条虚线形式的趋势线,如图 5.108 所示。

(6) 显示关键点标签。具体操作如下。

① 按住 Ctrl 键,拖动“行”功能区的“平均值(平均 AQI)”到“标记”中的“标签”。

② 单击“标签”按钮,在弹出窗口中选择“标签标记”中的“线末端”,那么只在折线的两端出现标签,如图 5.109 所示。

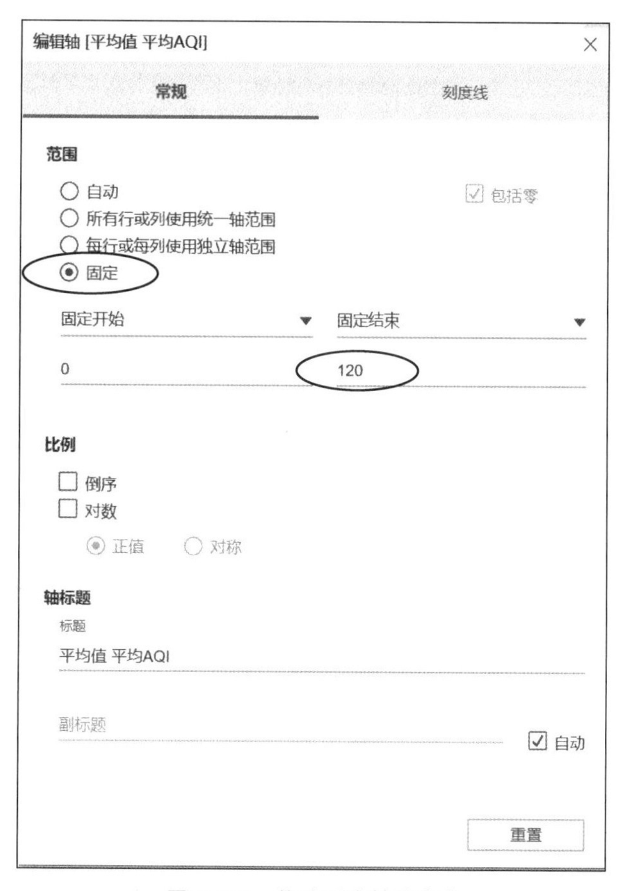

图 5.104　修改垂直轴结束点

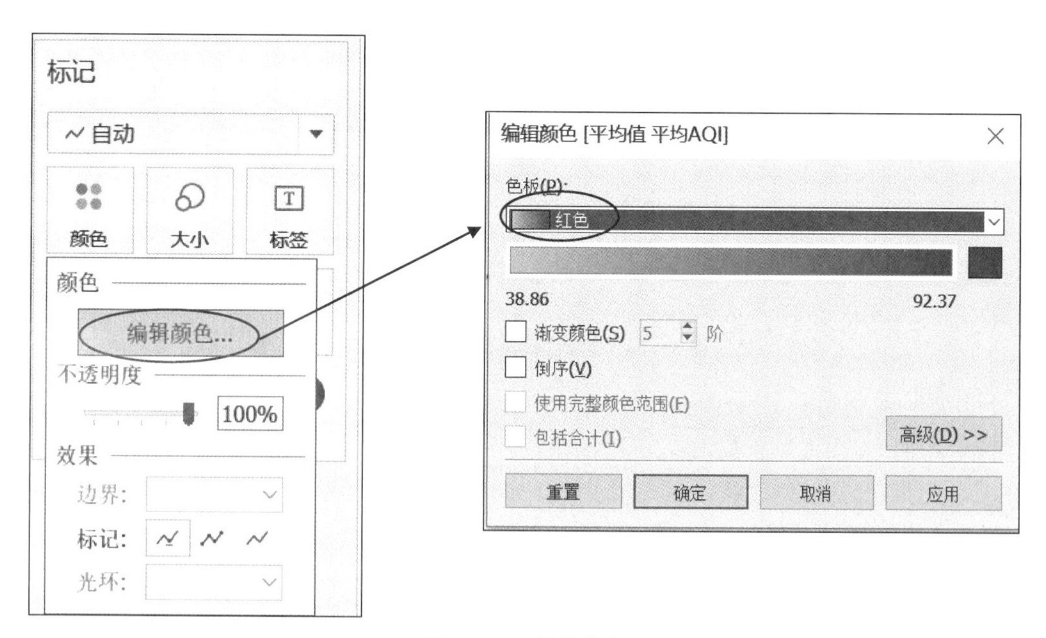

图 5.105　编辑颜色

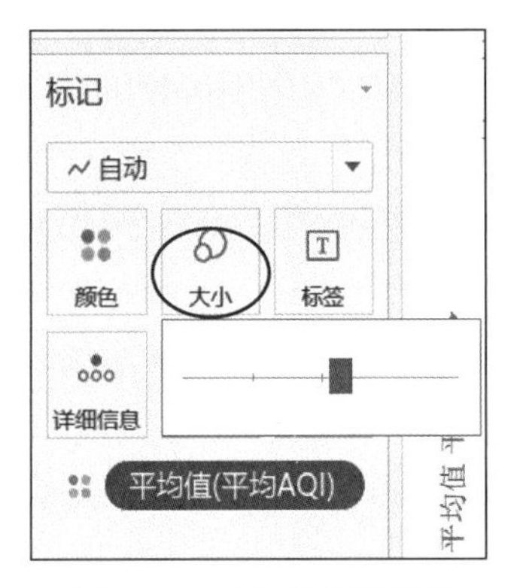

图 5.106 改变折线粗细

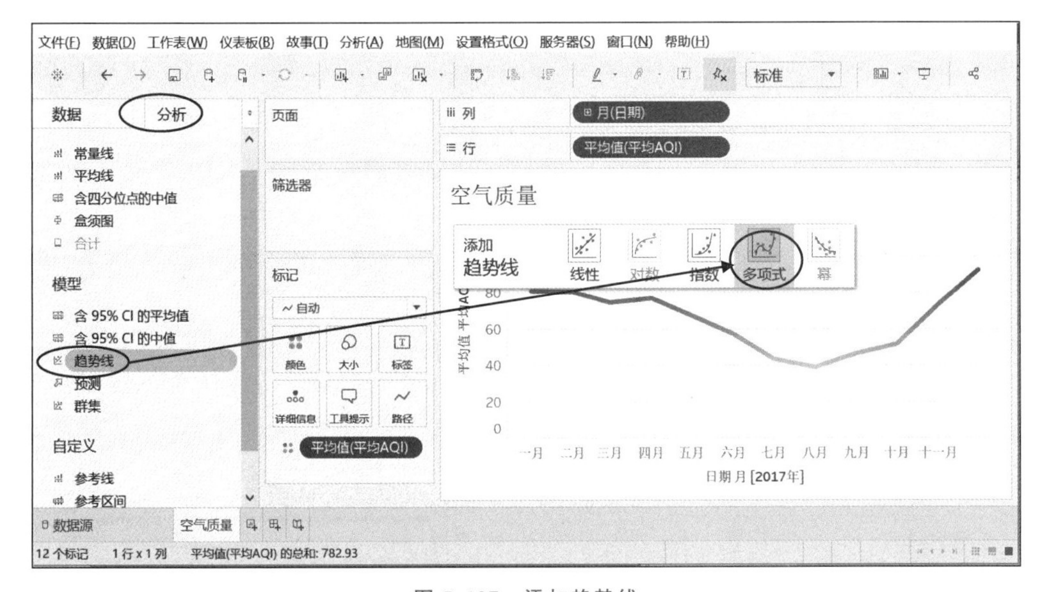

图 5.107 添加趋势线

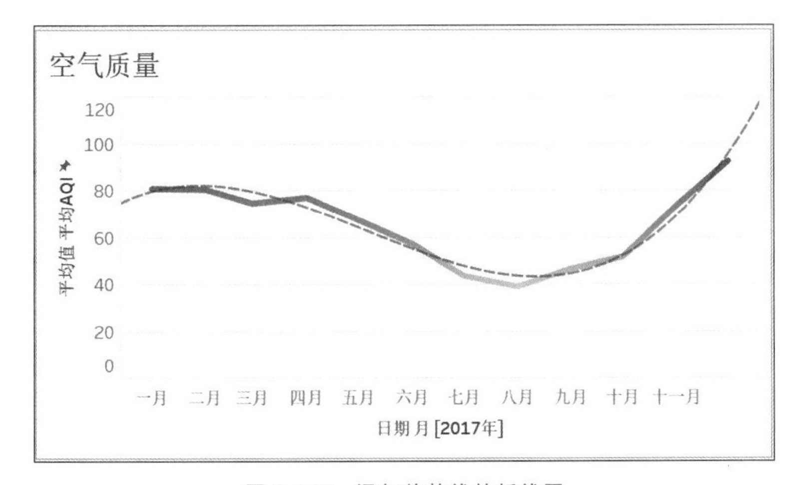

图 5.108 添加趋势线的折线图

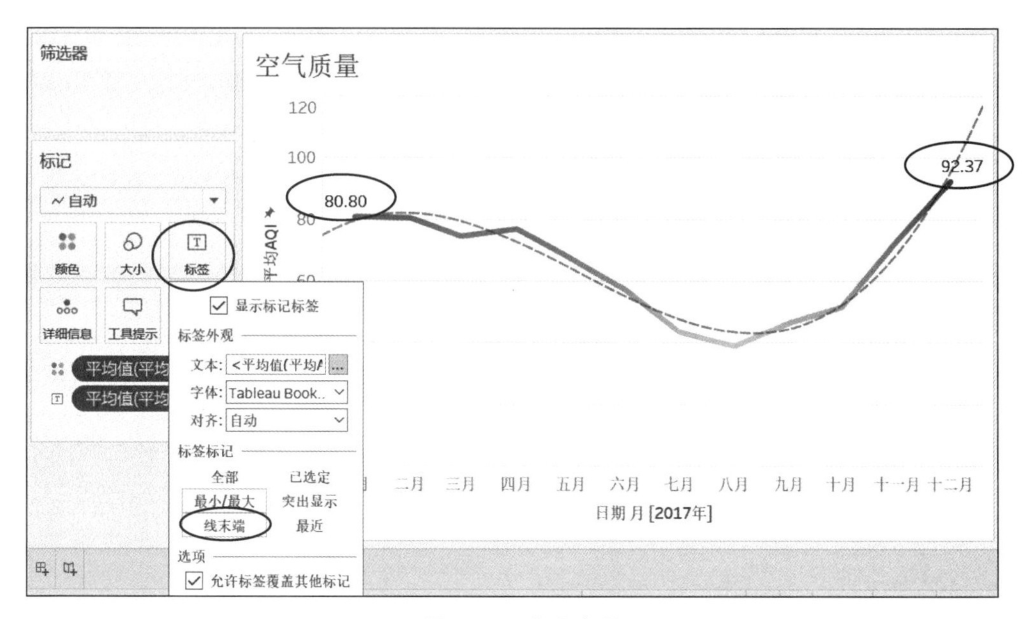

图 5.109　添加标签

(7) 设置折线图线格式。右击折线图的任意空白位置，在弹出的菜单中选择“设置格式”命令，在弹出的对话框中选择最右方的按钮 ≡ 设置线格式，首先单击“行”，将“网格线”和“轴标尺”都设置为无，这样就去掉了网格线和纵坐标轴；单击“列”，“轴标尺”设置为实线，粗细为倒数第 2 个，颜色为黑色，这样将横坐标轴设置为醒目的黑色粗实线，如图 5.110 所示。

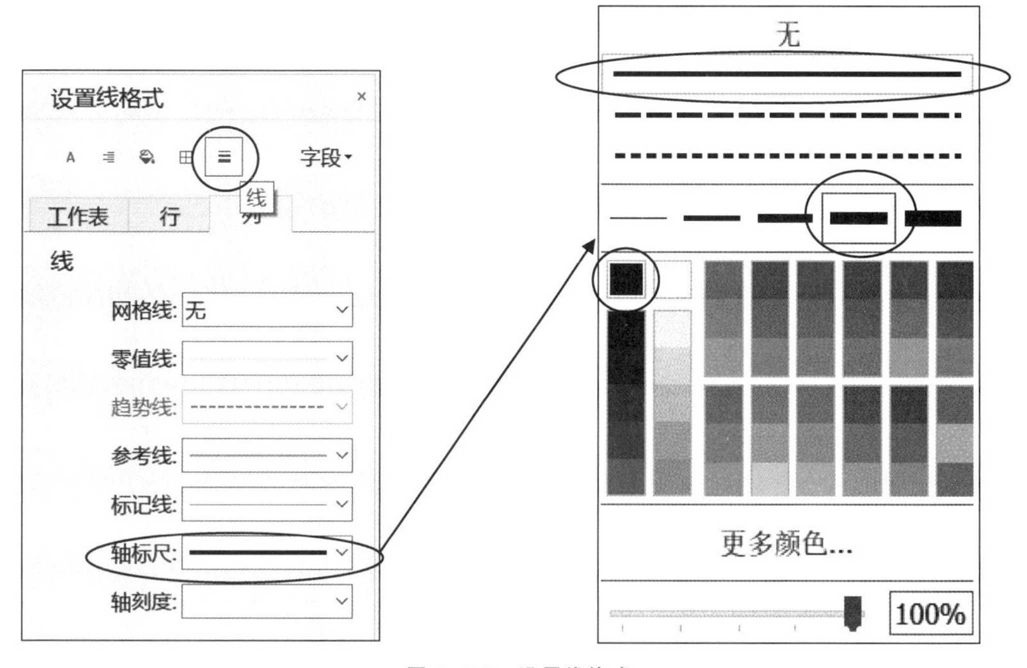

图 5.110　设置线格式

完成此步骤操作后，折线图如图 5.111 所示。

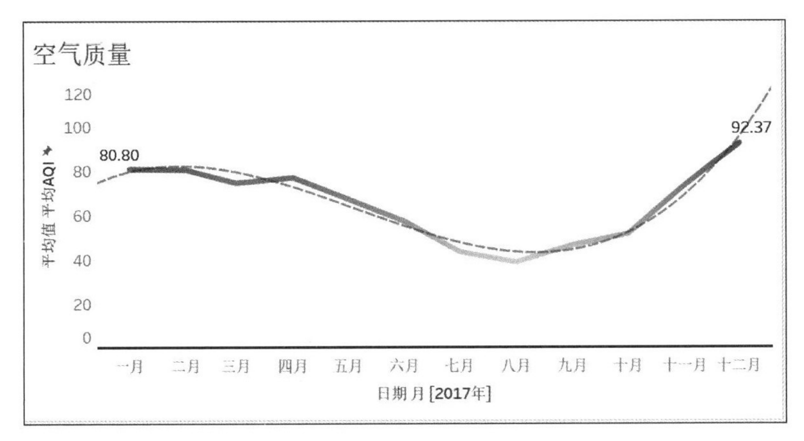

图 5.111 设置线格式后的折线图

（8）添加参考线，设置参考线格式。具体操作如下。

① 添加优秀空气质量参考线。右击垂直轴刻度，在弹出的菜单中选择“添加参考线”命令，在弹出的“编辑参考线、参考区间或框”对话框中选择“区间”，“区间开始”选择“常量”，“值”为 0，“标签”选择“自定义”，内容为“空气质量，优”；“区间结束”选择“常量”，“值”为 50（根据我国空气质量指数 AQI 分级标准，AQI 小于等于 50 时，空气质量等级为优秀），“标签”选择“无”；“格式”中的“填充”选择淡蓝色，如图 5.112 所示。

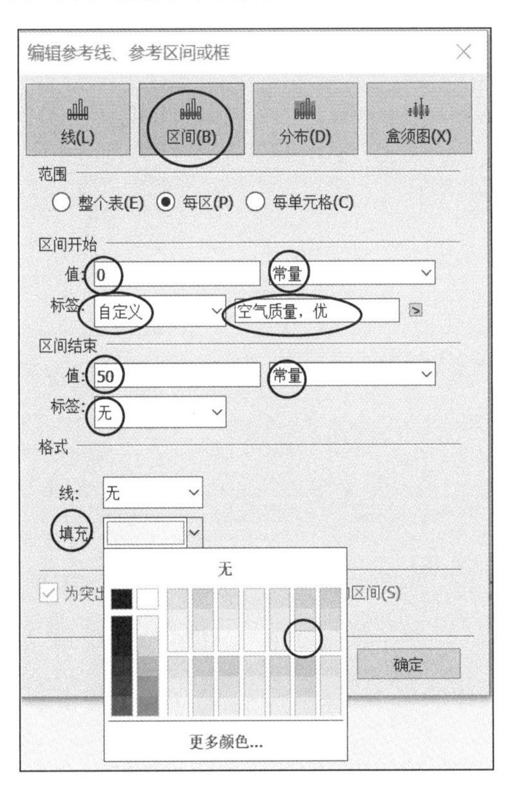

图 5.112 添加优秀空气质量参考线

② 添加良好空气质量参考线。右击垂直轴刻度，在弹出的菜单中选择“添加参考线”命令，在弹出的“编辑参考线、参考区间或框”对话框中选择“区间”，“区间开始”选择“常量”，“值”为 50，“标签”选择“自定义”，内容为“空气质量，良好”；“区间结束”选择“常量”，“值”为 100（根据我国空气质量指数 AQI 分级标准，AQI 大于 50 小于等于 100 时，空气质量为良），“标签”选择“无”；“格式”中的“填充”选择浅蓝色，如图 5.113 所示。

③ 添加轻度污染空气质量参考线。右击垂直轴刻度，在弹出菜单中选择“添加参考线”命令，在弹出的“编辑参考线、参考区间或框”对话框中，选择“区间”，“区间开始”选择“常量”，“值”为 100，“标签”选择“自定义”，内容为“空气质量，轻度污染”；“区间结束”选择“常量”，“值”为 150（根据我国空气质量指数 AQI 分级标准，AQI 大于 100 小于等于 150 时，空气质量为轻度污染），“标签”选择“无”；“格式”中的“填充”选择蓝色，如图 5.114 所示。

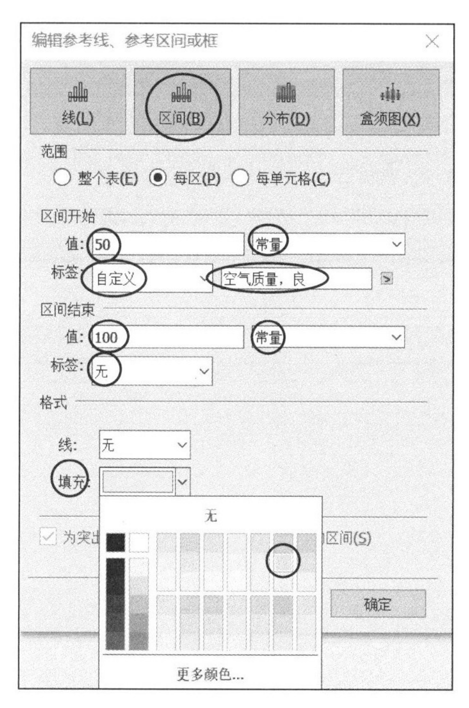

图 5.113　添加良好空气质量参考线

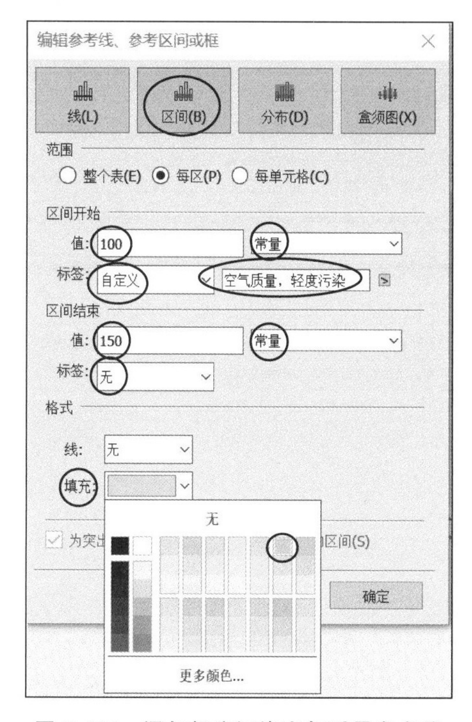

图 5.114　添加轻度污染空气质量参考线

（9）隐藏垂直轴刻度。由于柱形图上已经有标签，可以隐藏垂直轴上的刻度使得柱形图更为简洁。右击垂直轴，在弹出菜单中选择“显示标题”，从而去掉其前面的√，隐藏垂直轴刻度。

（10）隐藏标题。右击视图区中的标题“工作表 1”，在弹出菜单中选择“隐藏标题”。

完成此步骤操作后，视图区的折线图如图 5.115 所示。

通过观察图 5.115，可以很直观地发现，6—10 月无锡市的空气质量为优，其他月份为良。

5.6.3　气温

创建“气温感知”计算字段后，接下来建立柱形图展示无锡市一年四季各个季节的平均温度，具体步骤如下：

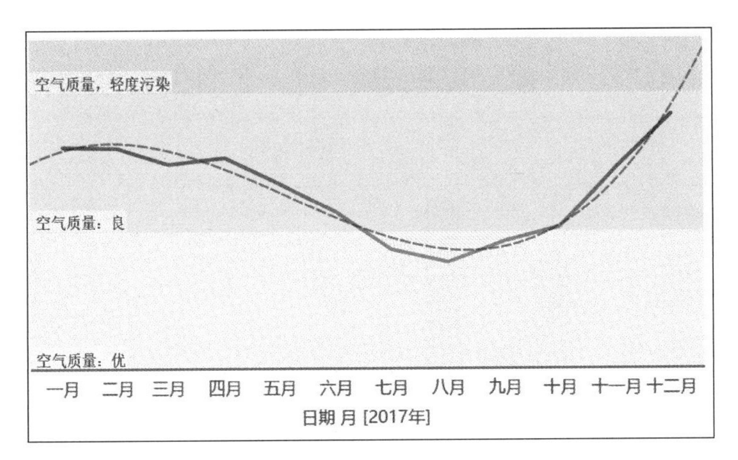

图 5.115 添加参考线后的折线图

(1) 新建一个工作表，命名为“气温”。

(2) 生成柱形图。拖动“维度”分组中的“季节”到“列”功能区，度量“平均气温”到“行”功能区，右击“平均值(平均气温)”，在弹出的菜单中选择“度量(总和)”→“平均值”命令，如图 5.116 所示。

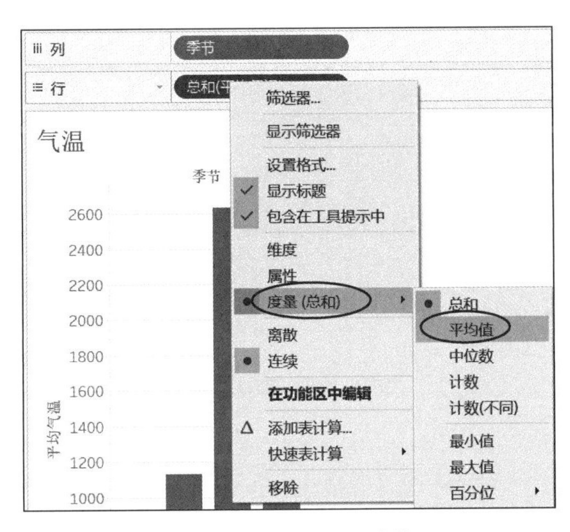

图 5.116 修改为平均值

完成此步骤操作后，视图区生成的柱形图如图 5.117 所示。

(3) 将柱形按“春夏秋冬”排序。右击“列”功能区的“季节”，在弹出的菜单中选择“排序”命令，弹出“排序”对话框，将“排序依据”选为“手动”，然后拖动框中的四季调整成“春夏秋冬”次序，如图 5.118 所示。

(4) 修饰颜色。具体操作如下。

① 按住 Ctrl 键，拖曳“列”功能区的“平均值(平均气温)”到“标记”中的“颜色”。

② 单击“标记”中的“颜色”，在弹出的窗口中选择“编辑颜色”，进而在弹出的“编辑颜色”对话框中，将“色板”选为“温度发散”，如图 5.119 所示。

(5) 添加标签。具体操作如下。

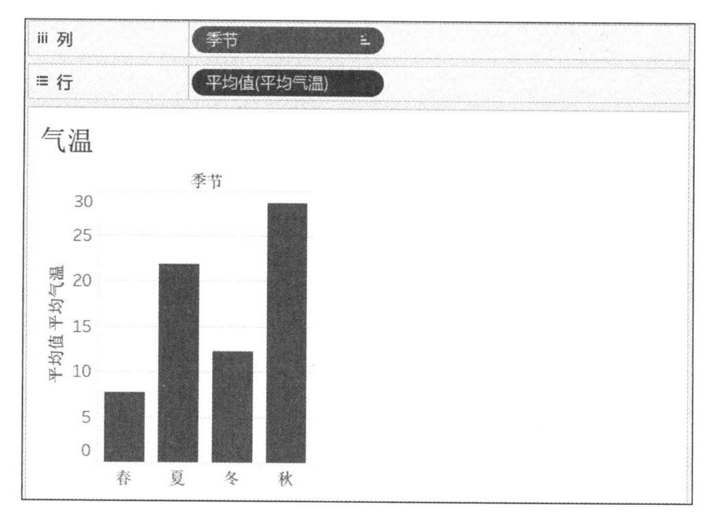

图 5.117　柱形图

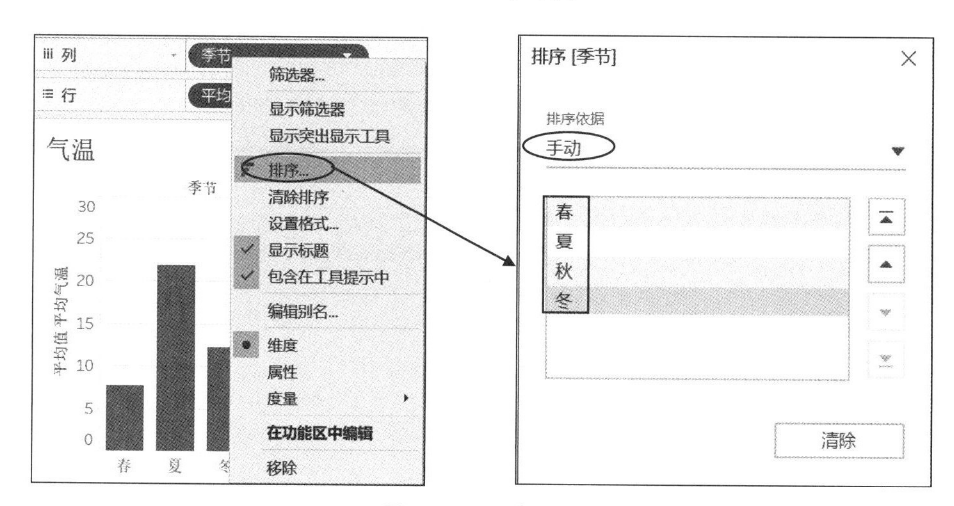

图 5.118　调整次序

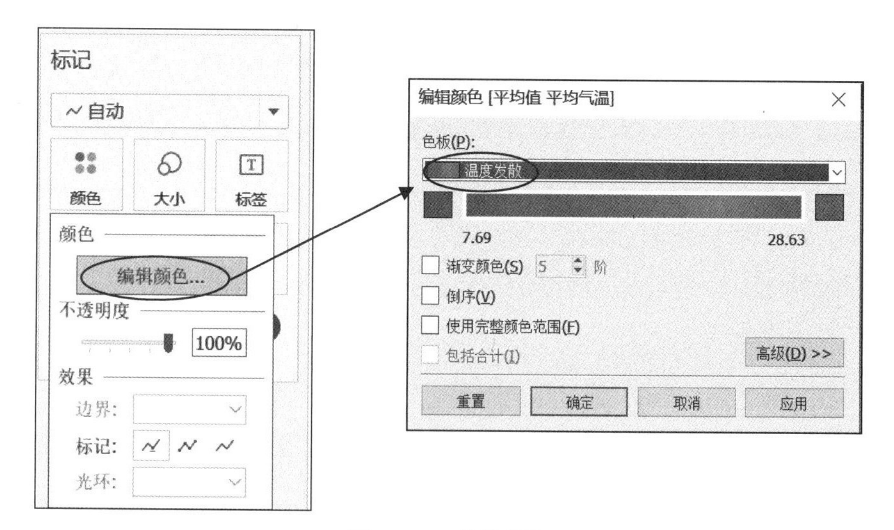

图 5.119　修饰颜色

① 按住 Ctrl 键，拖曳“列”功能区的“平均值(平均气温)”到“标记”中的“标签”，4 个季节的平均气温呈现在对应柱子的上方。

② 右击“列”功能区的“平均值(平均气温)”，在弹出的菜单中选择“设置格式”命令，在“区”选项卡下的“默认值”分组中，首先“数字”选择“数字(自定义)”，然后“小数位数(E)”设置为 0(温度显示为整数)，“后缀”设置为“℃”(该符号可以从百度获取)，如图 5.120 所示。

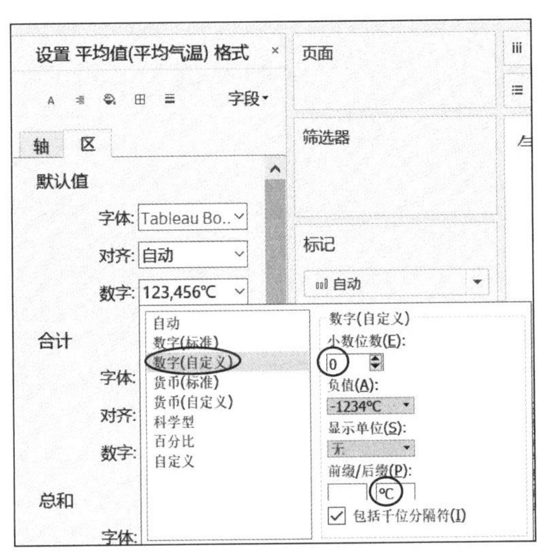

图 5.120 设置标签格式

(6) 修饰标签。为使记录数呈现在柱形下方，单击“标记”中的“标签”，在弹出的窗口中进行如下操作。

① 单击“对齐”右方的倒三角，在弹出窗口中，“水平”选择“居中”，“垂直”选择“底部”。

② 单击“文本”右方的…，在弹出的“编辑标签”对话框中，按 Ctrl+A 快捷键全选框内文本，再选择“微软雅黑”字体和 8 号字号，如图 5.121 所示。

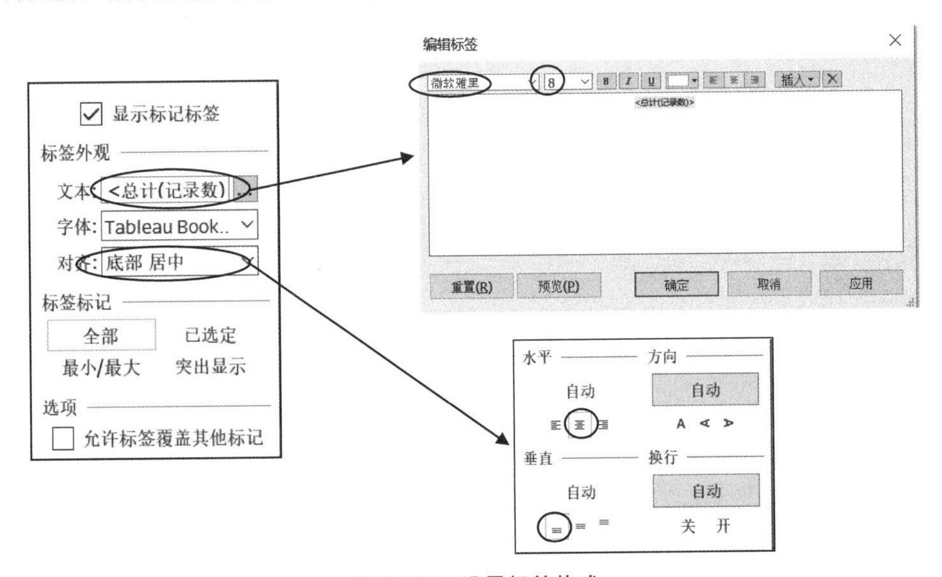

图 5.121 设置标签格式

(7) 设置线格式。右击柱形图背景的任意空白位置,在弹出的菜单中,选择“设置格式”命令,在左方出现的窗口中,单击按钮 ≡ 设置线格式,接下来的操作中,首先单击设置“行”“网格线”和“轴标尺”都为无,这样就去掉了网格线和纵坐标轴;再单击设置“列”“轴标尺”为实线,粗细为倒数第 2 个,颜色为黑色,如图 5.122 所示,这样将横坐标轴设置为醒目的黑色粗实线。

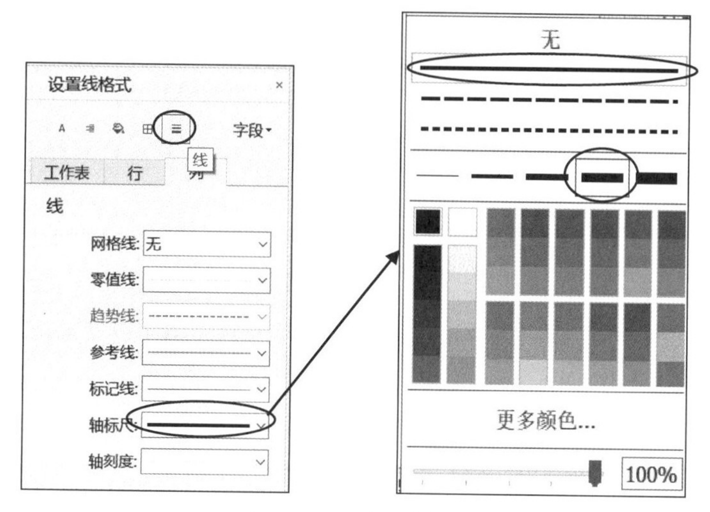

图 5.122 设置线格式

(8) 隐藏垂直轴刻度。右击垂直轴刻度,在弹出的菜单中单击“显示标题”,从而去掉其前面的符号√,隐藏垂直轴刻度。

(9) 设置列标题。右击“列”功能区的“季节”,在弹出的菜单中选择“设置格式”命令,在“标题”选项卡下的“默认值”分组中设置字体为“微软雅黑”,12pt 字号,“黑色”。

(10) 隐藏标题。右击视图区中的标题“气温”,在弹出的菜单中选择“隐藏标题”。

完成以上所有操作后,视图区的柱形图如图 5.123 所示。

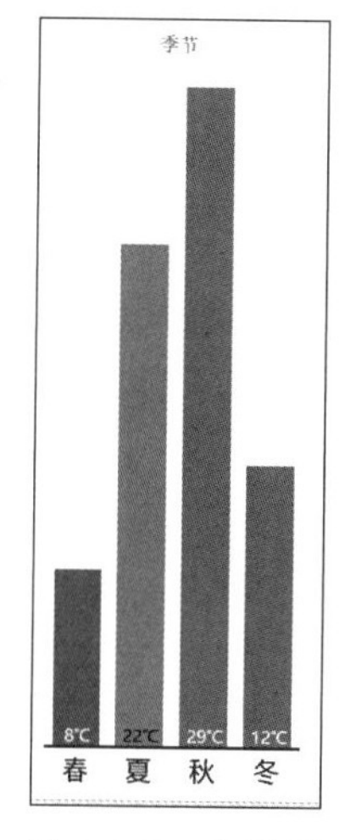

图 5.123 柱形图

5.6.4 宜居时间

针对宜居时间,主要从天气状况、气温、空气质量和天数四个角度考虑。下面制作图表展示无锡宜居的时间段,具体步骤如下。

(1) 新建一个工作表,重命名为“宜居时间”。

(2) 生成柱形图。拖动“维度”分组中的“天气状况”到“列”功能区,度量分组中的“平均气温”到“行”功能区,右击“平均值(平均气温)”,在弹出菜单中选择“度量(总和)”→“平均值”命令。

(3) 按住 Ctrl 键,把“行”功能区的“平均气温”拖曳至它的右侧,形成上下两个一样的柱形图,同时,在“标记”处,出现了“全部”“平均值(平均气温)”“平均值(平均气温)(2)”3 个折叠面板,分别对应设置视图区的全部柱形图、上方柱形图和下方柱形图,如图 5.124 所示。

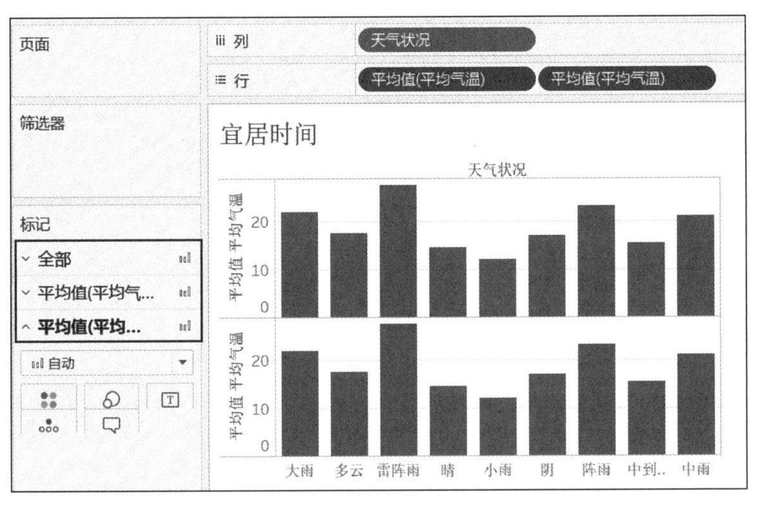

图 5.124 生成上下两个柱形图

(4) 设置上方图表。单击“标记”的“平均值(平均气温)”展开面板,进行如下操作。

① 将“类型”由“自动”更改为“条形图”,使得柱形变细。单击“大小”,向右拖动滑块到合适位置,如图 5.125 所示。

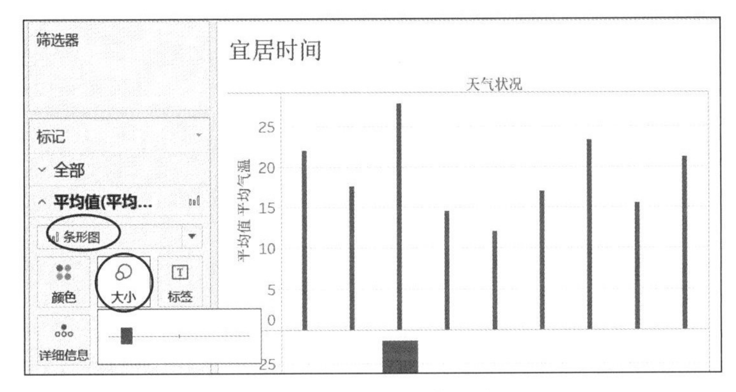

图 5.125 设置上方图表

② 拖动“度量”分组中的“气温感知”至“标记”中的“颜色”。

③ 双击上方图表的垂直轴,在弹出的“编辑轴”对话框中,将“范围”选为“固定”,“固定结束”的值设定为 45,如图 5.126 所示,再关闭对话框,使得图表在坐标轴上稍微下移,方便后续的操作,也更为美观。

(5) 设置下方图表。单击“标记”中的“平均值(平均气温)(2)”展开面板,进行如下操作。

① 将“类型”由“自动”更改为“圆”。单击“大小”,向右拖动滑块到合适位置,如图 5.127 所示。

② 拖动度量“气温感知”至“标记”中的“颜色”,在“标记”最下方显示出“聚合(气温感知)”。

③ 统一上下方图表垂直轴高度。双击上方图表的垂直轴,在弹出的对话框中,“范围”

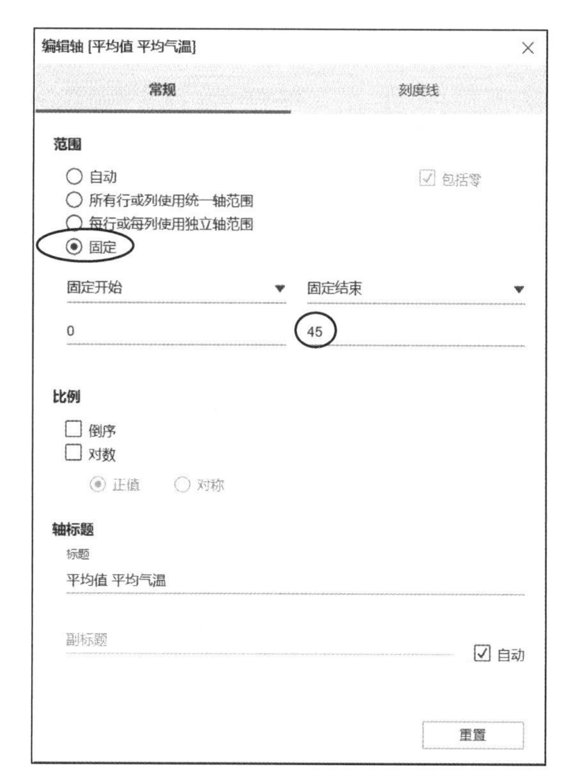

图 5.126　修改垂直轴结束点

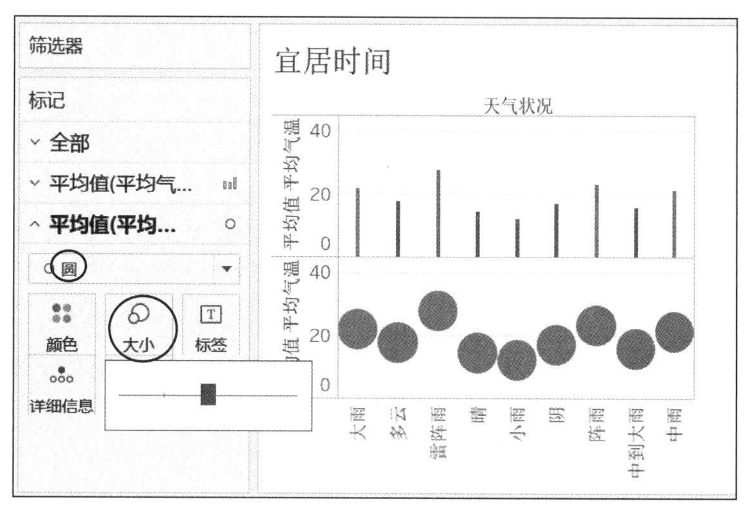

图 5.127　设置下方图表的类型和大小

选择"固定"，与上方图表一样，"固定结束"的值设定为 45。

完成此步骤操作后，视图区如图 5.128 所示。

(6) 合并轴。右击"行"功能区右方的"平均值(平均气温)"，在弹出的菜单中选择"双轴"，实现上下方两个图表合并，然后，在工具栏中将视图由"标准"改为"整个视图"。完成此步骤操作后，视图区如图 5.129 所示。

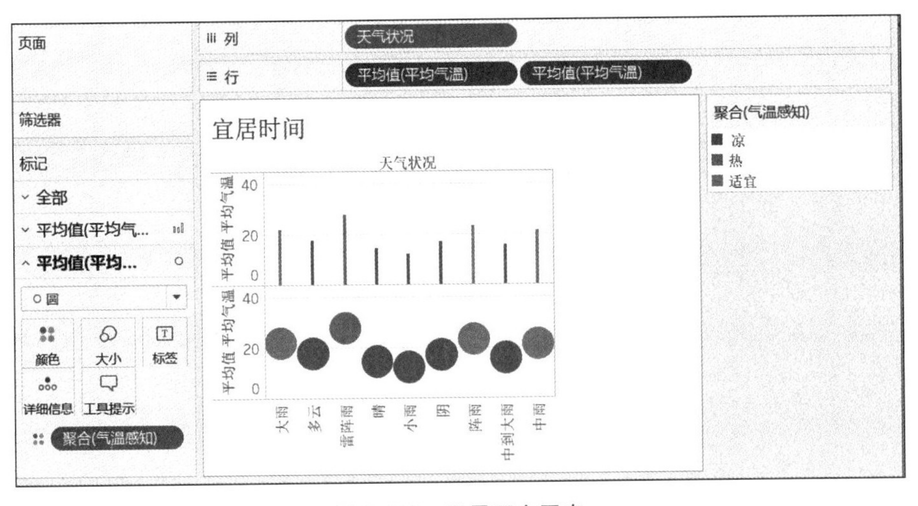

图 5.128　设置下方图表

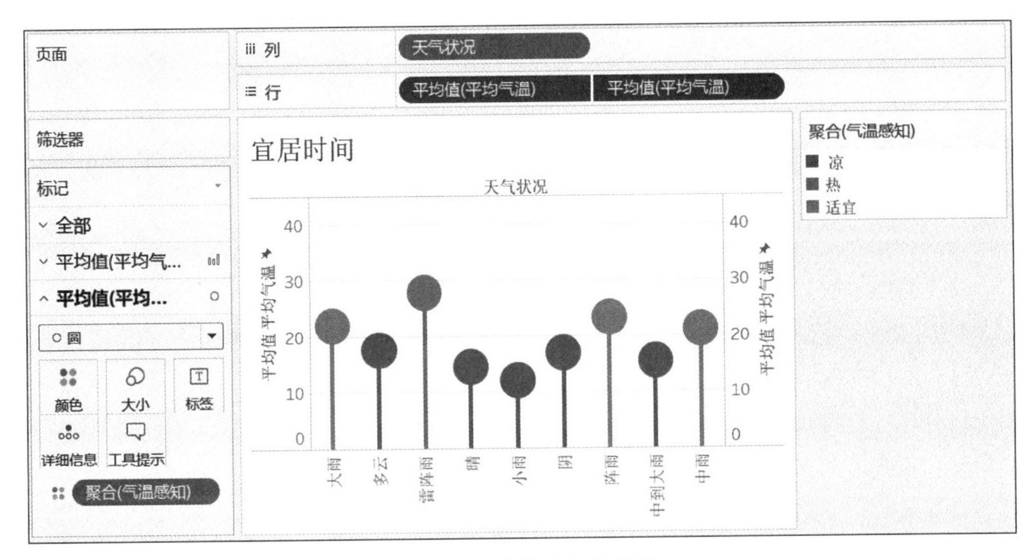

图 5.129　合并上下方图表

(7) 添加"平均气温"标签。具体操作如下。

① 单击"标记"的"平均值(平均气温)(2)"展开面板。

② 按住 Ctrl 键,拖动"行"功能区的任一"平均值(平均气温)"到"标记"中的"标签"。

③ 右击"标记"下方的"T 平均值(平均气温)",在弹出菜单中选择"设置格式"命令。

④ 在左方窗口"区"选项卡下"默认值"分组中,首先将"数字"选为"数字(自定义)",然后"小数位数"设置为 0(温度度数显示为整数),"后缀"设置为"℃",如图 5.130 所示。

⑤ 单击"标记"中的"标签",在弹出窗口中单击"对齐"右方的▼,在弹出窗口中,"水平"选择"居中"≡,"垂直"选择"居中",如图 5.131 所示,从而使得平均气温数值呈现在圆的中间。然后单击"文本"右方的…,在弹出的对话框中,按住 Ctrl+A 快捷键全选框内文本,再选择"微软雅黑"字体、8 号字号、"加粗""白色",如图 5.131 所示。

(8) 添加其他标签。具体操作如下。

图 5.130　设置“平均气温”标签格式

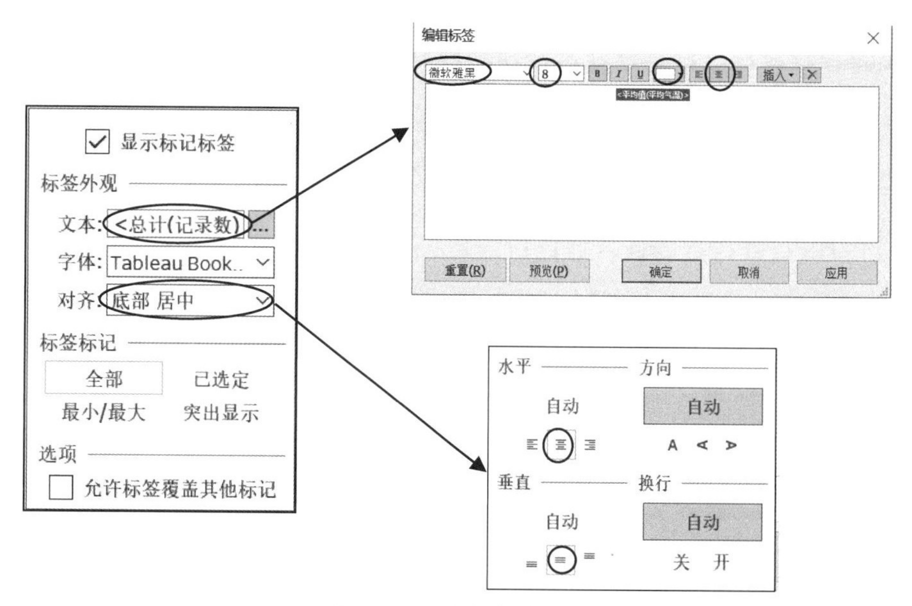

图 5.131　设置标签格式

① 单击“标记”的“平均值(平均气温)”展开面板。

② 拖动“度量”分组中的“记录数”至“标记”中的“标签”。

③ 右击“标记”下方的“T 总和(记录数)”，在弹出菜单中选择“设置格式”命令。

④ 在左方出现的窗口中，在“区”选项卡下的“默认值”分组，首先将“数字”选为“数字(自定义)”，然后“小数位数(E)”设置为 0(温度显示为整数)，“前缀”设置为“天数”，如图 5.132 所示。

⑤ 分别拖动度量“空气质量等级”和“温差”至“标记”中的“标签”。

⑥ 右击“标记”下方的“T 聚合(温差)”，在弹出菜单中选择“设置格式”命令。

⑦ 在左方出现的窗口中，在“区”选项卡下的“默认值”分组，首先将“数字”选为“数字(自定义)”，然后“小数位数”设置为0(温度度数显示为整数)，“前缀”设置为“温差”，“后缀”设置为“℃”，如图5.133所示。

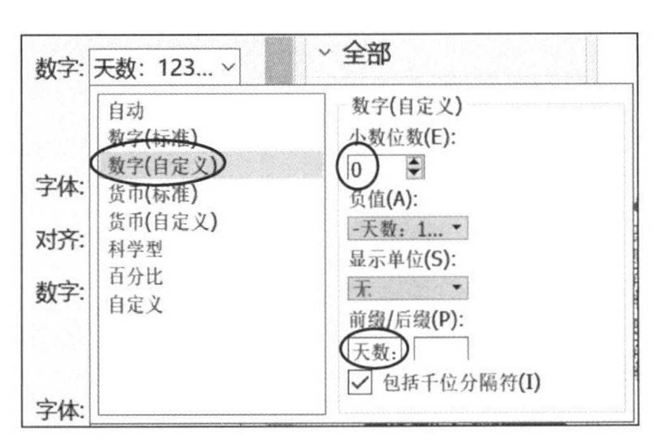

图5.132　设置“天数”标签格式

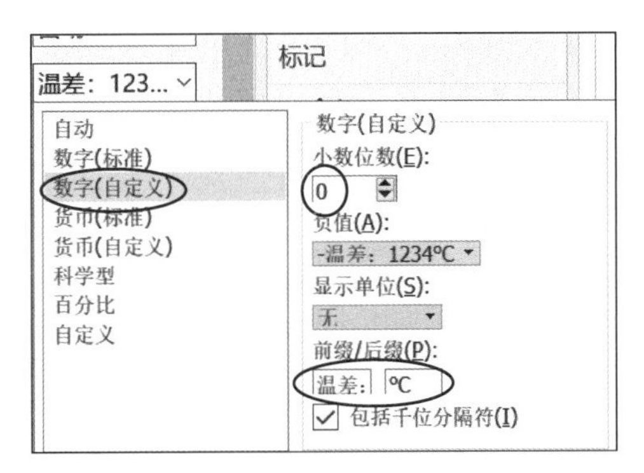

图5.133　设置“温差”标签格式

⑧ 单击“标记”中的“标签”，在弹出窗口中，单击“文本”右方的…，在弹出的“编辑标签”对话框中，执行如下操作：首先在文本框中的“<聚合(空气质量等级)>”之前输入“空气质量：”；接着调整文本框每行文字的次序，第1行为“<总和(记录数)>”，第2行为“<聚合(温差)>”，第3行为“空气质量：<聚合(空气质量等级)>”，第四、五和六行添加为空行(通过回车实现)；然后按Ctrl+A快捷键全选框内文本，再选择“微软雅黑”字体、8号字号、“淡黑色”“左对齐”，如图5.134所示。

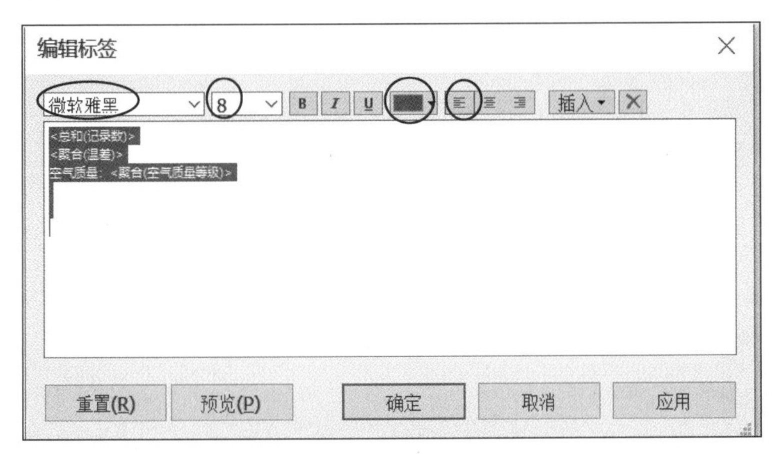

图5.134　设置标签格式

完成此步骤操作后，视图区如图5.135所示。

(9) 设置列标题。右击“列”功能区的“所属区域”，在弹出的菜单中选择“设置格式”命令，在“标题”选项卡下的“默认值”分组，设置字体为“微软雅黑”，11号字，“黑色”。

(10) 隐藏网格线。右击图表的任意空白位置，在弹出的菜单中选择“设置格式”命令，在弹出的对话框选择最右方的按钮≡设置线格式，首先单击“行”，然后将“网格线”设置为无。

(11) 隐藏左右两边垂直轴刻度。由于柱形图上已经有标签，可以隐藏垂直轴上的刻度使得柱形图更为简洁。分别右击左右两边垂直轴刻度，在弹出的菜单中选择“显示标题”从

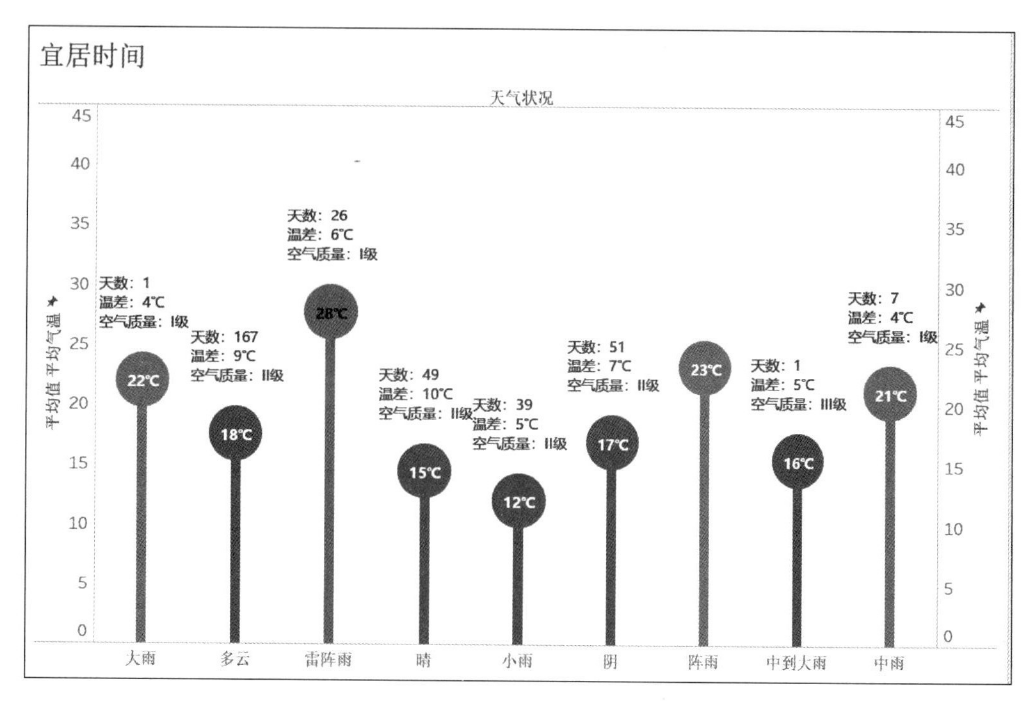

图 5.135　图表

而去掉其前面的√，隐藏两边的垂直轴刻度。

(12) 筛选 6—10 月数据。根据前面生成的空气质量折线图可知，6—10 月期间无锡市的空气质量为优，其他月份为良，因此重点观察这五个月的宜居情况。筛选的具体操作为：拖动维度“日期”至“筛选器”，在弹出的对话框中选择“年/月”，单击“下一步”按钮，在弹出的对话框中勾选“2017 年 6 月”至“2017 年 10 月”5 个月份，如图 5.136 所示。

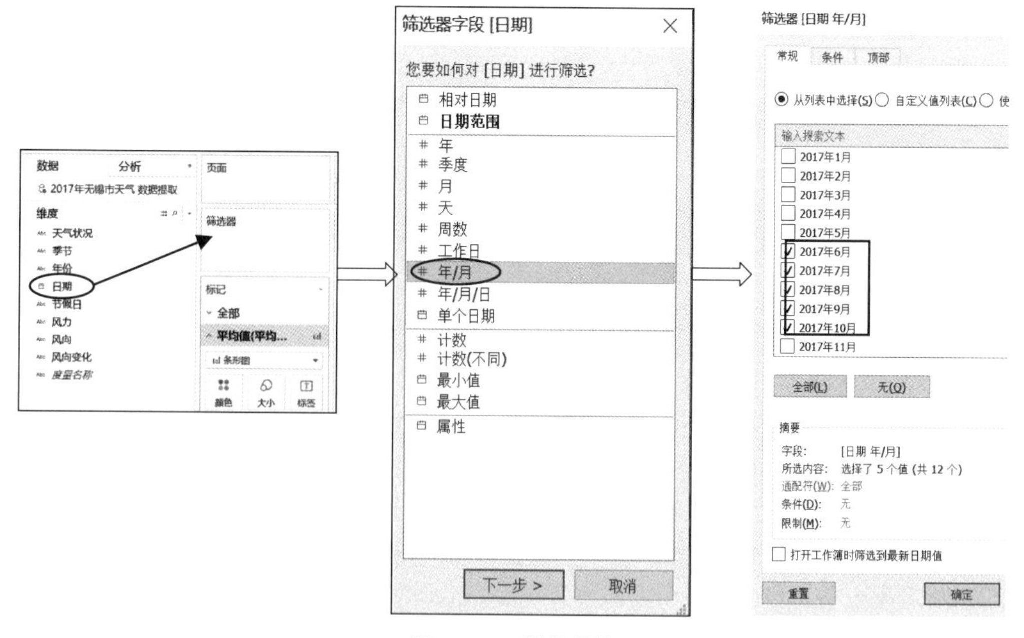

图 5.136　筛选月份

(13) 编辑标题。右击视图区中的标题“宜居时间”,在弹出的菜单中选择“编辑标题”命令,弹出“编辑标题”对话框,在文本框内输入“6—10 月宜居情况”,再按 Ctrl+A 快捷键全选刚刚输入的标题,设置字体为“微软雅黑”,字号为 15,“加粗”“淡黑”“居中”,如图 5.137 所示。

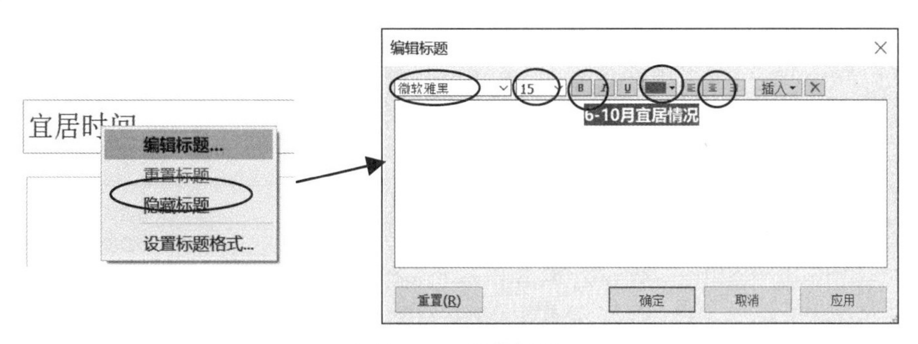

图 5.137 编辑标题

完成以上所有步骤后,视图区中创建的图表如图 5.138 所示。

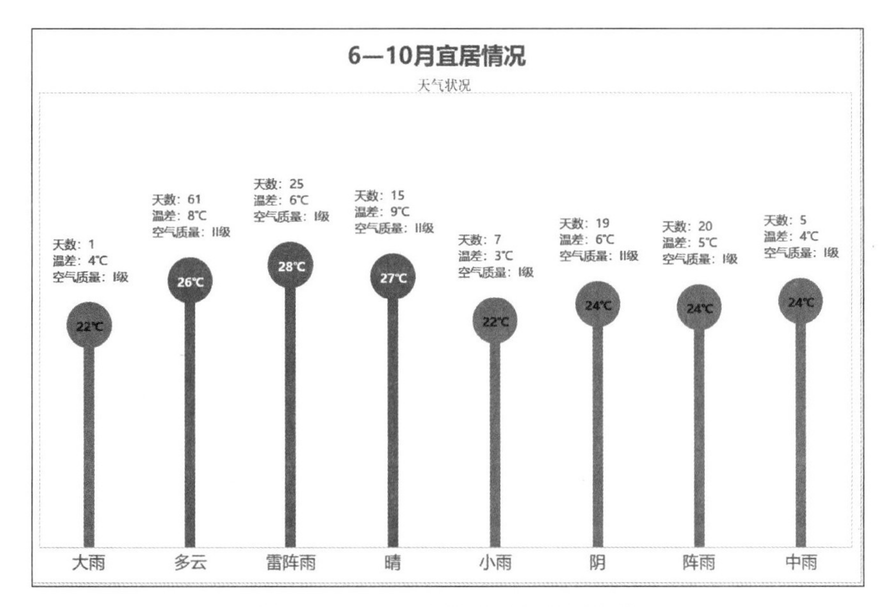

图 5.138 6—10 月宜居情况展示图表

5.6.5 制作仪表板

本节将基于前面创建的“空气质量”“气温”“宜居时间”3 张工作表制作仪表板。具体步骤如下。

(1) 单击左下方按钮 ⊞ 创建仪表板。仪表板大小选择“固定大小”,自定义为 1638×1017,即是宽度为 1638px,高度为 1017px,如图 5.139 所示。

(2) 排版对象(图表)。具体操作如下。

① 在“对象”分组设置以“浮动”的方式添加对象,以方便在仪表板上排版,如图 5.140 所示。

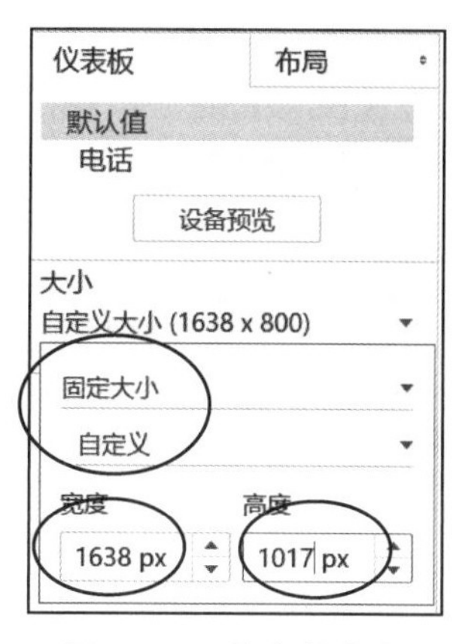

图 5.139 仪表板大小

② 将“工作表”分组的“宜居时间”工作表拖动到仪表板视图区；切换到“布局”选项卡，设定“位置”中的 x 值为 43，y 值为 145，“大小”中的“宽”值为 1105，“高”值为 802，如图 5.141 所示。把光标放置在图例上方的 ▬▬，当光标成十字架形状时拖动图例到该图表的左上角，关闭其他图例。

③ 将“工作表”分组的“气温”工作表拖动到仪表板视图区右上方空白区域；切换到“布局”选项卡，清除“显示标题”复选框，设定“位置”中的 x 值为 1213，y 值为 202，“大小”中的“宽”值为 394，“高”值为 346。

④ 将“工作表”分组的“空气质量”工作表拖动到仪表板视图区右下方空白区域；切换到“布局”选项卡，取消“显示标题”，设定“位置”中的 x 值为 1204，y 值为 622，“大小”中的“宽”值为 416，“高”值为 367。

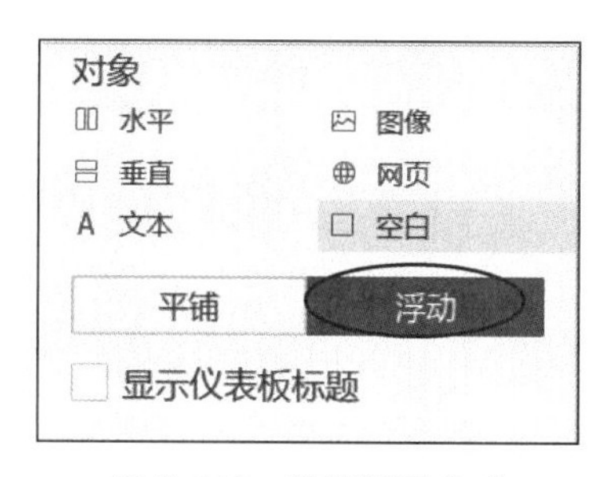

图 5.140 设定浮动方式

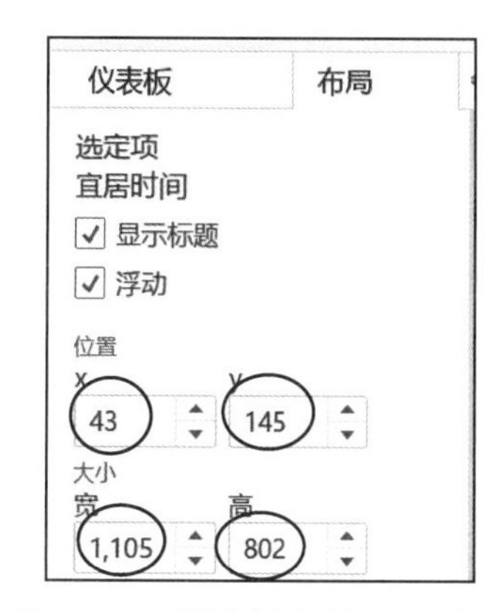

图 5.141 设置宜居时间图表布局

完成这一步骤的操作后，单击工具栏上的 按钮，或者按 F7 键，进入演示模式查看总体布局情况，如图 5.142 所示。

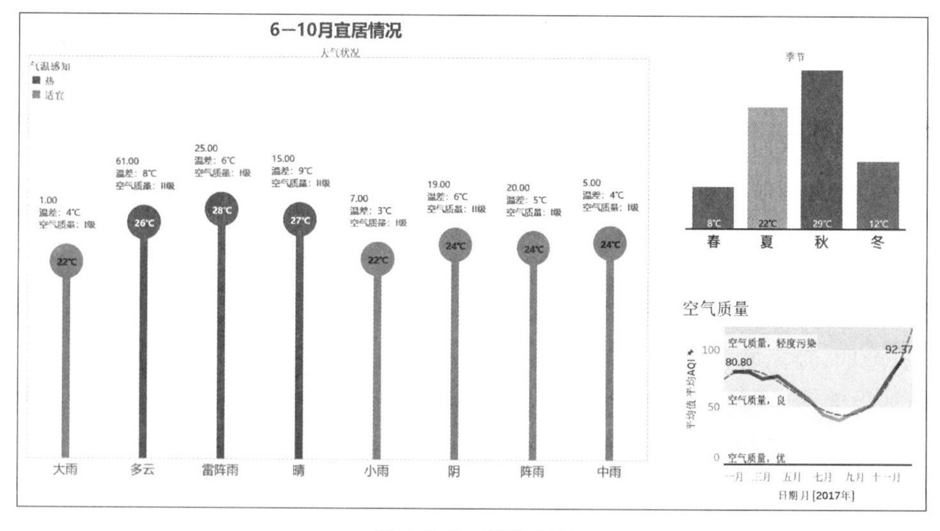

图 5.142 整体布局

(3) 插入背景。具体操作如下。

① 选择“布局”选项卡,先在“对象”分组中选择“平铺”方式添加对象,以方便在仪表板上添加背景图像,再双击“图像”按钮,在弹出的对话框中选择“88.jpg”作为背景图像,如图5.143所示。

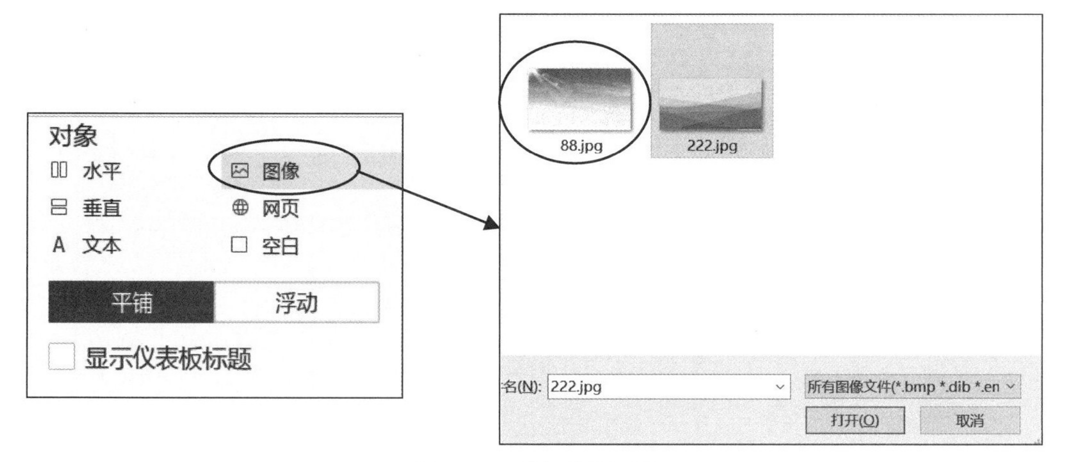

图5.143 选择背景图像

② 在“顶分层结构”分组选择“仪表板1”→“平铺”→“88.jpg”,再右击“88.jpg”,在弹出的菜单中选择“适合图像”,再次右击“88.jpg”,在弹出的菜单中选择“使图像居中”。

③ 选择视图区的“宜居时间”图表,再选择工具栏下“设置格式”→“阴影”,在窗口左方出现“设置阴影格式”窗格,在“工作表”选项卡设定“默认值”分组下的“工作表”为“无”;再逐一选择视图区的“空气质量”和“气温”图表,在“工作表”选项卡,分别设定“默认值”分组下的“工作表”为“无”,从而实现所有图表的背景透明。

[**注意**] *此操作仅在Tableau 2018.3以及之后版本可用。*

(4) 添加文本。选择“仪表板”选项卡,拖动“对象”分组中的“文本”至视图上方中央,在弹出的对话框中输入“无锡市”,再按Ctrl+A快捷键全选刚刚输入的文字,设置字体为“微软雅黑”,字号为48,“加粗”“蓝色”“居中”,如图5.144所示。设置完成后,可以拖动微调文本框至更合适的位置。

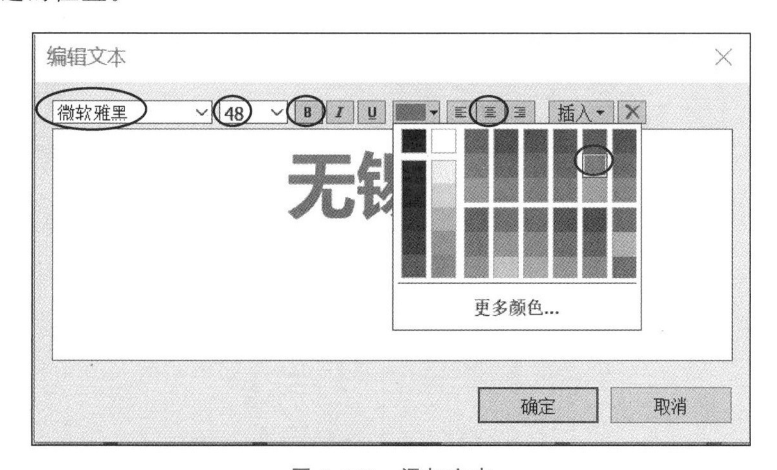

图5.144 添加文本

该步骤操作完成后，仪表板在演示模式下如图 5.145 所示。

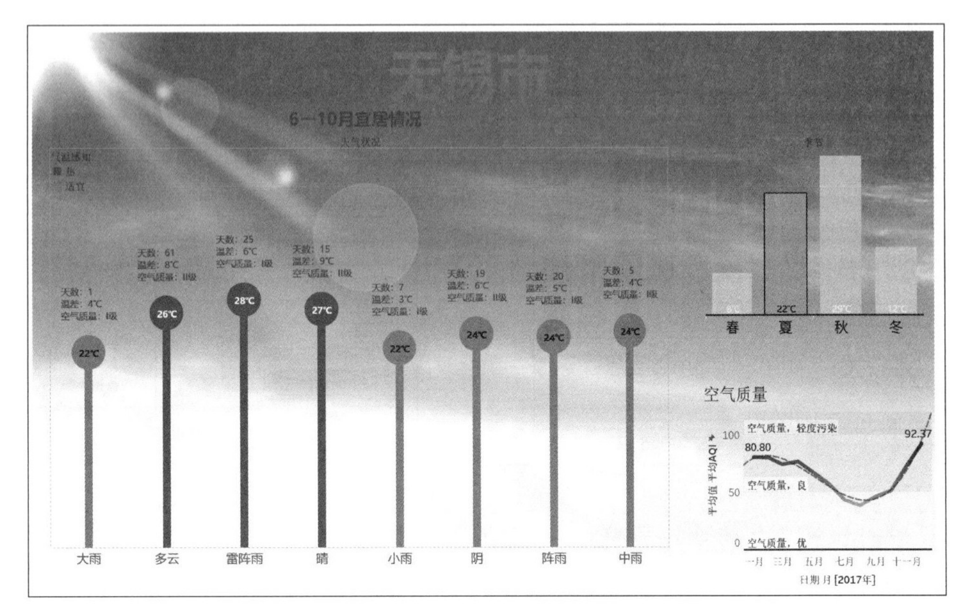

图 5.145 演示仪表板

(5) 实现图表之间联动。单击选择仪表板中的柱形图，再单击右上方的“用作筛选器”漏斗状按钮，成功设置后，空漏斗将变成实漏斗，实现了以柱形图作为筛选器联动其他两个图表。借此可以进行如下一些分析。

① 当在柱形图中选择代表“秋季”的柱子时，左方的宜居图表呈现了无锡市在秋季(7 月、8 月和 9 月 3 个月份)的宜居情况，折线图呈现了无锡市在秋季(7 月、8 月和 9 月三个月份)的空气质量，如图 5.146 所示。通过观察该图，可以看到无锡市在秋季时多云天气多达 37 天，平均气温达到 29℃，较为炎热，整个季节的平均空气质量都为优。

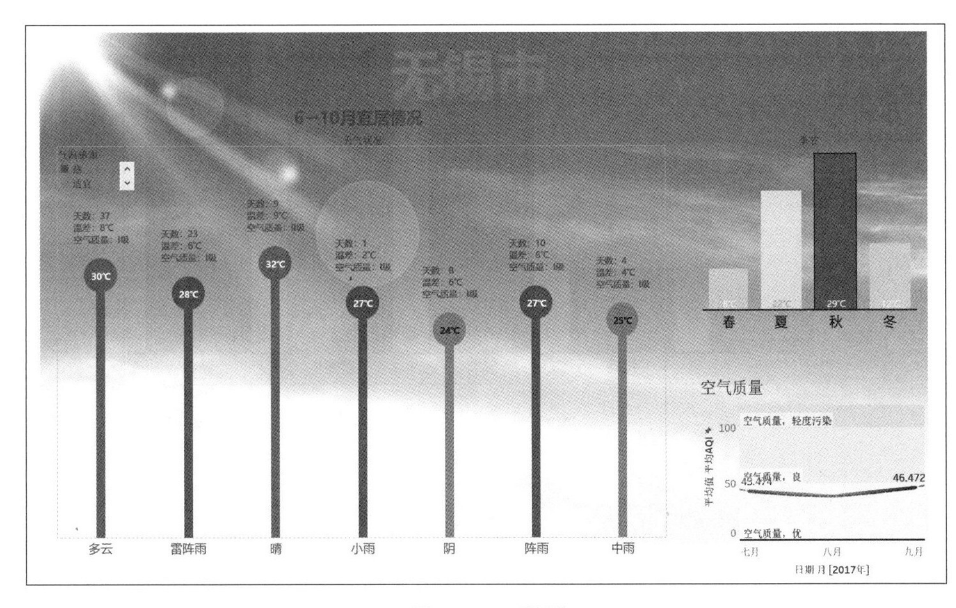

图 5.146 秋季

② 当在柱形图中选择代表“夏季”的柱子时，左方的宜居图表呈现了无锡市在6月份(由于只考虑6—10月五个月份，那么只把6月份一个月归属于夏季)的宜居情况，折线图呈现了无锡市在6月份的空气质量，如图5.147所示。经过观察该图，可以看到无锡市在6月份时多云天气达到9天，平均气温是22度，比较舒适，但整个六月的平均空气质量为良。

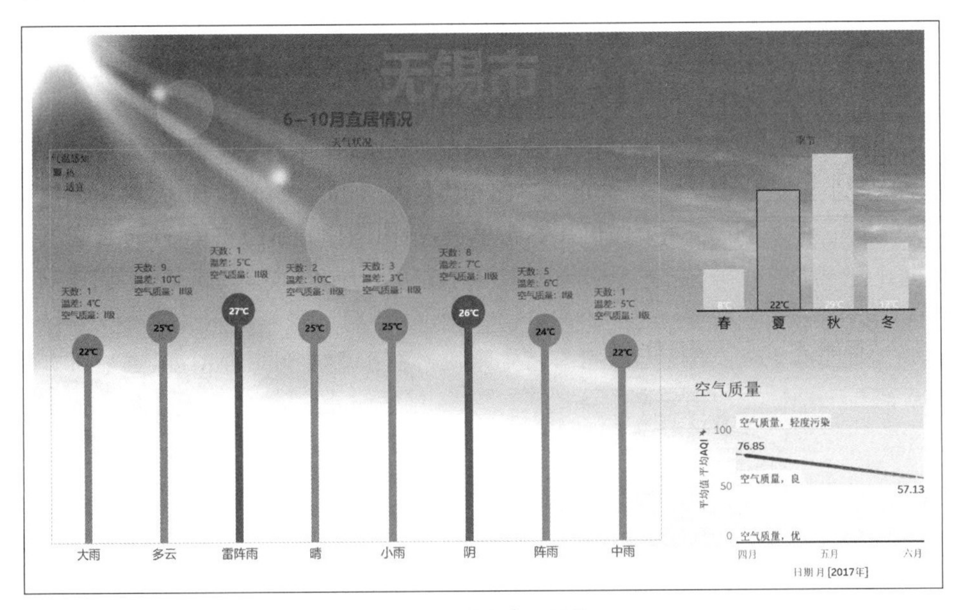

图 5.147 夏季(6月份)

③ 当在柱形图中选择代表“冬季”的柱子时，左方的宜居图表呈现了无锡市在10月份(由于只考虑6—10月5个月份，那么只把10月份一个月归属于冬季)的宜居情况，折线图呈现了无锡市在10月份的空气质量，如图5.148所示。经过观察该图，可以看到无锡市在10月份时多云天气也是达到9天，平均气温只有12度，比较凉，整个10月份的平均空气质量为良。

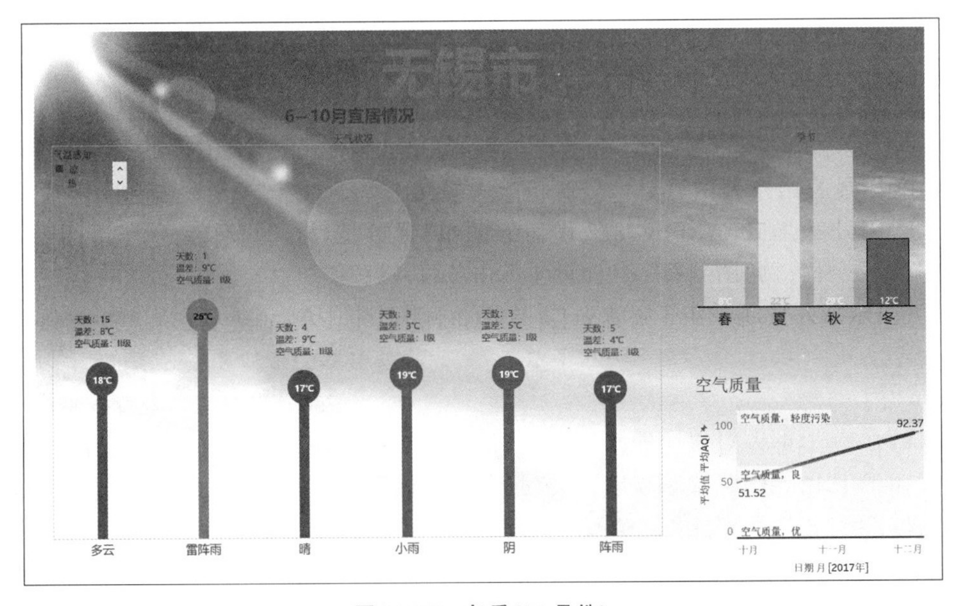

图 5.148 冬季(10月份)

通过以上季节的分析，可以看出无锡市整体而言以多云天气为主。7—9 月份无锡市的空气质量较好，但天气有些炎热。

5.7 案例二：佛山市纳税企业增长情况分析

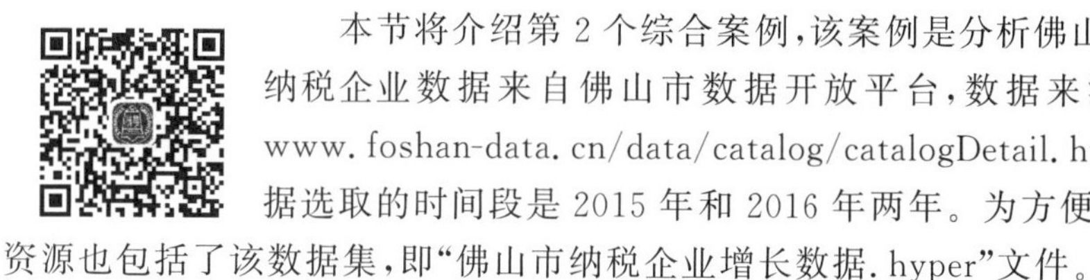

本节将介绍第 2 个综合案例，该案例是分析佛山市纳税企业增长情况，纳税企业数据来自佛山市数据开放平台，数据来源详细地址为 http://www.foshan-data.cn/data/catalog/catalogDetail.htm?cata_id=43270，数据选取的时间段是 2015 年和 2016 年两年。为方便读者，本书附带的学习资源也包括了该数据集，即“佛山市纳税企业增长数据.hyper”文件。

打开 Tableau Desktop，连接“佛山市纳税企业增长数据.hyper”文件，打开数据集。该数据集包含组织机构代码、企业注册号、纳税人识别号、纳税人名称、纳税人税务经营状态、法定代表人、注册地址、注册类型、税务登记日期、税务登记机关、行业、纳税人登记类别以及实际经营地址等字段。除了税务登记日期字段的数据类型为日期型外，其他所有字段的数据类型都为字符型。数据集中一条记录对应一个企业，记录数即为企业数。数据集中一共有 128121 条记录，即意味着 2015—2017 年佛山市新增 128121 个纳税企业。

数据集中绝大多数字段都为字符串型，那该如何去分析纳税企业的增长情况呢？为让分析进行得更为充分，拟采用以下几个角度进行分析。

- 考察全量的增长分布和预测未来的纳税企业增长情况。
- 展示各个行业和佛山各个区域的纳税企业预测增长情况。

在上述角度中需要针对企业所属城区进行分析，但在数据中不存在“所属区域”字段，因此，需首先创建“所属区域”字段。

5.7.1 创建字段

本小节将介绍如何创建“所属区域”字段，思路如下。

- 佛山市下辖禅城、南海、顺德、三水和高明 5 个区，可以照此划分每个企业所属的区域。
- 经过观察数据，可以发现每个企业的“实际经营地址”字段，或者“注册地址”字段，或者“税务登记机关”字段，又或者“纳税人名称”字段记录了该企业所属区域的信息，因此可以从这 4 个字段中抽取信息，从而建立“所属区域”字段。

为实现有用信息的抽取，除了使用 If 函数外，还需要使用 Tableau 的 Contains 函数。该函数的语法格式为 Contains(string, substring)。该函数包括两个字符串类型的参数 string 和 substring。如果字符串 string 包含了子字符串 substring，则 Contains 函数的结果为 TRUE，否则为 FALSE。在 Tableau 中会给数据添加双引号以表示它是字符串，例如，"book"、"中国"等。

明确创建“所属区域”字段的思路后，下面进行具体操作，步骤如下。

(1) 单击选定“维度”分组中的“实际经营地址”，右击，在弹出的菜单中选择“创建”→“计算字段”命令，如图 5.149 所示。

(2) 在弹出的对话框的上方文本框中输入计算字段名称“所属区域”，在输入窗口的下方文本框中输入以下语句：

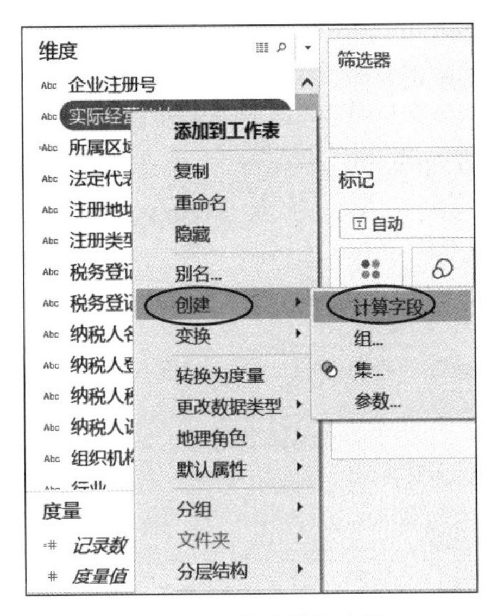

图 5.149　创建计算字段

```
IF
CONTAINS([实际经营地址],"禅城") or CONTAINS([注册地址],"禅城") or CONTAINS([税务登记机关],"禅城") or CONTAINS([纳税人名称],"禅城") THEN "禅城"
ELSEIF
CONTAINS([实际经营地址],"南海") or CONTAINS([注册地址],"南海") or CONTAINS([税务登记机关],"南海") or CONTAINS([纳税人名称],"南海") THEN "南海"
ELSEIF
CONTAINS([实际经营地址],"顺德") or CONTAINS([注册地址],"顺德") or CONTAINS([税务登记机关],"顺德") or CONTAINS([纳税人名称],"顺德") THEN "顺德"
ELSEIF
CONTAINS([实际经营地址],"三水") or CONTAINS([注册地址],"三水") or CONTAINS([税务登记机关],"三水") or CONTAINS([纳税人名称],"三水") THEN "三水"
ELSEIF
CONTAINS([实际经营地址],"高明") or CONTAINS([注册地址],"高明") or CONTAINS([税务登记机关],"高明") or CONTAINS([纳税人名称],"高明") THEN "高明"
END
```

完成公式输入且检查无误后，单击“确定”按钮，如图 5.150 所示，则在“维度”分组中产生了一个新的字段“所属区域”。

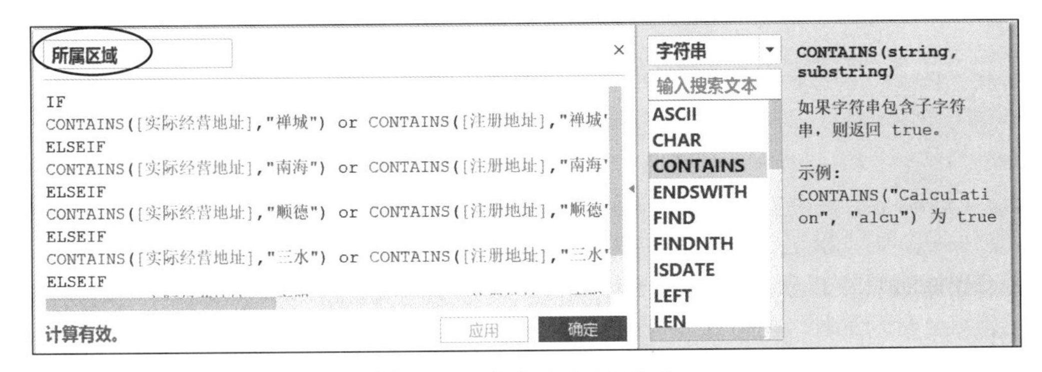

图 5.150　输入所属区域公式

(3) 分别双击“维度”分组中的“所属区域”和“度量”分组中的“记录数”，如图 5.151 所示，观察视图区，可以发现有一条记录(一个企业)未能识别出它所属的区域。右击视图区的“Null”，在弹出的菜单中选择“只保留”，从而筛选出这条记录(这个企业)。

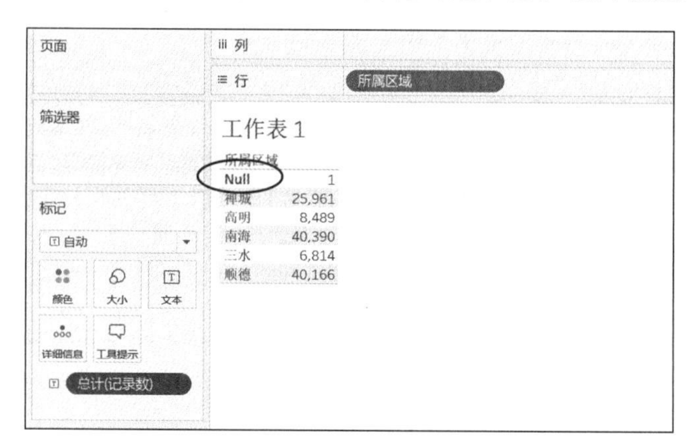

图 5.151 未能识别所属区域的记录

为查验该记录未能识别所属区域的原因，依次双击“实际经营地址”字段、“注册地址”字段、“税务登记机关”字段和“纳税人名称”字段，视图区如图 5.152 所示。经过观察，发现该记录的上述 4 个字段值的确不包含“区”的信息，确实无法准确提取该企业的所属区域。由于只有一条这样的记录，为不影响后续的分析，可以直接排除它。

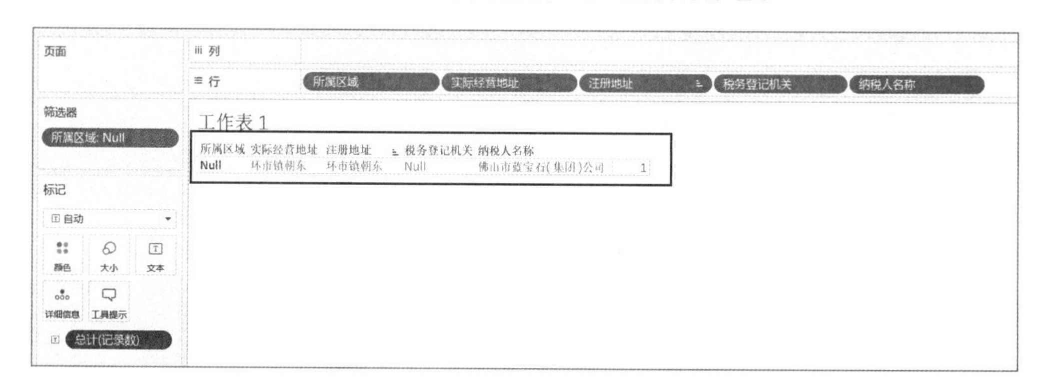

图 5.152 查验未识别原因

5.7.2 预测

本节将介绍如何预测佛山市纳税企业的增长情况。具体步骤如下。

(1) 右击左下方“工作表 1”，在弹出的菜单中选择“重命名工作表”命令，重命名工作表为“预测”，如图 5.153 所示。

(2) 查看“维度”分组中的“税务登记日期”前面的图标是否为📅。若是，即“税务登记日期”字段的数据类型为日期型，否则，右击“维度”分组中的“税务登记日期”，在弹出的菜单中，选择“更改数据类型”→“日期”命令。

(3) 生成折线图。拖曳“维度”分组中的“税务登记日期”到“列”功能区，右击“年(税务登记日期)”，在弹出的菜单中选择“月 2015 年 5 月”，修改日期的粒度为月；拖曳度量“记录数”到“行”功能区，产生的折线图如图 5.154 所示。

(4) 修改垂直轴结束点。双击视图区中的垂直轴，在弹出的“编辑轴”对话框中，“范围”选择“固定”，“固定结束”的值设定为 7200，如图 5.155 所示，再关闭对话框，使得折线图在坐标轴上稍微下移，从而方便后续的操作，也更为美观。

(5) 显示关键点标签。具体操作如下。

① 按住 Ctrl 键，拖“行”功能区的“总计(记录数)”到标记中的“标签”。

② 单击“标签”按钮，在弹出窗口中，选择“标签标记”中的“线末端”，在折线的两端出现了记录数的值；然后，分别右击折线中的最低点和最高点，并且在各自的弹出菜单中选定“添加标记”→“始终显示”命令。

③ 按住 Ctrl 键，拖曳“行”功能区的“年(税务登记日期)”到“标记”中的“标签”。

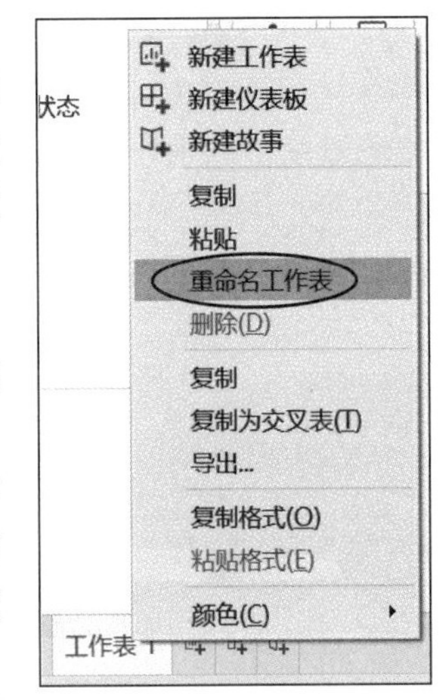

图 5.153 重命名工作表

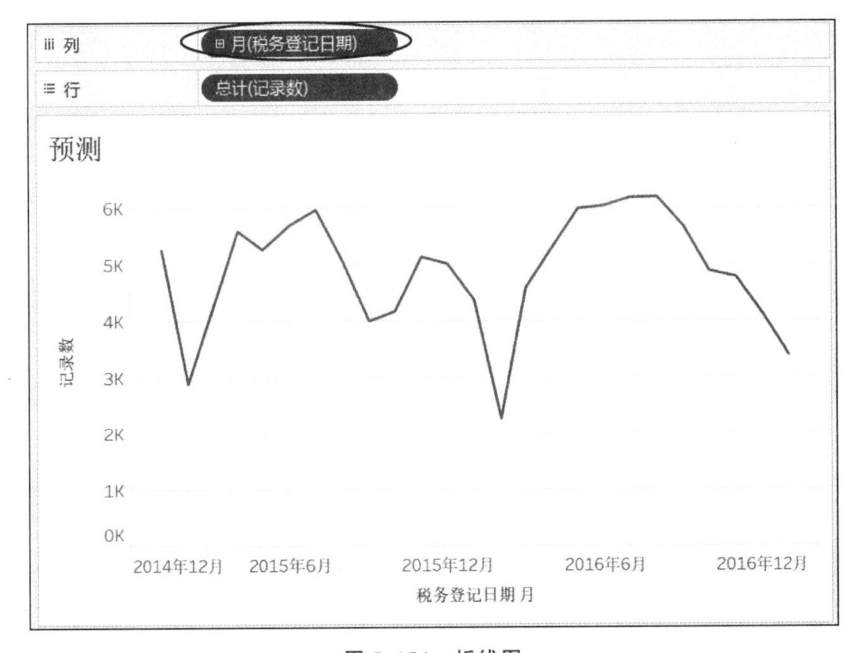

图 5.154 折线图

经过这一系列操作后，折线图上的起点、终点、最高点和最低点上显示了记录数的数值和具体日期，如图 5.156 所示。

(6) 实现预测。从“分析”标签项中的“模型”分组拖动“预测”到视图区，在视图区出现了预测折线(具有蓝色背影)，但它与原有折线不连续。为此，右击“标记”下方“属性(预测指示器)”，在弹出的菜单中选择“属性”命令，则两条不连续的折线自动连接，如图 5.157 所示。

(7) 设置预测时间长度。具体操作如下。

① 右击预测折线，在弹出的菜单中，选择“预测”→“预测选项”命令，在弹出的“预测选项”对话框中，选择“预测长度”为“精确”，数值为 2，单位为“季度”，这样就可以将默认预测

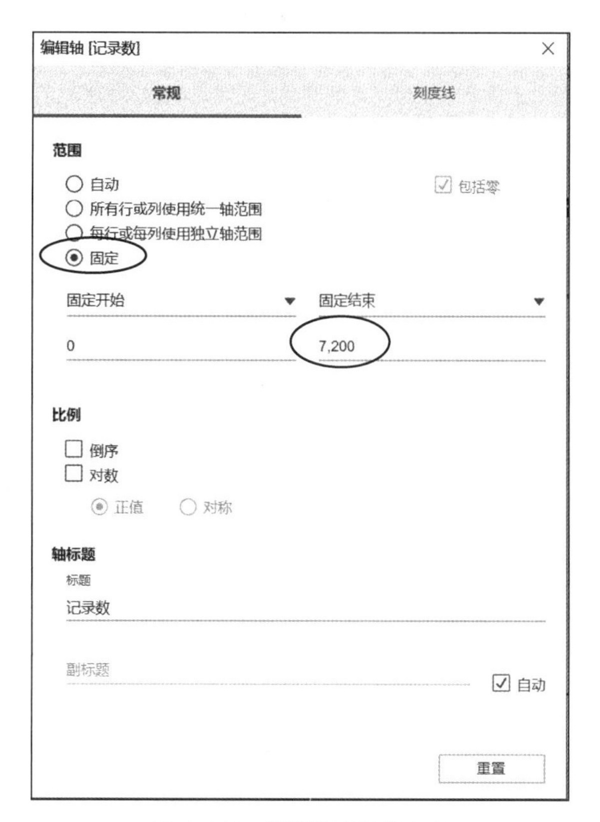

图 5.155　修改垂直轴结束点

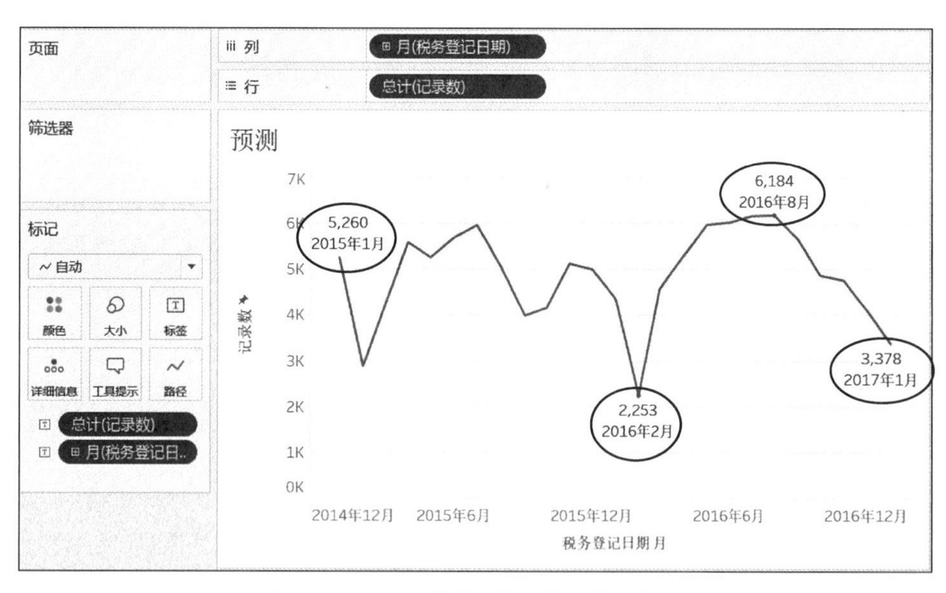

图 5.156　显示关键点标记标签的折线图

时间由 12 个月改为 6 个月(两个季度),如图 5.158 所示,再单击“确定”按钮,可以看到预测时间只有 6 个月的折线图。

② 采用同样的方法,设置显示关键点的标记标签,产生的折线图如图 5.159 所示。

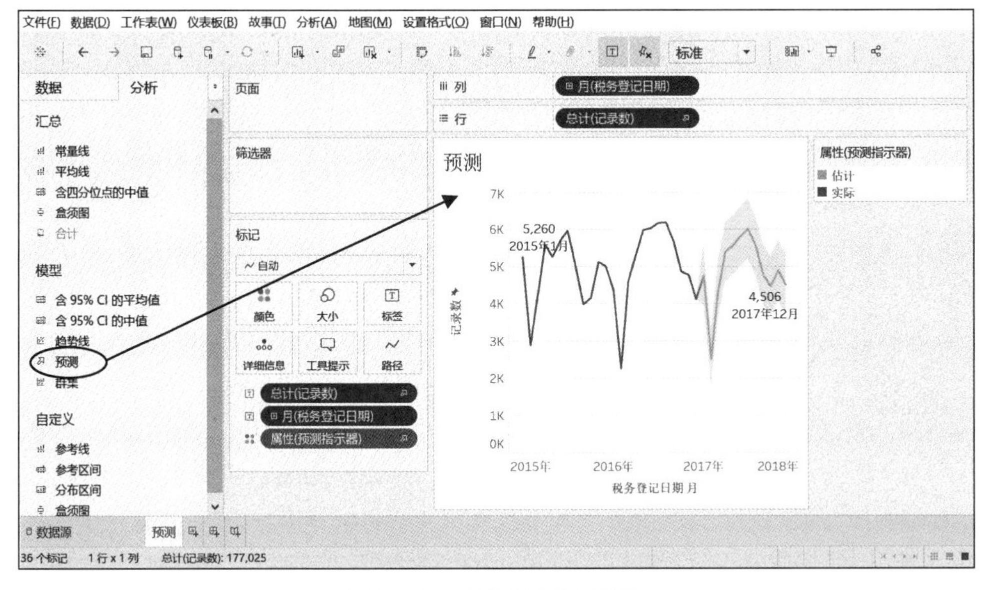

图 5.157 实现预测的折线图

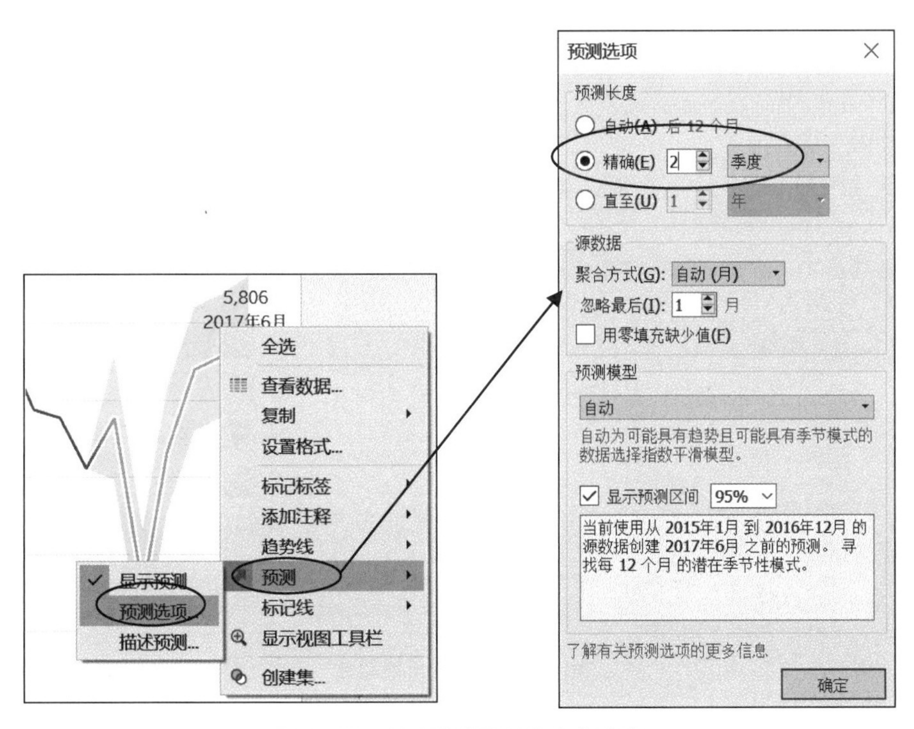

图 5.158 修改预测时间为 2 个季度

(8) 修饰折线的颜色和粗细。具体操作如下。

① 单击右方"属性(预测指示器)"旁边的倒三角形▼,选择弹出菜单中的"编辑颜色"命令,在弹出的对话框中,先选择左方的"估计",再选择右方的"橙色",从而设定了"估计"的折线为橙色。然后为左方的"实际"选择右方"红色",从而设定了"实际"的折线为红色,如图 5.160 所示。

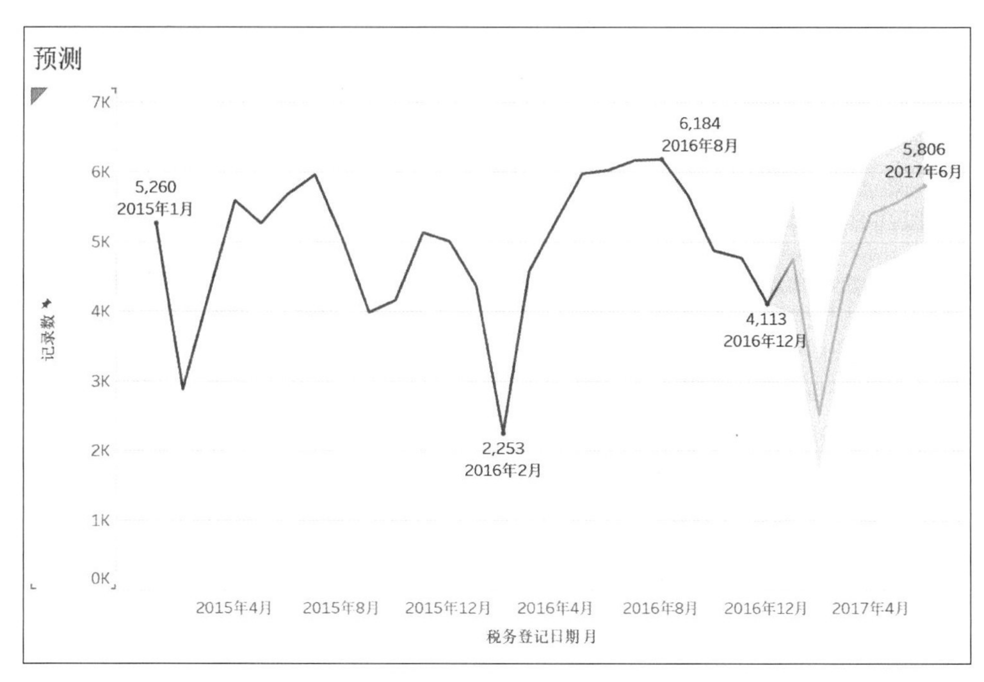

图 5.159　预测时间为两个季度的折线图

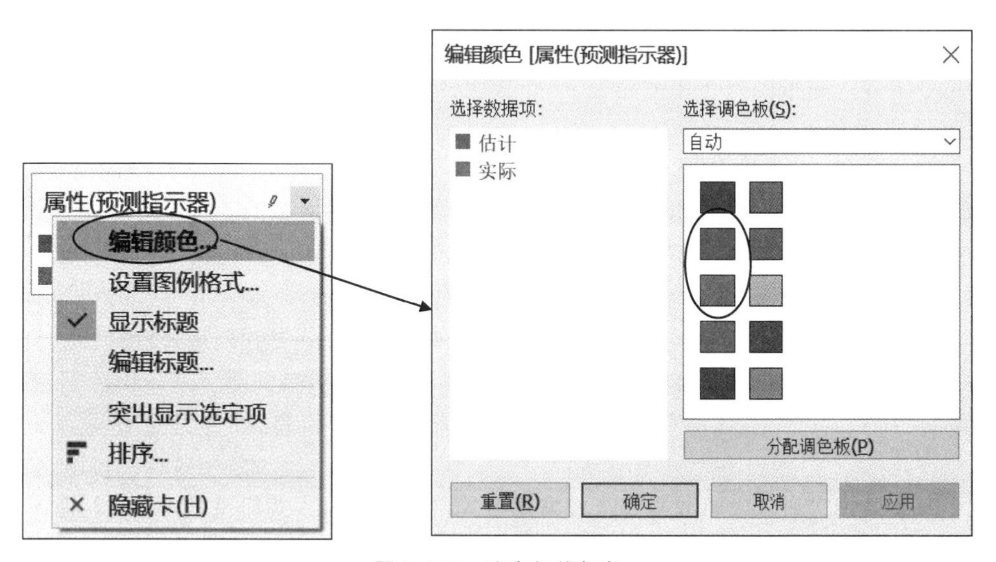

图 5.160　改变折线颜色

② 单击“标记”中的“大小”，向右拖动滑块到合适位置，使得折线变为合适粗细，如图 5.161 所示。

(9) 设置折线图线格式。右击折线图的任意空白位置，在弹出菜单中选择“设置格式”命令，在弹出的“设置格式”对话框中选择最右方的按钮☰设置线格式，首先单击“行”，将“网格线”和“轴标尺”都设置为无，这样就去掉了网格线和纵坐标轴；再单击“列”，将“轴标尺”设置为实线，粗细为倒数第 2 个，颜色为黑色，这样将横坐标轴设置为醒目的黑色粗实线，如图 5.162 所示。

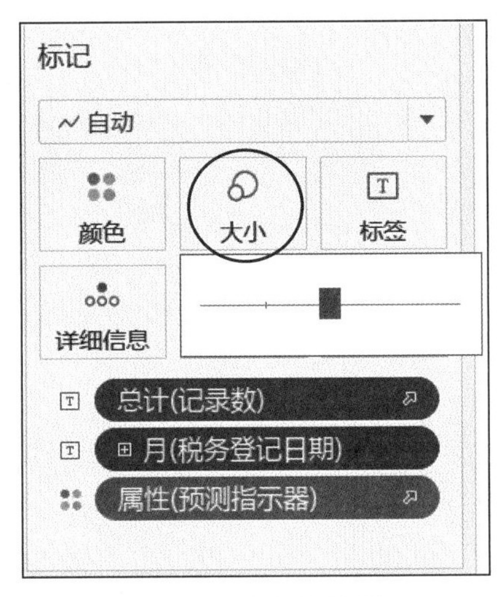

图 5.161　改变折线粗细

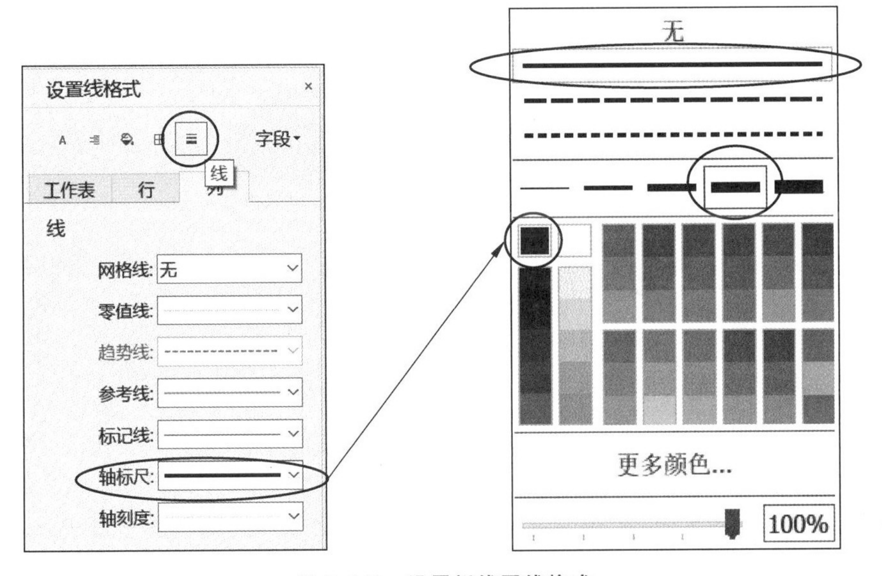

图 5.162　设置折线图线格式

完成该步骤设置后，视图区的折线图如图 5.163 所示。

(10) 添加参考线，并设置参考线格式。具体操作如下。

① 右击纵坐标轴，在弹出菜单中选择“添加参考线”命令，在弹出的“编辑参考线、参考区间或框”对话框中，“线”的“标签”选择“自定义”，在右方文本框中输入“均值,<值>”(注意是英文状态下的符号)，如图 5.164 所示。

单击“确定”按钮完成设置，则在视图区中出现了一条均值参考线，如图 5.165 所示。

② 设置参考线格式：首先，右击视图中的参考线，在弹出菜单中选择“设置格式”命令，在弹出的“设置参考线格式”对话框中，“字体”选择“微软雅黑，8pt”；“对齐”中水平方向选择“居中”，垂直方向选择“顶部”；“数字”选择“数字(自定义)”→“小数位数”设置为 0(即为整数)，如图 5.166 所示。

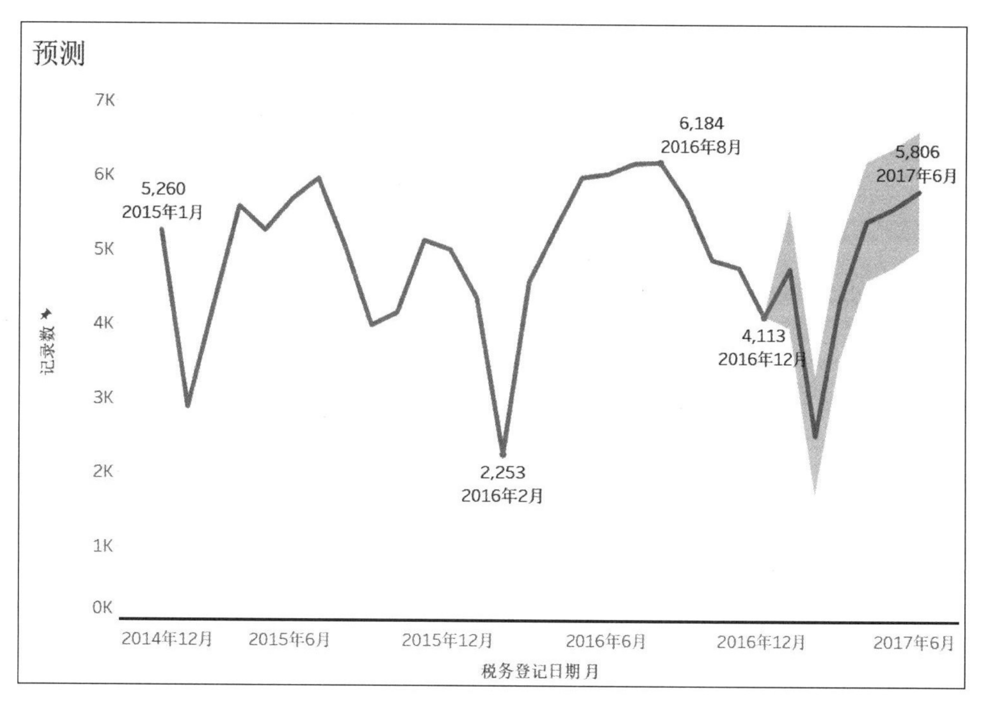

图 5.163　设置线格式后的折线图

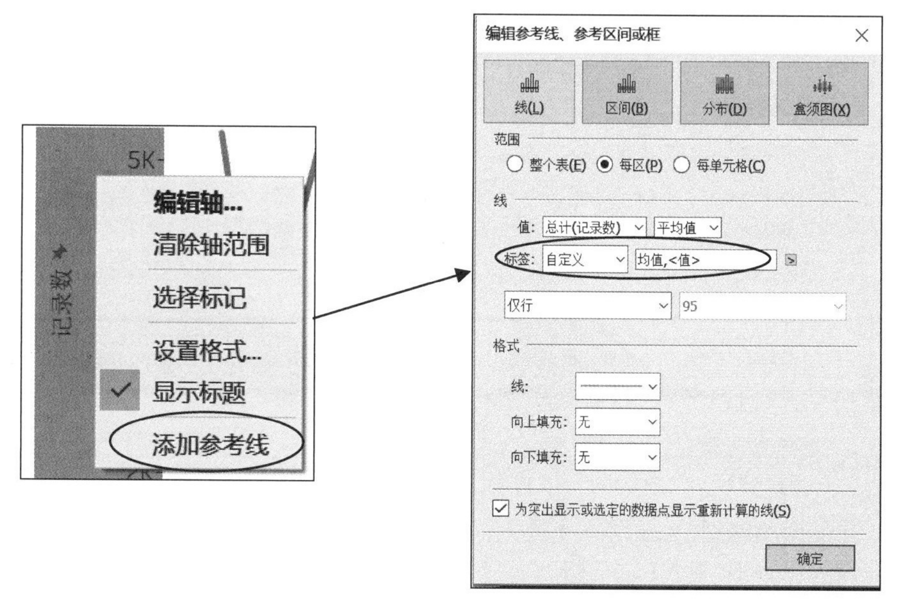

图 5.164　添加参考线

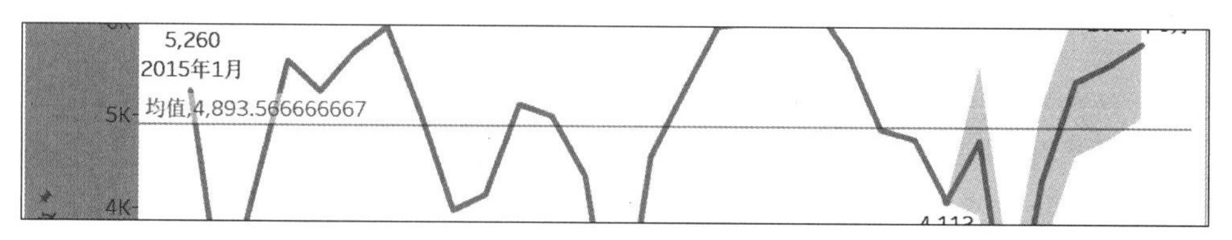

图 5.165　均值参考线

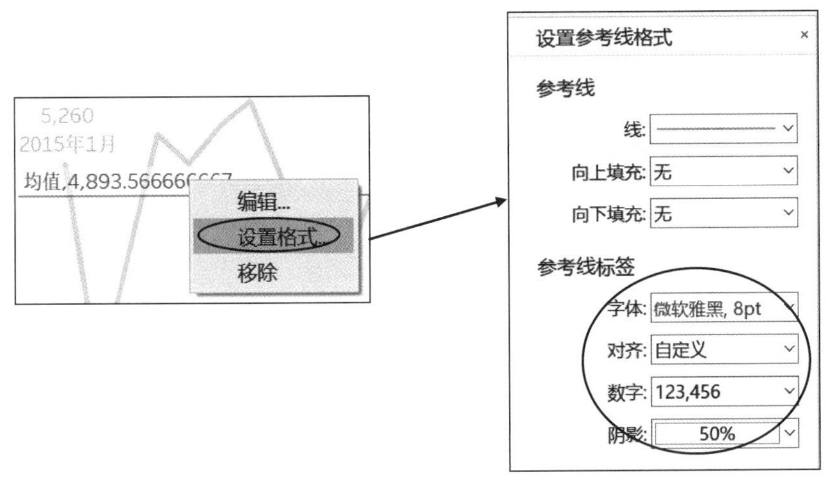

图 5.166 设置参考线格式

(11) 编辑标题。右击视图区中的标题"剖析-行业",在弹出菜单中选择"编辑标题"命令,在弹出的"编辑标题"对话框中,文本框内输入"佛山市纳税企业增长情况分析(含:预测)",按 Ctrl+A 快捷键全选刚刚输入的标题,设置字体为"微软雅黑"字号为 16,"加粗""黑色""居中",如图 5.167 所示。

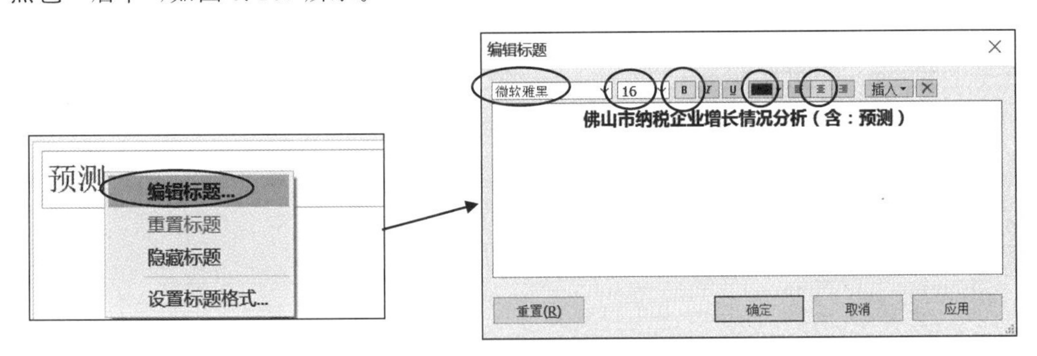

图 5.167 编辑标题

(12) 隐藏垂直轴刻度。由于折线图上的关键点已经有标签,可以隐藏垂直轴上的刻度使得整个视图更为简洁。右击垂直轴上的任一刻度,在弹出的菜单中取消选择"显示标题",垂直轴刻度被隐藏。

那么,完成以上所有操作步骤后,佛山市纳税企业增长情况分析(含:预测)折线图创建完毕,如图 5.168 所示。

5.7.3 剖析-行业

本小节展示佛山市各行业纳税企业占比的情况。具体步骤如下。

(1) 新建一个工作表,重命名为"剖析-行业"。

(2) 生成气泡图。具体操作如下。

① 分别双击"维度"分组中的"行业"和度量"记录数";再选择"智能显示"右下角的"填充气泡图",如图 5.169 所示。

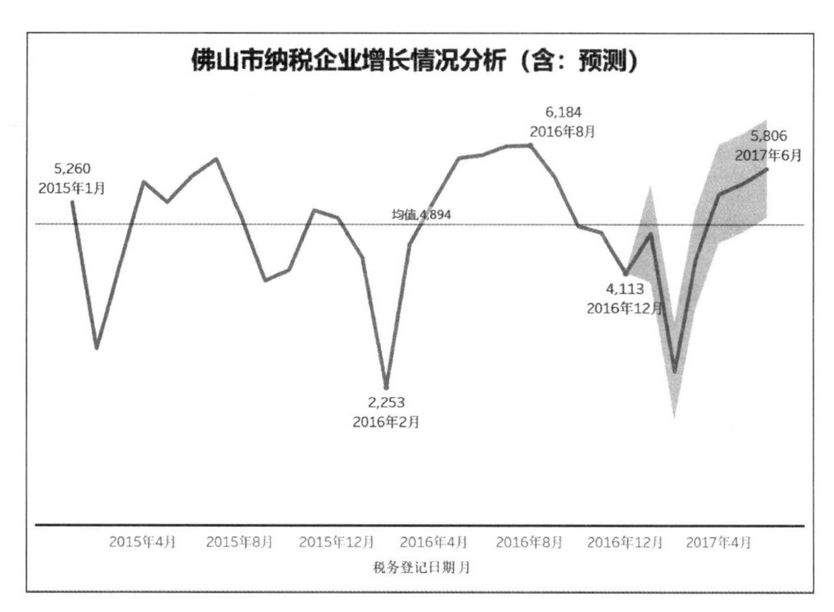

图 5.168　添加参考线后的折线图

② 按住 Ctrl 键，拖动“标记”下方的“总计(记录数)”到“标记”中的“颜色”，如图 5.170 所示。

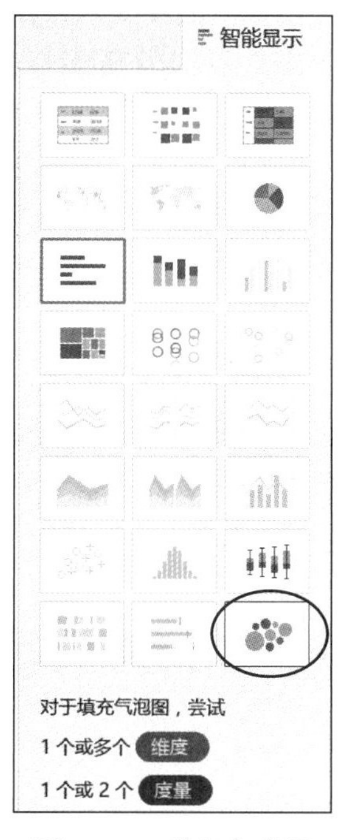

图 5.169　选择气泡图

图 5.170　气泡颜色

③ 右击视图区空白区域，在弹出菜单中单击“标题”去掉它前面的√，从而隐藏视图区中的标题“剖析-行业”。

④ 将工具栏中的视图方法由“标准”改为“整个视图”，从而让气泡图铺满视图区。

(3) 产生记录数占比标记,具体操作如下。

① 拖动度量“记录数”到“标记”中的“标签”,那么视图区的一些气泡中出现了该行业具有的记录数(企业数)。

② 右击“标记”下方的“🅃总计(记录数)”,在弹出的菜单中,选择“快速表计算”→“总额百分比”命令,如图 5.171 所示,视图区气泡中的记录数数值将变为记录数百分比。

③ 再次右击“标记”下方的“🅃总计(记录数)”,在弹出的菜单中,选择“设置格式”,在左方“默认值”分组中,将“数字”选择“百分比”,且“小数位数”为 2,如图 5.172 所示。

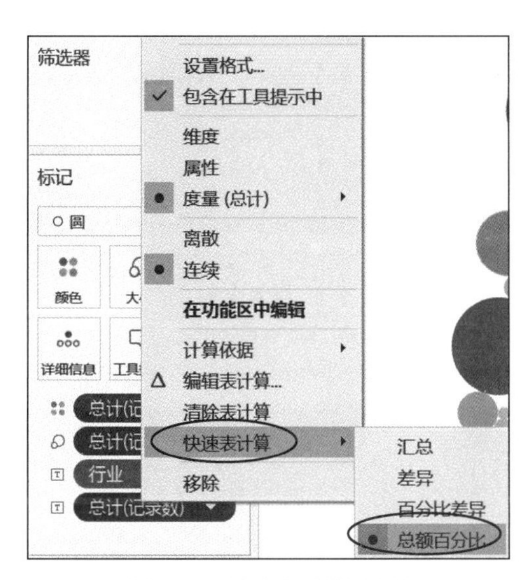

图 5.171 修改为总额百分比

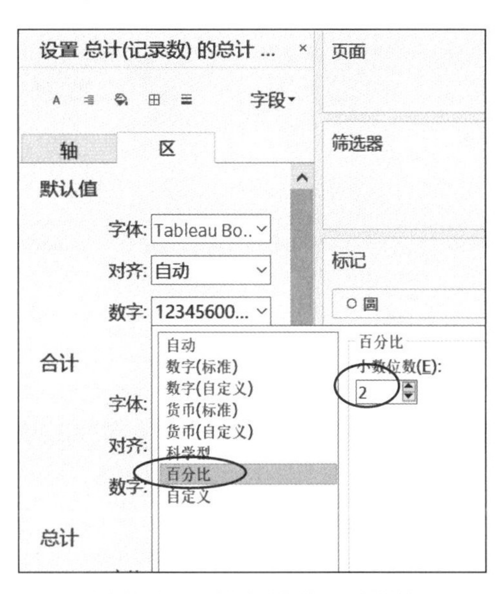

图 5.172 修改百分比小数位数

④ 单击“标记”中的“标签”按钮,在弹出的窗口中,单击“文本”右方的…按钮,在弹出的“编辑标签”对话框中,使用 Ctrl+A 快捷键全选文本后,选择“微软雅黑”字体和 8 号字号,如图 5.173 所示,最后单击“确定”按钮。

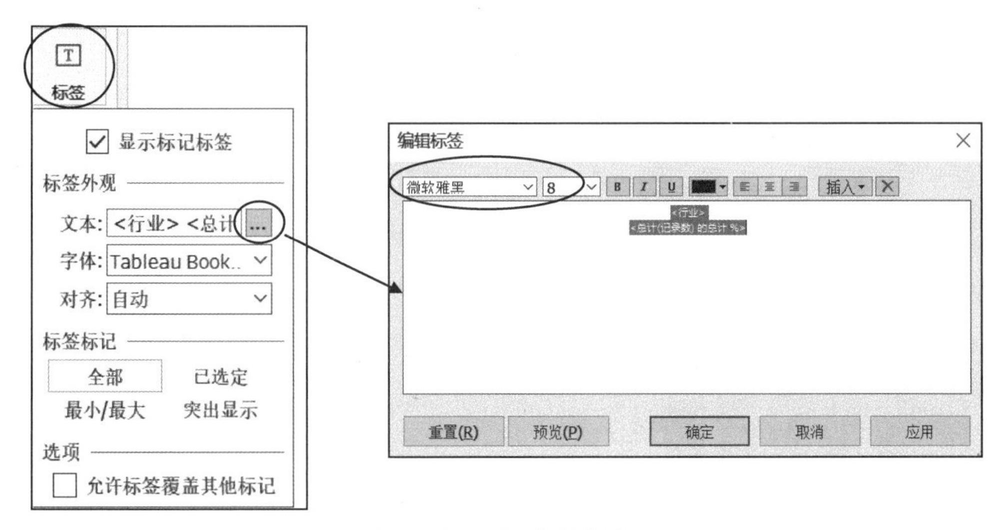

图 5.173 设置标签格式

该步骤操作完成后,视图区如图 5.174 所示。

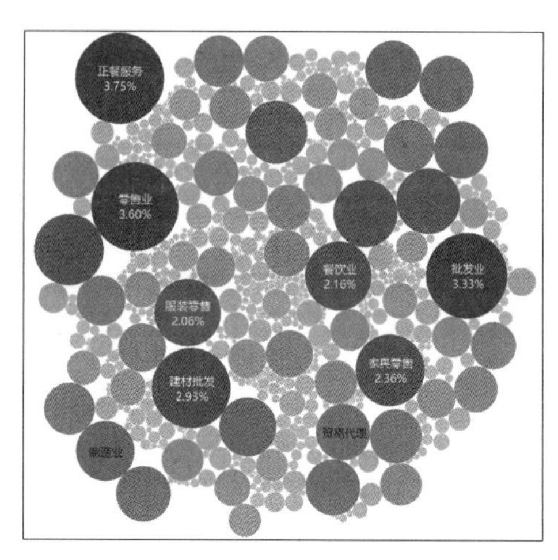

图 5.174 气泡图

[**注意**] 视图区中只有比较大的气泡才会显示标签,小气泡的标签则被隐藏。

5.7.4 剖析-区域

本节展示佛山市纳税企业在各个区域的数量情况。具体步骤如下。

(1) 新建一个工作表,重命名为“剖析-区域”。

(2) 生成柱状图,具体操作如下。

① 分别双击“维度”分组中的“所属区域”和“度量”分组中的“记录数”。

② 视图区中的表显示有一条记录“所属区域”值为 Null,这意味未准确识别出企业所属区域(创建“所属区域”字段时提过此问题)。右击 Null,在弹出菜单中选择“排除”命令,在分析时忽略这一条记录。

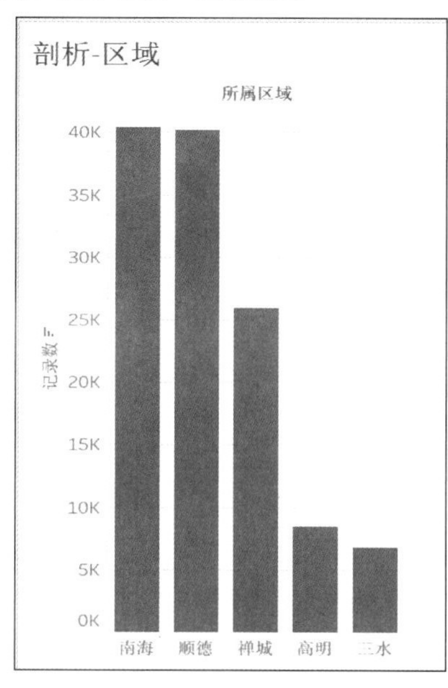

图 5.175 垂直柱形图

③ 选择“智能显示”第 3 行第 1 列的“水平条”,则在视图区产生了一个水平柱形图。

④ 单击工具栏中的“交换行和列”按钮,从而将视图区中的水平柱形图转换为垂直柱形图。

⑤ 单击工具栏中“降序”按钮,从而将视图区中柱形按记录数从大到小排序,即左方柱形较高。

该步骤操作完成后,视图区如图 5.175 所示。

(3) 修饰柱形图。具体操作如下。

① 编辑颜色。按住 Ctrl 键,拖动“行”功能区中的“总计(记录数)”到“标记”中的“颜色”,视图区中柱子的颜色按照记录数的大小着深浅色,即颜色深浅呈现梯度变化。为使得颜色更美观,右击“标记”中的“颜色”按钮,在弹出的窗口中单击“编辑颜色”,弹出“编辑颜色”对话框,将“色板”由“自动”改变为“温度发散”,如图 5.176 所示。

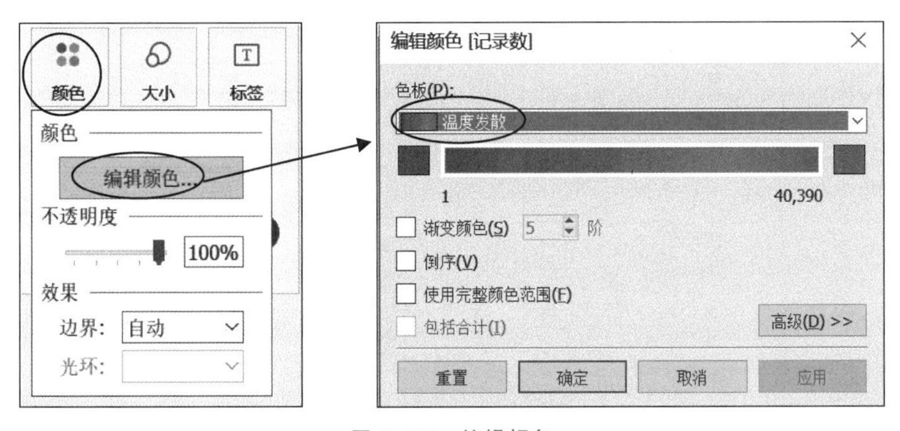

图 5.176　编辑颜色

② 展示标签。按住 Ctrl 键，拖动“行”功能区中的“总计(记录数)”到“标记”中的“标签”，各个区域的记录数呈现在对应柱形的上方。为使记录数呈现在柱形下方，单击“标记”中的“标签”，在弹出的窗口中，首先单击“对齐”右方的▼，在弹出的窗口中，“水平”选择“居中”≡，“垂直”选择“底部”≡，然后单击“文本”右方的…，在弹出的对话框中，按 Ctrl＋A 快捷键全选框内文本，再选择“微软雅黑”字体和 8 号字号，“颜色”选择“白色”，如图 5.177 所示。

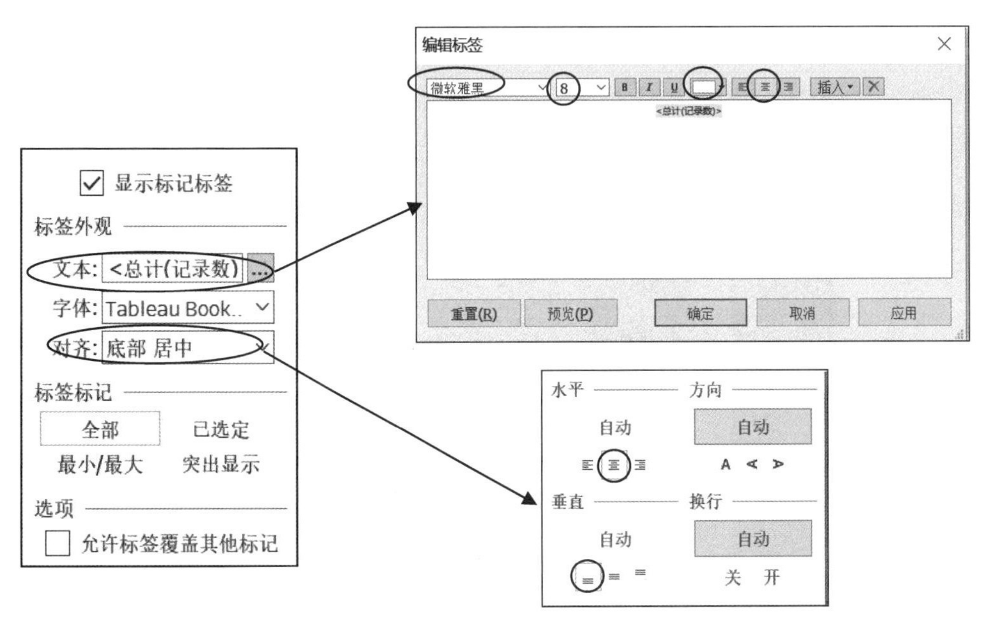

图 5.177　设置标签格式

③ 设置线格式，此处操作与前面设置折线图的线格式的操作类似。右击柱形图背景的任意空白位置，在弹出的菜单中，选择“设置格式”命令，在左方出现的窗口中，单击按钮≡设置线格式。接下来的操作中，首先单击设置“行”，将“网格线”和“轴标尺”都设置为无，这样就去掉了网格线和纵坐标轴；再单击设置“列”，将“轴标尺”设置为实线，粗细为倒数第 2 个，颜色为黑色，如图 5.178 所示，这样将横坐标轴设置为醒目的黑色粗实线。

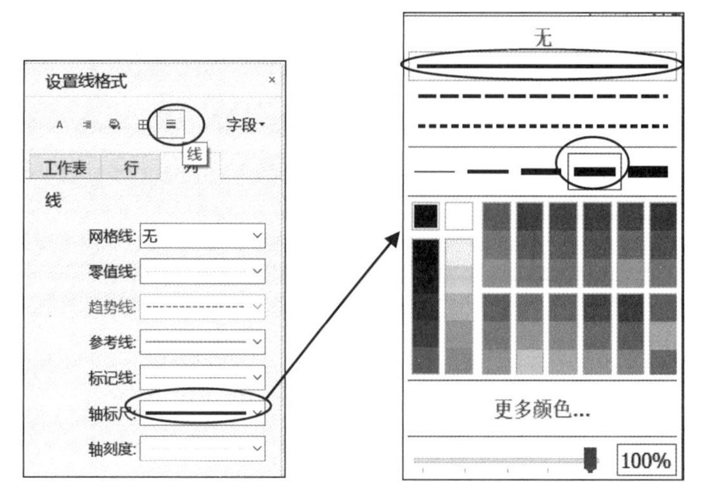

图 5.178　设置线格式

④ 隐藏垂直轴刻度。右击垂直轴中的某个刻度，在弹出的菜单中取消选择“显示标题”，所有垂直轴刻度被隐藏。

⑤ 隐藏标题。右击视图区中的标题“剖析-区域”，在弹出的菜单中选择“隐藏标题”命令。

⑥ 设置列标题。右击“列”功能区的“所属区域”，在弹出的菜单中选择“设置格式”命令，在“标题”选项卡下的“默认值”分组，设置字体为“微软雅黑”，12pt 字号，“黑色”。

⑦ 将工具栏中的视图方式由“标准”改为“整个视图”。

该步骤操作完成后，视图区如图 5.179 所示。

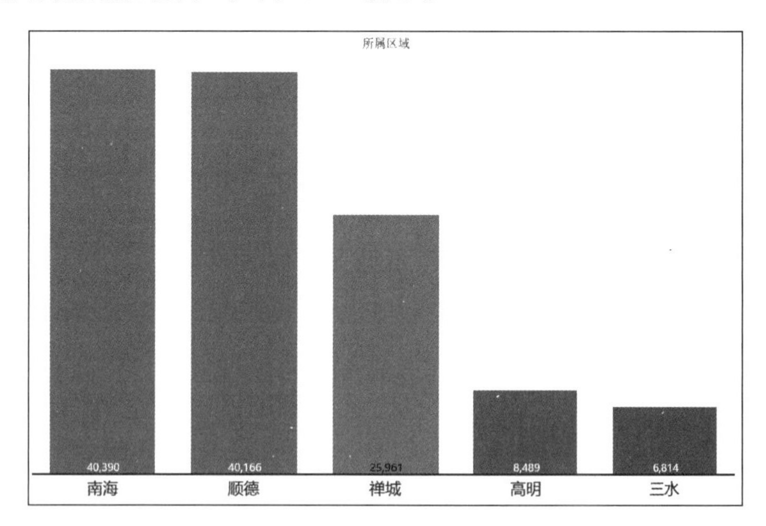

图 5.179　柱形图

5.7.5　制作仪表板

本节将基于前面创建的“预测”“剖析-行业”和“剖析-区域”3 张工作表制作仪表板，具体步骤如下。

(1) 单击左下方按钮 创建仪表板。仪表板大小固定,自定义为 1800 × 1000,即宽度为 1800px,高度为 1000px,如图 5.180 所示。

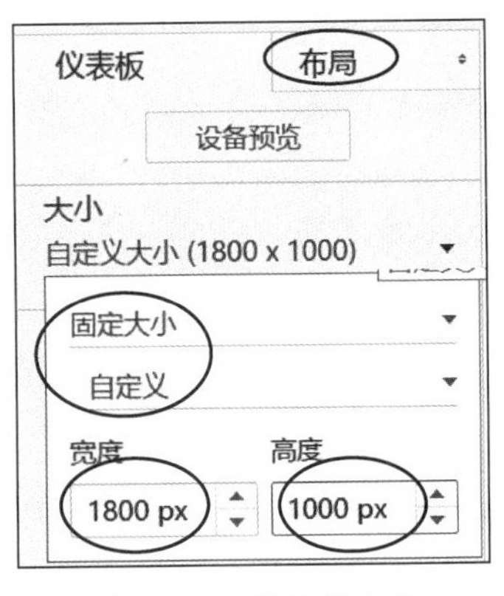

图 5.180 仪表板大小

(2) 排版对象(图表),具体操作如下:

① 在“对象”分组设置以“浮动”的方式添加对象,以方便在仪表板上排版,如图 5.181 所示。

② 将“工作表”分组的“剖析-行业”工作表拖动到仪表板视图区;切换到“布局”选项卡,取消“显示标题”,设定“位置”中的 x 值为 91,y 值为 210,“大小”中的“宽”值为 670,“高”值为 621;单击选定气泡图图例,再单击右上角的“×”移除图例,如图 5.182 所示。

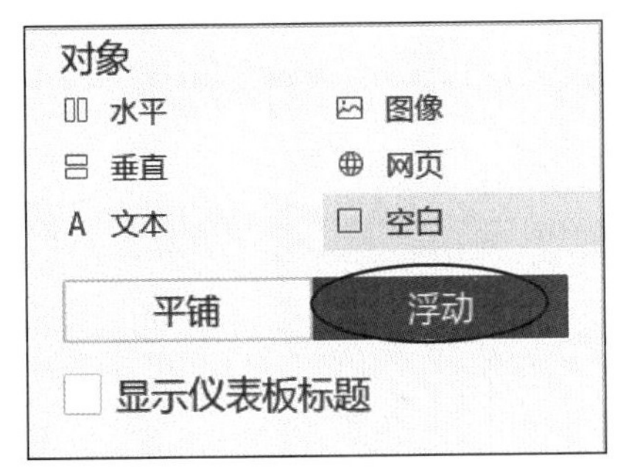

图 5.181 设定浮动方式

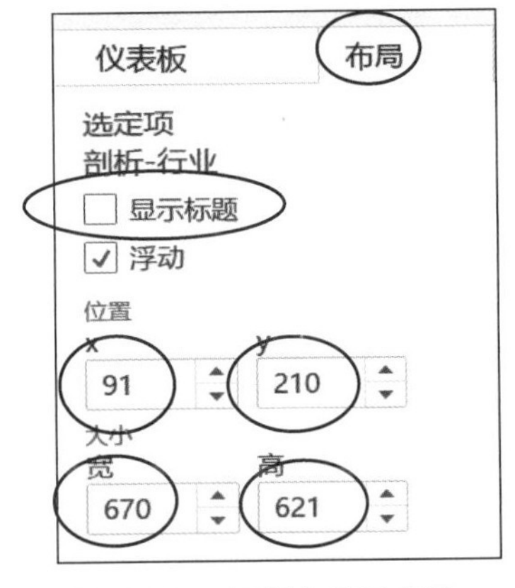

图 5.182 设置气泡图布局

③ 将“工作表”分组的“预测”工作表拖动到仪表板视图区空白区域;切换到“布局”选项卡,设定“位置”中的 x 值为 848,y 值为 144,“大小”中的“宽”值为 832,“高”值为 423;单击选定折线图图例,再右击,在弹出菜单中取消选择“显示标题”,然后把光标放置在图例上方,当光标变成十字架形状时拖动图例到折线图右上角边上,最后利用鼠标拖动图例边角,将图例调整为合适大小。

④ 将“工作表”分组的“剖析-区域”工作表拖动到仪表板视图区空白区域;切换到“布局”选项卡,取消“显示标题”,设定“位置”中的 x 值为 848,y 值为 607,“大小”中的“宽”为 831,“高”为 265;单击选定柱形图图例,再单击右上角的“×”移除图例。

完成这一步骤的操作后,单击工具栏上的按钮 或者按下 F7 键,进入演示模式查看总体布局情况,如图 5.183 所示。

(3) 插入背景。具体操作如下。

① 先在“对象”分组中选择 “平铺”方式添加对象,以方便在仪表板上添加背景图像。再双击“图像”按钮,在弹出对话框中选择“222.jpg”作为背景图像,如图 5.184 所示。

② 在“顶分层结构”分组选择“仪表板 1”→“平铺”→“222.jpg”,再右击“222.jpg”,在弹出菜单中选择“适合图像”,再次右击“222.jpg”,在弹出菜单中选择“使图像居中”命令。

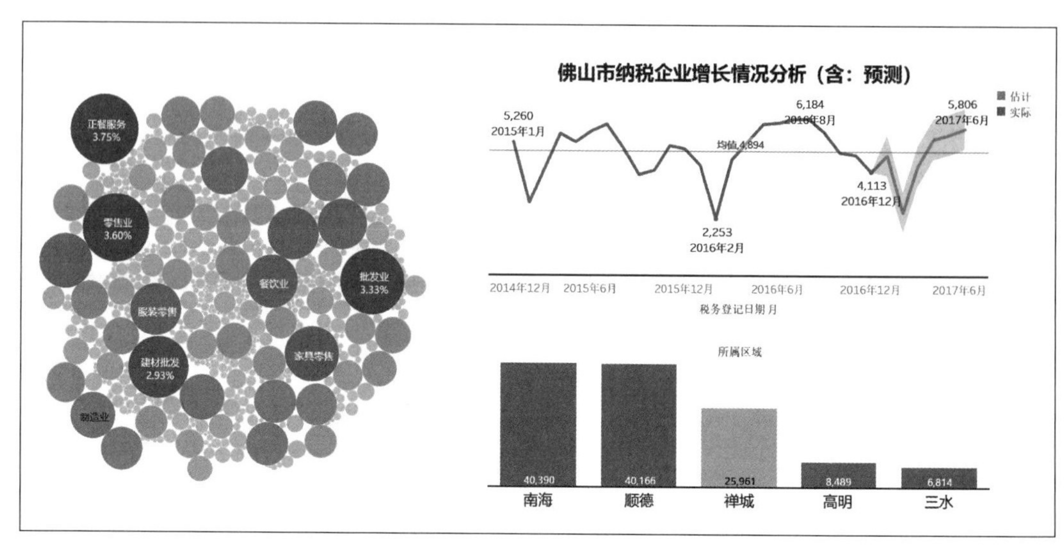

图 5.183　整体布局

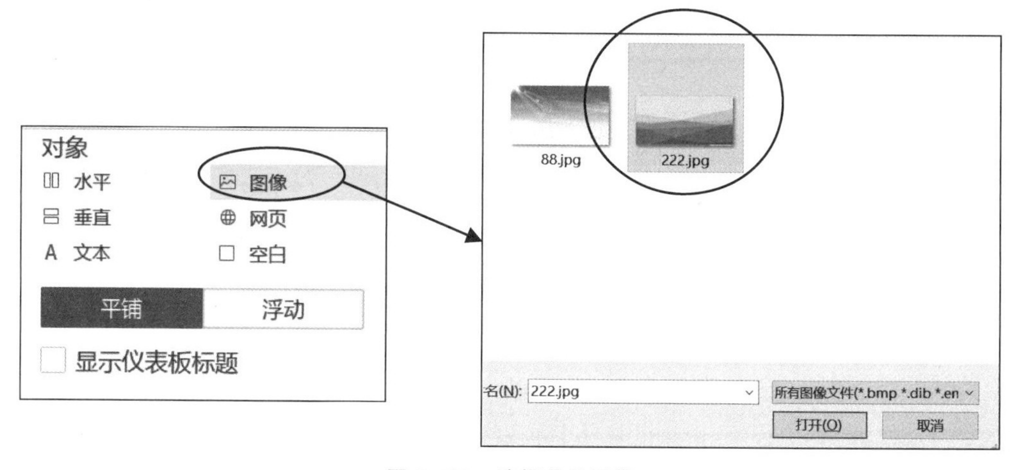

图 5.184　选择背景图像

③ 选择视图区的“预测”图表，再选择工具栏下“设置格式”→“阴影”命令，在窗口左方出现“设置阴影格式”窗格，在“工作表”选项卡，设定“默认值”分组下的“工作表”为“无”；再逐一选择视图区的“剖析-行业”和“剖析-区域”图表，在“工作表”选项卡，分别设定“默认值”分组下的“工作表”为“无”，从而实现所有图表的背景透明。

［注意］　此操作仅在 Tableau 2018.3 以及之后版本可用。

该步骤操作完成后，仪表板在演示模式下如图 5.185 所示。

（4）实现图表之间联动。单击选择仪表板中的柱形图，再单击右上方的“用作筛选器”漏斗状按钮，成功设置后，空漏斗将变成实漏斗，实现了以柱形图作为筛选器联动其他两个图表。当在柱形图中选择代表“南海”的柱子时，气泡图呈现了南海区各行业企业数量的占比情况，折线图呈现了南海区纳税企业增长情况以及预测，如图 5.186 所示。在柱形图中选择代表不同区域的柱子，气泡图和折线图也会发生相应的变化。

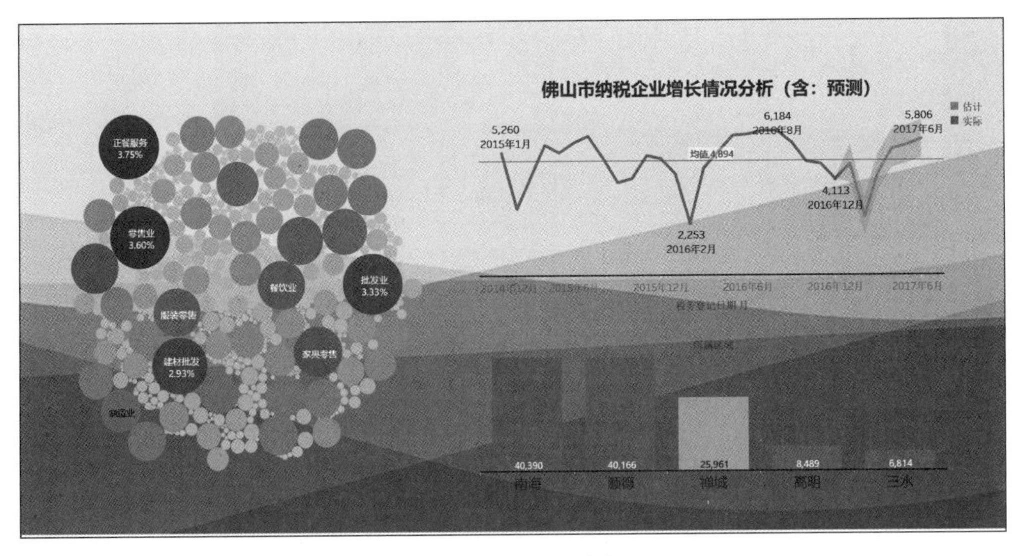

图 5.185　演示仪表板

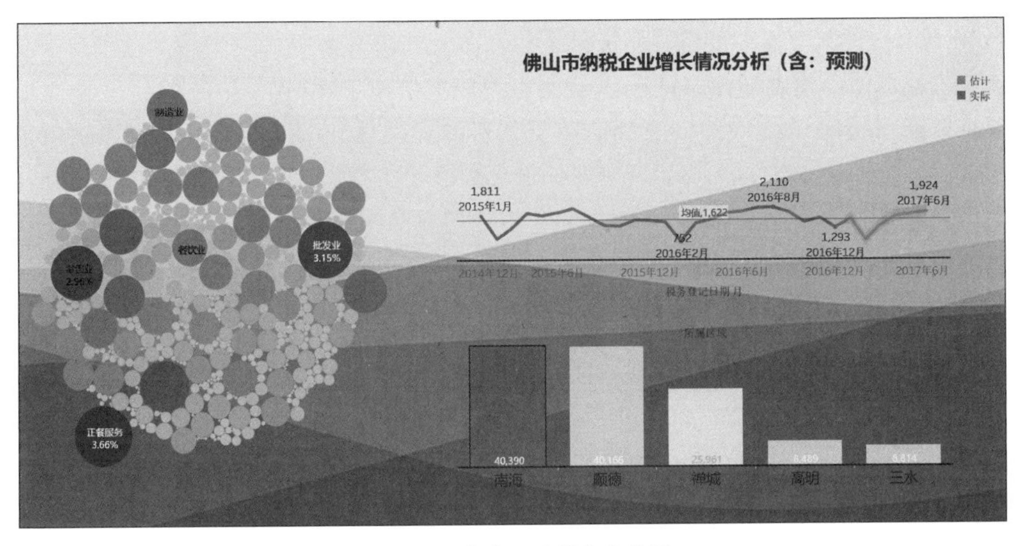

图 5.186　南海区纳税企业分析

5.7.6　分析

基于 5.7.5 节完成的仪表板，本节对佛山以及它下面各个区域的纳税企业增长情况进行一个简单的演示或者报告。

1. 佛山市

2015 年和 2016 年佛山市纳税企业新增情况如图 5.187 所示。依据折线图可以看出，佛山市的纳税企业平均每月增长 4894 家，每年年初和年末的新增企业数较少，年中较多，预计 2017 年 6 月新增纳税企业数是 5806 家。依据气泡图可以看出，佛山市新增的纳税企业中，正餐服务的占比最高，这是由于佛山是粤菜的发源地，人们很注重日常饮食；其次是零售业；第三是批发业；第四是建材批发；其他行业的占比相对较小。

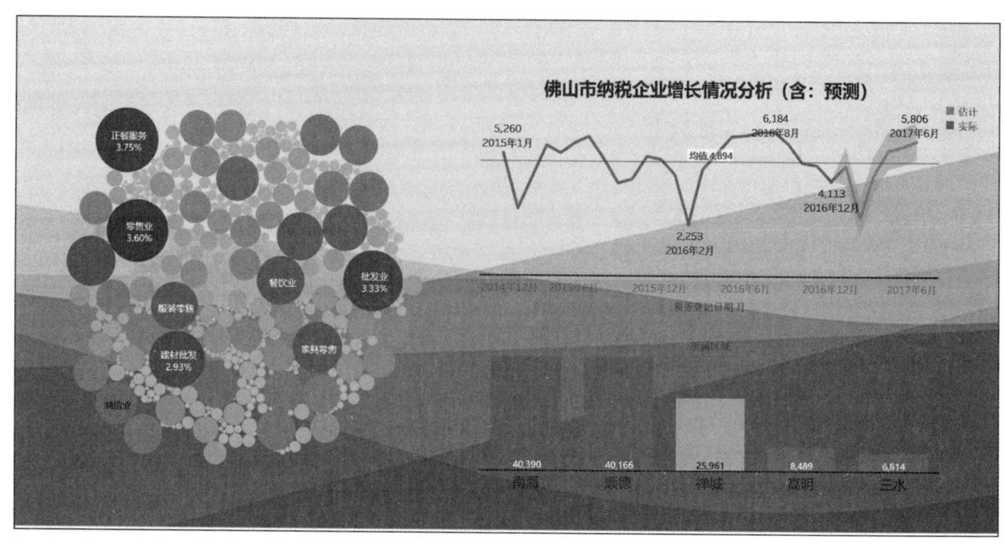

图 5.187　佛山市纳税企业增长情况

2．南海

单击柱形图中代表“南海”的柱形，仪表板视图区呈现了在 2015 年和 2016 年南海地区纳税企业新增情况，如图 5.188 所示。依据柱形图可以看出，南海两年一共新增纳税企业 40390 家。依据折线图可以看出，南海纳税企业平均每月增长 1622 家；预计 2017 年 6 月新增纳税企业数是 1924 家。依据气泡图可以看出，南海新增的纳税企业中，正餐服务的占比也是最高；其次是批发业；第三是零售业。

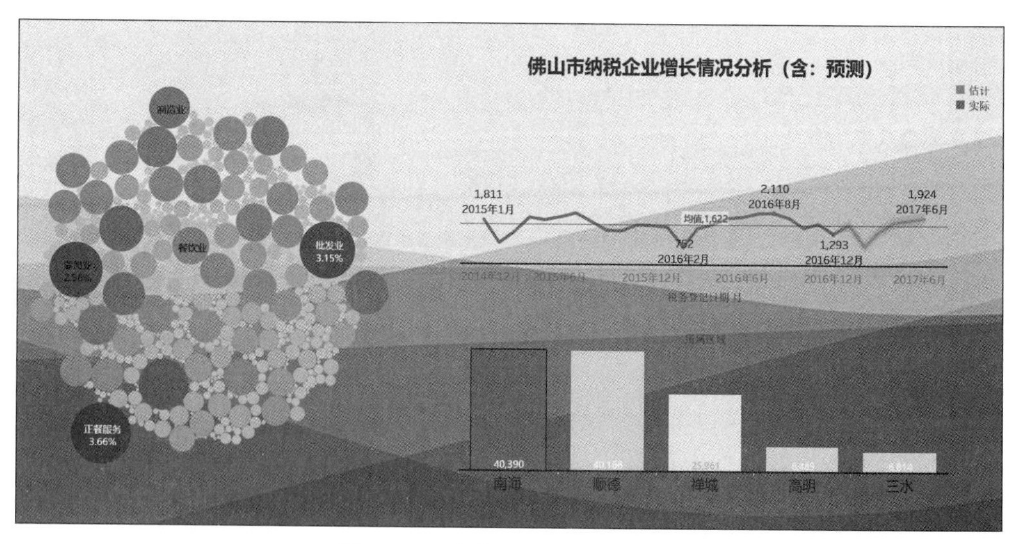

图 5.188　南海纳税企业增长情况

3．顺德

单击柱形图中代表“顺德”的柱形，仪表板视图区呈现了在 2015 年和 2016 年顺德地区纳税企业新增情况，如图 5.189 所示。依据柱形图可以看出，顺德两年一共新增纳税企业

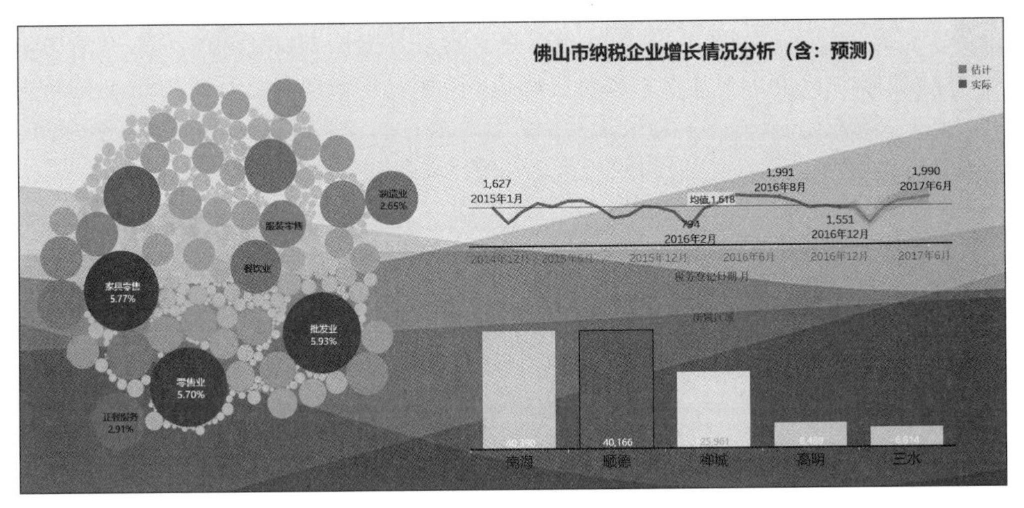

图 5.189　顺德纳税企业增长情况

40166家。依据折线图可以看出，顺德纳税企业平均每月增长1618家；预计2017年6月新增纳税企业数是1990家。依据气泡图可以看出，顺德新增的纳税企业中，批发业占比最高；其次是家具零售；第三是零售业；第四是正餐服务。

4. 禅城

单击柱形图中代表"禅城"的柱形，仪表板视图区呈现了在2015年和2016年禅城地区纳税企业新增情况，如图5.190所示。依据柱形图可以看出，禅城两年一共新增纳税企业25961家。依据折线图可以看出，禅城纳税企业平均每月增长1033家，预计2017年6月新增纳税企业数是1185家。依据气泡图可以看出，禅城新增的纳税企业中，建材批发占比最高；其次是贸易代理；第三是正餐服务。

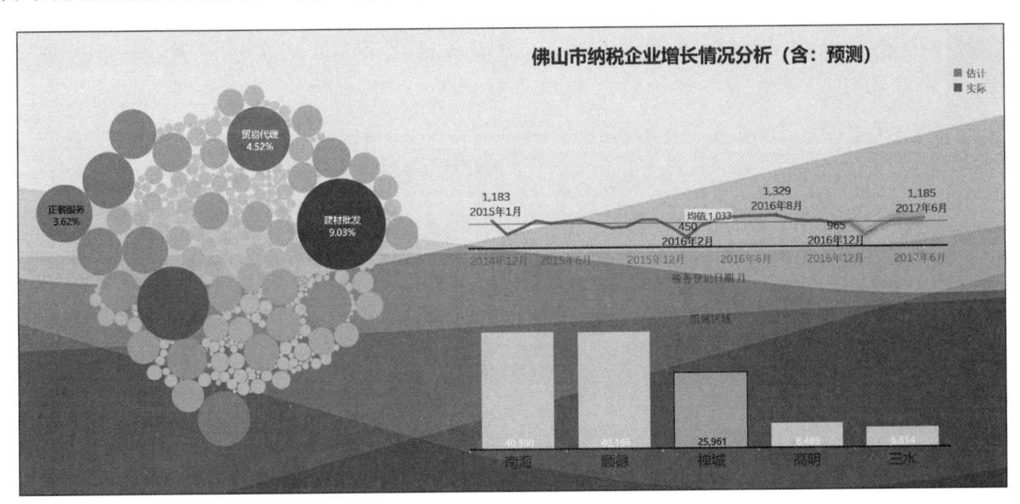

图 5.190　禅城纳税企业增长情况

5. 高明

单击柱形图中代表"高明"的柱形，仪表板视图区呈现了在2015年和2016年高明地区纳税企业新增情况，如图5.191所示。依据柱形图可以看出，高明两年一共新增纳税企业

8489家。依据折线图可以看出，高明纳税企业平均每月增长316家，跟前面3个地区相比差距明显，预计2017年6月新增纳税企业数是179家。依据气泡图可以看出，高明新增的纳税企业中，餐饮业占比最高；其次是其他综合零售；第三是零售业，第四是正餐服务，前四位的总占比接近30%，说明高明的产业集中度比较高，主要依赖这几个行业。

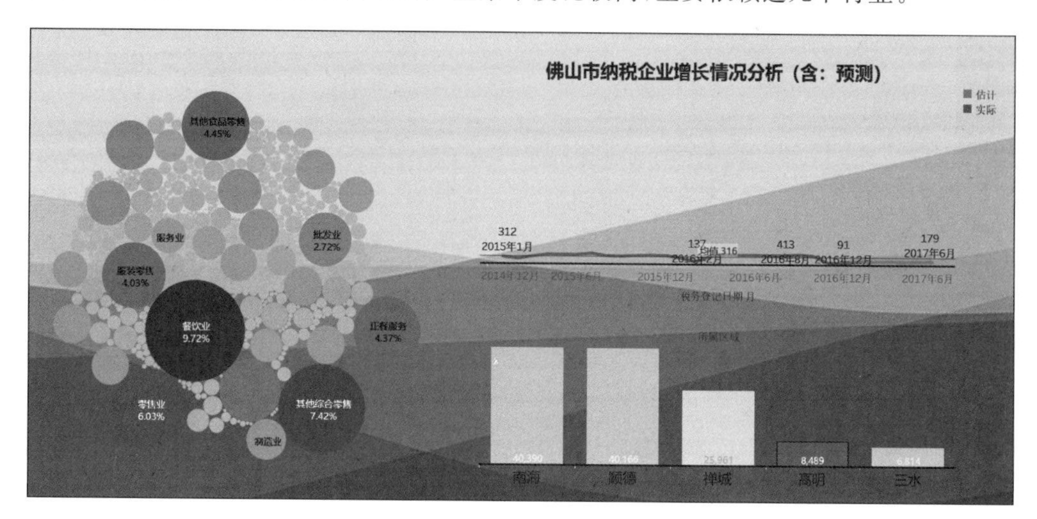

图5.191 高明纳税企业增长情况

6. 三水

单击柱形图中代表“三水”的柱形，仪表板视图区呈现了在2015年和2016年三水地区纳税企业新增情况，如图5.192所示。依据柱形图可以看出，三水两年一共新增纳税企业6814家。依据折线图可以看出，高明纳税企业平均每月增长278家，预计2017年6月新增纳税企业数是324家，跟同期预测高明新增179家企业相比较，三水的增长势头更强。依据气泡图可以看出，三水新增的纳税企业中，正餐服务占比最高；其次是零售业；第三是服装零售，三水的企业主要集中于居民日常服务领域，缺乏工业和支撑工业的产业。

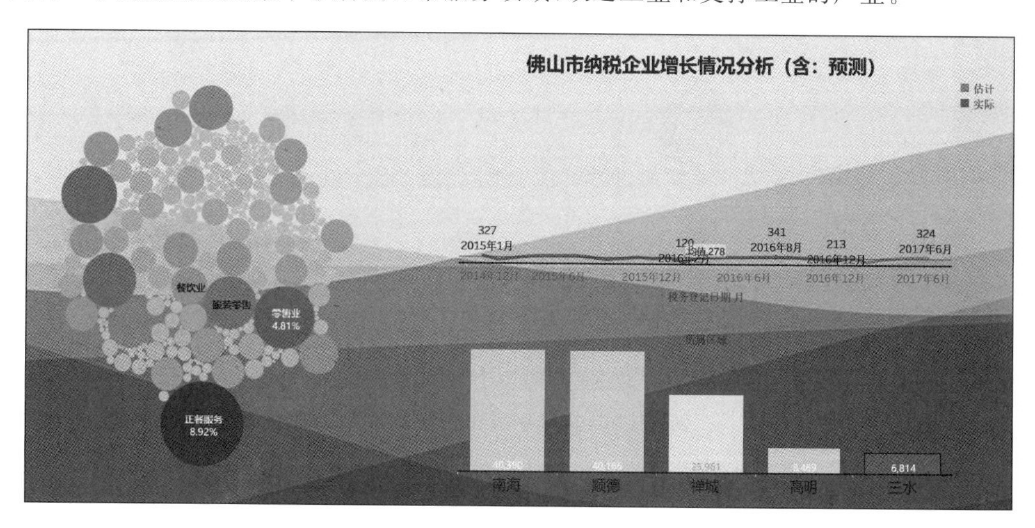

图5.192 三水纳税企业增长情况

BIG DATA

第6章 数据分析拓展

6.1 数据分析拓展引言

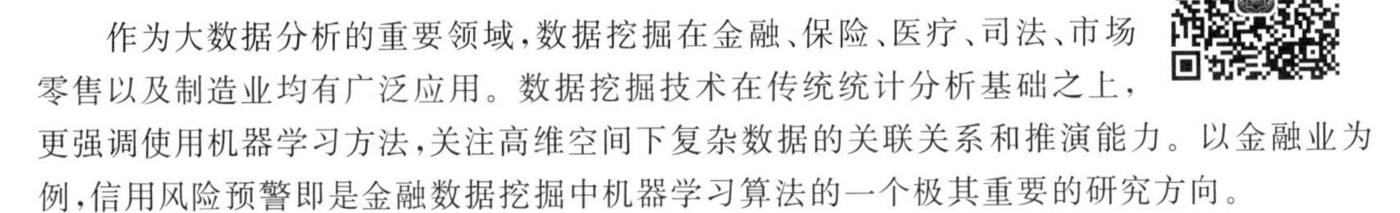

作为大数据分析的重要领域，数据挖掘在金融、保险、医疗、司法、市场零售以及制造业均有广泛应用。数据挖掘技术在传统统计分析基础之上，更强调使用机器学习方法，关注高维空间下复杂数据的关联关系和推演能力。以金融业为例，信用风险预警即是金融数据挖掘中机器学习算法的一个极其重要的研究方向。

信用风险是指借款者因未能满足合同要求而给贷款者带来经济损失的风险。近年来，随着信息技术的发展，互联网金融已经全面兴起，如何有效降低互联网金融信用风险已经成为业界研究的热点。大数据分析可以解决由于信息不对称所带来的欺诈、信用等问题。对于金融业来说，大数据更是对风险进行有效度量的关键因素。但是，需要注意的是，与传统金融业相比，互联网金融风险管理所要处理的数据规模更加庞大。同时，这些数据还具有类型多样、关系复杂、数据动态性、高噪声以及非正态等特征。因此，互联网金融风险预警面临着更大的挑战。

为了解决这个问题，近年来，众多机器学习算法被提出，这些算法创新性地使用大量金融以及非金融数据进行建模，对互联网金融海量贷款客户的业务数据进行处理、分析以及归类，发现其违约背后的数据规律和模式，并以此为依据进行信用风险评估及预测。

接下来，通过一个具体的应用实例来研究如何有效应用数据挖掘技术以及大数据工具进行互联网金融信用风险评估。Malekipirbazari 与 Aksakalli 两位作者在学术期刊 *Expert Systems with Applications* 发表了一篇名为“Risk Assessment in Social Lending via Random Forests”(中文译名：“基于随机森林的网贷信用风险评估”)的论文[9]。作者在文中提到，P2P 网络借贷(Peer to Peer Lending，P2P 网贷)作为一种互联网金融创新应用模式在全球市场范围内快速发展。作者这里提到的网络借贷是指贷款人与借款人均作为个人，个人与个人之间通过网络借贷平台而不是金融机构产生的直接借贷。这种借款模式最初起源于英国，英国 Zopa 公司的成立标志着 P2P 融资模式的形成。之后美国相继出现了 Prosper 以及 Lending Club 等著名的网络贷款平台，网络贷款业务开始迅猛发展。然而，网络信贷行业在快速发展的同时，其产生的信用风险也开始受到社会各界的广泛关注。Malekipirbazari 与 Aksakalli 两位作者借助 Lending Club 平台提供的网络借贷数据，使用 k-最近邻、支持向量机、逻辑回归以及随机森林等机器学习算法建立模型，通过对数据处理结果进行分析以及对比，确定了随机森林是最适合对网络借贷(P2P 网贷)进行信用风险评估的方法。

6.1.1 研究背景及实验数据

网络借贷是个人与个人之间无须通过银行等官方金融中介机构，直接基于在线交易平台进行借贷的方式。这种业务模式使得交易双方的资金流以及业务管理更加直接透明。贷款人不但能找到大量潜在的借款人，同时还能取得比银行更高的贷款利率，获得更多的收益。贷款人能否获得收益是网络借贷市场能否可持续性发展的关键。而识别出 Good borrowers（优秀借款人）显然又是贷款人能否获得收益的关键。

对于识别 Good borrowers，目前网络借贷平台普遍采用的是传统的 FICO（Fair Isaac Corp.）信用评分。传统的信用评分是根据银行客户的各种历史信用资料，利用一定的信用评分模型，评估出不同等级的信用分数。授信者根据客户的信用分数，衡量客户未来的还款能力，并据此决定是否给予授信、授信的额度以及利率。但是，论文作者在研究中发现，即使是 FICO 评分最高的借款人也不一定是网络借贷平台的 Good borrowers。作者认为，在网络借贷动态交易机制下，传统的财务信用评分并不能很好地给予网络借款人合理的信用评价。作者通过使用 4 种机器学习算法建立模型，最终找到了对网络借贷平台借款人进行合理信用评价的方法。

研究工作的第一步是收集和准备实验数据，任何机器学习应用程序都需要选择具有良好预测能力的数据。作者获取了 Lending Club 约 10 亿美元贷款数据（以下简称 LC 数据）作为实验数据。

对于每一笔贷款记录，LC 数据总共包含 35 个金融和其他特定于借款人的特征值。经过仔细分析，选择了其中 23 个特征值总共生成了 15 个特性用于预测建模。数据预处理和操作任务是使用开源统计工具 R 软件完成的，机器学习任务是使用开源机器学习软件 Weka 完成的。

图 6.1 与图 6.2 为作者实验数据（特征值）可视化的结果。作者将一部分实验数据（特征值）以饼图的形式展示（如图 6.1 所示），另一部分实验数据（特征值）以直方图的形式展示（如图 6.2 所示）。作者建立预测模型时所使用到的部分实验数据（特征值）如下。

- 贷款状态，标识借款人是否拖欠贷款或是否已全部还清贷款。
- 借款人在登记期间提供的年收入信息，数据处理采用自然对数函数。
- 借款人立信时间，是指借款人最早开立信用账户的日期，需折算为月。数据处理采用自然对数函数。
- 拖欠还款，是指借款人过去两年拖欠还款次数。数据处理为若拖欠次数大于 2 次则该值被设置为 2。
- 借款人工作年限，该值是 0～10 的整数。0 表示小于 1 年，10 表示 10 年或 10 年以上。
- 借款人登记时提供的房屋所有权状况信息。可能的值包括租用、自有和抵押三种。
- 借款人在过去 6 个月的信贷查询次数。该值数据操作处理为若查询次数大于 3 次则被设置为 2。
- 借款人贷款的金额，金额不能超过 35 000 美元。
- 借款人申请贷款的用途。可能的值包括偿还债务、房屋装修、偿还信用卡、搬家、购买汽车、大宗采购、度假、医疗、举办婚礼等。

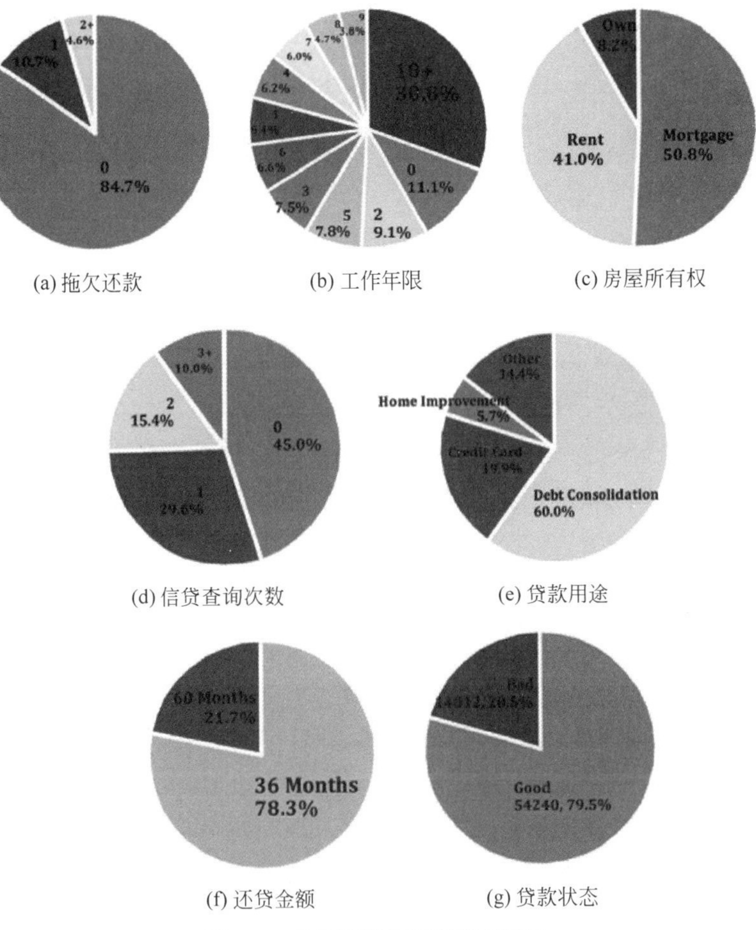

(a) 拖欠还款　(b) 工作年限　(c) 房屋所有权

(d) 信贷查询次数　(e) 贷款用途

(f) 还贷金额　(g) 贷款状态

图 6.1　特征值数据可视化(饼图)

- 借款人信贷档案中开放式信贷的信贷额度。
- 借款人总信贷额度。
- 借款人每月偿还贷款的金额。

除了直接使用特征值,作者还设计了如下 4 种特征比。

- 负债与收入比。这个值指的是借款人每月应偿还的债务总额与借款人每月收入的比率。
- 借款人月收入与月还款额之比。这是作者在研究中引入的一个非标准金融特征数据。对于月薪 1 万美元的人来说,每月支付 500 美元可能无关紧要;但对于月薪 1000 美元的人来说,这将改变他们的生活。如果仅考虑一个方面的数据,机器学习算法很难恰当描述借款人的财务状况。
- 借款人所有可用循环信贷金额与总信贷金额之比。
- 借款人循环信贷余额与每月收入之比。

上述实验数据(特征比)可视化的结果如图 6.3 和图 6.4 所示。

在提取了借款人标准金融特征数据以及非标准金融特征数据,并进行预处理后,作者开始使用机器学习算法建立分类模型对借款人进行识别。作者选择了 4 种机器学习算法来完成这项工作。

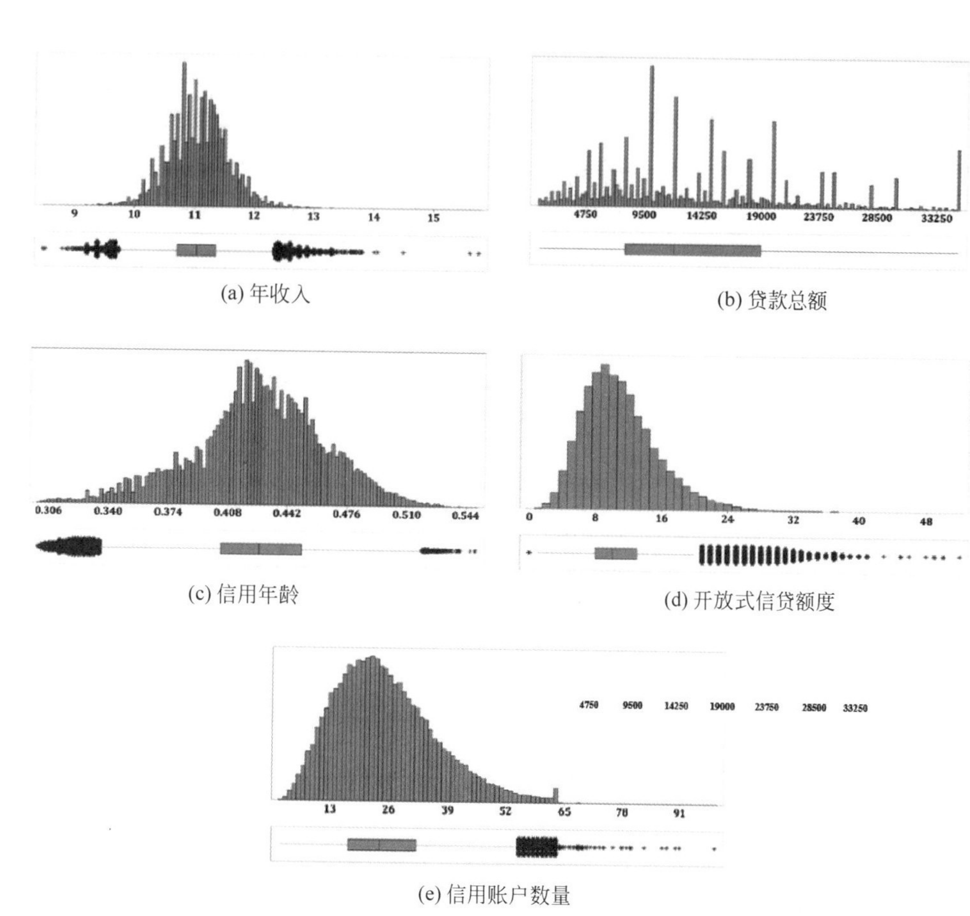

(a) 年收入

(b) 贷款总额

(c) 信用年龄

(d) 开放式信贷额度

(e) 信用账户数量

图 6.2　特征值数据可视化(直方图)[9]

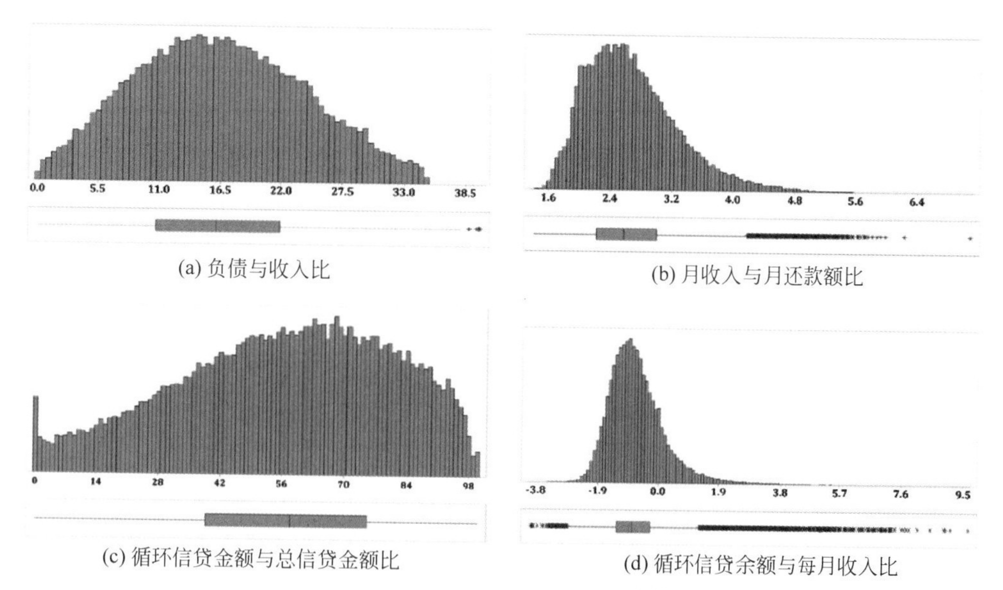

(a) 负债与收入比

(b) 月收入与月还款额比

(c) 循环信贷金额与总信贷金额比

(d) 循环信贷余额与每月收入比

图 6.3　特征比数据可视化-1[9]

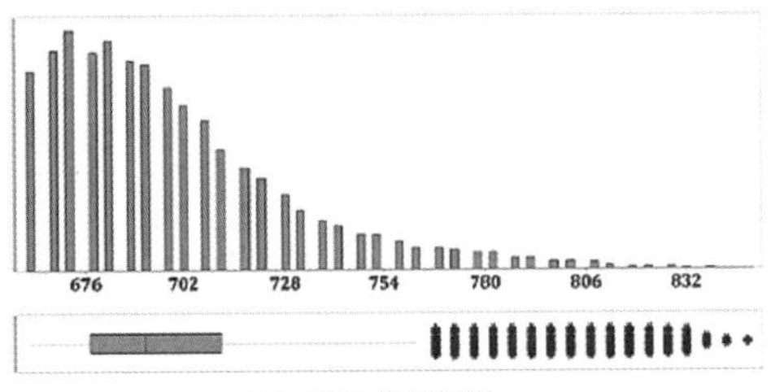

(a) FICO信用评分

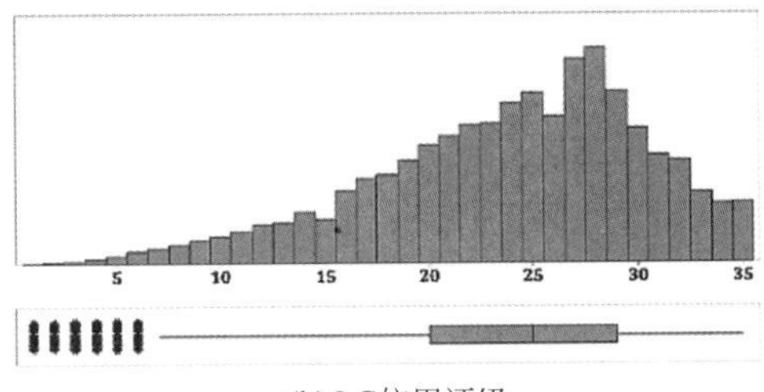

(b) LC信用评级

图 6.4 特征比数据可视化-2[9]

6.1.2 研究方法

机器学习是让机器模拟人类的学习过程,获取新的知识或者技能,通过自身的学习来完成指定的工作或者任务的方法,其目标是让机器能像人一样具有学习能力。作者选择了4种机器学习算法,建立模型以对借款人信用风险进行评价,它们分别是 k-最近邻算法、支持向量机、逻辑回归算法以及随机森林算法。

1. k-最近邻算法

k-最近邻算法(k-Nearest Neighbor,k-NN)是一种监督式的学习算法,其工作原理非常简单,即给定测试样本,基于某种距离度量找出训练集中与其最靠近的 k 个训练样本,然后基于这 k 个"邻居"的信息对测试样本进行预测。通常,在分类任务中可以使用"投票法",即选择这 k 个样本中出现最多的类别标记作为预测结果。

2. 支持向量机

支持向量机 SVM(Support Vector Machine,SVM)是一种监督式的机器学习算法(Supervised Machine Learning),由于其在文本分类方面的卓越性能成为机器学习的主流技术。支持向量机(SVM)是针对二分类任务(Binary Classification)设计的,其最大特点是既能最小化经验损失(也叫作经验风险或者经验误差),同时又能最大化几何间距(分类器的置信度),因此支持向量机又被称为最大边缘分类器。

3. 逻辑回归算法

逻辑回归(Logistic Regression)是一种预测分析,解释因变量与一个或多个自变量之间的关系,主要用于解决分类问题。它是用概率的方式预测出数据属于某一分类的概率值。如果概率值超过 50%,则属于某一分类。逻辑回归由于具有易于实现、解释性好以及容易扩展等优点,被广泛应用于经济预测、疾病自动诊断、点击率预估以及推荐系统等任务中。

4. 随机森林算法

随机森林(Random Forest)是一种包含多个决策树的分类器,属于集成学习的组合分类算法(Bagging)。集成学习的核心思想是利用自主抽样法(Bootstrap)从原数据集中有放回地抽取多个样本,对抽取的样本先用弱分类器(决策树)进行训练,然后把这些决策树组合在一起,最终通过投票得出分类或预测结果。

作者使用这四种机器学习算法建立模型,对实验结果进行分析,如表 6.1 所示。

表 6.1　四种机器学习算法分类性能对比[9]

Rank	Classifier	Accuracy/%	AUC	RMSE	TP Rate		FP Rate	
					Good	Bad	Good	Bad
1	随机森林	78.0	0.71	0.42	0.88	0.31	0.69	0.13
2	最近邻算法	70.1	0.53	0.55	0.82	0.25	0.74	0.18
3	支持向量机	63.3	0.62	0.68	0.47	0.78	0.22	0.53
4	逻辑回归	54.5	0.68	0.51	0.49	0.77	0.23	0.51

通过观察 Lending Club 平台的实验数据，发现随机森林算法对于贷款人信用评估的预测准确率达到了 78%，在上述 4 种机器学习算法中，随机森林算法是最适合对网络借贷进行信用风险评估的方法。下面学习这四种机器学习算法的基本原理以及在 Weka 中 4 种机器学习算法的使用方法。

6.2　*k*-最近邻算法

6.2.1　*k*-最近邻算法的基本原理

k-最近邻算法(*k*-Nearest Neighbor，*k*-NN)是一种有成熟理论支撑的经典机器学习算法。前面课程中学习过的决策树和基于规则的分类器都是先对训练数据进行学习，得到分类模型，然后对未知数据进行分类。这类方法通常称为积极学习器(Eager Learner)。与之相反的策略是推迟对训练数据的建模，采用这种策略的分类器被称为消极学习器(Lazy Learner)。消极学习器的典型代表是 *k*-NN 算法。

k-NN 算法的工作原理如图 6.5 所示，有两类不同的样本数据，这两类数据分别用正方形和三角形表示。图正中间的圆点表示待分类数据。也就是说，现在还不知道中间圆点到底是属于正方形还是属于三角形。图中圆点是属于哪一类，*k*-NN 算法要从它的邻居着手进行判别。对待分类数据，在训练样本中找到与其最邻近的 *k* 个样本，这 *k* 个样本的多数属于某个类，就把待分类数据归到这个类中。

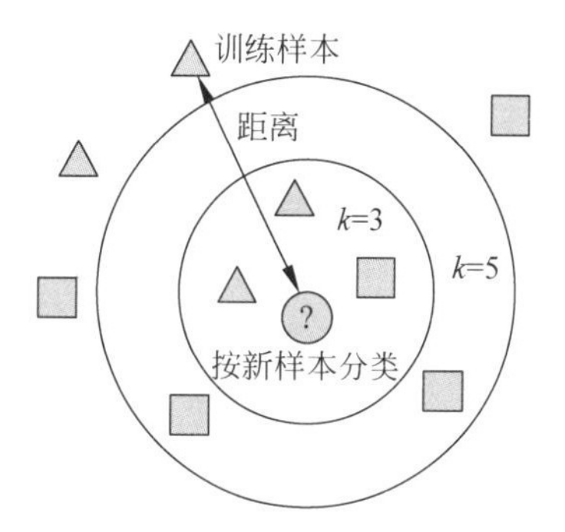

图 6.5　*k*-最近邻算法工作原理示意图

由图 6.5 可知如下内容。

(1) 如果 $k=3$，离圆点最近的 3 个邻居包括 2 个三角形和 1 个正方形。基于统计学的方法，少数从属于多数，判定圆点属于三角形数据类别。

(2) 如果 $k=5$,离圆点最近的 5 个邻居包括 2 个三角形和 3 个正方形。基于统计学的方法,还是少数从属于多数,判定圆点属于正方形数据类别。

由此可知,k-最近邻算法的核心思想是:当无法判定当前的待分类数据从属于已知分类中的哪一类时,可以依据统计学的理论,观察其所处的位置特征,衡量其周围邻居的权重,从而把它归属到权重更大的那一类。Weka 中 k-最近邻分类器名称为 IBk 分类器,接下来学习如何使用 Weka 中的 IBk 分类器。

6.2.2 Weka 中 k-最近邻算法(k-NN)应用实践

k-最近邻算法对样本应用向量空间模型表示,将相似度高的样本分为一类,对新样本计算与之距离最近的样本的类别,最终确定新样本属于这些样本中类别最多的那一类。对于 k-最近邻算法,能够影响分类结果的因素分别包括近邻数量、噪声以及距离的计算方法等。

1. 不同近邻数量对 k-最近邻算法的影响

首先研究不同近邻数量对 k-最近邻算法的影响,步骤如下。

(1) 启动 Weka GUI 窗口,单击 Explorer 按钮,启动 Explorer 界面。单击 Preprocess 预处理标签下方的 Open file 按钮,选择 Weka,选择 data 子目录下的劳工数据集 labor.arff,单击打开加载数据。labor.arff 劳工数据集来源于加拿大劳资谈判的案例,它根据工人的个人信息来预测劳资谈判的最终结果。该数据一共有 57 个实例,每个实例有 17 个属性,最后一个属性标记为类别,如图 6.6 和图 6.7 所示。

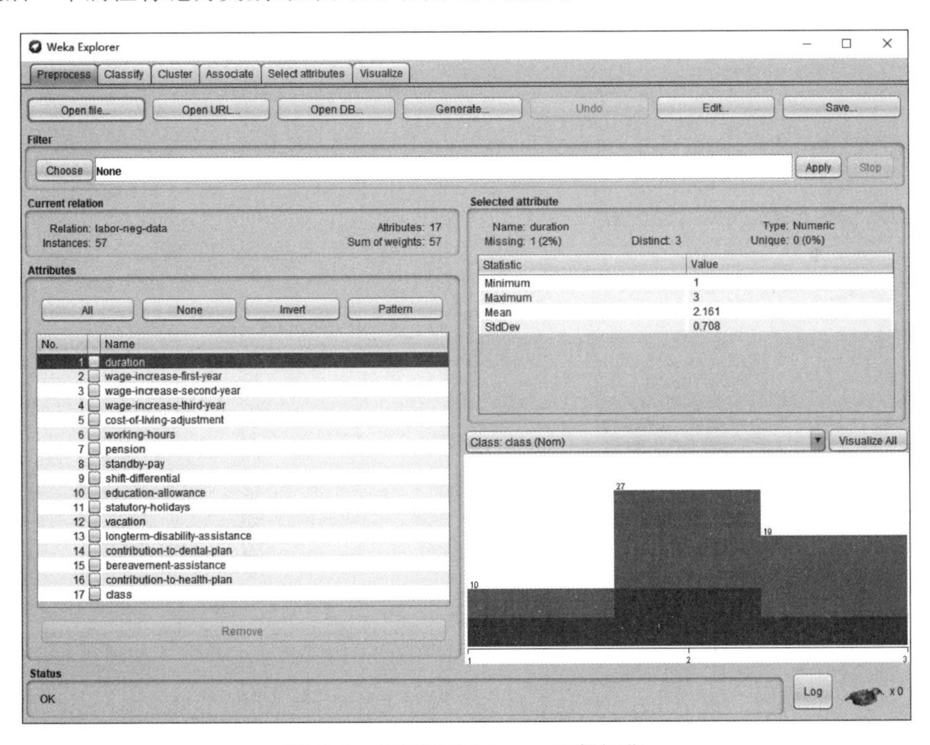

图 6.6 加载劳工 labor.arff 数据集

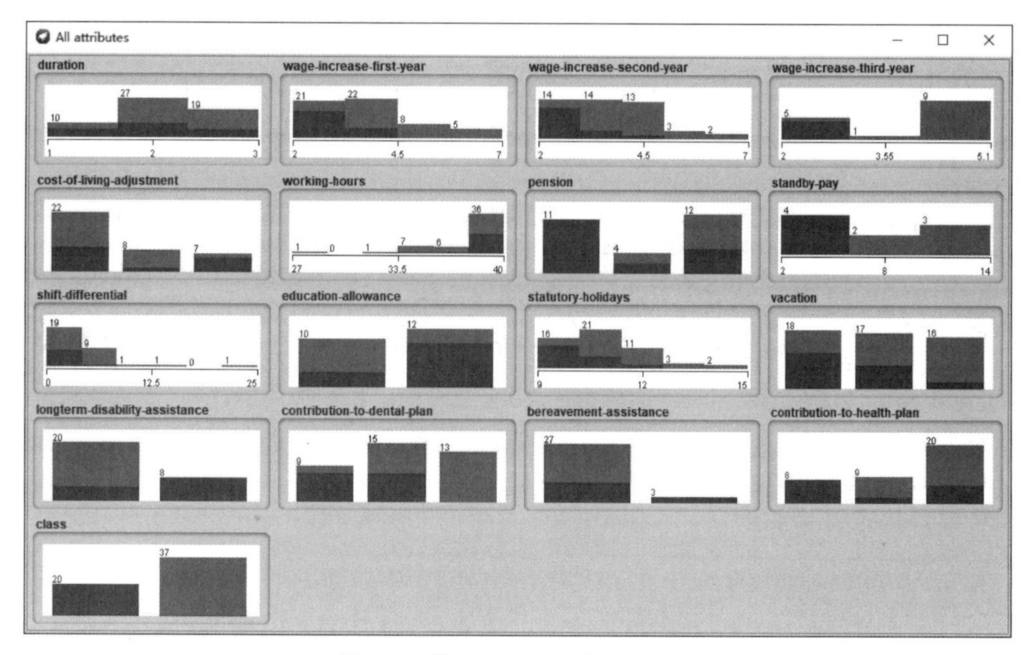

图 6.7　劳工 labor.arff 数据集属性

(2) 加载数据后,切换到 Classify 标签页,单击 Choose 按钮。Weka 中 k-最近邻分类器为 IBk 分类器,其位于 lazy 目录下。单击选择 IBk 分类器,将分类器打开,如图 6.8 所示。

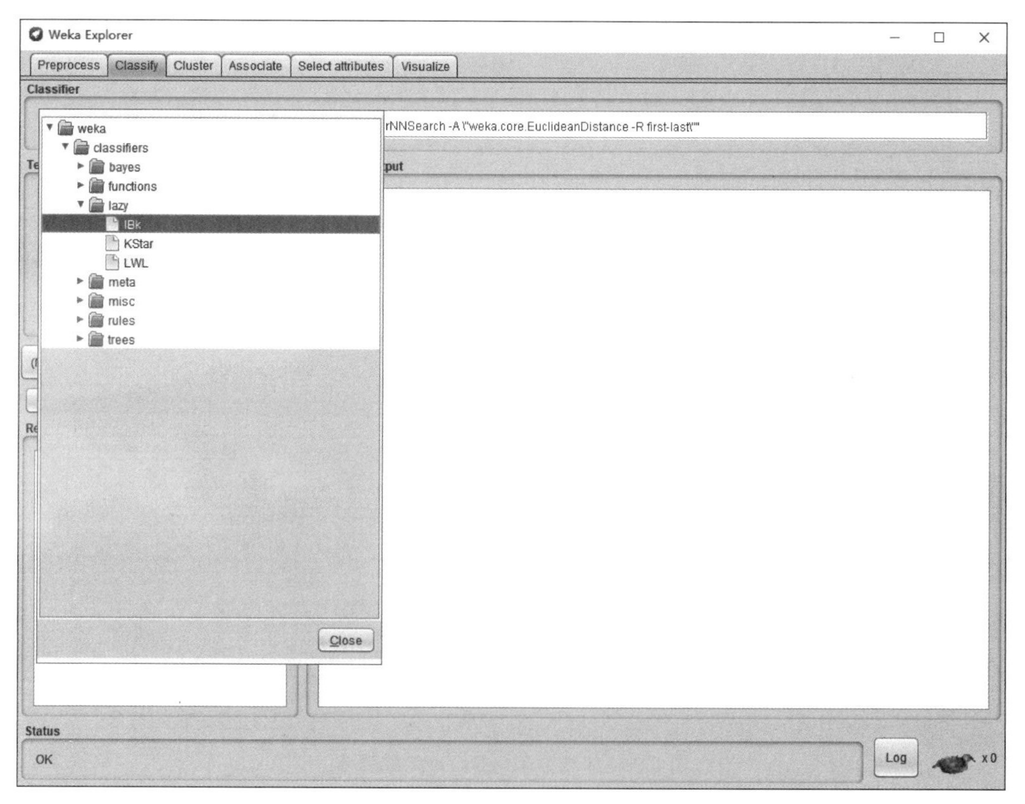

图 6.8　不同近邻数量对 IBk 分类器的影响-3

(3) 使用交叉验证测试该分类器的性能,在 Test options 中选择 Cross-validation (Folds=10)。交叉验证的基本思想是将数据分成训练集和测试集。在训练集上训练模型,然后利用测试集模拟实际的数据,对训练模型进行调整或评价,最后选择在验证数据上表现最好的模型。十折交叉验证是将数据随机地划分为10等份,将其中的9份作为训练集,剩余的1份作为测试集,计算10组测试结果的平均值作为模型精度的估计,并作为当前十折交叉验证下模型的性能指标,如图6.9所示。

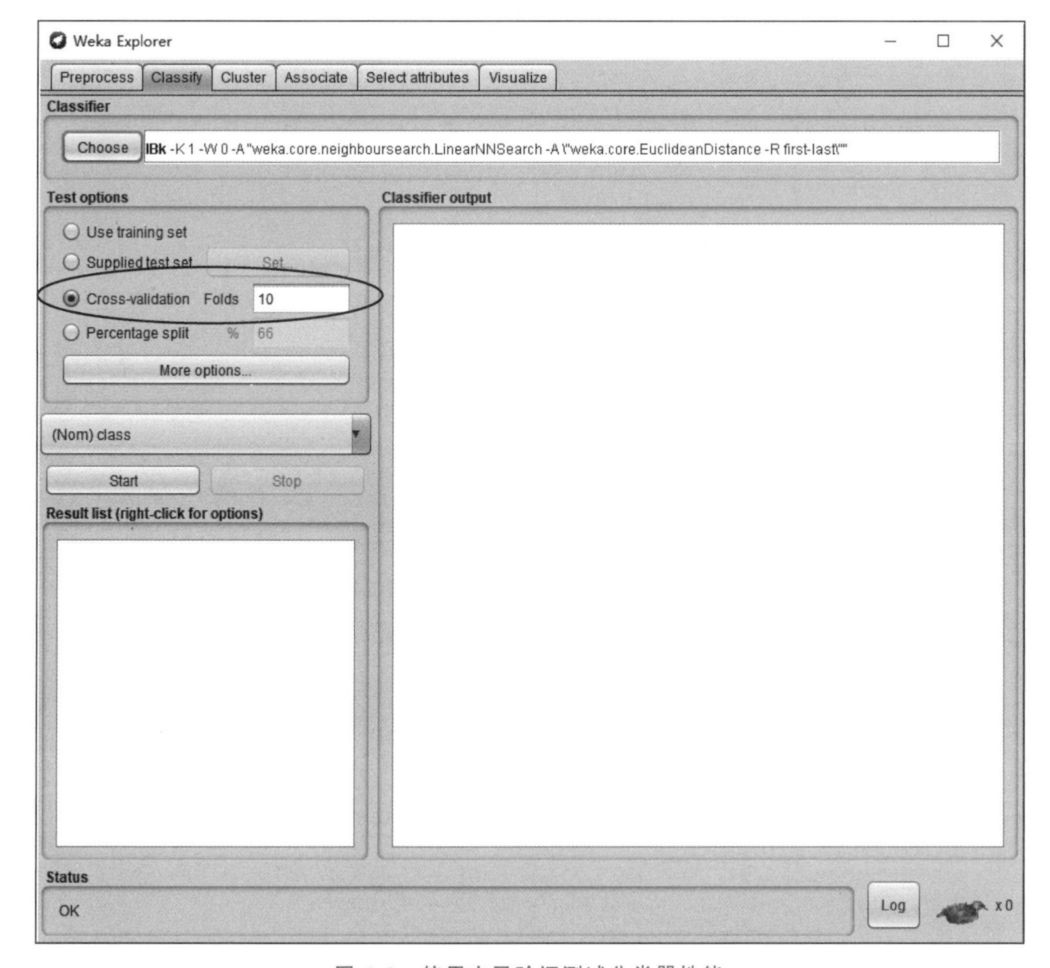

图6.9 使用交叉验证测试分类器性能

(4) 单击 Choose 按钮右边的文本框,k 默认为使用1,该值为分类时所用的近邻实例的数量,单击 OK 按钮,如图6.10所示。

(5) 单击 Start 按钮运行一次分类器,正确分类百分比为82.456 1%,如图6.11所示。将该分类准确率记录于表6.2。继续修改 k 值(2~6),分别将分类准确率记录于表6.2。

表6.2 k-最近邻算法

k 值	1	2	3	4	5	6
准确率/%	82.456 1	84.210 5	91.228 1	87.719 3	85.964 9	82.456 1

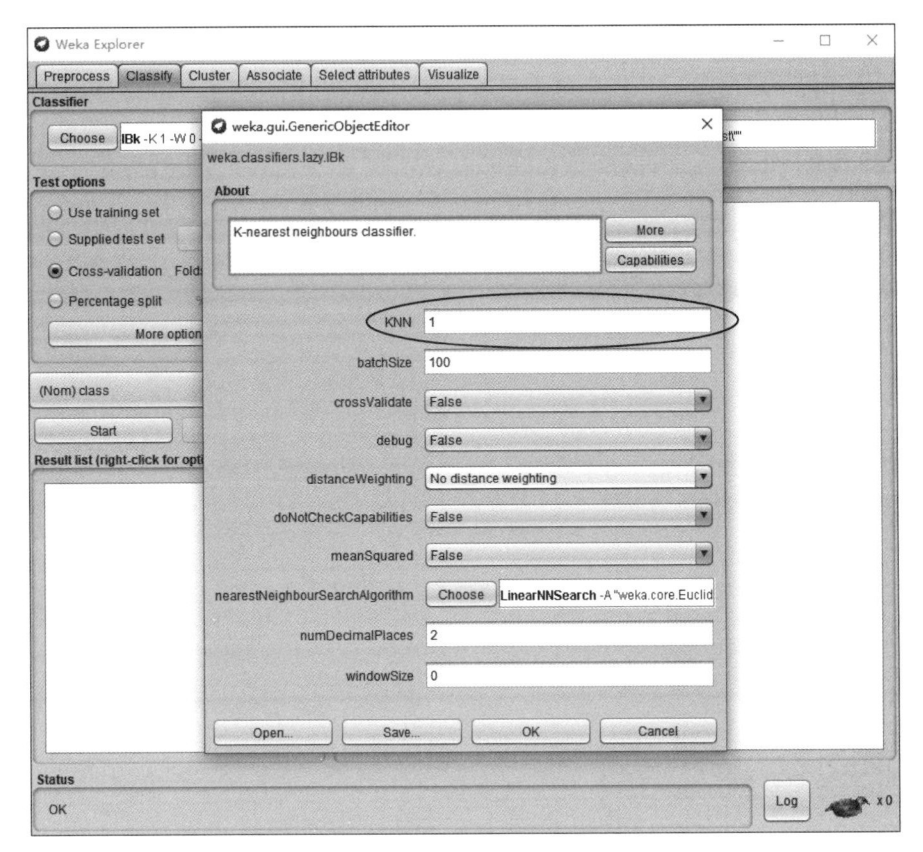

图 6.10　使用默认 k 值作为近邻数量

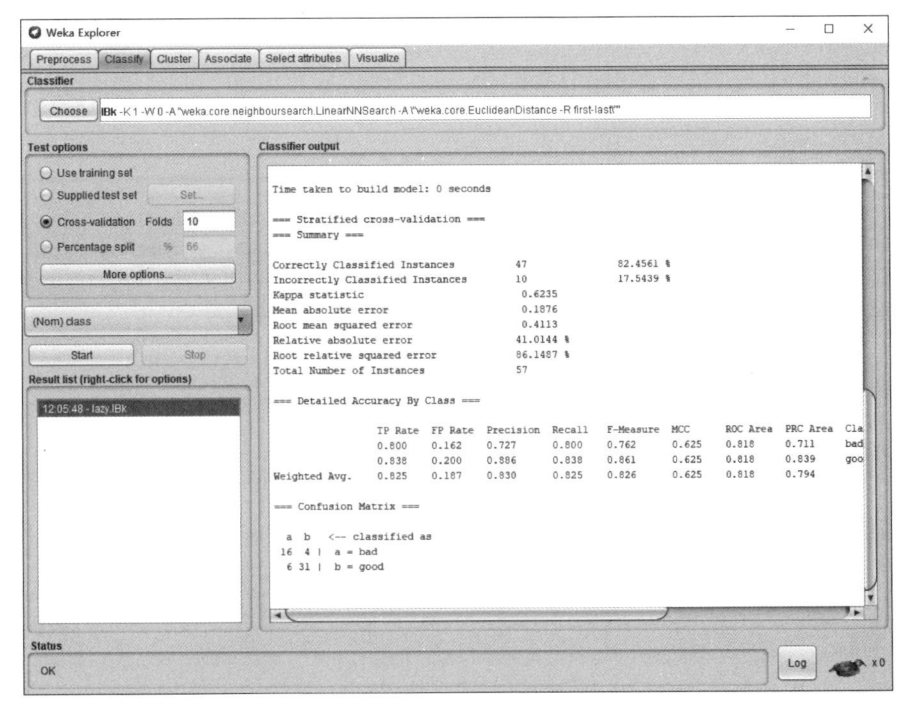

图 6.11　IBk 分类器运行结果

如表 6.2 所示，当 k 值由 1 增加到 3 时，IBk 分类器分类准确率逐渐增加。继续增加 k 值，IBk 分类器分类准确率反而逐渐减小。因此，对于劳工数据集 labor.arff，能使 IBk 分类器分类准确率达到最高的 k 值为 3。

2. 不同噪声对 k-最近邻算法的影响

接着研究不同噪声对 k-最近邻算法的影响，步骤如下。

(1) 首先将 IBk 分类器 k 值设置为上一步能使分类器分类准确率达到最高值的 3，如图 6.12 所示。

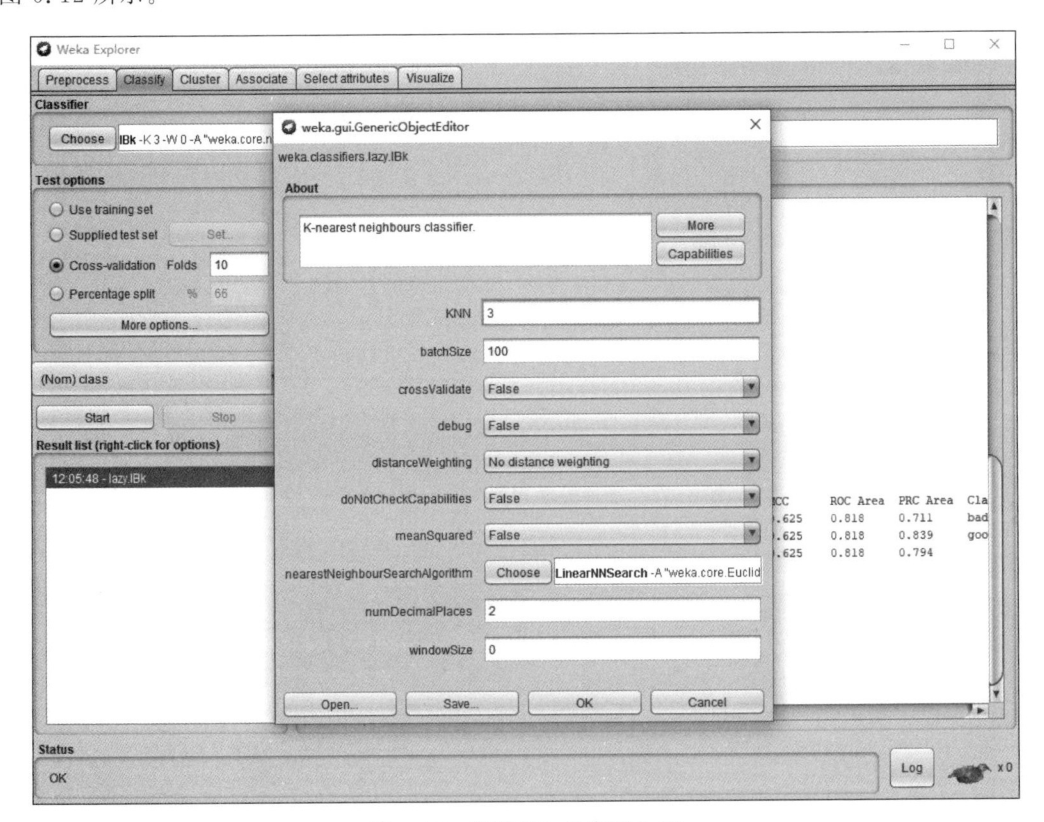

图 6.12 设置 IBk 分类器 k 值

(2) 要求仅在训练数据中添加噪声，而测试数据不能受分类噪声的影响。Weka 中能满足这种要求的元学习器名为 FilteredClassifier，其位于 weka.classifiers.meta 包中。在 Classify 标签页，单击 Choose 按钮，选择 meta 目录下的 FilteredClassifier，如图 6.13 所示。

(3) 单击 Choose 按钮右边的文本框，打开 FilteredClassifier 的通用对象编辑器窗口。Classifier 默认使用 J48 分类器，单击 Choose 按钮，改为使用 IBk 作分类器，如图 6.14 所示。

(4) 将 k 设置为上一个步骤找到的最优参数 3，如图 6.15 所示。

(5) 使用一种称为 AddNoise 的无监督属性过滤器来添加噪声。AddNoise 过滤器可以将数据中一定比例的类别标签翻转为随机选择的值。同时，该过滤器只在遇到的首批数据中添加噪声，而对之后的数据不产生任何影响。也就是说，AddNoise 过滤器只在训练数据中添加噪声，而随后的测试数据会保持原状。单击过滤器 filter 右边的 Choose 按钮，选择位于 Unsupervised→attribute 目录下的 AddNoise 过滤器，如图 6.16 所示。

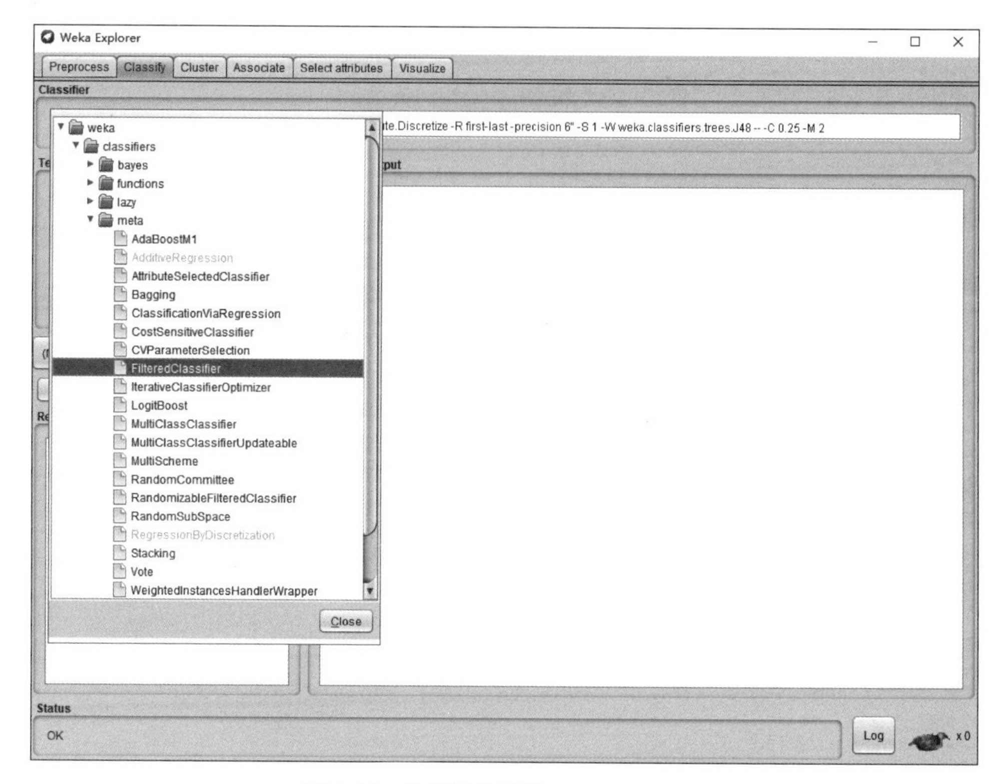

图 6.13　选择元学习器 FilteredClassifier

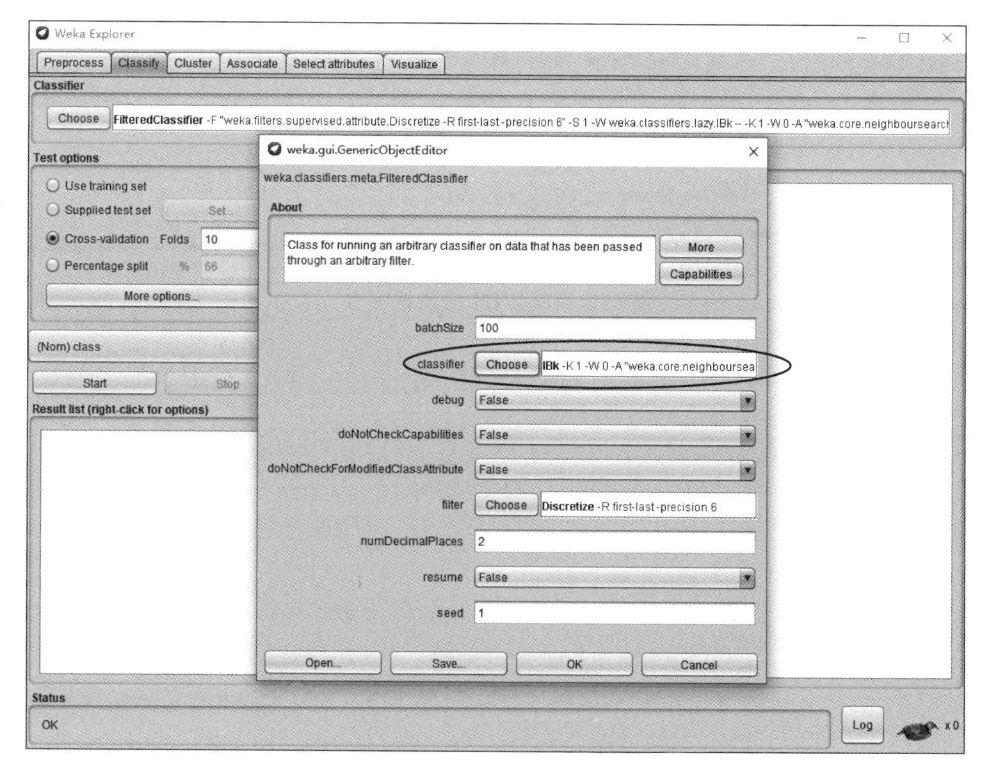

图 6.14　修改分类器为 IBk

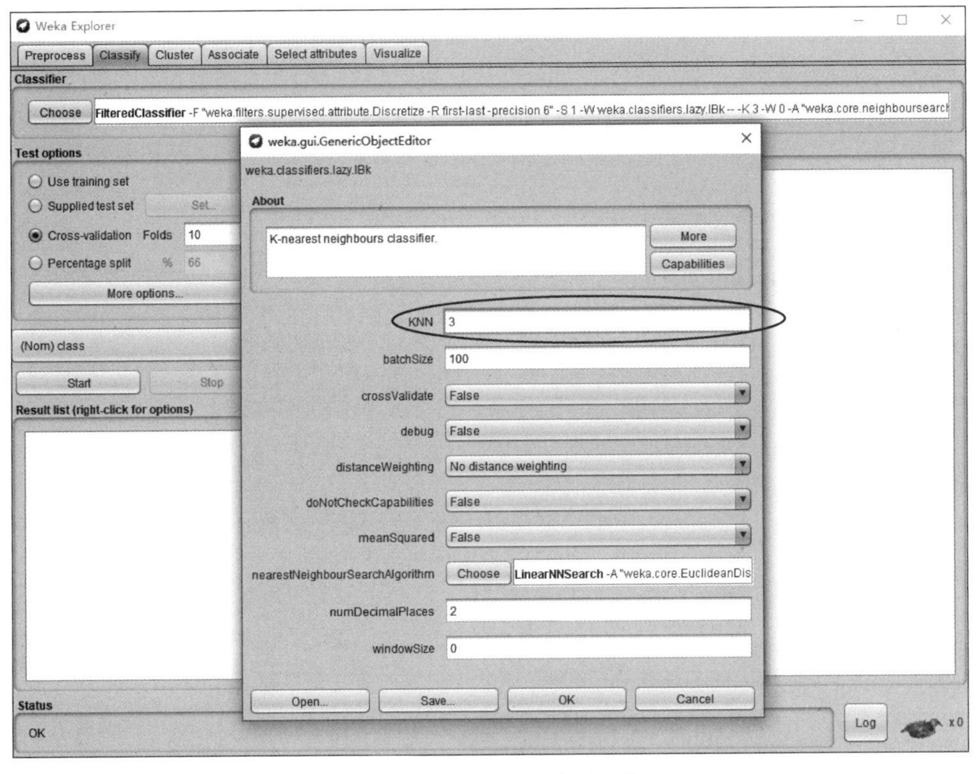

图 6.15 修改 IBk 分类器 *k* 值

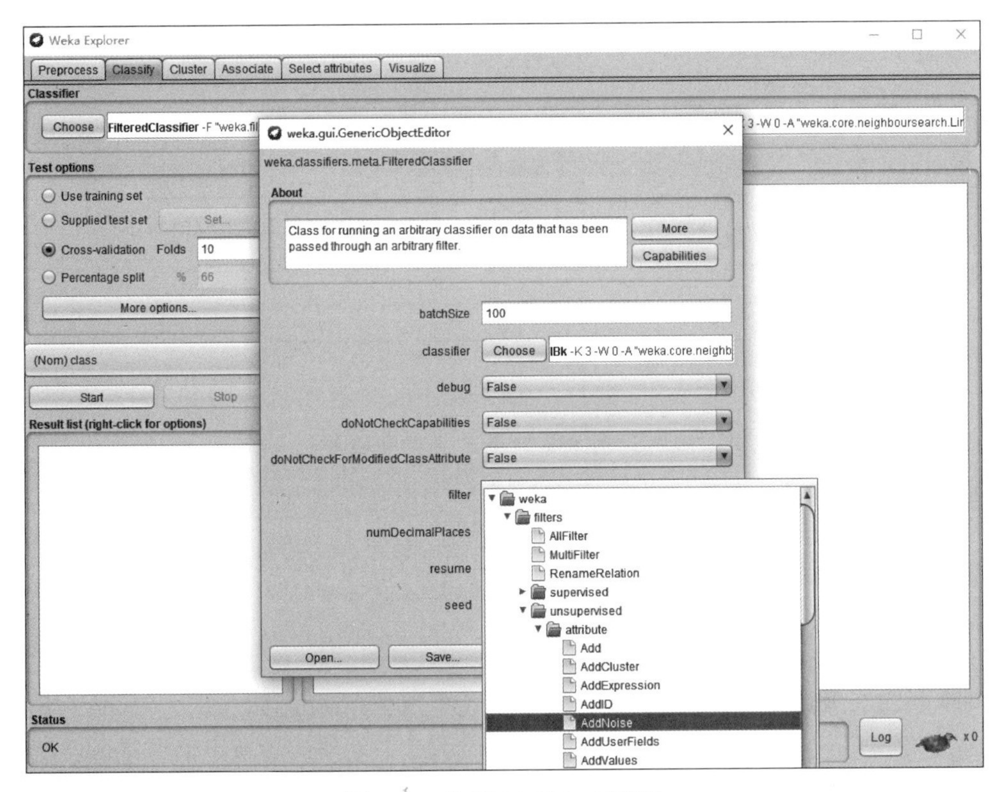

图 6.16 选择 AddNoise 过滤器

(6) 将添加噪声百分比设置为 10%、20%直至 100%,如图 6.17 所示。

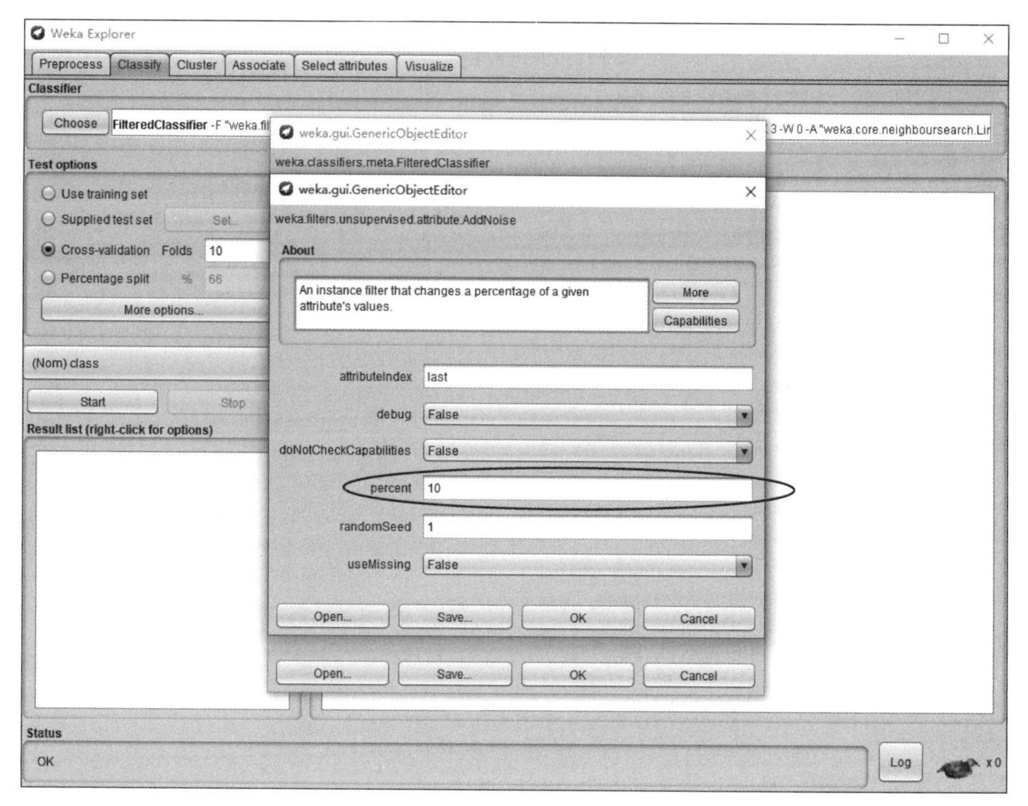

图 6.17 添加噪声

(7) 观察 IBk 分类器分类性能,将分类准确率记录于下表 6.3。

表 6.3 不同噪声对 IBk 的影响 (单位:%)

噪声百分比	10	20	30	40	50
准确率	87.719 3	78.947 4	77.193	54.386	43.859 6
噪声百分比	60	70	80	90	100
准确率	40.350 9	38.596 5	28.070 2	10.526 3	8.771 9

由表 6.3 可知,当噪声增大时,IBk 分类器分类准确率随之下降。

3. 综合考查近邻数量以及噪声对 IBk 分类器分类准确率的影响

接下来,综合考查近邻数量以及噪声对 IBk 分类器分类准确率的影响,步骤如下:

(1) 启动 Weka GUI 窗口,单击 Explorer 按钮,启动 Explorer 界面。单击 Preprocess 预处理标签下方的 Open file 按钮,选择 data 目录下的 glass.arff 数据集,单击打开加载数据。

(2) 加载数据后,切换到 Classify 标签页,选择 IBk 分类器,将分类器打开。

(3) 使用交叉验证测试该分类器的性能,保持折数为默认值 10。

(4) 单击 Choose 按钮右边的文本框,打开 IBk 分类器的通用对象编辑器窗口。保持 k-NN 默认值 1,运行分类器。

(5) 再单击 Choose 按钮右边的文本框,修改 k-NN 的值为 3 及 5,运行分类器。分别记录 IBk 分类器正确分类百分比于表 6.4 第 2 行。

(6) 使用 AddNoise 过滤器添加噪声,噪声百分比从 10%开始直至 100%。分别记录 IBk 分类器正确分类百分比于表 6.4 第 3~12 行。

表 6.4　近邻数量以及噪声对 IBk 分类器分类准确率的影响　　　(单位:%)

噪声百分比	$k=1$	$k=3$	$k=5$
0	82.456 1	91.228 1	85.964 9
10	73.684 2	87.719 3	87.719 3
20	68.421 1	78.947 4	82.456 1
30	68.421 1	77.193	82.456 1
40	43.859 6	54.386	63.157 9
50	36.842 1	43.859 6	42.105 3
60	36.842 1	40.350 9	42.105 3
70	36.842 1	38.596 5	26.315 8
80	33.333 3	28.070 2	21.052 6
90	22.807	10.526 3	15.789 5
100	17.543 9	8.771 9	14.035 1

由此可以得到结论:

(1) 当噪声百分比增加时,无论 k 值大小,IBk 分类器分类准确率都会下降。

(2) 当添加的噪声百分比较小(低于 70%) 时,增大 k 值会增加 IBk 分类器分类准确率;而当添加的分类噪声百分比较大(大于 70%)时,增大 k 值会降低 IBk 分类器分类准确率。

以上学习了 Weka 中 IBk 分类器的使用。论文[9]作者 Milad 和 Vural 正是使用 Weka 中 IBk 分类器,借助 Lending Club 平台提供的数据建立 k-NN 算法模型,对借款人进行归类。他们在论文中公布的数据处理结果表明,使用 k-最近邻算法,正确分类百分比为 70.1%,如表 6.5 第 2 行所示。

表 6.5　k-最近邻算法处理结果

Rank	Classifier	Accuracy/%	AUC	RMSE	TP Rate		FP Rate	
					Good	Bad	Good	Bad
1	随机森林	78.0	0.71	0.42	0.88	0.31	0.69	0.13
2	最近邻算法	70.1	0.53	0.55	0.82	0.25	0.74	0.18
3	支持向量机	63.3	0.62	0.68	0.47	0.78	0.22	0.53
4	逻辑回归	54.5	0.68	0.51	0.49	0.77	0.23	0.51

6.3 支持向量机

支持向量机(Support Vector Machine,SVM)是一种基于统计学理论(Statistical Learning Theory,STL)的模式识别方法,目前已经成为解决多维

函数预测的通用工具。SVM 在数据挖掘、机器学习以及计算机视觉中有广泛应用，主要用于解决分类问题。其将每个样本数据表示为空间中的点，通过将样本的向量映射到高维空间中，寻找最优区分两类数据的超平面，使各分类到超平面的距离最大化。通常，SVM 用于二元分类问题，对于多元分类可将其分解为多个二元分类问题再进行分类。支持向量机 SVM 不仅在解决小样本、非线性及高维模式识别等问题中表现出了许多特有的优势，而且在函数模拟、模式识别和数据分类等领域也取得了极好的应用效果。其重要的应用场景包括图像分类、统计分类、文本分类、面部识别以及垃圾邮件检测等。

6.3.1 支持向量机算法基本原理

首先观察图 6.18 中数据点的分布。能否找到一种方法将图中两种数据点一分为二呢？这很容易就能做到，因为两种数据点之间已经分得足够开，只要画一条直线就能将两组数据分开。将数据分隔开来的直线被称为分隔超平面(Separating Hyperplane)。分隔超平面是分类的决策边界，在一维空间中是一个点，可以用公式 $x+A=0$ 表示；在二维空间中是一条直线，可以用公式 $Ax+By+C=0$ 表示；在三维空间中是一个平面，可以用公式 $Ax+By+Cz+D=0$ 表示；在四维空间中可以想象有一个公式为 $Ax+By+Cz+D\alpha+E=0$ 的分隔超平面存在；在 n 维空间中以此类推。分布在超平面一侧的数据属于某一个类别，分布在另一侧的数据属于另一个类别。在图 6.18 中，由于数据是二维的，所以此时分隔超平面是一条直线。

当然，能将数据分开的分隔超平面不止一个。例如，对于图 6.18 数据集，可以画出 H_1 和 H_2 两个分隔超平面，如图 6.19 所示。

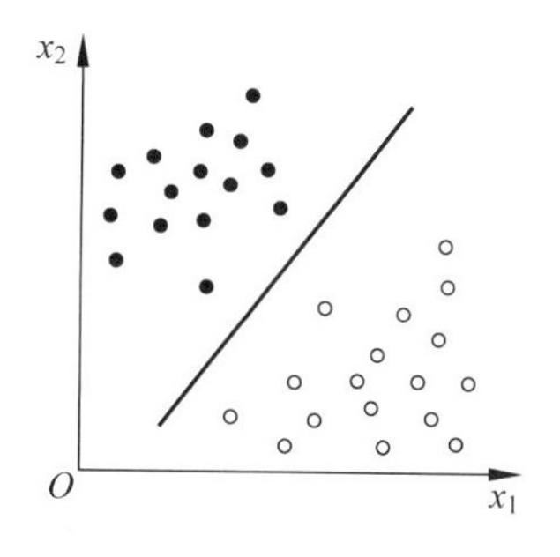

图 6.18 SVM 基本原理

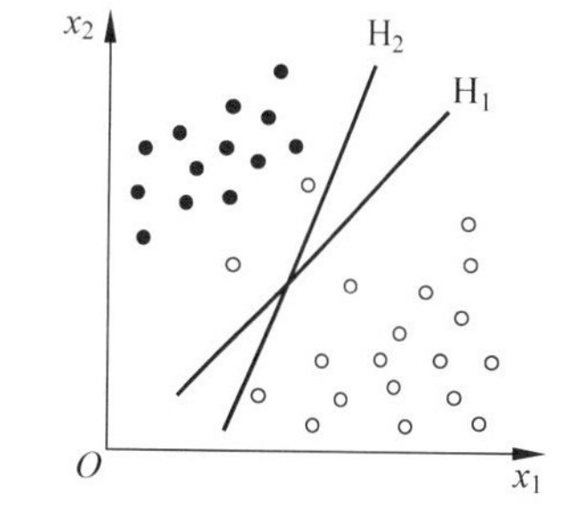

图 6.19 两个分隔超平面 H_1 和 H_2

作为分类器，H_1 和 H_2 都能将数据分开，但是哪一个更好呢？答案是 H_1 分类器的性能优于 H_2 分类器。因为 H_2 分类器离点太近了。理想的分类器不但能将两类数据正确地分开，而且要使分类间隔达到最大。点到分隔面的距离被称为间隔(margin)，如图 6.20 所示。用户希望间隔能尽可能地大，即找到的分隔超平面要能够使离平面最近的点，距离平面尽可能地远。原因是，数据点离分隔超平面越远，那么其预测的结果也就越可信。具有最大间隔的分隔面就是 SVM 要寻找的最优解。

为了找到这个具有最大间隔的最优分隔面，SVM 首先需要从一组数据中找出距离另一组最近的外围数据点，然后在两组外围数据点之间画出最优分隔面。因为这些外围数据点在寻找最优分隔面的过程中起了支撑作用，所以这些数据点被称为“支持向量”。图 6.20

中最优分隔面对应的两侧虚线所穿过的样本点，就是 SVM 的支持向量。图中 6.20 中分类器 H_1 就是一个最优分类器，SVM 算法解决了该最优分类器的设计问题。

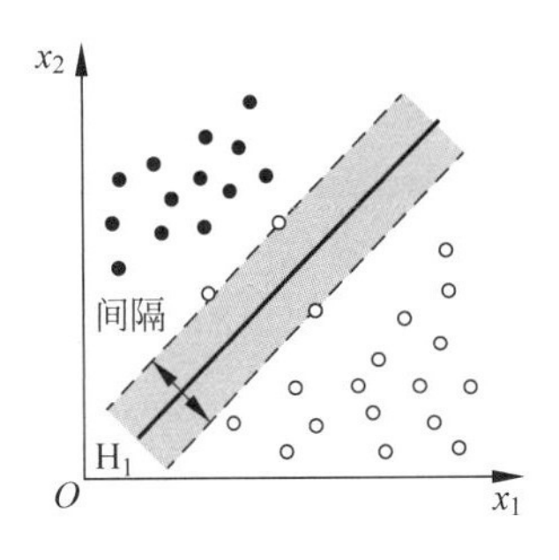

图 6.20 最优分隔超平面

图 6.20 中数据是线性可分的，然而在大多数实际情况中，遇到的例子基本都是线性不可分的。对线性不可分的数据进行分类，SVM 是这样解决问题的：要解决一维空间线性不可分问题，需要把函数映射到二维空间，使得一维空间中的分类边界成为二维空间中的分类函数在一维空间中的投影；要解决二维空间线性不可分问题，就需要把函数映射到三维空间，使得二维空间中的分类边界成为三维空间中的分类函数在二维空间中的投影。以此类推，所有的 n 维空间中的线性不可分问题，都可以考虑映射到 $n+1$ 维中去构造分类函数，使得它在 n 维空间中的投影能够将两个类别分开。

SVM 有通用方法解决这个构造过程，就是使用核函数(kernel)。SVM 所支持的核函数包括 linear(线性核函数)、poly(多项式核函数)、rgb(径向基函数)、sigmoid(神经元激活核函数)、precomputed(自定义核函数)等。Weka 中 SVM 分类器的名称为 SMO，下面学习如何使用 Weka 中的 SMO 分类器。

6.3.2 Weka 中 SVM 算法应用实践

1. 建立和使用线性 SMO 支持向量机

(1) 启动 Weka GUI 选择器窗口，单击 Explorer 按钮，启动 Explorer 界面。单击 Preprocess 预处理标签页的 Open file 按钮，选择 data 子目录下鸢尾花 iris.arff 数据集，单击打开，加载数据，如图 6.21 所示。

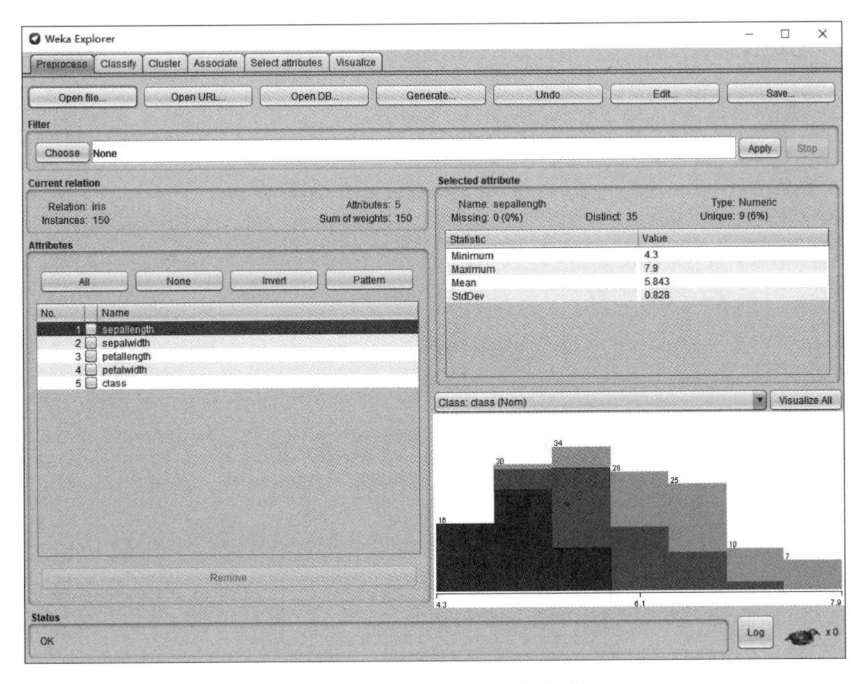

图 6.21 加载 iris.arff 数据集

Iris 鸢尾花是一种草本开花鸢尾属植物，鸢尾花只有三枚花瓣，其余外围的三瓣是保护花蕾的花萼。鸢尾花的数据集包括三个类别：Iris-setosa(山鸢尾)、Iris-versicolour(变色鸢尾)和 Iris-virginica(维吉尼亚鸢尾)，每个类别各有 50 个实例。数据集定义了 5 个属性：sepal length(花萼长)、sepal width(花萼宽)、petal length(花瓣长)、petal width(花瓣宽)、class(类别)。最后一个属性为类别属性，其余属性都是数值，单位为 cm(厘米)。

(2) 切换至 Classify 标签页，单击 Choose 按钮，选择 Functions 目录下 SMO 分类器，如图 6.22 所示。

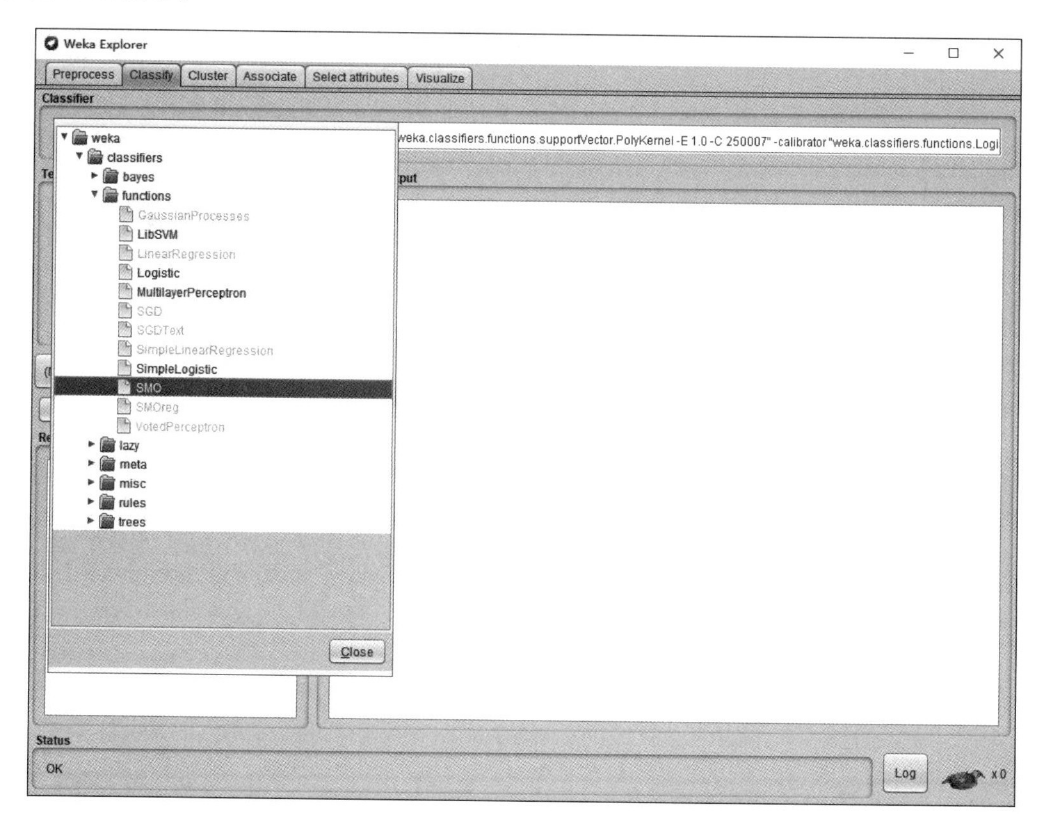

图 6.22　选择 Functions 目录下 SMO 分类器

(3) 单击 SMO 分类器文本框，打开通用对象编辑器窗口，如图 6.23 所示。

单击 kernel(核函数)文本框，打开对象编辑器窗口。

[注意]　PolyKernel 多项式核函数的指数(exponent)如果设置为 1.0，该模型会被构建为线性支持向量机；如果设置为 2.0，该模型会被构建为非线性支持向量机。先将其设置为 1.0，如图 6.24 所示。

(4) 使用交叉验证测试该分类器的性能，保持折数为默认值 10。单击 Start 按钮运行分类器，分类正确百分比达到了 96%，如图 6.25 所示。

(5) 由于本例使用指数为 1.0 的 PolyKernel(多项式核)，所以 SVM 为线性支持向量机，超平面表示为在原来空间中的属性值的函数。因为一个超平面能分隔任意两个可能的类别值，而 Iris 数据包含 3 个类别值，所以分类器运行后会输出 3 个二元 SMO 模型，分别如下。

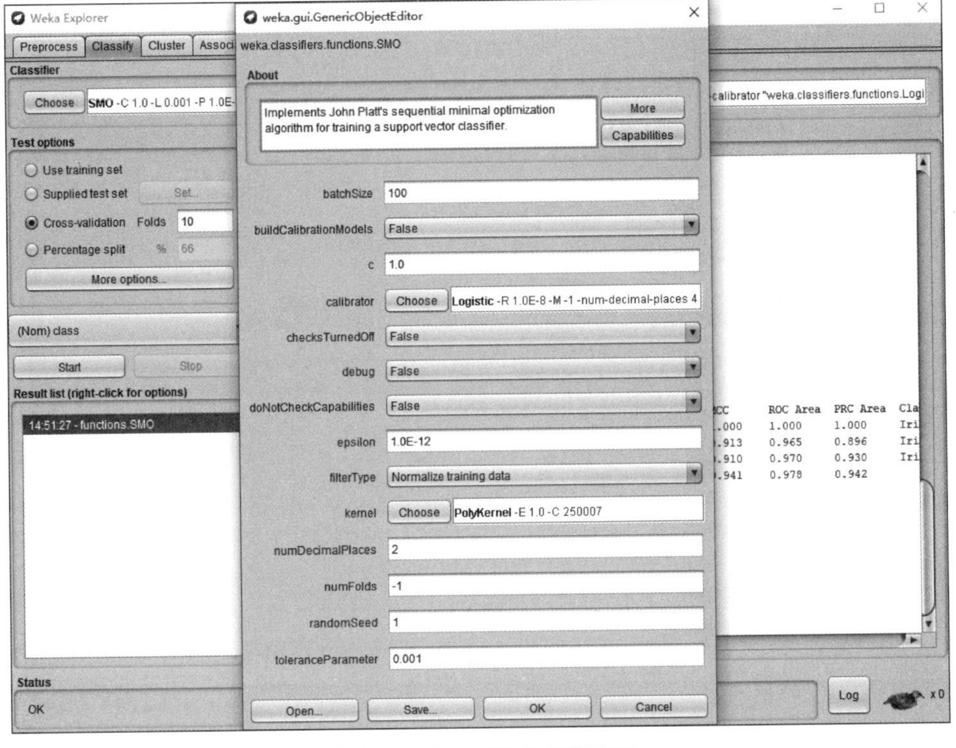

图 6.23　SMO 对象编辑器窗口

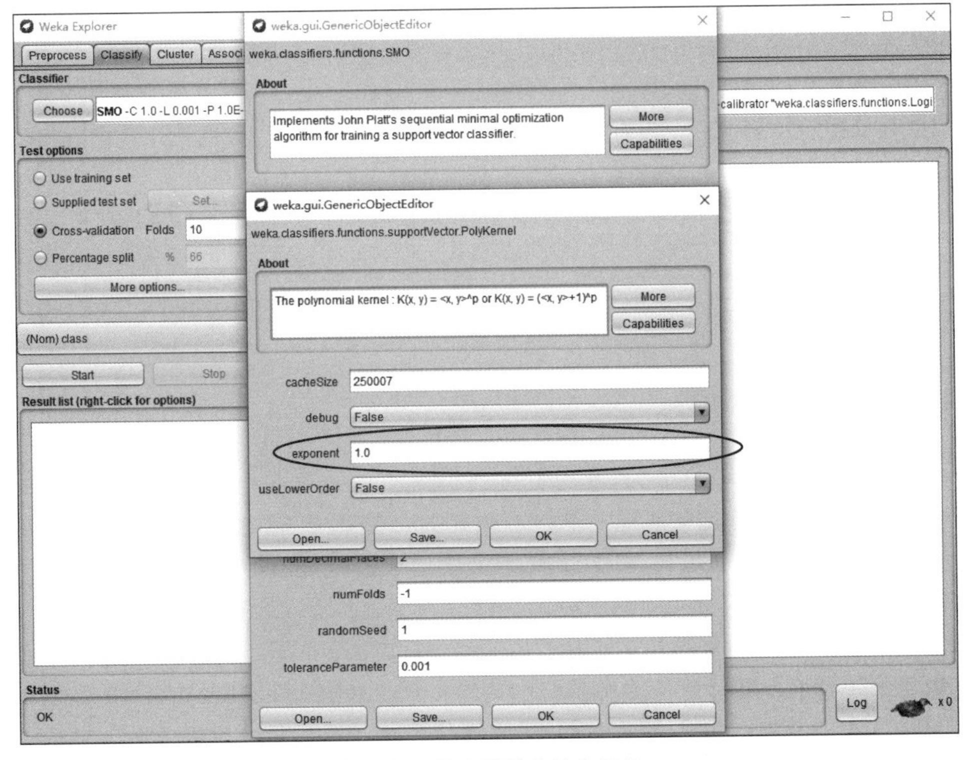

图 6.24　构建线性支持向量机

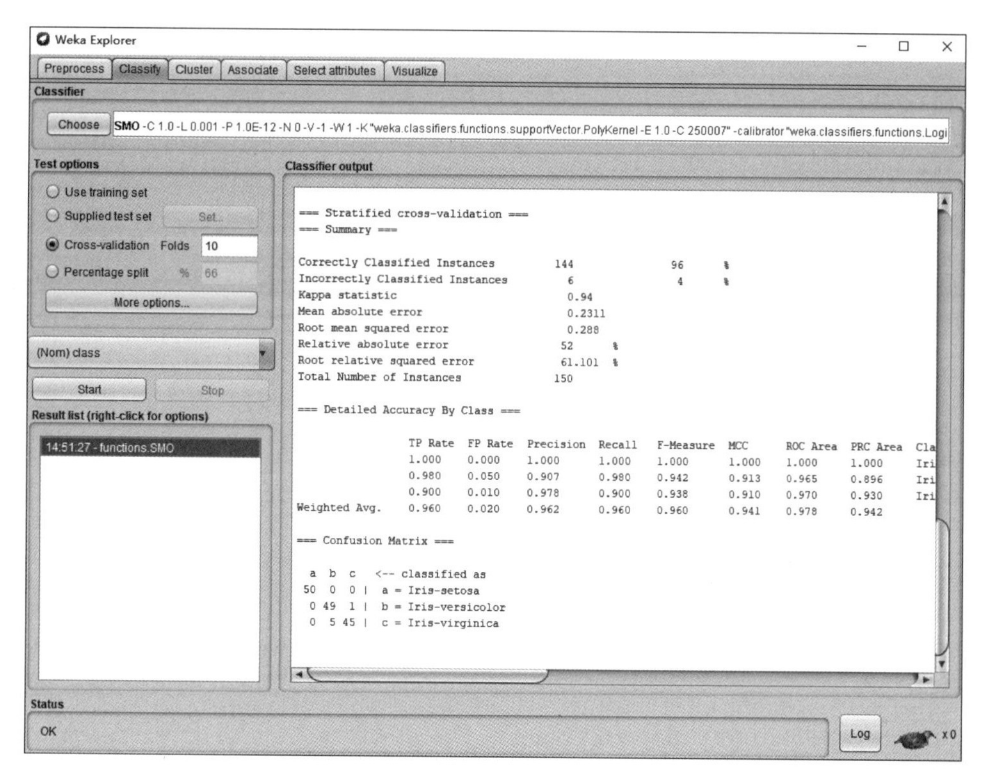

图 6.25 SMO 分类器运行结果

- Classifier for classes: Iris-setosa,Iris-versicolor(山鸢尾与变色鸢尾)。
- Classifier for classes: Iris-setosa,Iris-virginica(山鸢尾与维吉尼亚鸢尾)。
- Classifier for classes: Iris-versicolor,Iris-virginica(变色鸢尾与维吉尼亚鸢尾)。

观察其混淆矩阵,如图 6.26 所示。

可以得到如下结论。

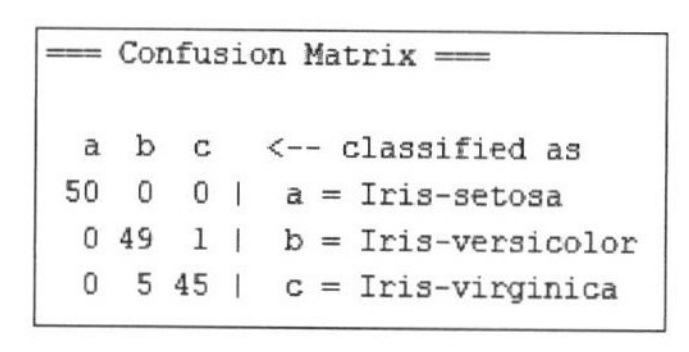

```
=== Confusion Matrix ===

  a  b  c   <-- classified as
 50  0  0 |  a = Iris-setosa
  0 49  1 |  b = Iris-versicolor
  0  5 45 |  c = Iris-virginica
```

图 6.26 运行结果混淆矩阵

- Iris-setosa(山鸢尾)全部 50 个实例都被正确分类。
- Iris-versicolor(变色鸢尾)有 49 个实例被正确分类,有 1 个被错分为 Iris-virginica(维吉尼亚鸢尾)。
- Iris-virginica(维吉尼亚鸢尾)有 45 个实例被正确分类,有 5 个被错分为 Iris-versicolor(变色鸢尾)。错分的实例总数有 6 个。

2. 建立和使用非线性 SMO 支持向量机

(1) 单击 SMO 分类器文本框。单击 PolyKernel 核函数文本框,打开对象编辑器窗口,将 PolyKernel 多项式核函数的指数(exponent)设置为 2.0,将模型构建为非线性支持向量机。单击 Start 按钮运行分类器,如图 6.27 所示。

(2) 由于本例使用指数为 2.0 的 PolyKernel(多项式核),所以 SVM 为非线性支持向量机,这次超平面表示为支持向量的函数。和前面一样,因为一个超平面能分隔任意两个可能的类别值,而 Iris 数据包含 3 个类别值,所以分类器运行后也输出了 3 个二元 SMO 模型,分别如下。

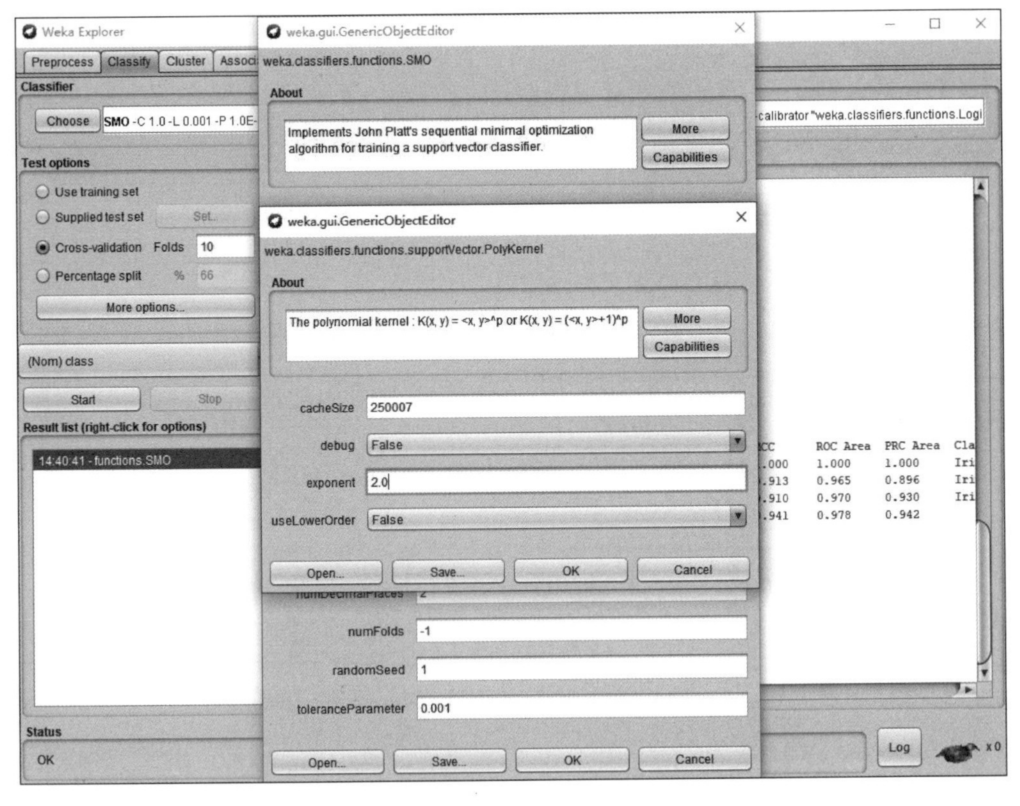

图 6.27 构建非线性支持向量机

- Classifier for classes：Iris-setosa，Iris-versicolor（山鸢尾与变色鸢尾）。
- Classifier for classes：Iris-setosa，Iris-virginica（山鸢尾与维吉尼亚鸢尾）。
- Classifier for classes：Iris-versicolor，Iris-virginica（变色鸢尾与维吉尼亚鸢尾）。

正确分类百分比也达到了96%，如图6.28所示。

（3）观察其混淆矩阵，如图6.29所示，可以得到如下结论。

- Iris-setosa（山鸢尾）50个实例都被正确分类。
- Iris-versicolor（变色鸢尾）有47个实例被正确分类，有3个被错分为Iris-virginica（维吉尼亚鸢尾）。
- Iris-virginica（维吉尼亚鸢尾）也有47个实例被正确分类，有3个被错分为Iris-versicolor（变色鸢尾）。错分的实例总数也是6个。

对于本例来说，比较两次实验的混淆矩阵会发现，尽管错分的实例不同，但两者错分的实例总数都是6个。

3. 建立和使用LibSVM支持向量机

LibSVM是中国台湾的林智仁教授（Chih-Jen Lin）于2001年开发的一套支持向量机库。该库运算速度非常快，并且开源，支持Java、C#、.Net、Python、Matlab等多种语言，因此非常受用户欢迎。在Weka中使用LibSVM分类器，首先需要安装LibSVM软件包，步骤如下。

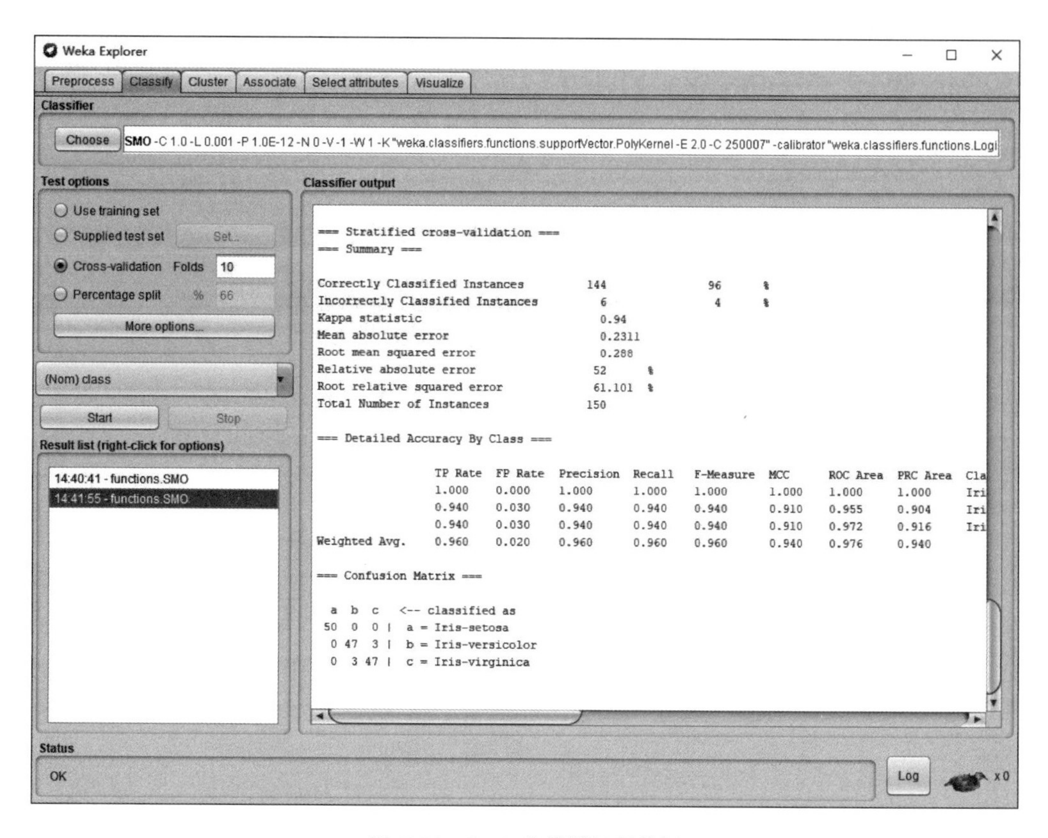

图 6.28　SMO 分类器运行结果

(1) 关闭包括 Explorer 在内的 Weka 图形用户界面。选择 Tools→Package manager 命令，这时会弹出 Package Manager(包管理器)窗口，如图 6.30 所示。

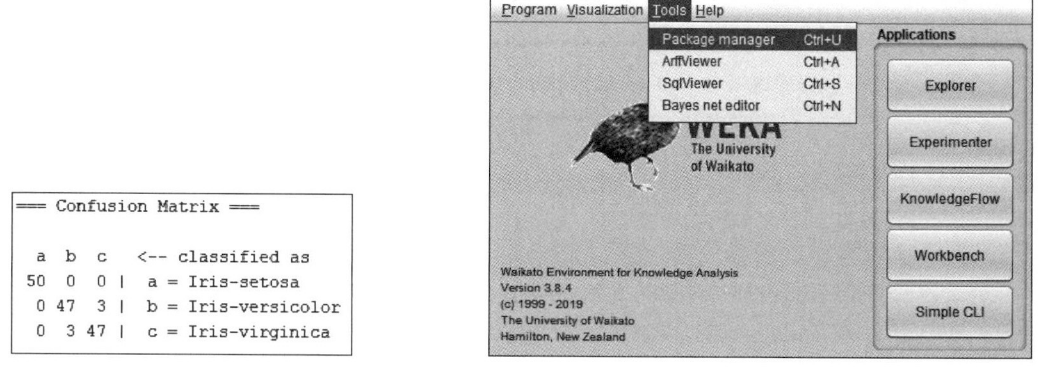

图 6.29　运行结果混淆矩阵

图 6.30　打开 Package Manager(包管理器)窗口

(2) 选中 All，在 Package search 右边的文本框中输入"libsvm"，按 Enter 键，如图 6.31 所示。

(3) Package 窗口会出现 libsvm 搜索结果，选中 libsvm，如图 6.32 所示。

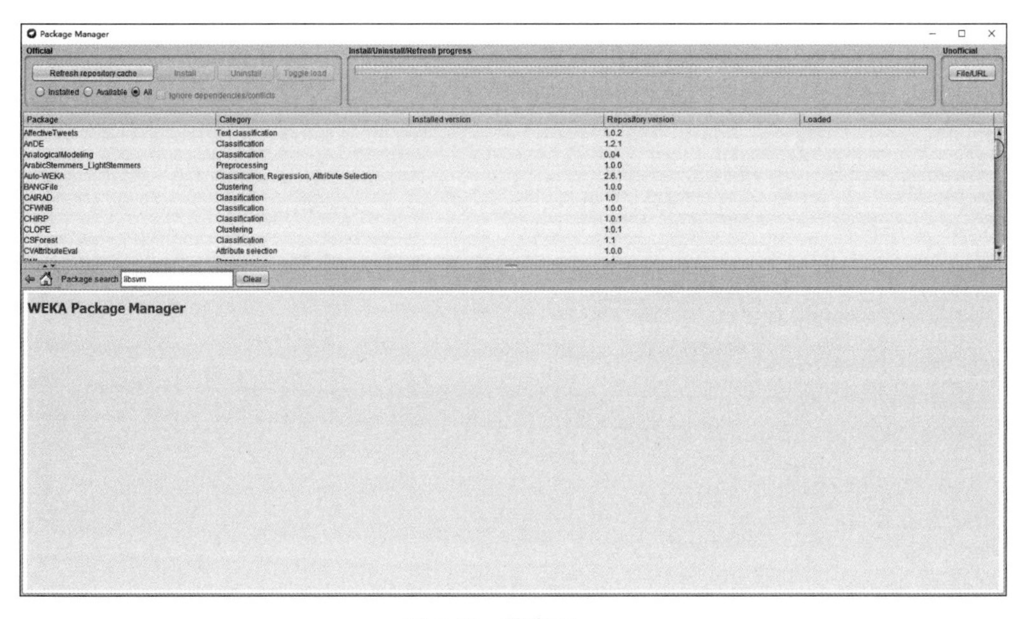

图 6.31　搜索 libsvm

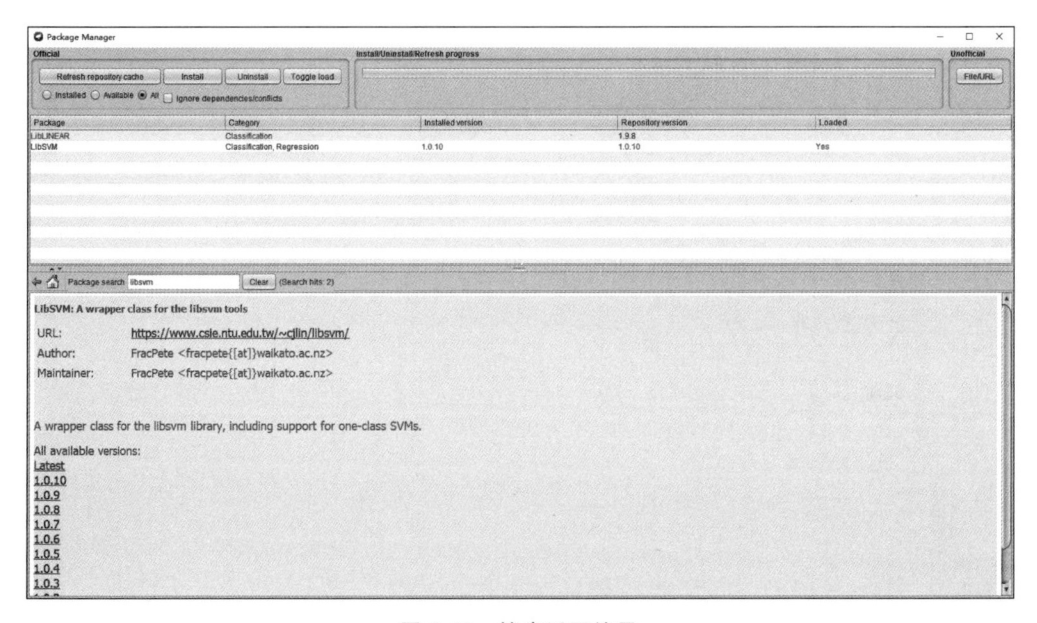

图 6.32　搜索返回结果

(4) 单击 Install 按钮；这时会跳出提示窗口，单击“是”按钮；接着单击“确定”按钮，如图 6.33 所示。

(5) 安装完成后启动 Explorer 界面，单击 Preprocess 预处理标签页的 Open file 按钮，选择 data 子目录下的 iris.arff 数据集(鸢尾花)，单击打开，加载数据集。

(6) 加载 iris.arff 数据后，切换至 Classify 标签页，单击 Choose 按钮，然后单击 functions，可以看到 LibSVM 分类器已经被添加到 functions 目录下，如图 6.34 所示。

(7) 单击 LibSVM，加载分类器，单击 Start 按钮运行，观察运行结果，如图 6.35 所示。

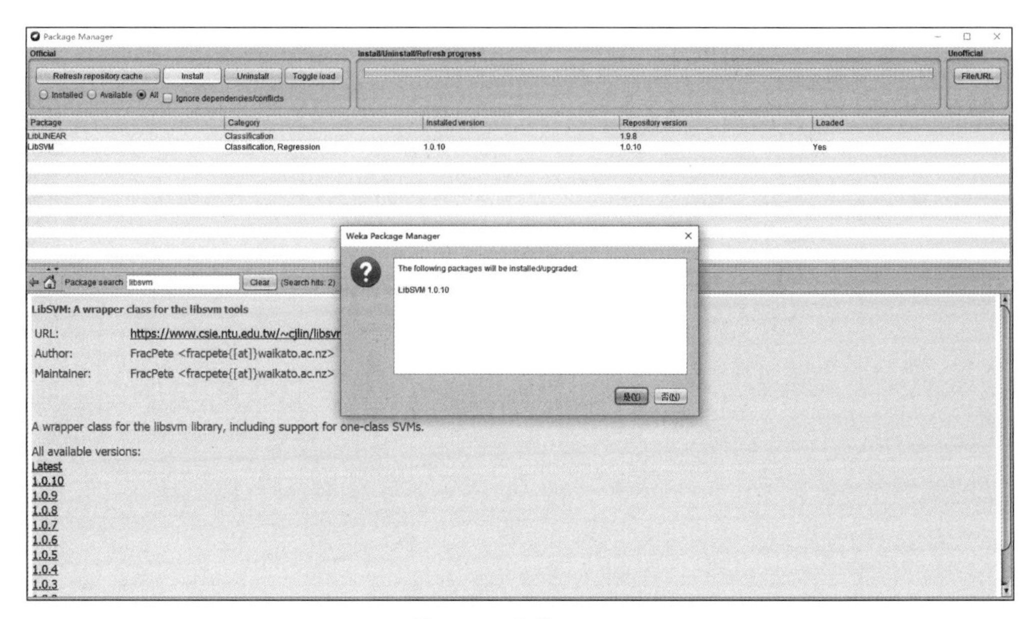

图 6.33　安装 LibSVM

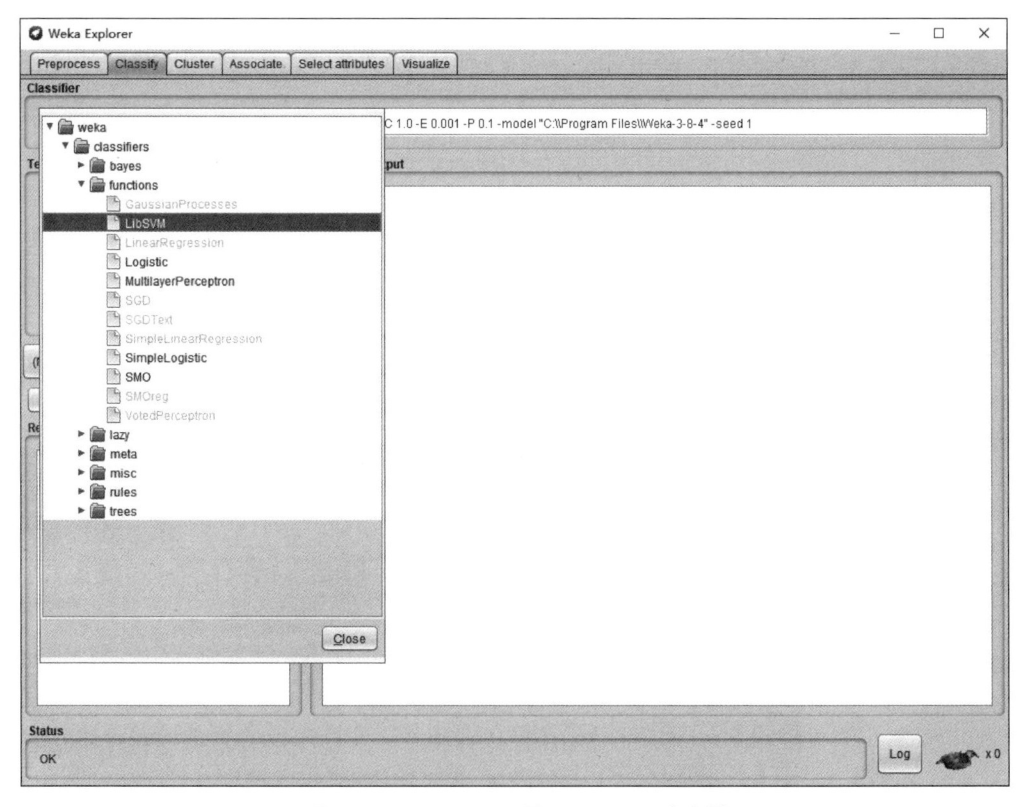

图 6.34　functions 目录下 LibSVM 分类器

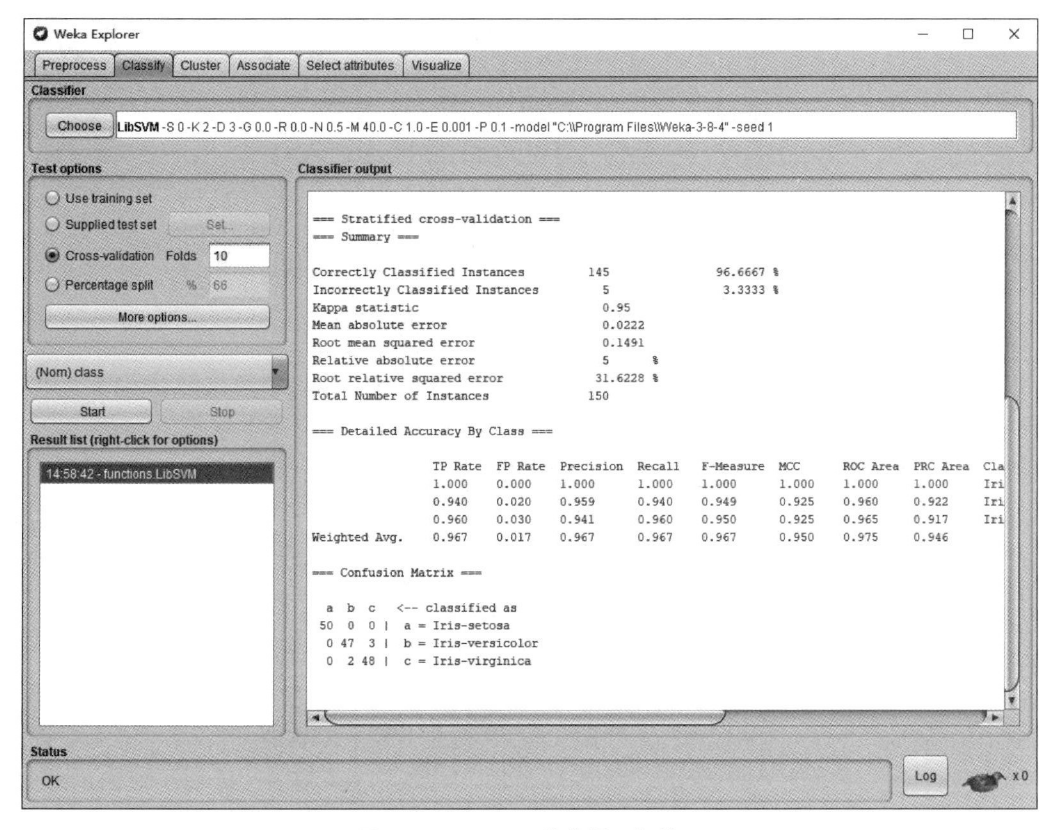

图 6.35　LibSVM 分类器运行结果

(8) 正确分类百分比为 96.666 7%。观察其混淆矩阵，如图 6.36 所示。

```
=== Confusion Matrix ===

  a  b  c   <-- classified as
 50  0  0 |  a = Iris-setosa
  0 47  3 |  b = Iris-versicolor
  0  2 48 |  c = Iris-virginica
```

图 6.36　运行结果(混淆矩阵)

- Iris-setosa(山鸢尾)50 个实例都被正确分类。
- Iris-versicolor(变色鸢尾)有 47 个实例被正确分类，有 3 个被错分为 Iris-virginica(维吉尼亚鸢尾)。
- Iris-virginica(维吉尼亚鸢尾)有 48 个实例被正确分类，有 2 个被错分为 Iris-versicolor(变色鸢尾)。

错分的实例总数有 5 个。LibSVM 错分的实例比 SMO 少 1 个，所以性能好于 SMO 分类器。

Milad 和 Vural 正是使用 Weka 中 SVM 分类器，借助 Lending Club 平台提供的数据建立了分类模型，对借款人进行分类。论文中公布的数据处理结果表明，使用 SVM 算法，正确分类百分比达到 63.3%，如表 6.6 第 3 行所示。

表 6.6　SVM 支持向量机处理结果

Rank	Classifier	Accuracy/%	AUC	RMSE	TP Rate		FP Rate	
					Good	Bad	Good	Bad
1	随机森林	78.0	0.71	0.42	0.88	0.31	0.69	0.13
2	最近邻算法	70.1	0.53	0.55	0.82	0.25	0.74	0.18
3	支持向量机	63.3	0.62	0.68	0.47	0.78	0.22	0.53
4	逻辑回归	54.5	0.68	0.51	0.49	0.77	0.23	0.51

4. SVM 分类器与 J48 决策树、*k*-NN 分类器性能比较

接下来，使用 breast-cancer.arff 数据集，分别采用 LibSVM 支持向量机、J48 决策树分类器和 *k*-NN 最近邻分类器在训练数据上训练分类模型，找出各个模型最优参数值，对 3 个模型进行测试和评价比较，找到最好的分类模型以及该模型的最优参数。

(1) 启动 Weka GUI 窗口，单击 Explorer 按钮，启动 Explorer 界面。单击 Preprocess 预处理标签下方的 Open file 按钮，选择 Weka，选择 data 子目录下的乳腺癌数据集 breast-cancer.arff，单击打开加载数据。breast-cancer.arff 数据集一共有 286 个实例，每个实例有 10 个属性，最后一个属性标记为类别属性，如图 6.37 所示。

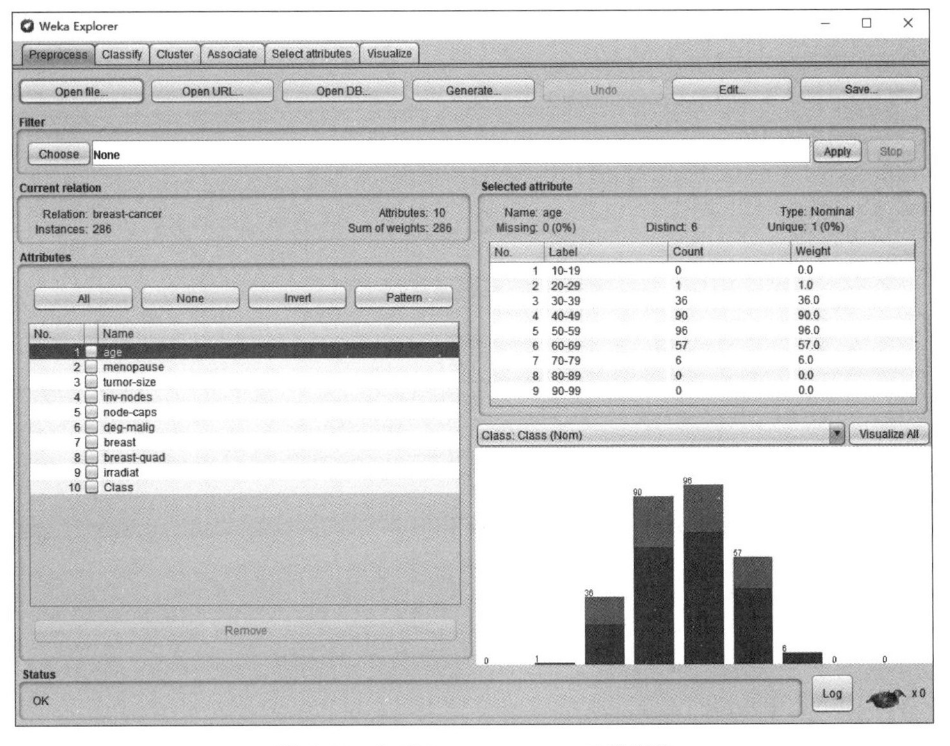

图 6.37　加载 breast-cancer.arff 数据集

(2) 加载数据后，切换至 Classify 标签页，单击 Choose 按钮，选择 Functions 目录，单击加载 LibSVM 分类器，在 Test options 中选择 Cross-validation，Folds 设置为 10，单击 Start 按钮运行，观察运行结果，如图 6.38 所示。

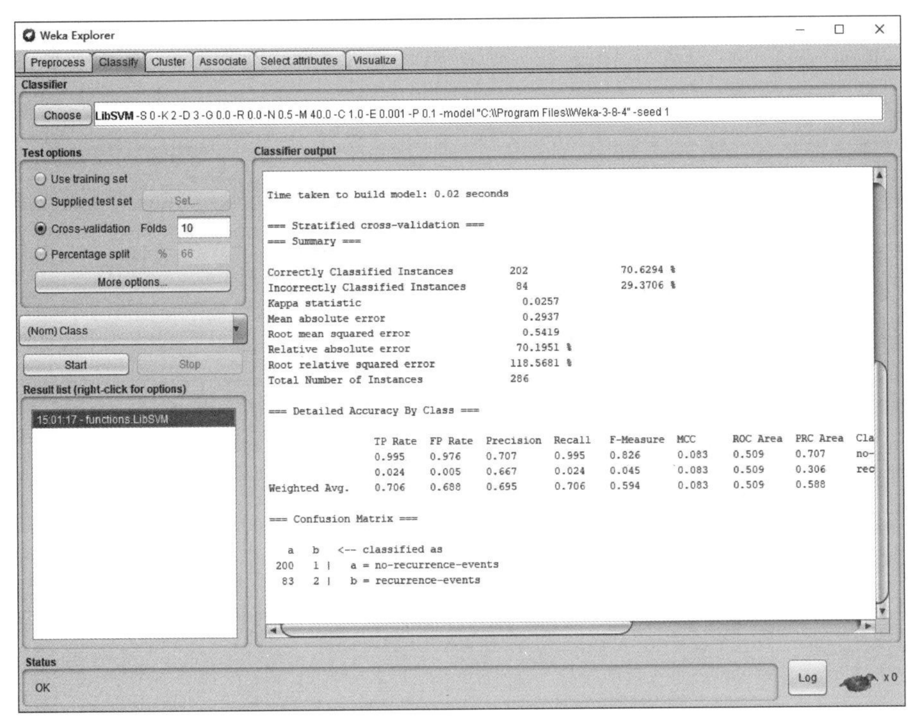

图 6.38　加载及运行 LibSVM 分类器

(3) 单击 Choose 按钮，选择 trees 目录，单击加载 J48 分类器，在 Test options 中选择 Cross-validation，Folds 设置为 10，单击 Start 按钮运行，观察运行结果，如图 6.39 所示。

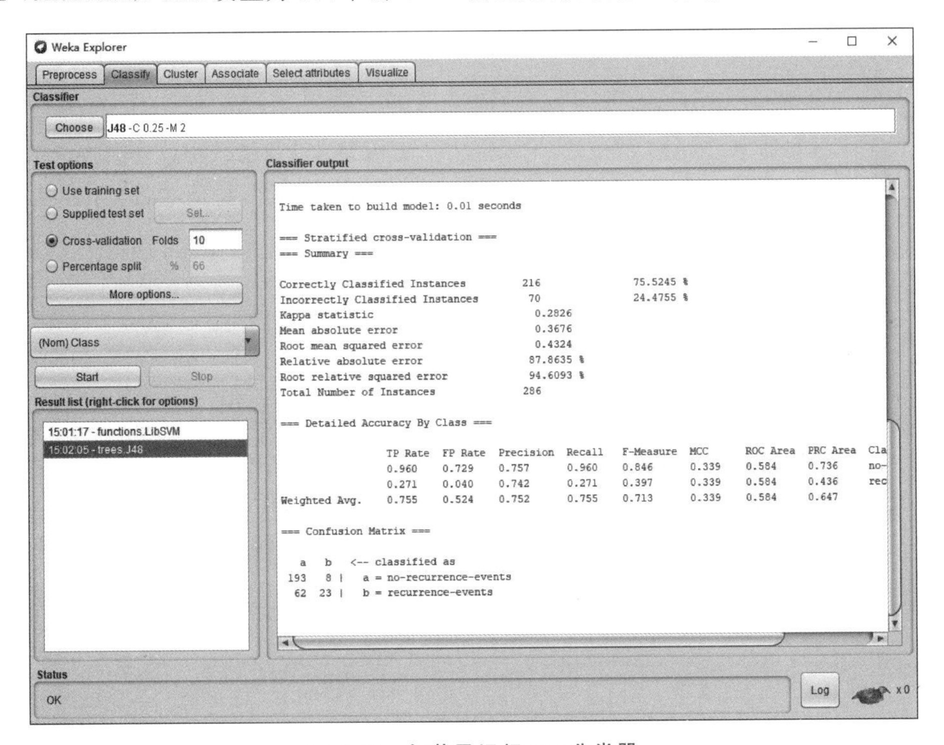

图 6.39　加载及运行 J48 分类器

(4) 单击 Choose 按钮,选择 lazy 目录,单击加载 IBk 分类器,在 Test options 中选择 Cross-validation,Folds 设置为 10,k 默认为使用 1,单击 Start 按钮运行,正确分类百分比为 72.377 6%,如图 6.40 所示。

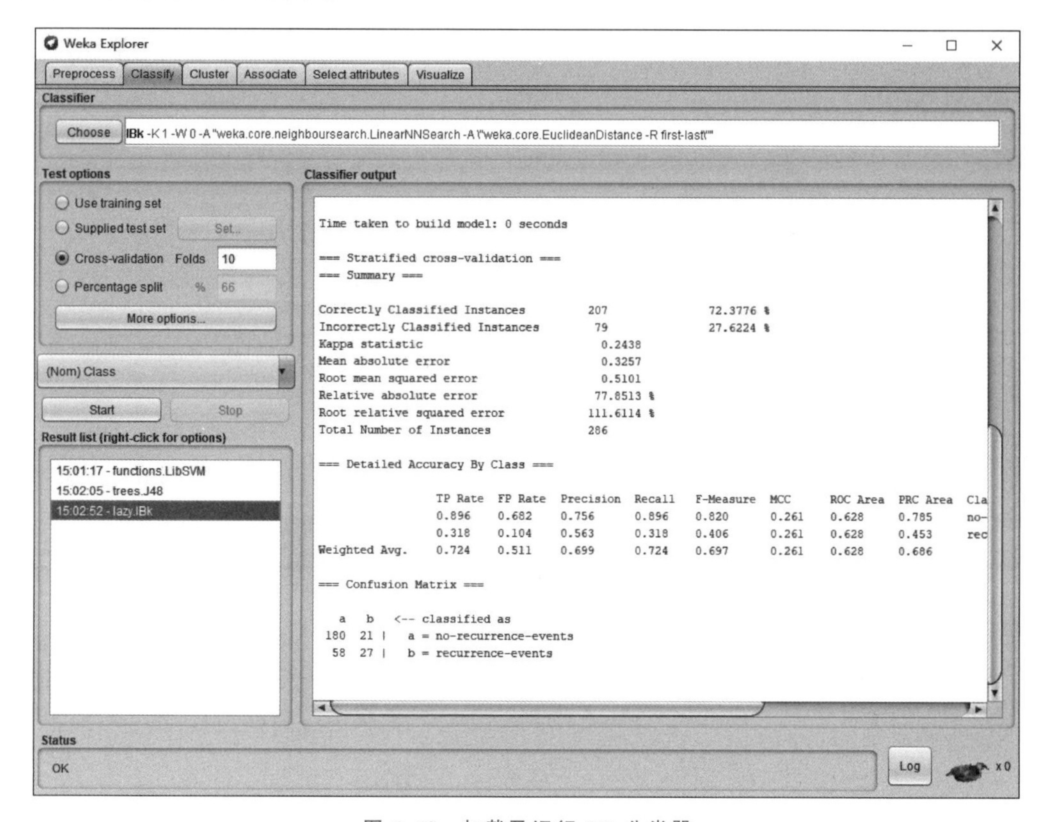

图 6.40 加载及运行 IBk 分类器

(5) 将分类准确率 72.377 6%记录于表 6.7。继续修改 k 值(2~6),分别将结果记录于表 6.7。对该数据集,能使 IBk 分类器分类准确率达到最高的 k 值为 4,分类准确率为 74.475 5%。

表 6.7 设置 IBk 分类器最优 k 值

k 值	1	2	3	4	5	6
准确率/%	72.377 6	73.426 6	73.776 2	74.475 5	73.426 6	73.076 9

(6) 三种分类器分类结果的比较如表 6.8 所示。

表 6.8 分类器性能比较

	LibSVM	J48 决策树	k-NN
分类准确率/%	70.629 4	75.524 5	74.475 5
混淆矩阵	200 1 | a = no-recurrence-events 83 2 | b = recurrence-events	a b <-- classified as 193 8 | a = no-recurrence-events 62 23 | b = recurrence-events	a b <-- classified as 194 7 | a = no-recurrence-events 70 15 | b = recurrence-events
标准误差	0.094 3	0.108	0.149 5

使用 LibSVM 训练数据集，得到的准确率为 70.629 4%，286 个实例中 202 个被正确分类，84 个被错误分类。根据混淆矩阵，被错误分类的实例如下：1 个 a 类实例被错误分类到 b；83 个 b 类实例被错误分类到 a。该算法 P=0.695，R=0.706，ROC 面积为 0.509。

使用 J48 决策树分类器训练数据集，得到准确率为 75.524 5%，286 个实例中的 216 个被正确分类，70 个被错误分类。根据混淆矩阵，被错误分类的实例如下：8 个 a 类实例被错误分类到 b，62 个 b 类实例被错误分类到 a。该算法 P=0.752，R=0.755，ROC 面积为 0.584。

使用 IBk 分类器训练数据集，得到准确率为 74.475 5%，286 个实例中的 209 个被正确分类，77 个被错误分类。根据混淆矩阵，被错误分类的实例如下：7 个 a 类实例被错误分类到 b；70 个 b 类实例被错误分类到 a。该算法 P=0.742，R=0.745，ROC 面积为 0.669。

根据以上数据，经过综合评价可以得知，对于 breast-cancer.arff 数据集，当前最好的分类器为 J48 决策树分类器。J48 决策树算法相比 LibSVM、k-NN 算法具有更好的分类性能。

6.4 逻辑回归算法

逻辑回归（Logistic Regression，LR）是一种广义线性回归模型，主要用于疾病诊断，经济预测等学习任务。逻辑回归还被称为逻辑斯谛回归、对数概率回归。本节主要介绍逻辑回归算法的基本原理和逻辑回归操作演示。

6.4.1 逻辑回归算法基本原理

逻辑回归虽然名称中包含“回归”二字，但是它的主要任务是分类，特别是二分类的学习任务。逻辑回归方法可以预测事件发生的概率并分析导致事件发生的关键因素。例如，可以根据已有的病人历史数据构建逻辑回归模型，然后根据该模型和某位病人的实际情况，预测其患病的概率。此外，逻辑回归还可以分析某种疾病与哪些因素显著相关，以及当某个因素增加一个单位时，其患病风险增加的倍数。

逻辑回归与线性回归都是一种广义线性模型，但逻辑回归假设因变量服从伯努利分布，而线性回归假设因变量服从高斯分布。这两者有很多的相同之处，除去 sigmoid 映射函数后，逻辑回归就是一个线性回归。逻辑回归采用 sigmoid 映射函数对样本数据进行拟合，以构建回归模型。其数据拟合过程如图 6.41 所示，图中圆圈表示负类，对应的 y 值为 0；三角表示正类，对应的 y 值为 1。

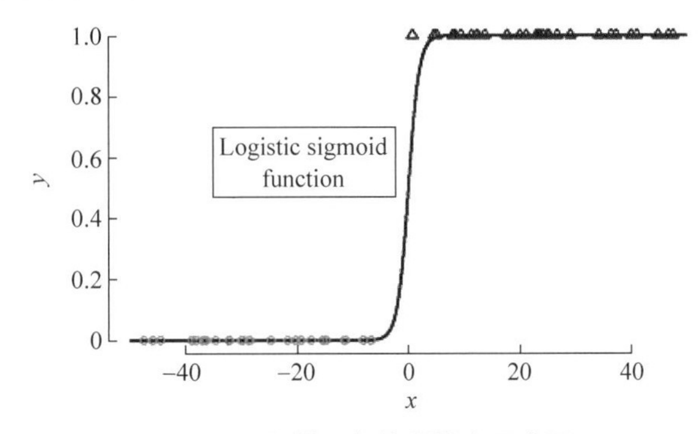

图 6.41 逻辑回归数据拟合示意图

数据在拟合过程中采用了 sigmoid 函数，该函数又称为 S 型函数，因其函数图像是 S 形状而得名。该函数的定义域是(－INF，＋INF)，值域为[0,1]。当变量 x 趋向于－INF 时，其函数值趋向于 0；当变量 x 趋向于＋INF 时，相应的函数值趋向于 1。sigmoid 函数易于求导，其导数等于其函数值乘以 1 减去其函数值，如以下公式所示，其中 $g(x)$ 为 sigmoid 函数，$g'(x)$ 为其导数。这非常便于一些基于梯度的优化算法对模型进行求解。

$$g(x)=\left(\frac{1}{1+e^{-x}}\right)$$

$$\begin{aligned}g'(x)&=\left(\frac{1}{1+e^{-x}}\right)'=\frac{e^{-x}}{(1+e^{-x})^2}\\&=\frac{1}{1+e^{-x}}\cdot\frac{e^{-x}}{1+e^{-x}}=\frac{1}{1+e^{-x}}\cdot\left(1-\frac{1}{1+e^{-x}}\right)\\&=g(x)\cdot(1-g(x))\end{aligned}$$

在 sigmoid 函数中，如果在自变量 x 前乘以某个参数 θ，则可以调节 sigmoid 函数的形状。如果自变量为向量时，其对应的参数 θ 也是一个向量。逻辑回归的学习过程就是通过极大似然估计方法求得此 θ 参数，以尽量拟合已有的样本数据。

所谓的极大似然估计是寻找某个参数，使得已有样本发生的概率达到最大。为了简化问题，一般假设所有样本均服从独立同分布，则其对应似然函数为各个样本概率的乘积。其求解过程通常采用基于梯度的算法不断对参数进行迭代，最后得到 θ 的最优解。相应就得到了逻辑回归模型。

sigmoid 函数是一种单调函数，其值域为[0,1]，因而可以假定其函数值 $g(x)$ 对应于 y 取值为 1 概率。相应地，对二分类任务而言，y 取值为 0 的概率等于 $1-g(x)$。

6.4.2 Weka 中的逻辑回归算法应用实践

接下来，采用 Weka 软件中的 Logistic 分类器对德国信用卡数据进行分类。德国信用卡数据，总共包含 1000 个样本，每个样本包含 7 个数值属性和 13 个名义属性，属性包括客户的年龄、年收入以及存款等信息。其学习任务是根据客户的各个属性值，判断某个客户是守信客户还是违约客户，具体操作如下。

(1) 打开 Weka 软件，在预处理标签页中单击 Open file。在 Weka 的安装目录下找到德国信用卡数据集 credit-g. arff，将数据导入到 Weka 软件中，如图 6.42 所示。

(2) 单击 Classify 分类标签，在分类器中选择函数 functions，然后选择逻辑回归算法 Logistic，如图 6.43 所示。

(3) 单击分类器文本框，打开通用对象编辑器窗口，可以进一步设置 Logistic 回归的参数，如图 6.44 所示。一般情况下，无须更改这些默认参数。

(4) 在交叉验证框中选择默认的参数 10，表示采用十折交叉验证。最后单击 Start 按钮，开始训练逻辑回归模型，训练结果如图 6.45 所示。

从训练结果来看，Logistic 回归算法的分类准确率为 75.2%，正确分类的样本数为 752 个。

以上学习了 Weka 中逻辑回归模型的使用。Malekipirbazari 和 Aksakalli 正是使用 Weka 中的逻辑回归模型 Logistic，借助 Lending Club 平台提供的数据建立了分类模型，对借款人进行分类。

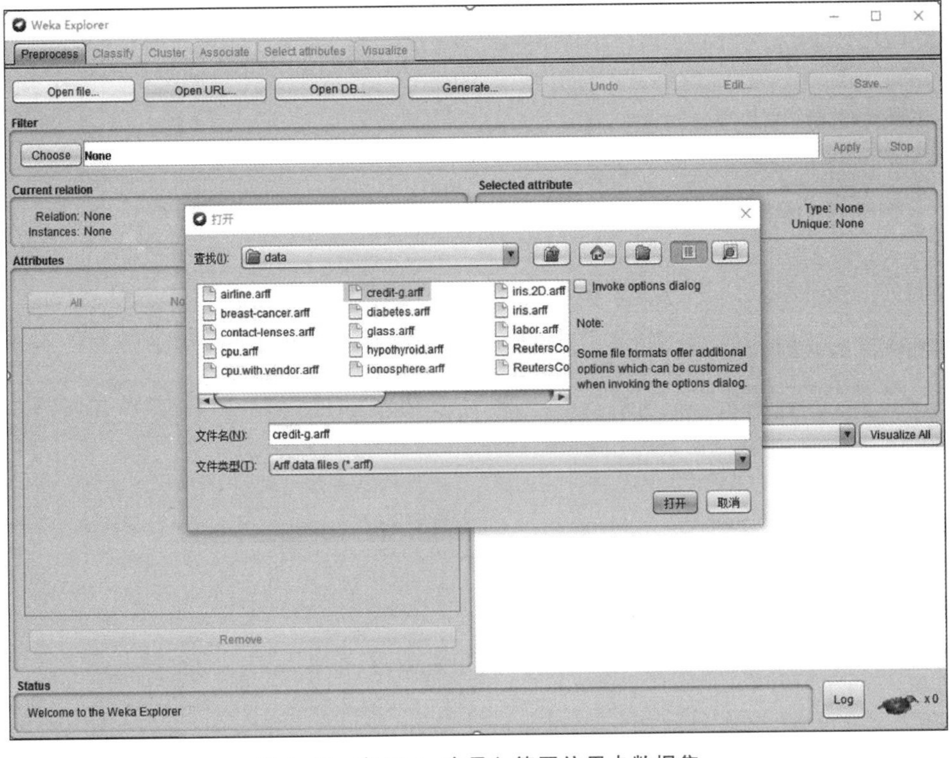

图 6.42 在 Weka 中导入德国信用卡数据集

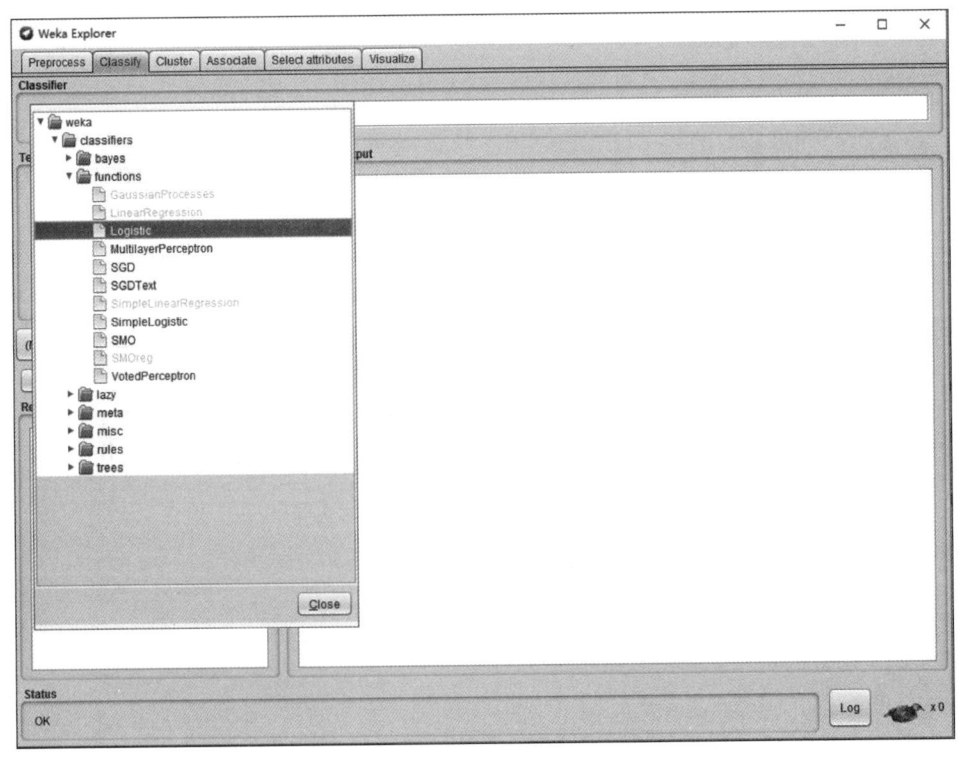

图 6.43 在分类器中选择逻辑回归算法

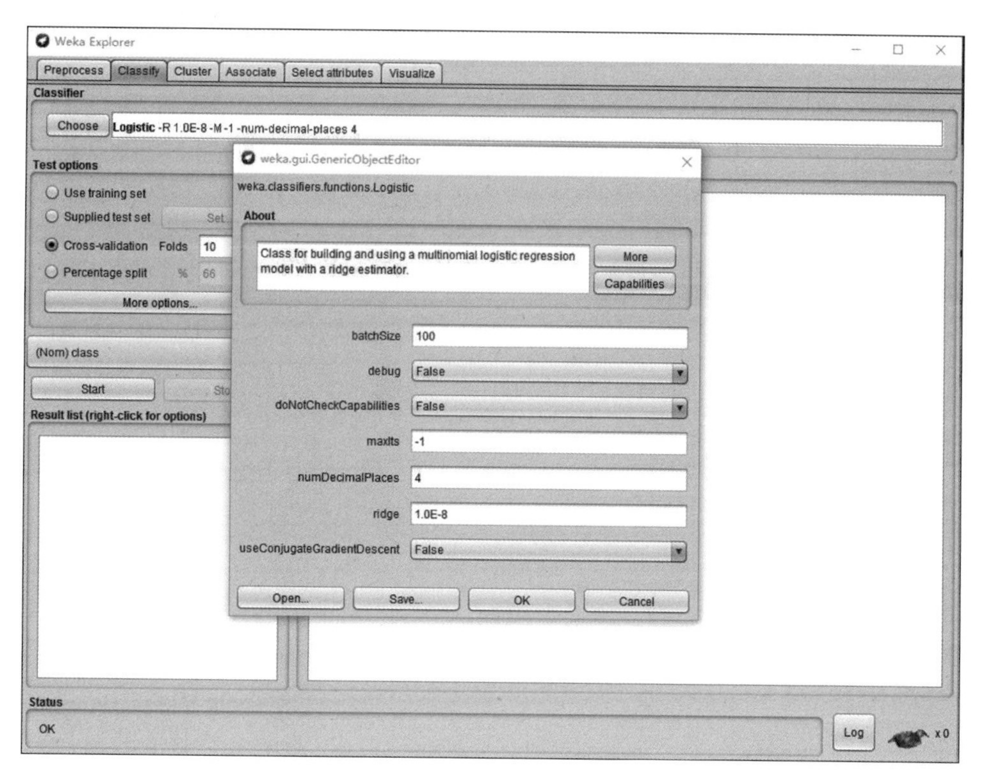

图 6.44　Logistic 回归参数设置

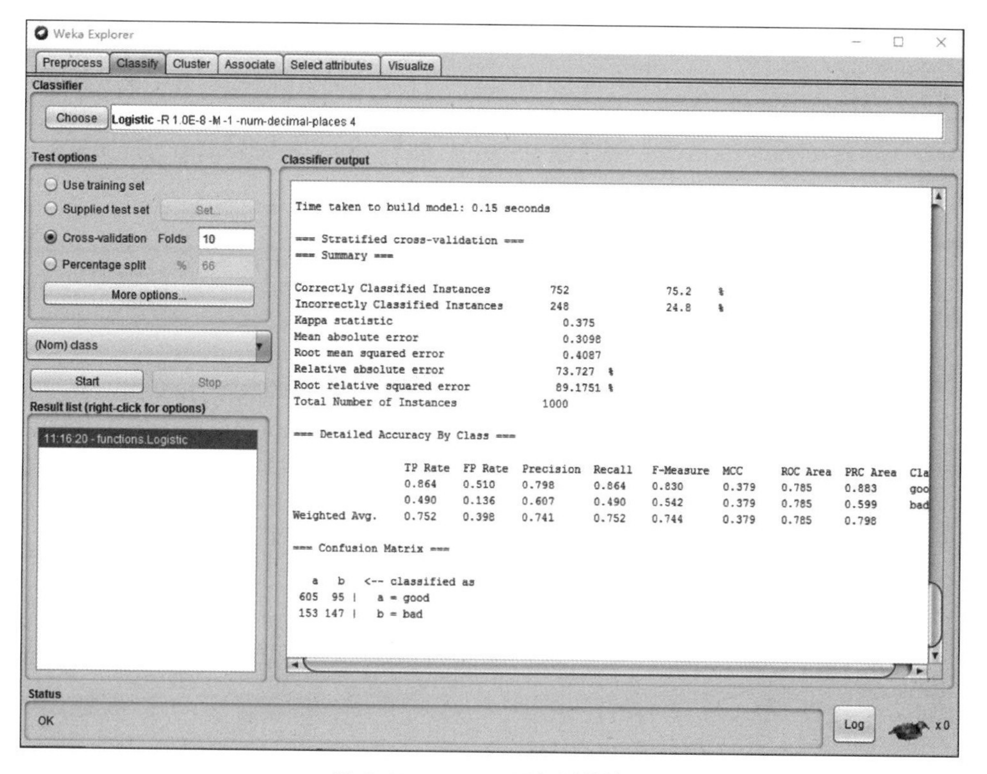

图 6.45　Logistic 回归训练结果

他们在论文中公布的数据处理结果表明,使用逻辑回归算法,正确分类百分比为54.5%,如表6.9第4行所示。

表 6.9 逻辑回归算法处理结果

Rank	Classifier	Accuracy/%	AUC	RMSE	TP Rate		FP Rate	
					Good	Bad	Good	Bad
1	随机森林	78.0	0.71	0.42	0.88	0.31	0.69	0.13
2	最近邻算法	70.1	0.53	0.55	0.82	0.25	0.74	0.18
3	支持向量机	63.3	0.62	0.68	0.47	0.78	0.22	0.53
4	逻辑回归	54.5	0.68	0.51	0.49	0.77	0.23	0.51

6.5 随机森林算法

随机森林(Random Forest)是一种应用非常广泛的集成学习方法,通过集成多个独立的决策树来提升模型性能。虽然其计算开销小,易于实现,但在很多任务中显现出强大的性能,因而被誉为集成学习技术的代表。集成学习通过合并多个独立的学习算法来提高整体决策能力,有时也称为多分类器系统或基于委员会的学习算法。本节首先介绍决策树与随机森林,然后讲解随机森林算法的原理,最后介绍如何在Weka软件中进行随机森林学习。

6.5.1 随机森林算法基本原理

决策树是一种树形结构,每个节点表示在某个属性上的测试,每个分支表示一个测试输出,而叶子节点表示某种类别。决策树的构建是一种自顶向下的递归过程,其基本思想是采用信息熵度量方式,通过贪心策略构建一个熵值下降最快的树,尽量使每个分支节点所包含的样本属于同一类别。

随机森林是一个包含多个独立决策树的集成学习算法。它的基本构成单元是决策树,其本质是一种集成学习策略。随机森林的主要特点是"随机"和"森林"。其中,"随机"是指每个决策树的构建都具有一定的随机性;"森林"是指该算法中包含了多个决策树,每个决策树均为独立的分类器。

由于随机森林是一种集成学习策略,因而先简要介绍集成学习算法。集成学习的一般结构如图6.46所示。其中,个体学习器可以是同一种类型的分类器,也可以是不同类型的分类器。如果所有的个体学习器为同一类型,比如只包含决策树或只包含神经网络,则个体学习器称为基学习器。如果个体学习器为不同类型的分类器,如同时包含决策树和神经网络,此时个体学习器称为组件学习器。

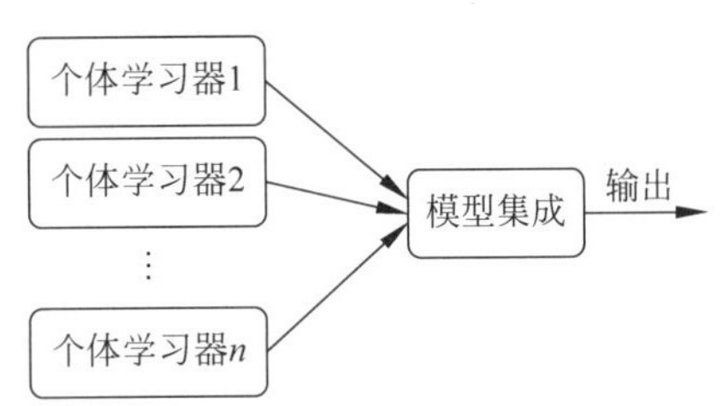

图 6.46 集成学习策略示意图

集成学习通过将多个学习器进行组合,可以获得比单一分类更为显著的性能,特别是单一分类的性能比较弱的时候(弱分类器),其优势更加明显。因此集成学习的很多理论研究主要是针对弱学习器。可以通过一个简单的实例来说明集成学习的特点(如图 6.47 所示)。

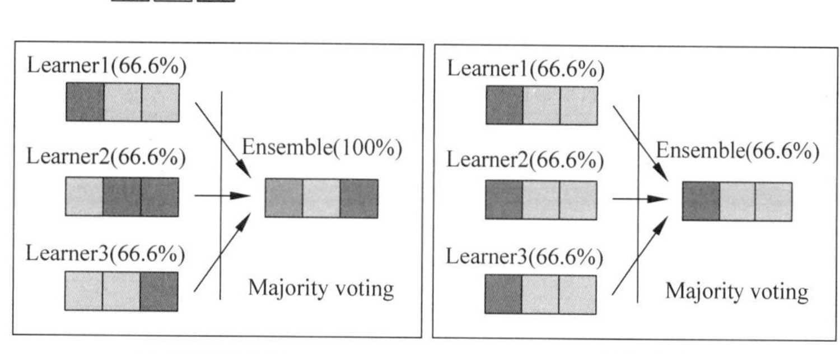

(a) 有效集成学习　　(b) 无效集成学习-1

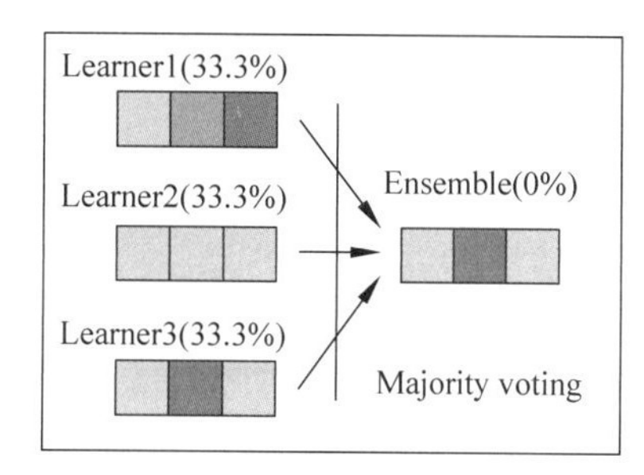

(c) 无效集成学习-2

图 6.47　集成学习效果示意图

图 6.47(a)上方的"黑灰黑"方块表示 3 个样本的真实标签,其下方表示 3 个独立的分类学习器(Learner)。从图 6.47(a)中可以看出,每个分类学习器的精度均为 66.6%。由 3 个分类器进行集成学习,采用投票方式可以得到 100%的正确率。例如,第 1 个样本,虽然在第 3 个分类器中被误判为灰,但是在第 1 和第 2 个分类器中进行了正确分类。相应的投票结果认为该样本为黑色,分类正确。

图 6.47(b)和图 6.47(c)是两个无效的集成学习示意图。图 6.47(b)表示每个分类器完全相同的情况下的集成学习效果。图中每个分类器的分类精度均为 66.6%,但是由于所有的分类器完全一致,其集成学习的精度仍然为 66.6%,没有得到任何的提升。图 6.47(c)表示每个分类器性能低于随机猜测情况下的集成学习效果。虽然每个分类器的输出并不完全相同,但是其分类精度均为 33.3%。通过集成学习后,其分类精度反而变为 0。因此,从图 6.47(b)、(c)中可以看出,集成学习的有效性依赖于每个分类器的性能和分类器之间的差异。分类器单个性能越好,且分类器之间的差异越大,则集成学习效果越好。

这一性能可以通过简单的理论分析来进一步说明。考虑一个二分类任务,假设每个基分类器 h 的错误率为 ε,即

$$P(h(x) \neq y) = \varepsilon$$

通过集成多个独立的分类器进行决策,并采用投票方法(即有超过半数的分类器正确则集成分类就正确)。因此集成分类正确的概率为

$$P(H(x) \neq y)=\sum_{k=0}^{l/2}\binom{l}{k}(1-\varepsilon)^{k}\varepsilon^{l-k}$$

其中，$H(x)$为多个独立分类器集成而得到的分类器。从上式可以看出，随着基分类器数量的增加，集成学习的错误率急剧减少，最终趋向于零。

需要注意的是，这个结论成立的前提是需要满足两个关键的假设。第1个假设是每个基分类器的分类误差必须小于0.5（即分类精度要优于随机猜测），否则集成学习会使其分类精度进一步降低。第2个假设是每个基分类器相互独立。在实际应用中，第1个假设相对容易满足，但随着基分类器数量的增加，分类器之间的独立性不一定能得到保障，很难满足第2个假设。因此，随着基分类器的增加，集成学习算法的最终误差率不一定会趋向于零。

根据集成学习中各个基分类器的生成方式，集成学习大致可分为两类。第1类是各个基学习器之间的训练不存在依赖关系，可以采用并行方法同时训练多个基分类器，如Bagging方法。第2类是各个基学习器之间存在依赖关系，后一个基分类器的训练必须等前一个基分类训练完毕，学习过程以串行的方式依次训练各个基分类器，如Adaboost算法。

本节介绍的随机森林属于第1类。其分类器的多样性不仅来自样本的抽样，还来自属性的抽取，通过各个分类器之间的差异度的增加进一步提升了随机森林的泛化性能。和Bagging集成算法相比，随机森林能收敛到更低的泛化误差，其性能和训练效率通常更优。在效率方面，Bagging算法每次均需要对所有的属性进行考察以形成单个决策树，而随机森林每次只需根据部分属性来构建决策树。在泛化误差方面，Bagging算法只有对样本的抽样（通过有放回采样的方法形成训练集），没有对属性的扰动。因此，随机森林决策树的差异性更大，从而能获得更低的泛化误差。

随机森林中的随机是为了满足各个决策树之间的差异性要求，主要体现在如下两个方面。

(1) 特征的随机。每次均从所有特征属性中随机选取K个属性，然后根据这K个属性，单独构建每棵决策树，且决策树任其生长，不进行剪枝处理。

(2) 样本的随机。用Bagging方法形成每棵决策树的训练集，即采用有放回的采样方式从样本集随机抽取样本为每棵决策树产生其训练集。

两个随机性的引入，使得随机森林不容易出现过拟合现象，且具有良好的抗噪声能力。重复以上步骤m次，得到m个独立的分类器。最后根据这m个分类器的投票结果，决定样本数据的所属类别。投票机制有一票否决、少数服从多数、加权多数等多种方式。

在随机森林的训练过程中，需要调节的关键参数有如下3个。

(1) 随机选择的属性个数K。假设每个样本有N个属性，一般情况下，可取$K=\log(N)+1$。

(2) 每棵决策树的最大深度。一般情况下，深度越深，集成学习性能越好，当到达一定深度后，其分类性能逐渐趋于平稳，不再增加。

(3) 决策树的个数。在集成学习中，决策树的个数越多越好。但决策树增加到一定数量后，决策树之间的独立性很难保障，其性能提升越来越小。

在实际应用中，随机森林的参数主要是通过交叉验证的方法进行选择。

6.5.2 Weka 中的随机森林算法应用实践

接下来，采用 Weka 软件中的随机森林分类器对信用数据进行分类。此次的实验数据是德国信用卡数据，总共包含 1000 个样本，每个样本有 20 个属性，1 个类别标签。其学习任务是根据客户的各个属性值，判断某个客户是守信客户还是违约客户。操作步骤如下：

(1) 打开 Weka 软件，在 Preprocess 标签中单击打开文件。在 Weka 安装目录下的 data 文件夹中找到德国信用卡数据集(credit-g.arff)，将数据导入到 Weka 软件中。然后单击 Classify 分类标签，在分类器中单击树分类器 trees，然后在分类器中选择 RandomForest (随机森林)，如图 6.48 所示。

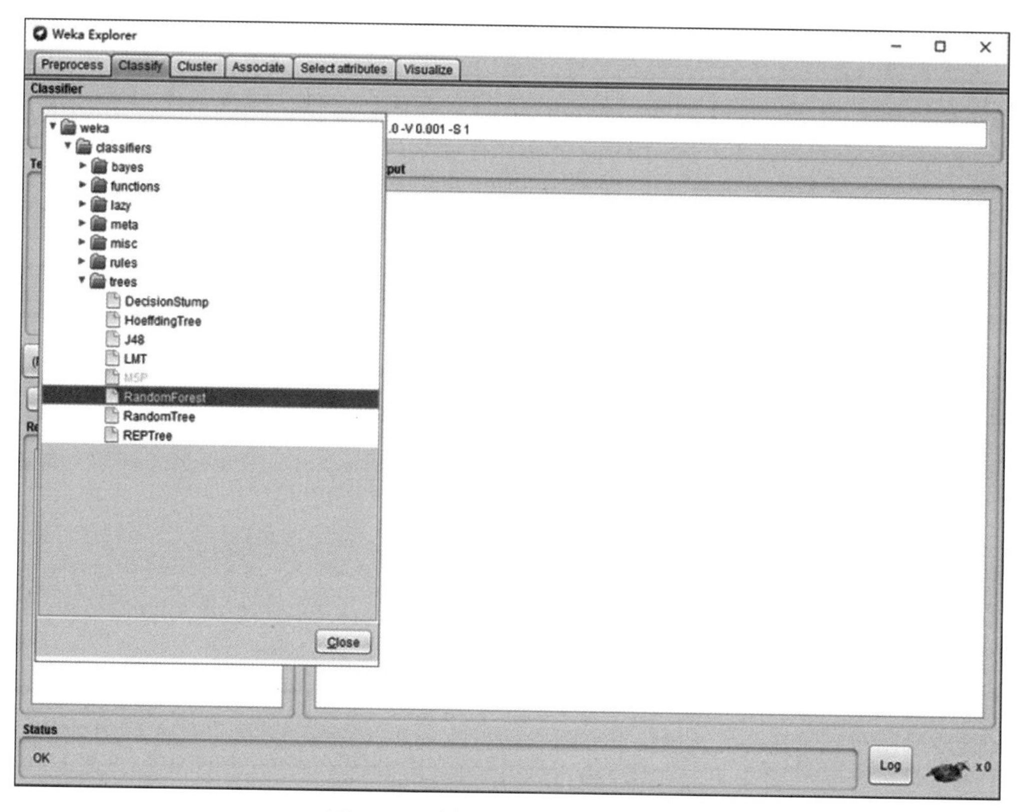

图 6.48　选择 RandomForest 分类器

(2) 在交叉验证框中输入数值 10，表示采用十折交叉验证(默认值为 10)。单击分类器名称输入栏，弹出参数设置对话框，进行参数设置，如图 6.49 所示。其中几个重要参数说明如下。

- bagSizePercent 参数表示随机重采样生成的决策树训练集的大小，其值为生成训练集大小与原始数据集大小的百分比。
- maxDepth 参数表示每个决策树的最大深度，如果为 0 则表示不限制深度。
- numFeatures 参数表示随机选择的决策树的特征数，默认值 0 表示每个决策树的随机选择的特征数为 $\log_2(n)+1$，其中 n 为样本的全部特征数。
- seed 参数表示产生随机数种子。一般情况下，这些默认参数无须做修改。

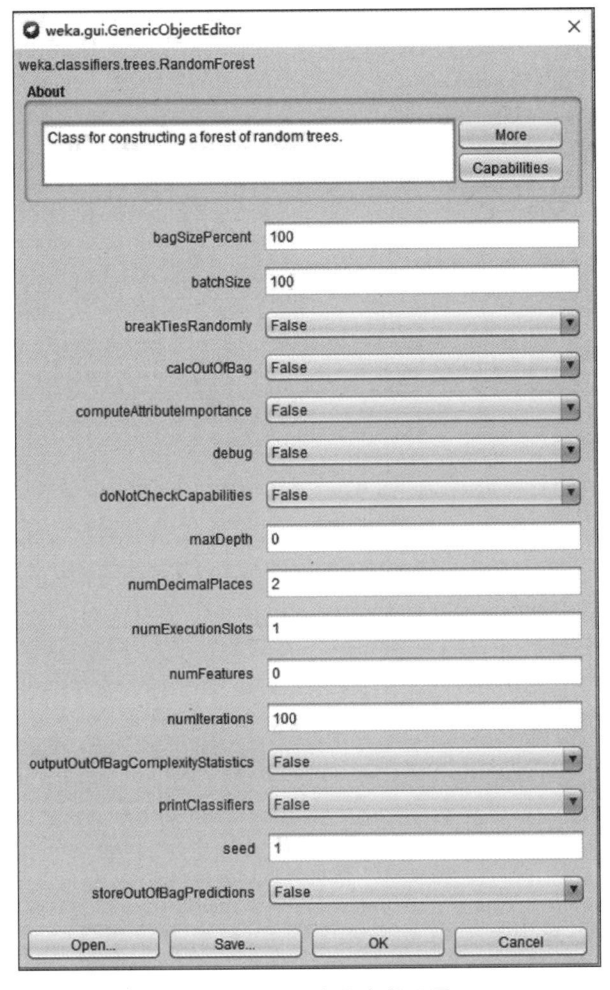

图 6.49 随机森林参数设置

(3) 参数设置完毕，单击 Start 按钮开始训练随机森林模型。训练结果如图 6.50 所示。

训练结果中，“Correctly Classified Instances 764 76.4%”表示训练准确度，分类正确的样本数为 764 个，精度为 76.4%。下面一行为分类错误情况统计。

“Detailed Accuracy By Class”表示训练模型评估参数，例如，TP 值、FP 值、ROC 值等内容。“Confusion Matrix”表示训练模型的混淆矩阵。为了对比分析随机森林的性能，对该数据集进行了其他训练，其对比情况如表 6.10 所示。

表 6.10 credit-g 数据集上各个算法性能对比情况

分类算法	准确度/%	ROC 值	训练时间/s
随机森林	76.4	0.791	0.16
J48 决策树	70.5	0.639	0.03
朴素贝叶斯	75.4	0.787	0.01
贝叶斯网络	75.5	0.780	0.01
逻辑回归	75.2	0.785	0.08
支持向量机	77.1	0.701	0.80

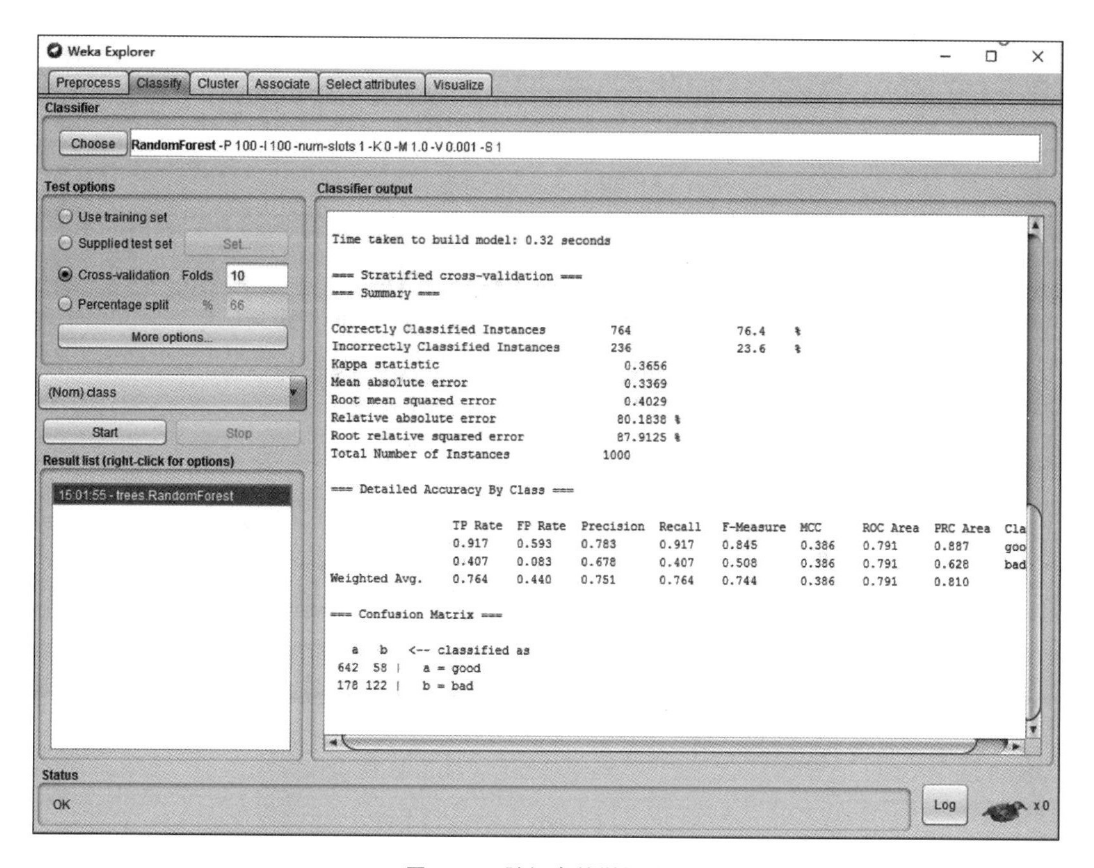

图 6.50 随机森林训练结果

需要说明的是如果采用支持向量机进行训练，需要更改默认的超参数。其参数设置：kernel 参数为 RBFKernel，gamma 值为 0.01，C 值为 64，训练时间为 0.8s。综合而言，随机森林性能最好，其训练时间为 0.16s，而且便于并行处理，非常适合大规模数据处理。

以上学习了 Weka 中随机森林模型的使用。Milad 和 Vural 正是使用 Weka 中随机森林(RandomForest)算法，借助 Lending Club 平台提供的数据建立了分类模型，对借款人进行分类。他们在论文中公布的数据处理结果表明，使用随机森林算法，正确分类百分比为 78.0%，如表 6.11 第 1 行所示。

表 6.11 RandomForest(随机森林)算法处理结果

Rank	Classifier	Accuracy/%	AUC	RMSE	TP Rate		FP Rate	
					Good	Bad	Good	Bad
1	随机森林	78.0	0.71	0.42	0.88	0.31	0.69	0.13
2	最近邻算法	70.1	0.53	0.55	0.82	0.25	0.74	0.18
3	支持向量机	63.3	0.62	0.68	0.47	0.78	0.22	0.53
4	逻辑回归	54.5	0.68	0.51	0.49	0.77	0.23	0.51

6.6 模型性能评估(一)

不同的算法其性能有着不同的差异,很难找到一种算法在每个方面的性能都非常突出,在每个数据集上都有优异的表现。关键是要找到合适的评估方法来评价不同算法在实际应用中的性能,以便根据实际需要选择合适的模型。

监督学习采用某个模型来实现精准的预测,希望模型在新的数据上尽可能取得较高的准确率。通常将模型的预测输出与真实输出之间的差异称为误差。在已有训练集上的误差称为训练误差或经验误差(training error),在未知新样本上的误差称为泛化误差(generalization error)。其中训练集是指用于训练模式的数据集。一般而言,模型的泛化误差越小越好。然而,在模型的训练过程中,很容易出现过拟合(over fitting)和欠拟合(under fitting)问题。

过拟合是指训练误差很小,但是泛化误差较大的现象。虽然模型在训练集上的精度非常高,但是在预测新样本时的精度非常低。产生过拟合现象的主要原因有数据因素和模型因素。在训练数据方面,一是如果数据中的噪声过大,模型会把干扰噪声作为正常数据样本进行学习。由于噪声自身具有一定的随机性,模型的泛化性能严重受其随机噪声的影响。模型记住了噪声的特征,反而忽略了其真实数据的内在结构和规律。二是如果训练数据样本太少,不足以代表数据集,自然也就无法从中提取其隐含的规律或知识,相应的泛化误差也很难控制。三是如果训练数据自身的错误,比如样本标签错误,此时模型学到的是错误的规律,在预测未知样本时,其出错的概率自然就很大。在模型方面,导致过拟合的主要原因是模型过于复杂,此时模型对应的拟合函数异常复杂,其输出的波动性也很大。这几种原因都有可能导致模型过于拟合已有的训练数据,但是在新样本测试中会出现较大的泛化误差的过拟合问题。

另一种常见的问题是欠拟合。出现欠拟合时,模型的训练误差和泛化误差都较大,其产生的原因主要是模型过于简单,无法通过训练学习获得数据中的潜在规律。一般欠拟合相对而言容易发现、容易解决,可以通过提高模型的复杂度(又称为模型容量)来提取数据中的隐含规律。分类任务中的过拟合与欠拟合示意图如图 6.51 所示。

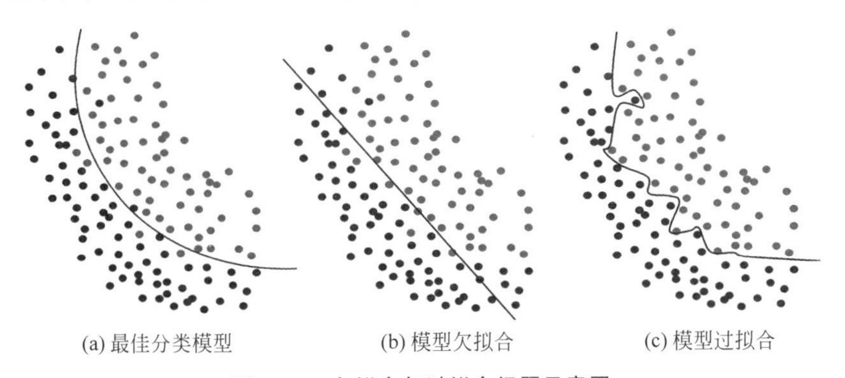

图 6.51 欠拟合与过拟合问题示意图

图 6.51(a)所示为最佳分类模型,训练误差和泛化误差均较小。图 6.51(b)表示模型欠拟合,分类面为简单的直线,无法正确提取到数据的内在规律。图 6.51(c)表示模型过拟合,分类面过于复杂。虽然每个训练样本的分类都正确,但是在预测时,出错的概率非常大。

可以通过实验的方法来评估模型的泛化性能，即采用测试集来测试模型对未知新样本的性能，然后以测试集上的测试精度作为泛化误差的近似。需要注意的是，测试集不能和训练集有重复的样本，否则会影响测试精度的有效性。极端出错的情况是采用训练集中的数据作为测试集进行测试，此时的测试误差反应的是训练误差，而不是泛化误差。

为了有效测试模型的泛化性能，一般采用交叉验证的方法。交叉验证是对样本数据进行切分，组合成不同的训练集和测试集。训练集用来训练模型，测试集用于评估模型的性能。通过多次切分数据集的方式来提高训练集的利用率，特别是在训练数据集相对比较小的情况下非常有效。常见的交叉验证方法有：五折交叉验证和十折交叉验证。

图 6.52 为五折交叉验证示意图。将整个训练集分为 5 部分，其中 4 部分作为训练集(Train)，剩余 1 部分作为测试集(Test)。总共训练 5 个不同的模型，并用测试集测试这 5 个模型的精度。算法的最终预测精度为这 5 个模型精度的平均值。

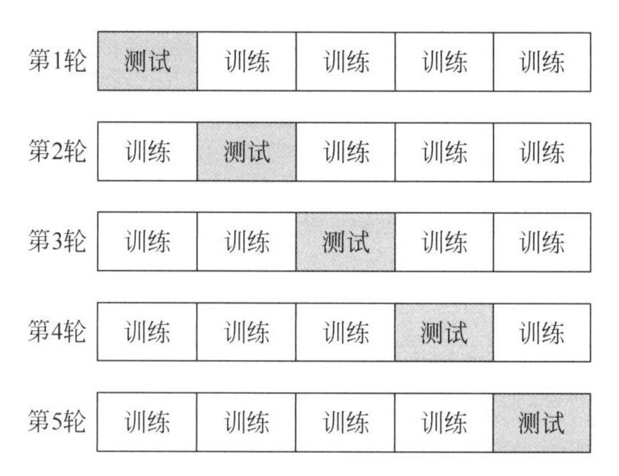

图 6.52　五折交叉验证示意图

在交叉验证中，由于每次模型的训练集和测试集没有交集，因此其测试误差可以近似模型的泛化误差。交叉验证方法的一个极端是每次只用一个样本作为测试集，其余的样本都作为训练集，这种方法叫留一法。留一法通常被认为是较为准确的模型评估方法，但该方法的计算开销较大。例如，如果有 100 万个样本，则需要训练 100 万个模型来对每一个样本进行测试。

对模型性能进行准确评估，不仅需要行之有效的实验方法，还需要有合适的评价标准。这些评价标准又称为性能度量(performance measure)。在实际应用中，需要根据具体情况具体分析，根据不同的学习任务，选择不同的性能度量指标。例如对回归任务而言，其主要的性能度量指标是均方误差；而对分类任务而言，其主要性能度量指标是分类精度或错误率。本节介绍的模型性能评估指标主要是针对分类问题，特别是二分类问题的性能度量。

在模型分类性能评估中，除了预测准确度之外，混淆矩阵也非常常见，它能详细反映模型的性能。有时，混淆矩阵也称为误差矩阵。在矩阵中，行表示模型的预测类别，列表示样本的真实类别，如表 6.12 所示。

在表 6.12 中，各个缩写的含义如下：

- TP 表示实际正样本被预测成正样本的样本数；
- FN 表示实际正样本被预测成负样本的样本数；
- FP 表示实际负样本被预测成正样本的样本数。

表 6.12 混淆矩阵

真实类别	预测类别	
	正　类	负　类
正类	True Positive(TP)	False Negative(FN)
负类	False Positive(FP)	True Negative(TN)

- TN 表示实际负样本被预测成负样本的样本数。

在缩写中,前面的字符 T 表示预测正确,F 表示预测错误。后面的字符 P 表示预测成正类,N 表示预测成负类。预测精度是一种非常重要的参数指标,而混淆矩阵(也称误差矩阵)更能详细反映模型的性能,详细区分错误类型。

在模型性能评估中,可以根据混淆矩阵的这 4 个值来计算各种不同的性能评价指标。例如,正确预测为正类的样本在真实正类中的比例,称为真阳率(True Positive Rate,TPR),其计算公式为

$$\mathrm{TPR}=\frac{\mathrm{TP}}{\mathrm{TP}+\mathrm{FN}}$$

错误预测为正类的样本在真实负类中的比例,我们称为假阳率(False Positive Rate,TPR),其计算公式为

$$\mathrm{FPR}=\frac{\mathrm{FP}}{\mathrm{FP}+\mathrm{TN}}$$

简而言之,真阳率和假阳率表示的都是预测为正类的样本比例,其中真阳率表示在正类中被正确预测的比例,假阳率表示在负类中被错误预测为正类的比例。

6.7 模型性能评估(二)

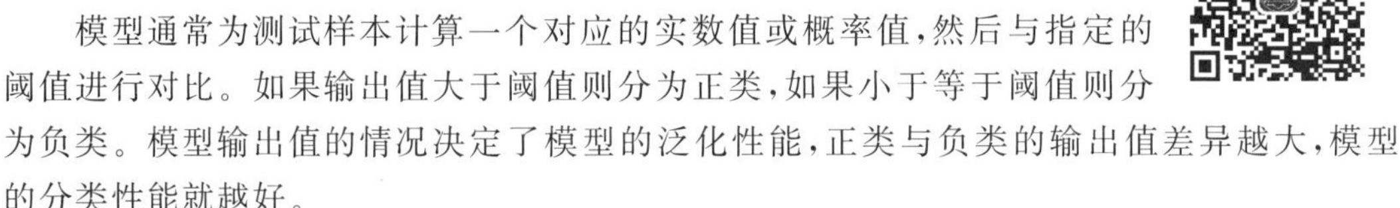

模型通常为测试样本计算一个对应的实数值或概率值,然后与指定的阈值进行对比。如果输出值大于阈值则分为正类,如果小于等于阈值则分为负类。模型输出值的情况决定了模型的泛化性能,正类与负类的输出值差异越大,模型的分类性能就越好。

在实际应用中,可以根据实际需要选择合适的阈值进行分类。如果希望减少正类被误判为负类的概率,则可以适当减少阈值;如果希望减少负类被误判为正类的概率,则可以适当增大阈值。ROC(Receiver Operating Characteristic,受试者工作特征)曲线则正是从这个角度来研究学习模型的泛化性能。

ROC 曲线以假阳率为横坐标,真阳率为纵坐标,反映了受试者在特定刺激条件下,由于采用不同的判断标准(即阈值)得出的不同结果的曲线,如图 6.53 所示。图中给出了五折交叉验证的每次 ROC 曲线和平均 ROC 曲线。中间的 Luck 直线表示随机猜测的 ROC 曲线。

通过下面的实例来进一步说明 ROC 曲线的绘制过程。假设模型的输出如图 6.54 所示。

在图 6.54 中,右边的曲线表示真实为正类样本的分布,左边的曲线表示真实负类样本的分布。参数 θ 表示分类器模型的阈值,θ 右边的样本被预测为正类,左边的被预测为负类。从图中可以看出,FP 部分表示真实为负类的样本被错分为正类,TP 部分表示正类样本被正确分为正类。如果 θ 的取值很大,则分类器会把所有样本判为负类,没有样本被判为

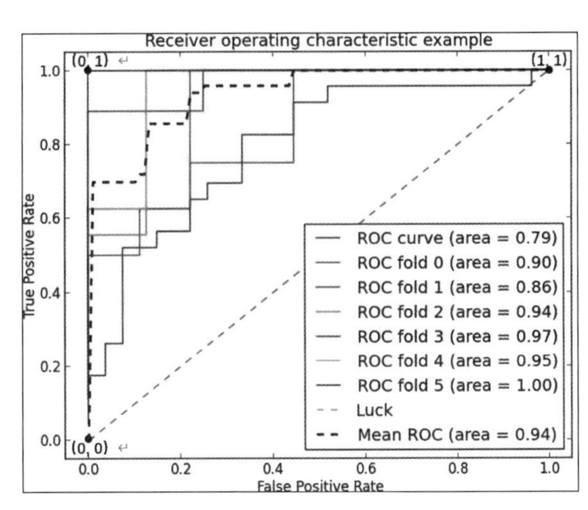

图 6.53 受试者工作特征曲线(ROC 曲线)

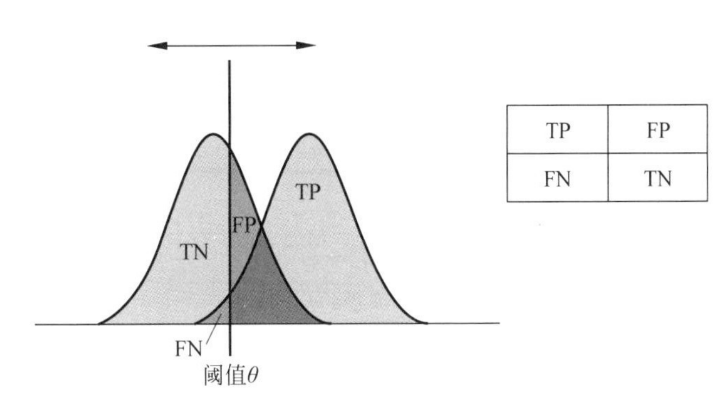

图 6.54 阈值与 FPR、TPR 值的关系

正类,此时,FPR 为 0,TPR 也为 0,对应 ROC 曲线中坐标为(0,0)的点。如果 θ 的取值很小,则所有样本都被判为正类,此时所有正类样本均分类正确,所有负类样本全部被判错。其对应的真阳率和假阳率均为 1。此时,在 ROC 曲线中,对应坐标(1,1)的点。

对于一个理想的分类器模型,希望正类能全部分类正确,负类没有任何错误,此时对应的真阳率为 1,负阳率为 0。在 ROC 曲线中,对应于(0,1)点。此时,如果 θ 参数继续右移,假阳率逐渐增大,但真阳率一直保持为 1。随着 θ 的取值不同,其正阳率和假阳率的值也相应不同,从而绘制出整个 ROC 曲线。

为了通过 ROC 曲线来量化模型的分类能力,需要引入 AUC 值。AUC 定义为 ROC 曲线下面积,AUC 的值越大,则模型性能越好。当 AUC 为 1 时,表示分类模型能对所有的样本进行正确分类。

ROC 曲线和 AUC 值不仅可以用于模型性能的评估,也可以用于模型参数选择。例如,随机森林中的随机特征数和决策树深度参数的选择。可以在不同随机特征数和决策树深度的情况下,计算模型的 AUC 值,然后绘制对应的曲线,如图 6.55 所示。从图中可以看出,当随机特征数为 5,决策树深度为 25 时,AUC 值可以达到最大。当决策树深度继续增加时,AUC 值趋于平缓,不再增加。为了平衡训练时间和模型的性能,可以确定随机森林中的关键参数,随机特征数为 5,决策树深度为 25。

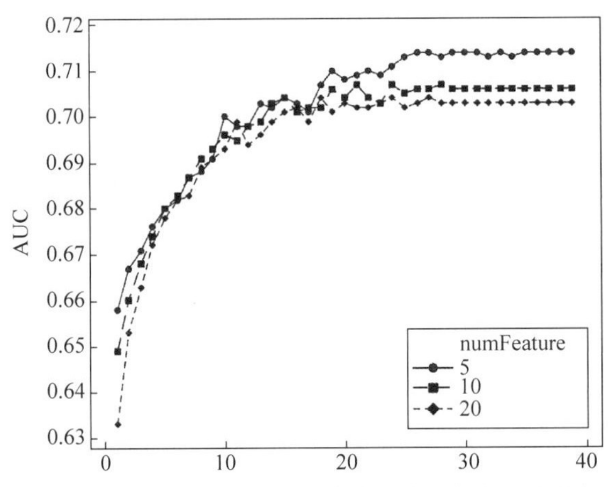

图 6.55　AUC 值用于模型参数选择(最佳随机特征数为 5,决策树深度为 25)

以随机森林算法为例,在 Weka 软件中计算 AUC 值及其对应的曲线。首先打开 Weka 软件,在 Weka 安装目录下的 data 文件夹中找到德国信用卡数据集(credit-g. arff),将数据导入到 Weka 软件中。然后,单击 Start 按钮,训练随机森林模型。

训练结束后,在左下的 Result list 窗口中右击训练记录,在弹出的快捷菜单中选择 Visualize threshold curve→good 命令,如图 6.56 所示。

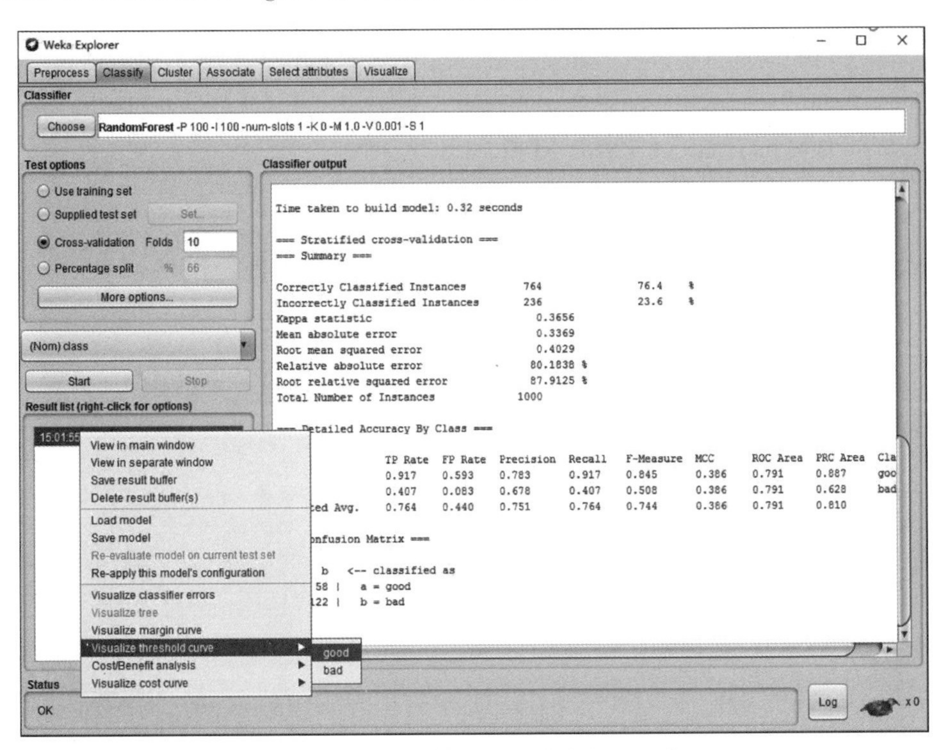

图 6.56　随机森林算法 ROC 曲线和 AUC 值-1

在 Weka Classifier Visualize 窗口中,当 X 轴选择 False Positive Rate,Y 轴选择 True Positive Rate 时,绘制的就是 ROC 曲线,并显示 AUC 值(Area under ROC)为 0.7912,如图 6.57 所示。

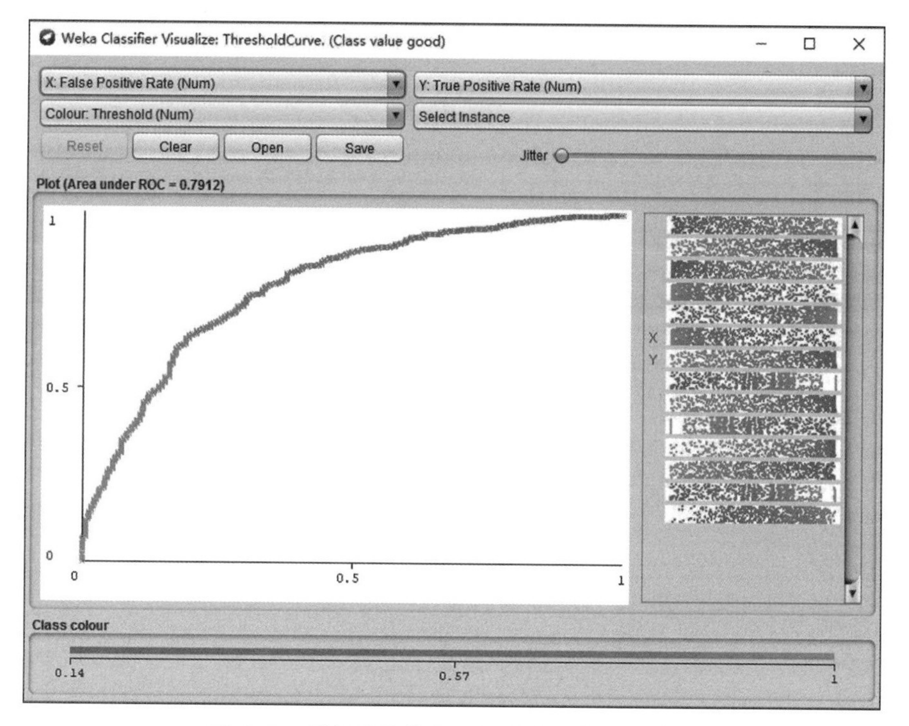

图 6.57 随机森林算法 ROC 曲线图和 AUC 值-2

在图 6.57 中，Weka 不光能绘制 ROC 曲线，如果 X 轴和 Y 轴选择不同的指标，Weka 还可以绘制不同的二维曲线来展示模型的性能。为了进一步对比分析不同模型的 ROC 曲线，在图 6.58 中给出了 J48 决策树的 ROC 曲线。

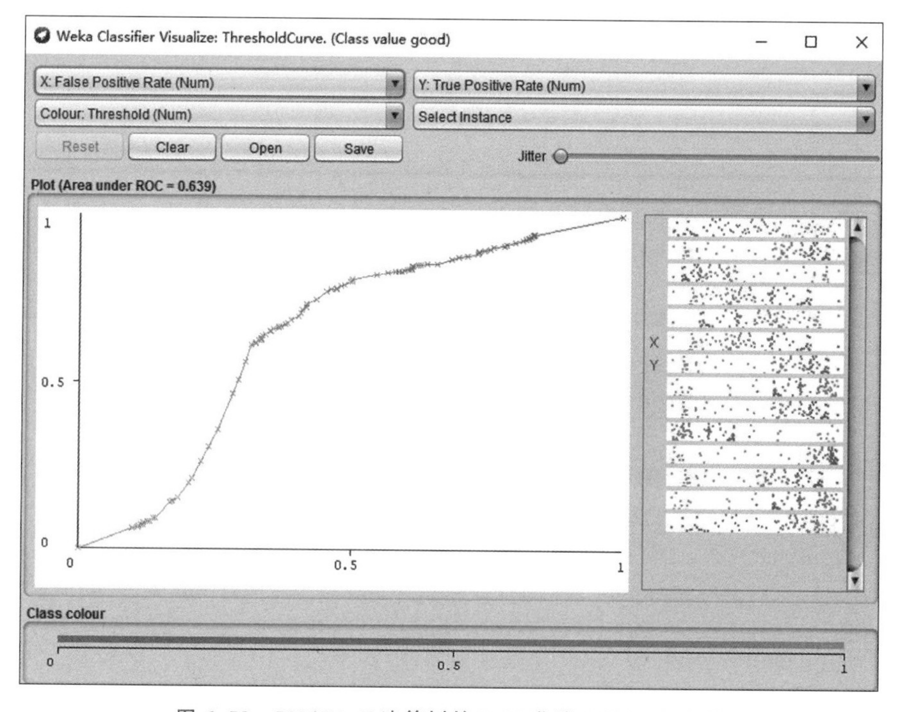

图 6.58 J48(C4.5)决策树的 ROC 曲线(AUC=0.639)

在数据挖掘中,经常会遇到代价敏感性学习问题。敏感性学习主要是针对不同类型的错误造成的后果截然不同的分类任务。例如在医疗诊断中,把癌症患者误诊为健康人员和把健康人员误诊为癌症患者,表面上都是一次诊断错误,但这两种错误的代价完全不同。前种错误的后果可能是患者错失治疗时机而丧命,后种错误只是增加一次诊断流程。因此,需要针对不同类型的分类错误采用不同的惩罚力度,这种学习策略就是代价敏感性学习。该学习策略常常用于类别不平衡的学习任务中,这是因为在类别不平衡的学习任务中,通常更关注类别数量较少那一类出现的错误。本节以二分类任务为例,详细讲解代价敏感性学习问题。

在二分类任务中,可以根据实际任务的领域知识,预先设定一个代价矩阵(cost matrix),用以表示不同类型错误的惩罚力度,代价矩阵如表6.13所示。

表6.13 二分类任务代价矩阵

真实类别	预测类别	
	第 0 类	第 1 类
第0类	0	cost_01
第1类	cost_10	0

在代价矩阵中 cost_*ij* 表示将第 i 类样本误判为第 j 类样本的代价。当然,如果分类正确,其对应的值为0,无须惩罚。因此,代价矩阵的主对角线的值一般均为0。回顾前面介绍的性能度量指标,可以发现其计算过程隐含了不同类型错误的代价相等的假设。

在非均等代价的情况下,通常不再是简单追求总的分类错误次数最小,而是希望总体分类错误的代价最小。总体分类错误代价等于将0类样本误判为第1类样本的个数乘以cost_01,再加上将第1类样本误判为第0类样本的个数乘以cost_10。

为了进一步说明该问题,以德国信用风险评估数据为例,采用Weka软件进行代价敏感性学习。将守信客户误判为失信客户与将失信客户误判为守信客户的损失截然不同,前者错误可能是丢失某个客户,但后者可能会导致银行坏账。显然将失信客户误判为守信客户的风险更大。为此,在模型的训练过程中引入代价矩阵。假定将守信客户误判为失信客户的惩罚力度为1,将失信客户误判为守信客户的惩罚力度为5,代价矩阵如表6.14所示。

表6.14 信用风险评估中的代价矩阵

真实类别	预测类别	
	守信客户	失信客户
守信客户	0	1
失信客户	5	0

将此代价矩阵导入到模型中,并采用随机森林算法进行学习。其具体操作步骤如下:

(1) 单击打开Weka软件中的Preprocess标签页,然后单击打开文件按钮,在Weka的安装路径中找到Weka软件自带的数据集,将德国信用卡数据(credit-g.arff)导入Weka软件。

(2) 单击打开Classify标签页,在分类器中选择meta中的CostSensitiveClassifier(代价敏感分类器),如图6.59所示。

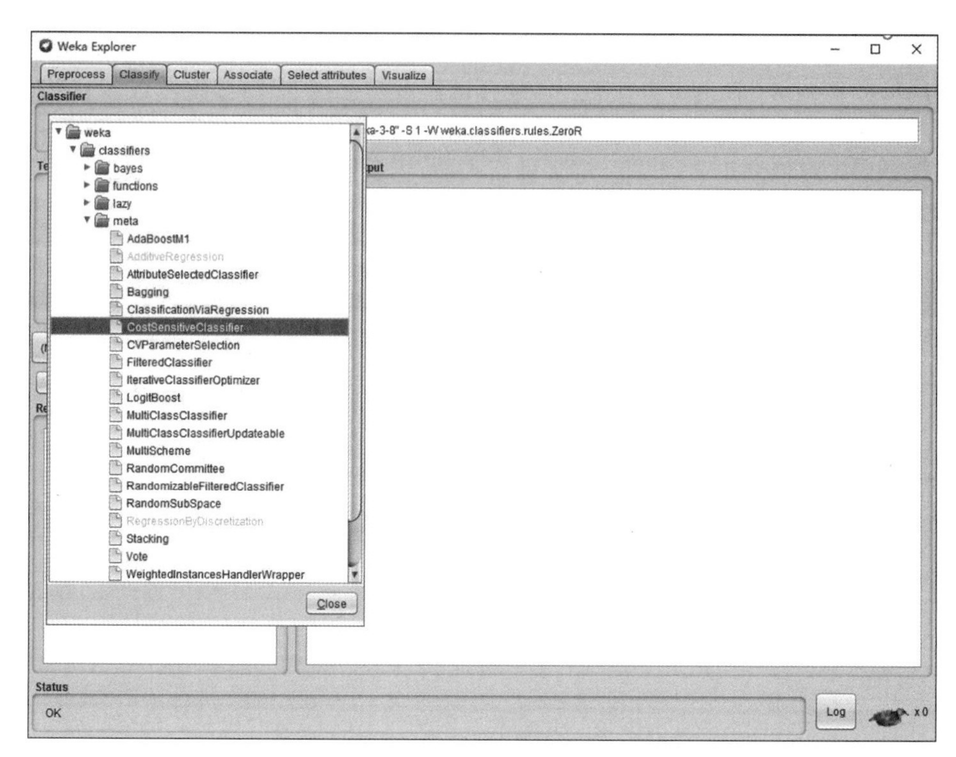

图 6.59　选择代价敏感性分类器

（3）单击分类窗口，打开参数对话框，在分类器中选择随机森林，在代价矩阵中，将分类数设置为 2，将默认的代价矩阵改为[0.0,1.0; 5.0,0.0]，如图 6.60 所示，然后确认关闭。

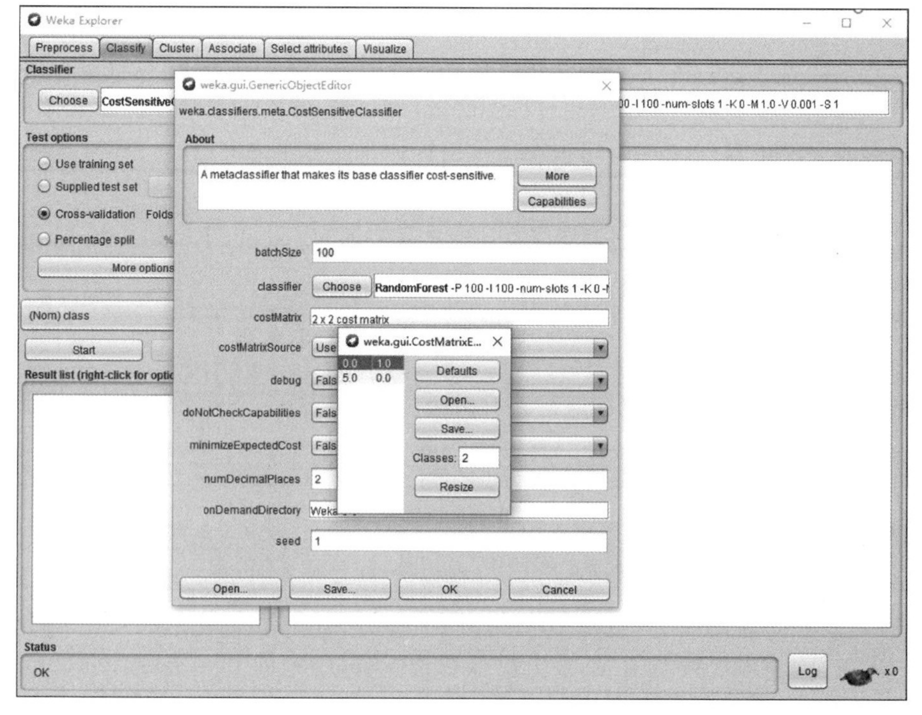

图 6.60　输入代价矩阵

[注意] 需要先将 Classes 设为 2,单击 Resize 按钮,然后在左侧的代价矩阵中输入惩罚值。

输入完参数后,单击"开始"按钮,进行模型训练。模型训练结果如图 6.61 所示,此时的分类精度为 70.1%。

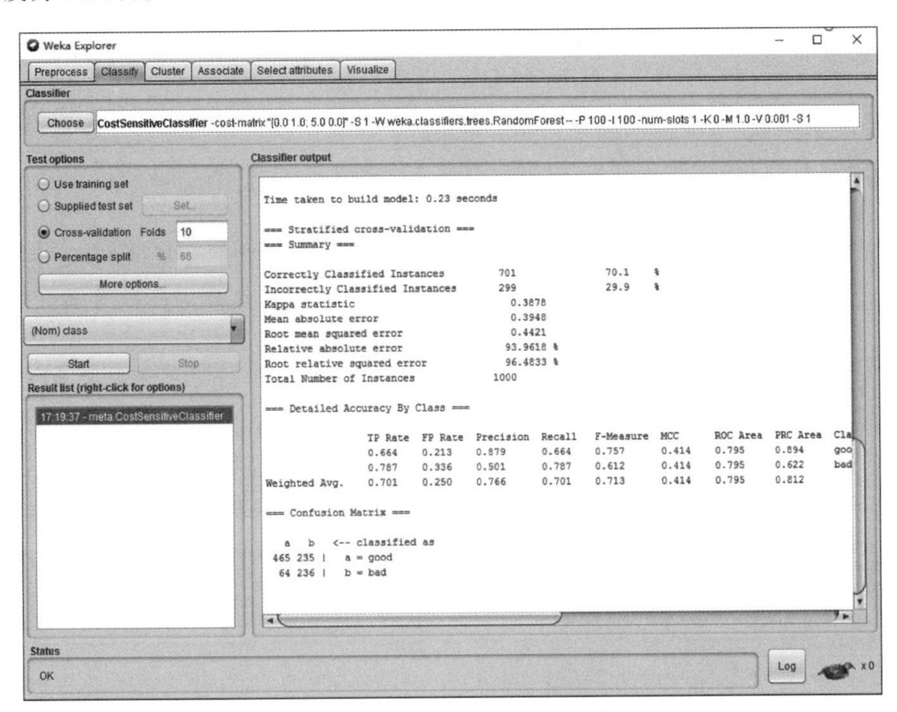

图 6.61 代价敏感性学习结果

从图 6.61 的实验结果分析,采用不同的代价矩阵,模型产生的结果存在着明显差异,如图 6.62 所示。

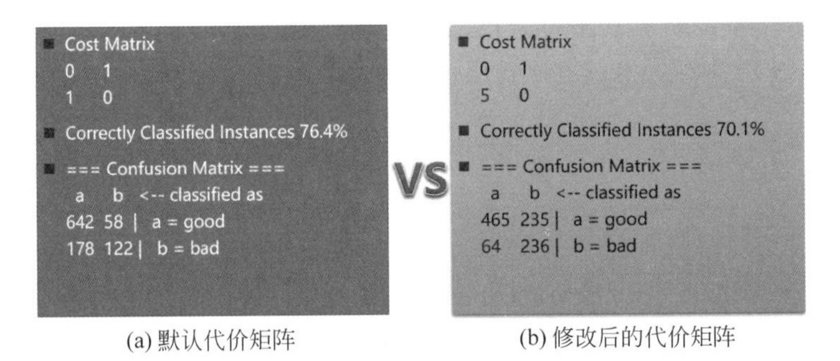

(a) 默认代价矩阵　　(b) 修改后的代价矩阵

图 6.62 敏感性学习结果分析

图 6.62(a)表示采用默认的代价矩阵,即对所有错误分类的惩罚力度都一样,图 6.62(b)表示采用修改后的代价矩阵结果。采用默认的代价矩阵,随机森林的分类精度为 76.4%。采用新的代价矩阵后,其总体分类精度从 76.4%降为 70.1%。但是,将失信客户误判为守信客户的数量从 178 降低到 64。大幅减少了将失信客户误判为守信客户的比例,满足了代价敏感性学习的要求。

第7章 BIG DATA

数据思维

无论身处什么行业，什么领域，数据分析都是一项必不可少的技能，而运用数据思维进行决策更有助于形成高质量的决策结果。数据分析正在渗透到更多行业以及各类决策中，判断一个人是否有数据思维，最核心的因素是看他有没有通过数据分析做决策的习惯。

以前人们做决策更多的是依赖于经验和直觉，但很显然，这样的决策结果会有较大的不确定性，决策失误的可能性也会比较大。伴随着互联网技术的发展和最新的物联网技术的到来，人们从事每项活动的数据都有可能被记录并存储下来。有了这些记录的数据，就可以对它们做定量分析，从而可以利用分析的结果作出更准确的决策。当下很多互联网公司都成立了各种数据团队，收集用户的社交、电商、搜索行为等数据，通过所搜集的大数据来帮助公司做决策，并可以借助于数据挖掘技术的支持，从这些数据中挖掘规律，寻找商机，创造更多的新产品。

车的配置再好，引擎再强大，如果碰到一个不靠谱不辨方向的司机，这辆车照样开不到目的地。大数据时代也如此，如果不具备将实际业务问题转变为数据分析问题的数据思维，再庞大的数据都无法为企业创造商业价值。因此决策者需要进行数据分析，需要具备一定的数据思维能力。数据思维已成为当代人们必备的一种素养。因为在这样一个信息爆炸的时代，数据无处不在。如果不具备数据思维，就会像不懂经济学知识而又去炒股的人一样，容易被征"智商税"。而数据思维的本质是数据怎么变成商业价值的过程，即体现为数据分析的整个过程。所以说数据分析能力的核心是数据思维。

依据百度百科，思维是人类所具有的高级认识活动。按照信息论的观点，思维是对新输入信息与脑内储存知识经验进行一系列复杂的心智操作过程。由此可知，所谓的数据思维，就是在人类的这一系列心智操作过程中，重视数据的作用，在获取数据、从数据中提取信息等过程中表现出来的一种思维模式。

7.1 数据分析基础

数据分析的目的是把隐藏在大量看来杂乱无章的数据中的信息集中提炼出来，从中找出所研究对象的内在规律。在实际应用中，数据分析可帮助人们做出判断，以便采取适当行动。数据分析是针对某个目标去收集数据、分析数据，使之成为信息的过程。这一过程是质量管理体系的支持过程。在产品的整个寿命周期，包括从市场调研到售后服务和最终处置的各个过程，都需要适当运用数据分析过程以提升有效性。例如，设计人员在开始一个新的设计前，要通过广泛地设计调查，分析所得数据以判定设计方向，因此数据分析在各类工业设计中具有极其重要的地位。

7.1.1 相关概念

数据分析中最关键的元素是数据，下面针对几个相关概念进行解释分析。先从数据的概念入手，然后讨论什么是数据分析？数据分析包括哪些要点？在做数据分析时需要注意什么内容？

1. 数据

1）什么是数据

什么是数据？这个看似简单的问题却不易回答。一种说法是，数据是信息。那信息又是什么呢？信息是客观世界各种事物特征的反映。数据，是将这些客观事实记录下来的、可鉴别的符号。数据的形式是多样化的，可以是数字、声音、图像以及视频等。也就是说，凡是可以电子化记录下来的信息都是数据，数据不仅包含数字，还包括通过各种必要的信息化技术或电子化手段获取的记录，例如使用手机、数码相机、各种工程设备上的探头等记录手段获取的记录均是数据。举几个例子，搜狗的语音输入法通过声音采集转化后产生的音频数字信号，社交网络产生的社交链数据，物联网技术产生的车联网数据等，这些依赖于一定的技术手段得到的结果都是数据。

2）数据有什么用

明白了什么是数据后，再来考虑一个问题，数据有什么用？为什么要采取各种技术手段记录数据？因为数据是有价值的，那么数据的价值体现在哪里呢？数据对于单个人的价值，一定是跟个人自身的业务诉求紧密相关的。只有弄清楚了数据的商业价值，客户才愿意为数据买单，数据企业也才能产生收入。

那么数据的价值到底是什么呢？可以从现实生活中企业的价值来理解数据价值这个问题。要确定一个企业的价值，一般可以从 3 个方面来衡量，一是收入，二是支出，三是风险。收入减去支出就是利润，而在获取收入和产生支出的过程中，还要考虑一定的风险。

(1) 收入。百度推广中的付费搜索通过百度平台对用户所有搜索数据进行挖掘分析，得出规律，据此给广告主匹配用户，百度获得流量。所以，对于百度而言，由于用户流量的增加所带来的收入增长就是数据的价值。

(2) 支出。随着物联网技术的普及，电视机生产商通过物联网技术搜集的信息发现，电视机用户使用老式的 VGA 视频接口的数量少之又少。由此，生产商考虑取消某些型号电视机中的 VGA 接口，而取消 VGA 接口为企业节省了巨大的成本，这就是数据分析带来的价值。

(3) 风险。目前大多数商业银行都有商业贷款的网上客户申请系统，网上申请很显然风险要高于线下柜台的申请。而数据分析则可以帮助银行分析出哪些线上申请者是优质客户，哪些是信用差的客户，这样就可以帮助银行降低商业风险，从而为银行带来间接价值。

所以数据能给企业带来多大的价值体现在，一是要把“数据”转换为能增加企业或个人的收入，二是数据能帮助企业降低相关支出，三是数据能帮助企业规避相应的风险。

3）数据的来源

明确了数据的概念及作用后，接下来看一下数据是怎么产生的？数据的主要来源分两类：直接来源和间接来源。直接调查或科学试验是数据的直接来源，一般称为第一手或直接的统计数据；而来源于其他人调查或试验的数据，则是数据的间接来源，称为第二手或间接的统计数据。获得数据的方法可以有以下几种。

（1）观察法。调查人员亲自到现场对调查对象进行观察，在被调查者不察觉的情况下获得数据资料。

（2）采访法。指派调查人员对被调查者提问，根据被调查者的答复取得资料。

（3）问卷调查法。是把调查项目列于表格上形成问卷，通过发放问卷搜集调查对象情况的一种采集资料的方法。问卷中设计问题时应注意几个原则：

① 具体性，内容要具体，不要提抽象、笼统的问题；

② 单一性，内容要单一，不要几个问题合在一起；

③ 通俗性，语言要通俗，避免使用过于专业的术语；

④ 准确性，语言要准确，简明客观，不要使用模棱两可、容易产生歧义的语言或概念；

⑤ 自愿性，必须考虑被调查者是否自愿真实回答问题，不自愿的问题不应该正面提出。

（4）抽样调查法。根据随机性原则，从研究对象的总体中抽取一部分个体作为样本进行调查研究，据此推断有关总体的数字特征的研究方法。

（5）实验法。在一定的实验环境下，对调查对象进行实验所获得的资料。

（6）自动生成。例如大数据时代，从传感器、摄像头等设备自动收集的数据。

（7）借助于各种软件加工处理。例如从各种媒体上导出的数据、利用爬虫软件自动下载的网络数据等。

2. 数据分析

1）数据分析的概念

上面提到数据是信息，但实际上数据和信息是两个概念。数据是记录下来的各种形式的符号，而信息则是客观事物特征的反映。其实数据和信息之间最根本的区别在于，数据本身是没有什么价值的，而信息对用户来说则是有价值的。那么从无价值数据到有价值信息的转换过程，就是“数据分析”。总结一下，数据分析的目的就是为解决现实中的某个问题或者满足现实中的某个需求。

给出一个规范化的概念，数据分析[①]是指使用适当的统计、分析方法对收集来的大量数据进行分析，将它们加以汇总、理解并消化，以求最大化地开发数据的功能，发挥数据的作用。数据分析是为了提取有用信息和形成结论，而对数据加以详细研究和概括总结的过程。数据分析一般包括以下几个主要内容：一是现状分析，分析当前已经发生了什么；二是原因分析，分析为什么会发生该现状；三是预测分析，分析将来会发生什么。

2）数据分析的特征

使用全新的视角来看待数据分析的价值，可以总结出数据分析具有以下特征：

（1）各种类型的原始数据。数据分析中的数据包括各种结构化、非结构化以及内部、外部的大数据和小数据。

（2）相互组合的分析工具。随着数据库技术及大数据技术的发展，现在分析过程中包含着各式各样的新工具，它们相组合产生更快速的分析方法和技术，从而以更快的速度来

① 来源：百度百科——数据分析。

提供分析结果。

(3) 嵌入式的分析方法。数据处理和分析模块可以直接嵌入到运营系统和决策系统中，提升了数据的运行速度和分析结果。

(4) 跨学科的数据团队。新时代的数据分析中，数据科学家要与建模分析师，甚至数据黑客团队、IT 部门相互配合，组成联合团队共同完成数据分析工作。

(5) 面对实际的数据分析。以往的数据分析一般只用于内部决策，新时代的数据分析会把分析流程扩展到更多业务领域，通过机器学习能创造更多模型，让组织获得更精细、更准确的预测。

3) 数据分析类型①。

数据分析起源于统计学，在统计学中，数据分析一般会被划分为以下 4 类。

(1) 探索性数据分析。指为了形成值得假设的检验而对数据进行分析的一种方法，是对传统统计学假设检验手段的补充。

(2) 定性数据分析。指对诸如词语、照片、观察结果之类的非数值型数据的分析。

(3) 离线数据分析。用于较复杂和耗时的数据分析和处理，一般构建在云计算平台之上。

(4) 在线数据分析。又称联机分析处理，用来处理用户的在线请求，对响应时间的要求比较高。与离线数据分析相比，在线数据分析能够实时处理用户的请求，允许用户随时更改分析的约束和限制条件。大数据时代，在线数据分析的应用非常广。

最后，在做具体数据分析工作之前，需要提醒大家注意以下 4 个问题。

(1) 数据的意识。分析是一个过程，分析的对象是数据。在现实生活中，用户首先要有数据的意识，能意识到用数据来处理问题，这样必然在遇到问题时，就会想到要先搜集问题中的相关数据。而实际上用数据来进行推断是一种重要的思维方式。

(2) 数据的处理。要体会数据中本质上是蕴含着信息的。信息本身是存在于数据中的。用户要借助于一定的工具和方法来提取数据中的信息，要经历收集数据、描述数据、分析数据的过程，从而把信息提取出来，这个过程又称之为数据处理。

(3) 信息的提取。要注意从数据中提取信息的方法，一般情况下是需要根据问题所对应的背景来选择合适的方法，而不是盲目地照本宣科。

(4) 分析的结果。所有的分析都是要从“结果”出发，没有结论的数字罗列并不是分析。而“结果”又是什么呢？所谓的“结果”就是发现问题和解决问题的过程。要在数据分析的新时代，更好地创造数据经济的价值。

7.1.2 数据分析可以帮用户做什么

认识了数据及数据分析的基本概念后，下面来看看数据分析的作用，即数据分析可以帮用户做什么？可以通过几个案例来了解一下这个问题。

1. 创造新产品，提供新服务

数据分析与工业大数据的联合产生了智能制造和工业互联网，其本质是利用数据的自

---

① 来源：百度百科——数据分析。

动流动和智能决策来帮助解决控制和业务问题，从而产生一系列的智能产品、智能工厂等，这很显然可以帮助制造企业保持强大的竞争力。

博世集团是德国的工业企业之一，在20世纪几乎没有用过任何数据分析方法分析数据。随着数据及软件技术的飞速发展，公司意识到自身无数据技术的严重问题，于是公司启动了一系列跨部门项目，利用数据分析提供智能产品，包括智能物流管理、智能车辆充电设施(用于混合动力汽车和电动汽车)、智能能源管理、智能监控录像分析等。为了发现和研发这些创新服务，博世集团同时组建了一个软件创新团队，专注于大数据、分析和物联网3个方面。2016年集团又提出博世智能解决方案，分为智能城市、智能家居、互联交通以及工业4.0四个板块，将数据分析和智能技术应用于跟人们息息相关的各个生活领域。博世公司提出，未来工厂是灵活的、网络化的、智能的。在那里，人、机器和产品能够相互沟通、相互配合，从而创造出更多的智能产品和智能服务。

2. 优化运营前线，运筹商业决策

可以通过数据分析及数据对比，发现运营中存在的相关问题，减少运营环节中的浪费，降低成本，提高设备的可用率，优化运营前线。

法国的施耐德电气公司，曾经从事钢铁和军火制造业，能源管理现在是其主营业务，包括能源优化、智能电网管理和智能楼宇。其ADMS(Advanced Distribution Management System，高级配电管理系统)可以帮助公共设施公司优化能源配送。ADMS监控着电网中的所有设备，智能控制断电的时间和位置，并合理派遣维修人员。它使公用事业公司能够搜集能源网络上几百万个节点的数据，监控网络性能，并提供形象的分析工具来帮助工程师了解网络当前的运转状况。

美国联合包裹公司UPS，相信购买过海外商品的人应该听说过或者接受过该公司的快递服务。该公司是把数据分析用于一线业务的最佳例证。配送路线规划是UPS的业务之一，该公司对大数据的概念并不陌生。UPS在20世纪90年代就已经开始追踪包裹线路和处理交易。如今UPS平均每天捕获1630万个包裹配送信息，平均每天接受3950万个追踪请求。UPS最新的大数据来源是安装在公司4.6万多辆卡车上的远程通信传感器，这些传感器能够传回车速、方向、刹车和动力性能等方面的数据。收集到的数据流不仅能说明车辆的日常性能，还能帮助公司重新设计物流路线。UPS的物流优化和导航集成系统可能是全世界最大的运营研究项目。大量的在线地图数据和优化算法，最终能帮助UPS实时地调配驾驶员的收货和配送路线。2011年，该系统为UPS减少了8500万英里(1英里=1.6093千米)的物流里程，由此节约了840万加仑(1加仑=3.7584升)的汽油。

以上两个案例表明，数据分析所产生的“分析竞争”不仅能帮忙解决公司的传统问题，改善传统的内部决策，通过优化运营前线，也能为公司创造更高附加值的产品并制定更英明的决策。

3. 实施数据分析，实现企业功能

在企业运营和实施中数据分析还可以实现以下功能：分析目标客户、活跃率分析、发现用户访问路径、营运规划、绩效分析与管理、投资与决策分析。下面简单来看一下这几项功能。

1) 数据分析有助于企业分析目标客户

数据化运营的第一步是找准目标客户。目标客户在试运营阶段只能通过简化、类比、假设的手段进行模拟探索。真实的业务场景产生并拥有一批真实用户后，根据这批核心用户的特征，可以寻找拥有同类特征用户的群体。根据业务环节的不同，可以使用各种预警预测模型。通过数据分析可以获知各销售渠道的推送效果。将相同的产品投放于不同销售渠道，可以通过数据分析得出各个销售渠道的推荐数量及客户购买量，以此来判断产品的目标客户群体集中地；而将不同的产品投放于相同的销售渠道，可以了解目标客户的偏好，以便更集中地优化销售渠道。

2）数据分析有助于企业的活跃率分析

所谓的活跃率是指某一时间段内活跃用户占总用户的比例。根据时间可分为日活跃率、周活跃率、月活跃率等。不过一般产品不同，活跃用户的定义也可能不同。做企业运营的都知道，一个新客户的转化成本大概是活跃客户成本的3～10倍，说明活跃率是非常非常重要的一个指标，"僵尸粉"是没用的，只有活跃的用户才能对平台产生价值。活跃率的组成指标是业务场景中最核心的行为因素。具体的活跃率的计算，可以采取主成分分析或者数据标准化分析，前者是把多个核心行为指标转化为一个综合得分，而后者则是对使用不同度量标准的不同指标进行标准化后再做相应的比较和分析。

3）数据分析有助于企业发现用户访问路径

根据用户在网页上流转的规律和特点，发现频繁访问路径模式，可以提炼特定用户群体的主流行为路径、特定群体的浏览特征等信息。行为路径分析就是分析用户在产品使用过程中的访问路径。行为路径分析有两类，一类是有算法支持的，另一类是按照步骤顺序遍历主要路径的。如果能够将单纯的路径分析与算法及其他数据分析、挖掘技术整合，运用数据挖掘的方法，通过对行为路径的数据分析，就可以发现用户最常用的功能和使用路径，并通过其他的多维分析，追踪用户的转化路径，同时可以针对不同群体的路径分析，优化页面布局，提升转化率，从而提升产品用户体验，减少用户流失风险。因此，通过对用户行为监测获得的数据进行分析，可以让企业更加详细、清楚地了解用户的行为习惯，从而找出网站、推广渠道等企业营销环境存在的问题，有助于企业发掘高转化率页面，让企业的营销更加精准、有效，提高业务转化率，从而提升企业的广告收益，实现销量的提升。

4）数据分析有助于企业的营运规划

现代社会企业竞争白热化，传统的运营方法很难提升企业的运营效率。企业追求精细化、精准化营销，用好大数据是关键。好的决策是以数据为本，而不是靠"拍脑袋"和闭门造车。一方面从数据中了解和发现客户，获取他们的类型、需求、行踪、习惯以及趋势等，为开发有价值的产品和服务提供源泉；另一方面可以让数据来衡量产品和运营的效果，找到改进和完善的方案；最后，数据分析可以为战略决策提供支持和建议。

5）数据分析有助于企业绩效分析与管理

现在越来越多的企事业单位已经在实施绩效考核。什么才是有效的绩效管理呢？包括从量化的关键绩效指标法KPI到报表的管理和设计，再到全面的KPI管理，静态、动态KPI管理，以及有无考虑成果成本、有无计划预测控制、有无预警机制的管理等，整个绩效管理的过程很显然离不开数据分析的支持。越来越多的企业利用绩效管理软件来进行绩效管理。而在软件运行期间，数据管理是一项非常耗时的任务。所以数据分析是成功管理企业业绩的重要组成部分。它可以帮助规划、预算和预测，使组织能够了解趋势和重要的关系，帮助企业更准确、迅速地应对这些趋势。它还使组织能够提高预测和预算的准确性，同时确保所有的预算和计划符合企业的总体目标。

6）数据分析有助于企业投资与决策分析

数据分析可以帮助企业在很多领域做出正确的决策。这包括新产品或新服务的推出、开拓现有产品服务的新市场以及信息技术方面的投资等各个领域的决策。当然在企业发展新的合作伙伴、改变业务运营甚至企业重组等方面，也都需要借助数据分析来帮助企业科学地决策，从而帮助企业在商业竞争中取得胜利。

总之，数据分析在企业中的作用是举足轻重的，所以数据分析师是企业稀缺人才，如果你拥有数据分析能力，并可以运用数据分析帮助企业盈利，那么注定前途一片光明！

7.1.3 如何做有效的数据分析

数据分析在企业的整个发展过程中是非常有意义并且是必不可少的。互联网时代，在企业不断精细化运营的背景下，产品经理不能单纯靠感觉来做产品，需要培养数据意识，通过数据分析来不断改善产品，而且需要更多地从用户、业务层面来看待数据，从而更快地找到数据变动的原因。在数据被有效记录下来的前提下，如何有效地分析数据呢？

1. 明确数据分析的目的

分析数据要有明确的目的，考虑为了实现目标需要构建哪些维度来验证，需要耐心地一步步拆解细分，排查原因。例如，作为网络产品的分析人员，数据分析的目的如果是要对比页面改版前后的优劣，那么衡量的指标应该从页面的点击率、跳出率等维度出发；电商类应用则还要分析订单转化率；社交类应用则要注重用户的访问时长，点赞、转发、互动等的频率和次数。而如果数据分析的目的是研究某一模块数据异常波动的原因，则分析应该采取逐步拆解的方法，从版本到时间再到人群一步步拆解。例如，如果发现首页的“猜你喜欢”模块最近的点击率从 40％下降到 35％，那么这个时候要先看看是因为新版本的数据发生了波动，还是因为新版本上线卖点遗漏或有误造成的。如果版本的波动数据保持一致，则要分析数据是从什么时候开始变化的，是不是因为受到节假日因素的影响，或者是因为页面上有其他模块上线，新的活动影响了“猜你喜欢”的转化。如果都不是，则再进一步拆解，看看是不是流量来源构成发生了变化，或者是新用户的曝光数量增加导致的。

2. 多渠道收集数据

数据收集的渠道多，可以增加数据的多样性，从而增加数据分析的有效性。经常用的数据收集渠道有如下 4 条。

（1）从各种行业数据分析报告中收集数据。当然只有带着慎重的态度去观察这些数据，才能提取有效、准确的信息，要注意那些可能被人处理过的数据。

（2）从客服意见反馈、微博等论坛的用户反馈中收集数据。通过观看用户的评论数据，提升自身产品设计。

（3）自己设计问卷调查或者做用户访谈等，直接跟用户面对面收集数据。观察用户使用产品时遇到的问题和感受。设计问卷时注意要提炼核心问题，回收时要注意剔除无效的问卷。做用户访谈时要注意说话的语气或者使用的词汇要考虑用户的感受。

（4）从记录下来的用户行为轨迹去收集数据。通过每天实时反馈线上的用户数据情况，从而更有深度地研究对比数据。

3. 合理客观地审视数据

全面理解数据结果，不要过度地依赖数据，也不要忽略了那些沉默用户。过度依赖数据可能会做出一些无价值的分析；而忽略沉默用户，则将不能全盘地考虑产品大部分目标用户的核心需求。

接下来看看具体的有效性分析如何展开。着重从有效性的角度入手分步来展开，首先要问有效的问题，在问题的基础上建立一些相应的假设，依据该假设搜寻正确的数据，然后分解手中数据的关系，在这其中要采取懒汉 KISS(Keep It Simple and Stupid，懒汉原则)原则，最后验证假设和结果的关系。注意在整个过程中，对业务的理解是所有分析的前提，不可以主观认为或想当然。

1) 要问有效的问题

那么到底什么是有效的问题呢？怎么衡量有效性？一般从以下 3 个方面来检验问题的有效性：一是复杂性检验，主要是指所提出的问题是否直接并且相关，一般希望提出能跟分析结果直接相关的问题；二是有用性检验，指的是所提问题的答案是否对分析工作有帮助；三是可行性检验，是指所提出的问题跟所收集的数据之间的关系，收集的数据是否真的能帮助用户解答问题。

(1) 复杂性检验。举例说明复杂性检验。

这是一个关于"如何通过一定的措施增加 PV(Page View，页面浏览量)"的数据分析。如果这样提出问题："如何量化 PV 增加的各种因素的影响，如广告，经济，新的主页……？"，那么这就是一个失败的问题。原因在于，第一，该问题包含的要素太多，太过复杂，它其实是多种问题的一个合集；第二，由于无法知道每种因素和浏览量增加的相关性，所以根本无法量化这些因素。那么应该怎么修改这个问题呢？如果问题是这样提出的，"哪些因素导致最近一周 PV 急剧上升呢？"效果就不一样了。因为这样更具体，而且只需要列出相关因素，不涉及量化问题。

(2) 有用性检验。举例说明有用性检验。

失败的问题如下：中国供应商自身产品的质量和价格是否是影响其成交的重要因素？是否可以通过提高中国供应商的产品质量提高它的成交概率，继而提高续签率？失败的原因在于：产品质量当然是成交的重要因素，了解了这个答案并不能提高续签率，因为客户产品是不可控的。将问题修改一下即可成为成功的问题："有效反馈数量多少是否是影响中国供应商续签率的重要因素？"

(3) 可行性检验。举例说明可行性检验。

"美国次贷危机在短期和长期内对阿里巴巴营收有何影响？"这显然是一个比较失败的问题。失败的原因在于：有太多的因素不可控制。比如，美国次贷危机持续的时间、美国次贷危机对中国外贸企业的具体影响、美国政府和中国政府的应对策略等。如果改为这样的问题，可能效果就不一样了："美国次贷危机爆发前后，来自美国的活跃买家和买家询盘数量是否有影响？"修改后的问题是可以搜集到相关数据的，所以它是有效可行的。

2) 建立一些假设

为什么说假设很重要呢？复杂的问题通常有很多潜在的答案，如果没有强有力的假设，用户会浪费很多时间并且无法证明任何东西，而只有建立正确的假设才能决定用户会收集到怎样的数据并如何看待它们。

举一个例子来了解一下这个问题。阿里巴巴公司中有个“中供”,它是中国供应商的简称。中国供应商是基于我国经济建设趋势和企业发展需求,由中国互联网新闻中心推出的权威、诚信的B2B电子商务网上贸易平台。现在提出一个问题:“影响中供反馈数量的因素有哪些?”面对这个问题,可能的假设有:自身活跃度,阿里巴巴分配资源,同类产品的竞争程度,广告投入等。针对这些假设,总结各个假设所需要的数据,可以慢慢提炼出问题所需要的答案。例如,针对自身活跃度假设,需要的数据有登录次数、网络使用时长、发布产品数量、回购要约数量、主动发送报价的数量等。再例如,针对同类产品的竞争程度这个假设,需要的数据就包括产品总数在该行业的排名以及产品曝光次数在该行业的排名等。这样量化后,直接去搜集相关数据,即可得出问题相关的答案了。其他假设所需要的数据,在这里不再一一解释,请读者朋友结合实际去分析并理解。

3)取得有效数据

数据的有效性一般可能会在一致性、精确度和时效性3个方面存在一定的问题。

(1)一致性指标。有时候可能会因为时间的原因导致获取的数据无法进行前后比较。

(2)精确度指标。现实生活中可能一方面存在数据不能准确量化问题,例如销售人员的销售技巧;另一方面,有时候某些数据的取得本身就很困难,比如客户的数据。

(3)时效性指标。数据本身有时效性,有时在做分析时,数据可能是几年前的,而不是实时的。

面对存在的这些问题,希望在获取有效数据时注意以下两点。

(1)要清楚各项数据的最合适来源。

(2)明白各项数据的局限性和可能潜在的错误。

关注这两点后,相信获取的数据基本有效。

4)分解原因

为何要分解原因?一个问题往往有潜在的多个答案,如果不将多种因素分解做单独分析,就无法了解哪个才是真正的直接相关因素。分解的原则一般是直接不交集。即因素和结果之间没有其他可能的间接关系。例如,如果发现,最近的周末都下雨,而最近一遇到雨天PV就下降。如果因此得出结论:雨天是PV下降的原因,那么这个结论的得出就是错误的。为什么?因为雨天和PV下降之间还有一个周末这个因素,而周末才是PV下降的原因。

在做分解原因时,提出如下建议:首先要问一问,每个原因是否已经互不相交?其次要问一问,每个原因是否是直接的,是不是其他原因的衍生产物?

那么如何分析被分解的原因呢?一般采用KISS原则,即坚持简约原则,又称懒汉原则,避免不必要的复杂化。具体做法是,孤立一个因素,将有无此因素的两个结果进行比较。例如,针对某段时间内到期的中国供应商,先按其在该段期间内有无购买广告分群,再按这两群体人的续签率进行对比,可大致了解广告对中供续签率的影响。关于KISS的释义,刚才已经提及。这里主要来看一下两个KISS的工具:一个是开关工具,即做“有无问答”的分析,如有影响还是无影响;另一个是XY工具,即影响因素与产生结果之间的分析,其实就是常说的自变量和因变量的关系分析。

(1) 关于开关工具,举例说明。

提出问题:哪些是影响续签率的重要因素?

做出假设:订阅"商情特快"能增加买家机会,可能会影响效果和续签率。

通过画出如图7.1和7.2所示的两幅条形图看一下有/无订阅群体的续签率是否存在差异。

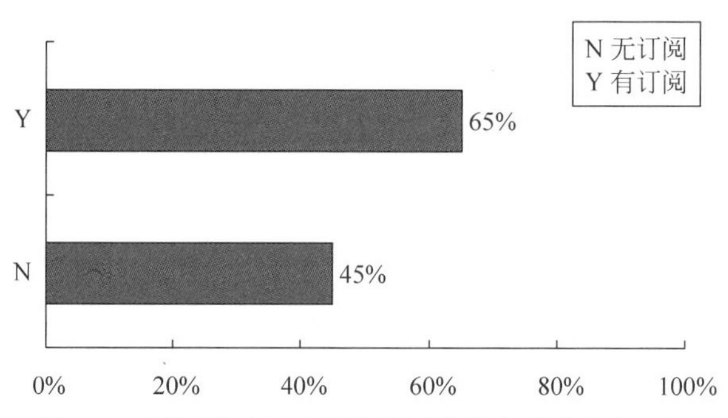

图 7.1 "有无订阅"对新签合同续签率影响的条形图

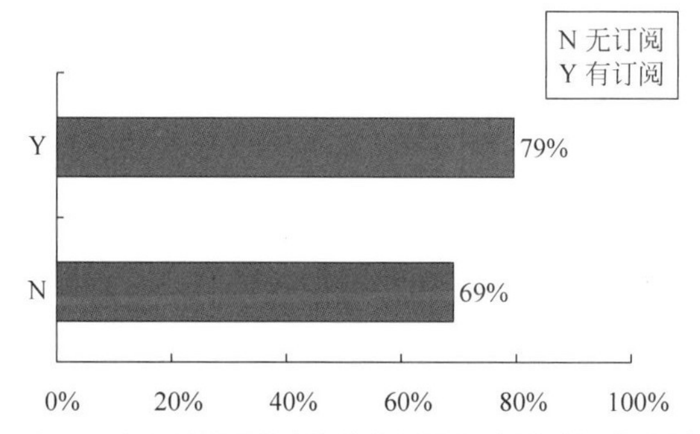

图 7.2 "有无订阅"对续签合同续签率影响的条形图

显然,从图7.1和图7.2中可以看到还是有一定差异的。

(2) 关于XY工具,举例说明。

提出问题:哪些是影响中供获得曝光机会的主要原因?

做出假设:产品覆盖面广应该是影响曝光的重要因素。

如图7.3所示,以折线图的形式描述曝光的买家搜过关键词数(代表产品覆盖面)与产品曝光次数的"XY"分析。

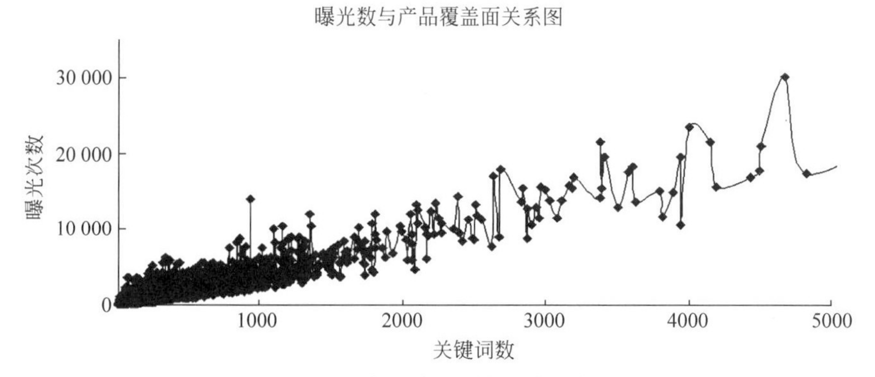

图 7.3 曝光数与产品覆盖面关系折线图

在图中可以看出曝光数与产品覆盖面之间的关系。

5）验证假设和结果的关系

通过反复问自己如下几个问题的形式来实现该要点。

(1) 分析结果在逻辑上是否合理？是否存在明显的逻辑错误？征询前线同事的直接感受是否与分析结果相符？一些违反直觉的结果往往代表一定有什么东西没有考虑到。

(2) 什么问题是你的老板肯定会问的？首先假设他的问题，然后准备好你的答案，做好充足的准备。

最后简单总结一下数据分析。

首先，数据分析不是一门复杂的科学，而是一些简单的常识，复杂的运算只会令分析结果更差而不是更好，所以希望大家在做数据分析时做到绝大多数情况下提出简单的想法，做简单的沟通。

其次，数据分析也是一门艺术。同样的数据面对不同的人不同的事可能会有不同的解读，有时候在做数据分析时需要一点点灵感。

7.2 数据分析思维、过程和方法

接下来，从数据分析的思维、过程以及方法等角度继续学习数据分析的相关内容。

7.2.1 数据分析思维

所谓数据分析，是从数据到信息的转换过程，在这个过程中必然会有一些固定的思路，这些思路可以称之为思维方式。当面对一些不确定情境问题时，需要做出恰如其分的处理，尤其是需要对数据信息进行有目的的选择和正确的分析判断时，人们会发现数据分析思维的培养显得至关重要。

在分析一个问题前，思维有可能会出现如下几种情况的缺失：不知道问题从何处下手，不知道问题发生没有，不知道为什么，不确定分析对不对，不确定执行结果怎样，等等。如果存在这样一些疑惑，这时候就轮到平时锻炼的数据分析思维出场了。

以前做决策是采用定性分析的方法，但是这样决策的依据一般来源于决策者的直觉和经验，而且容易产生不确定性结果，决策的失误率比较高。随着互联网技术的发展，人们越来越意识到数据的重要性，很多公司都会成立大数据团队，收集各种各样的数据，依数据来制定商业决策，使用数据挖掘的方法来发现更多的机会。数据分析思维会让决策更加准确。

在日常生活中，应该从小事做起，有意识地培养自己的数据分析思维。例如，生活中遇到某些麻烦，首先要思考一下原因和可能产生的影响，然后详细地列几条解决办法，并且按照时间位置等因素分析出最合理有效的一条措施，然后实施，当然在实施前要先预测结果，最后比较实施结果和预测结果。这就是数据分析思维的锻炼过程。

1. 数据分析思维的特征

目前，从业务分析的角度看，数据分析思维一般要有如下几个特征。

1）思维的结构化、公式化

面对问题，可以先把问题按照不同指标分类，并在各个指标下不断地将问题拆分细化，同时把能想到的所有观点都写下来，进行归纳整理，使之结构化。现在比较流行的一种工具方法就是思维导图，在数据分析思维构建的过程中，很显然思维导图是非常有用的。利用类似于思维导图的工具将思维过程结构化后，就可以进一步地利用所学过的各种公式，来对这些思维进行公式化。因为各个观点可能或多或少会存在一些数量关系，利用一定的公式将这些观点公式化后做量化分析，可以更好地验证结论。

2）思维的业务化

数据是在业务运行的过程中收集并整理下来的，所以分析数据时要遵循业务发展。要充分调研并了解清楚各业务情况，结合具体的业务进行数据分析，这样得出的分析结果才能贴近于业务。前面结构化、公式化的观点结论，毕竟还是在理论层面上的分析，只有跟业务相结合，用业务化的思维来考虑问题，站在业务人员的角度来考虑问题，才能让数据分析结果更实际有效。另外注意，可以通过贴近业务、换位思考以及积累经验的方式来加强业务思维。

3）思维的整体性

大数据时代，数据量更大，数据类型更复杂，因此要求在大数据的思维更多面化的同时，更要具有整体性。大数据本身就是大型数据的整合，所以人们要具有对整体数据的整合和分析能力。对于数据的分析要由原来的一元思维模式升级为二元思维，甚至多元思维。只有具有整体性的思维模式，才能够更高效地实现复杂的数据统计及分析。

4）思维的互联性

大数据时代有个说法："要么数字化，要么死亡"。大数据及互联网技术的飞速发展，要求人们充分利用各种最新的技术手段，来对各个领域的数据信息进行全面的收集及整理，要实现信息互通，打通信息间的隔阂，进行全新的信息整合，从而实现数据分析的实用性，创造出更有价值的数据资产。

2. 常见的数据思维

简单理解了数据分析的概念以及思维的特征后，下面介绍5种常用的数据思维。

1）对比

对比是最基本的思路，也是最重要的思路，在现实生活中应用非常广泛。例如购物时的选择款式，或者店铺的人流量监控数据等，这些都是在做"对比"。数据分析人员拿到数据后，如果数据是独立的，没有进行对比的话，这些数据就没有什么意义，也就无从判断并作出决策，即无法从数据中读取到有用的信息用于实际的决策。

正如图7.4和图7.5所示，如果单独只看一个数据，例如图7.4中只显示今天的销量170，这个数据就没有什么意义。必须跟另一个数据作对比，图7.5中将其跟昨天的成交量作对比，就会发现，今天跟昨天相比成交量下降了。接着就可以去找原因，看看是什么因素引起成交量的下降，找到之后就可以作出相应的决策。

2）拆分

从字面上来理解，拆分就是拆解和分析。在生活中随处可见"拆分"一词，很多人都会用这样的口吻来描述一件事情：经过拆分之后，我们……就清晰了。当需要对某一个指数做分析时，拆分会让数据更加清晰，便于找细节。由此可见，拆分在数据分析中是很重要的。不过，相信有很多读者存在疑惑，拆分是怎么用的呢？

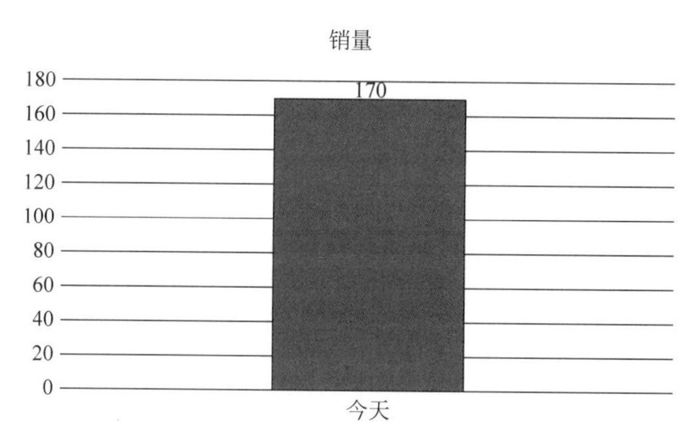

图 7.4　无对比的销售量图表

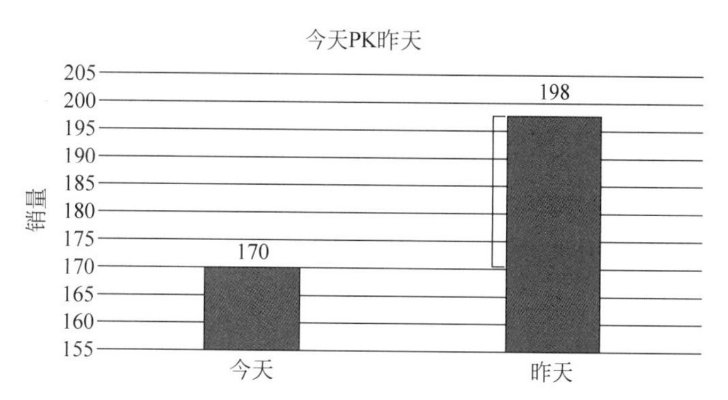

图 7.5　有对比的销售量图表

在数据分析过程中，当数据中的某个指标可以对比的时候，肯定会先选择第 1 种思维方式“对比”。然后在对比后发现问题，需要找出原因时，或者没办法直接做对比时，就可以使用“拆分”这种思维方式了。

举例子来看一下，分别对销售额、流量组成两个指标做拆分，拆分后的结构如图 7.6 和图 7.7 所示。

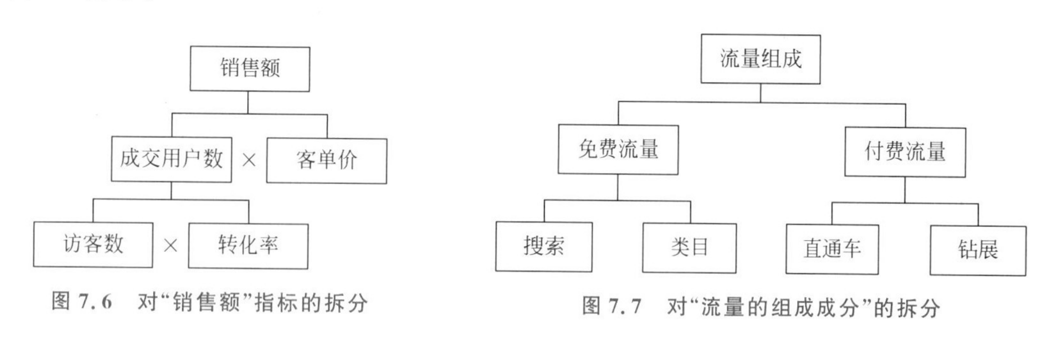

图 7.6　对“销售额”指标的拆分

图 7.7　对“流量的组成成分”的拆分

看下面一种实际的运营场景：经过对比店铺的数据，运营小美发现今天的销售额只有昨天的 50%，这个时候，再对比销售额这个指标已经没有任何意义了。需要考虑对销售额这个指标做拆分，拆分指标为：销售额＝成交用户数×客单价，成交用户数＝访客数×转化率，然后分别从各个拆分后的子指标中分析引起销售额下降的原因，如图 7.6 所示，这就是对销售额这个指标的拆分。

同理，还可以按图 7.7 所示对流量组成做简单拆分，以便于对用户针对页面的浏览程度进行分析。通过观察图 7.6 和图 7.7 可以看到，拆分后的结果相对于拆分前显然更清晰、更明确、更便于分析，并且更容易找细节。

3）降维

当要分析的数据量比较大、数据比较复杂或者数据维度太多的时候，用户不可能针对每个维度都做分析，而且数据中某些指标之间可能会存在一定的关联性，对于这些有关联的指标，可以从中筛选出具有代表性、对用户有用的数据进行分析。举个例子来看某时间段内某电商产品的销售数据，如表 7.1 所示。

表 7.1 某时间段内某电商产品的销售数据表

日期	浏览量	访客数	访问深度	销售额	销售量	订单数	成交用户数	客单价	转化率/%
2014/2/1	2584	957	2.7	9045	96	80	67	135	7
2014/2/2	3625	1450	2.5	9570	125	104	87	110	6
2014/2/3	2572	1286	2	12 780	130	108	90	142	7
2014/2/4	4125	1650	2.5	15 345	143	119	99	155	6
2014/2/5	3699	1233	3	8362	107	89	74	113	6
2014/2/6	4115	1286	3.2	14 040	130	108	90	156	7

表中共有 10 个维度，仔细观察可以发现其实不必每个维度都分析。因为成交用户数=访客数×转化率，所以当某个维度可以用其他维度通过计算转化出来时，就可使用“降维”的方法分析数据。即成交用户数、访客数和转化率，3 个指标只要选两个即可。又因为销售额=成交用户数×客单价，所以这 3 个也只需要三选二即可。需要指出的是，用户一般只关心对其有用的数据，当有些维度的数据跟用户的分析内容无关时，也可以删掉它们，达到“降维”的目的。

4）增维

如果当前使用的维度或指标不能很好地解释用户的问题，就需要对数据做调整，增加一个指标，看看能否达到目的。表 7.2 列出某电商平台产品搜索统计表。可以从表中观察“搜索指数”和“当前宝贝数”这两个指标，它们一个代表需求，一个代表供应。有很多研究者把“搜索指数”除以“当前宝贝数”得出“倍数”，并且用“倍数”来代表一个产品的竞争度。这种做法就是增维。增加的维度称之为“辅助列”。

表 7.2 某电商平台产品搜索统计表

序号	关键字	搜索人气	搜索指数	占比/%	点击指数	商城点击占比/%	点击率/%	当前宝贝数
1	毛呢外套	242 165	1 119 253	58.81	512 673	30.76	45.08	2 448 482
2	毛呢外套 女	33 285	144 688	7.29	80 240	48.88	54.79	2 448 368
3	韩版毛呢外套	7460	29 714	1.45	15 076	21.38	50.04	1 035 325
4	小香风毛呢外套	6480	22 543	1.09	11 143	22.34	48.72	60 258
5	斗篷毛呢外套	5463	23 443	1.14	11 328	19.87	47.61	108 816

"增维"和"降维"这两种数据思维方式使用的前提是，必须对数据的意义有充分的理解，为了方便分析而对数据进行转换运算。

5）假设

当对未知事物比较迷茫，还有很多不确定性的时候，可以尝试"假设"的思维方式，"假设"在统计学上又称之为"假说"。例如，想知道新产品进入市场的销量，或者商品提价后可能带来的销量变化情况，这些在没有具体实施之前是没有明确的数据可以进行分析的。当不知道结果，或者有几种选择的时候，那么就可以使用"假说"了。

先假设一种结果，然后运用逆向思维。从结果分析需要有什么样的原因，才能产生这种结果。由此推断，现在已经满足了多少成因，还差多少。如果是多选的情况下，就可以通过这种方法来找到最佳路径或最优决策。这显然是一种启发思维的方法，类似于寻根。一般的执行过程就是先假设后验证，最后判断出分析结果。当然除了结果可以假设之外，过程也是可以假设的。

综上所述，数据分析操作的最关键的前提是具有数据思维。在当今的大数据时代，大数据已经在向各行各业渗透，未来的大数据将会无处不在地为人类服务。只有拥有大数据思维的人，才能更好地挖掘出大数据的价值，并转化为实际的效益。与其说数据创造了价值，不如说是数据思维触发了新的价值增长。

7.2.2 数据分析过程

理解了数据分析思维的重要性后，介绍一下具体的数据分析过程是如何展开的。首先强调一个问题就是数据分析的重点在于数据"供应链"。就是首先要收集并获得数据，这个环节需要将数据与实际业务进行结合，深入了解业务背景，明确问题和需求；然后利用一定的分析方法处理数据，将数据信息化、可视化；最后把数据转换为生产力，从而帮助企业获利。

下面来看一下数据分析各个环节的具体展开，给出一个称之为"数据分析六步曲"的分解步骤，依次为：确定分析目的、收集数据并存储、数据的清洗转化等处理、数据分析、数据展现和报告撰写。把这 6 个步骤归纳为 4 个阶段，下面按这 4 个阶段详细地介绍数据分析的具体环节以及各环节中可用的工具或方法。

1. 数据的产生、收集和整理阶段

数据分析过程就是数据转换为信息，转换为价值的过程。没有数据，哪来的信息？哪来的价值？随着互联网技术的发展，现实社会可以通过多种途径产生数据，例如超市的条形码包含了产品的数据，物流公司每辆车上的 GPS 定位技术产生了大量的位置数据，电商网站的评论数据，甚至于马路上摄像头的监控数据等。而人类具有描述世界的能力，能够使用可存储的文档，详细记录这个社会的方方面面。什么是数据？前面已讲过，凡是可以记录下来的符号，不管是数字、汉字，还是音频、视频、图像等都是数据。而上面所描述的形态各异的记录都是数据，这是从数据到价值的起点，所以数据的获取是最基本的。

准确识别信息需求，可以为收集数据提供清晰的目标。目标明确后再收集并整理数据，是数据分析过程有效性的保障。同时，在收集数据时还要考虑收集的数据是否真实，信息渠道是否畅通。整理数据的过程中需要借助于现有的各种技术手段，最终把数据转化为有价值的信息。

2. 定义和数据有关的业务问题阶段

数据是来源于实际生活的。在数据产生、收集和整理之后，就需要考虑能从数据中挖掘什么有价值的信息，这里的价值与用户所站的角度有关，不同的角度对价值的理解也不一样。

面对一个企业，价值应该是体现在企业的战略目标角度，能从企业的业务实践中总结并分析出跟企业的生存、发展、利润密切相关的数据，并能帮助企业实现其战略目标，对企业来说就是有价值的；面对一个大学的科研机构，价值则体现在通过数据分析，能帮助研究者发现科学规律，并得出较高级的科研成果，发表高层次的科研论文，这也是有价值的；如一位医生能从病人的自身描述、医生的观察、各种仪器检查结果的数据分析中，帮助医生对病人做出一个准确的病情诊断，这也是有价值的。所以在数据分析过程中，要结合不同的应用场景定义出不同的业务问题，这是非常关键的。

3. 数据挖掘与分析建模阶段

在第2阶段完成从数据到价值的具体业务问题的定义后，接下来就要针对数据做具体的研究了。要考虑使用什么样的工具或方法来分析这些业务层面上的数据。这时候，一个具备良好数据挖掘基础、统计学建模训练的专业团队可以开始工作了。注意，此阶段是在清晰业务目的指导下的统计分析，不是单纯的统计挖掘技术的应用。我们需要督促鼓励数据分析团队深刻理解业务，可以通过尝试使用不同的、标准的统计分析方法，线性或非线性模型刻画数据和业务之间的关系，预测各种可能性。

4. 数据业务的实施阶段

前面收集并整理了数据，把数据与业务问题紧密联系在一起，又借助于成熟的数据挖掘和统计学方法技术对数据做了分析，并构建了不错的模型，那么接下来就进入到了具体的业务实施阶段。用已构建的模型，将搜集并分析后的数据应用于业务实施中。

这是数据分析的最后一个阶段，业务实施后产生对应的结果。有可能是一个重塑的业务流程，有可能是一个新的产品，也有可能是一个新的算法。当然在实施的过程中也需要付出努力，承担必要的风险。但是，起码数据分析的结果已经用于了具体的业务中，这样的数据分析才有价值。

最后总结一下数据分析过程，一要注意分析的目的一定要明确，不能为了分析而分析。二要做到深刻熟悉相关的业务，如果业务工作都不了解，做不好，何来的数据分析？缺乏业务知识，必然导致分析结果会偏离实际。三要注意数据分析整个过程中要保持对数据源，尤其是新的数据源的敏感，具备一流的视角。四要注意不要一味地热衷研究模型。五要具备根据具体数据业务定义数据分析问题的能力，并能更好地整合各种资源，最终实现从数据到价值的转换。

7.2.3 数据分析方法

在明确数据、明确业务后关键的一点就是得找到合适的方法来分析数据，才能最终得到所需的结果。所以数据分析方法的选择也是整个数据分析过程中至关重要的一环。

从数据分析的三大特征的角度来简单介绍一下具体的数据分析方法。数据分析首先要具有一定的描述性，这对应着一些简单的初级数据分析方法，例如对比分析法，平均分析法以及交叉分析法等，而数据分析在实现它的另外两个特征，即探索性和验证性时，就需要运用一些高级的数据分析方法，比如相关性分析、因子分析、回归分析以及相关数据挖掘方法等。

下面简要介绍一些常用的数据分析方法。介绍简单初级的方法。

1）对比分析法

该方法的主要思路是对比参照数据，追踪差异原因，可用于预测工作。该方法关键点在于寻找可参照的数据，比如去年同期数据或者上期数据等。

2）趋势分析法

这是最常用的一种报表手段，通过分析有关指标的各期数据对基准期数据的变化趋势，从中发现问题，获得规律，为追索和检查提供线索的一种分析方法。通过该分析法可以获知行业的变化情况，为预测未来发展方向提供帮助。

3）平均分析法

主要利用数学上的各种平均数进行分析，例如应用平均数对经济税源、税收现象进行比较分析，通过平均分析可以反映税收的特征，说明税源的发展规律，为制定税收政策、加强征税管理提供依据。

4）交叉列表分析法

采用常见的二维交叉表来实现，是同时将两个或两个以上有一定关联性的变量及变量值按照一定的顺序交叉排列在一张二维交叉表内，从中分析变量的直接关系，得出结论的一种数据分析方法。

5）组成分析法

将某一数据拆分后研究其组成。例如，国家组成分析，行业组成分析等。

6）层层筛选法

该方法适用于选择目标市场和目标群体等情景。对所搜集到的多种影响因素按其重要程度进行组合，先按第 1 组合选择出较大范围目标对象，再按第 2 组合，对第 1 组合筛选出来的对象进一步缩小范围，以此类推，得出最终目标对象。

再来介绍几个高级的分析方法。

1）因子分析法

因子分析法通常是简化或分析高维度数据的一种统计方法，又称因素分析，主要考虑跟所研究问题相关的各个因素有哪些。因子分析可在许多变量中找到隐藏的、有代表性的因子，通过把同类别的变量归为一个因子，可以减少变量的数量，还可以此来检验变量之间关系的假设。例如，中供的反馈数与哪些因素相关？是自身活跃度、排名、广告、产品数量，还是有其他因素？在这种方法中有时候要用到某些类似于相关系数等工具。

2）回归分析法

利用数学统计原理，对大量统计数据进行数学处理，通过确定自变量和因变量之间的相关关系，建立一个回归方程，从而用于预测因变量后续变化的分析方法。回归分析是数据分析的一个非常重要的模型方法。模型可以是线性的、非线性的、参数的、非参数的、一元的、多元的、低维的、高维的，不尽相同。回归分析是一种把业务问题定义为一个数据可分析问题的重要思想。

3）数据挖掘方法

所谓数据挖掘，就是从大量的、不完全的、有噪声的、模糊的、随机的实际应用数据中，提取隐含在其中的、人们事先不知道的、但又是潜在有用的信息和知识的过程。数据挖掘领域最经典的一个案例就是啤酒与尿布的故事。美国沃尔玛超市利用数据挖掘方法，从大量的销售单据数据中，提取出人们意想不到的一个规律，就是啤酒和尿布之间存在一定的关联性，而该规律的得出对沃尔玛超市的决策产生影响，最终超市调整货架的摆放位置后二者的销售额大大提高。这就是数据挖掘方法在实际中的应用。

数据挖掘方法有它一定的优势，主要表现为：

（1）可处理海量的数据；

（2）可分析多种影响因素对结果的影响程度；

（3）可根据历史来预测未来。

接下来用一个几种方法组合在一起的图形来简单对比一下常用分析方法的分析效果。首先来看的是简单分析方法中的对比分析、趋势分析和组成分析。图7.8所示是一组关于Overseas网站的页面浏览量（PV）的数据分析图。图中的SEO表示搜索引擎优化，PPC表示按点击付费，SEM表示搜索引擎营销，其中SEO和PPC都是SEM的一部分，SEO和PPC的区别在于来自SEO的流量是免费的，而PPC产生的流量不是免费的。图中按照3种来源分析各个组成部分的数据，还用折线图做出整体SEM数据的趋势图。同时用不同颜色的柱状图做了对比分析。

关于数据挖掘方法的使用，在各类数据挖掘的书中有非常详细的介绍。在这里不再做详细解释。只通过一个案例简单认识一下最经典的神经网络方法，看看它在实际生活中的应用。神经网络分析法的依据是，人的神经元细胞相互之间通过反射、刺激从而产生相应的结果。在第4章举过一个例子，案例使用的是一个天气问题的数据模型。搜集到的数据样本中包含5个指标，前4个是描述天气问题的指标，包括天气趋势（outlook）、温度（temperature）、湿度（humidity）和是否刮风（windy），最后一个是在前4个天气指标的前提下是否可以出去运动（play）。本节用Weka软件做出该模型的神经网络节点图（如图7.9所示），在图7.10中显示出天气问题模型由神经网络分析法得出的各输入输出节点，即各神经元的一些权重值和阈值。

7.2.4 数据分析结果展示

分析过程、分析方法固然重要，但是过程结束必然会有结果，而结果是面向用户的。分析是否有效？从哪里可以获知？用户能否听明白、看明白，是不可忽略的一个渠道。无论分析什么，结果的展示非常重要，有效的分析必须匹配完美的演示。那么如何达到完美呢？

首先，要了解你的听众。谈他们感兴趣的东西，假想他们的问题，并准备好你的答案。

其次，图表胜过千言万语。形象化的图表比枯燥的文字更能引起用户的兴趣，也更容易被用户接受。

再次，要为每一张演示表加上一个概括性的表头。这个应该比较容易理解，表头是概括性文字，用户可以更快地抓住主题，另外要演示有意义的数据，要解释结论和图表或数字之间的逻辑关系。

最后，要注意演示结束前要总结你的结论，特别是在结论即将被用户忘记前。

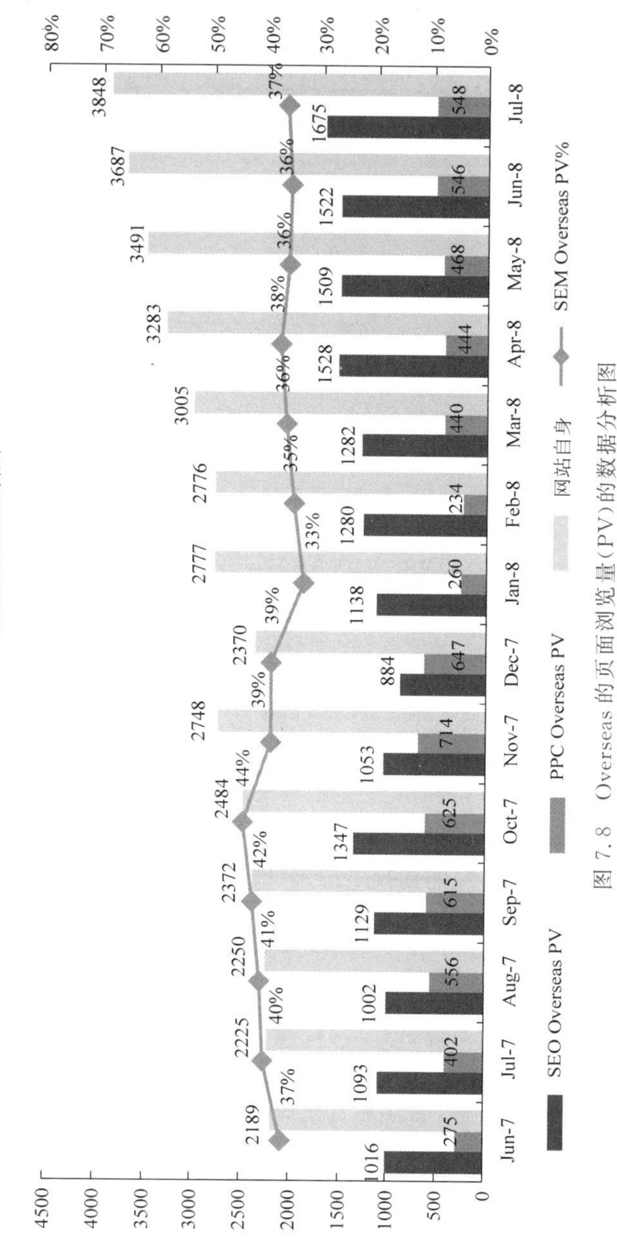

图 7.8 Overseas 的页面浏览量（PV）的数据分析图

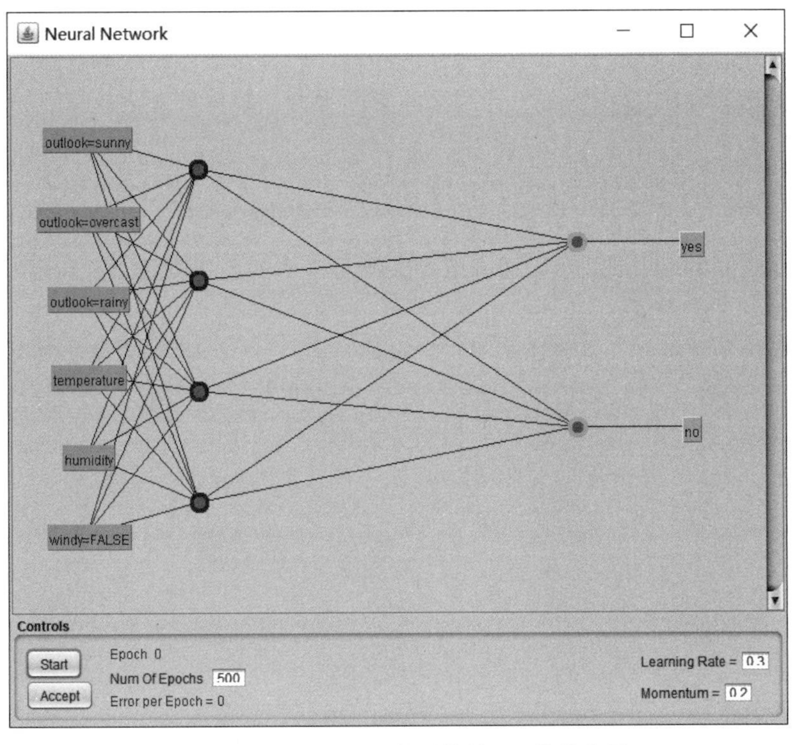

图 7.9 天气问题数据模型的神经网络节点图

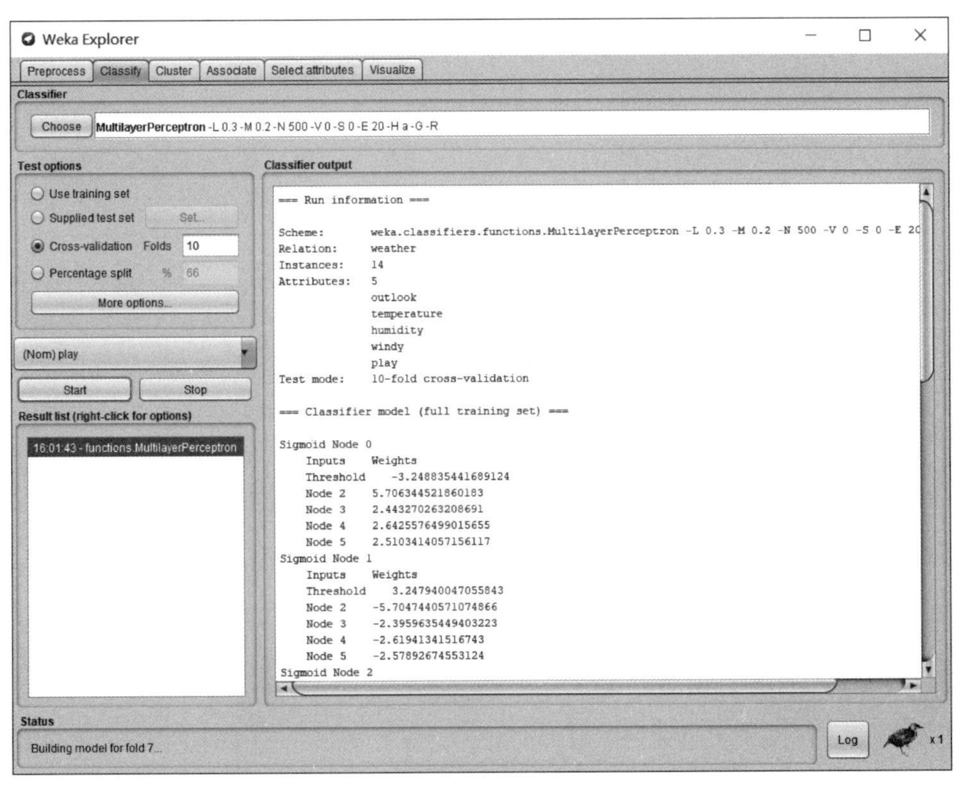

图 7.10 Weka 运行的神经网络模型分类输出结果图

数据分析结果的展示多种多样，选择正确的表达方式对数据分析结果有一定的影响。而在结果展示中，简单解释一下数据可视化的问题。因为在前面的章节中已经具体讲解了数据可视化问题，所以这里只总结几个需要注意的地方。数据可视化最基础的方法是做统计图。那么怎么做出一个好的统计图呢？需满足如下 4 个标准：准确、有效、简洁、美观。

其中，第 1 组是准确和有效。准确是统计图最基本的要求，要用正确的统计图去描述不同类型的数据。建议离散型变量用饼图或柱状图表示；连续型变量用直方图或箱线图表示；时间序列变量用折线图表示。而有效是在满足准确的前提下，如何能让统计图更加有效地展示数据和支撑观点。

第 2 组是简洁和美观。简洁指的是，在数据分析结果展示时，如果包含极为细节的技术内容，在一句话解释不清楚的情况下，可以把这部分细节内容省略，不要展示。而美观，则是在满足准确、有效和简洁的前提下，让数据分析的结果更美观，让用户看着舒适。

综上所述，只要满足了以上 4 个标准，数据分析结果的展示就比较完美了。

参考文献

[1] 袁梅宇. 数据挖掘与机器学习 Weka 应用技术与实践[M]. 2 版. 北京：清华大学出版社，2016.
[2] 喻梅，于健. 数据分析与数据挖掘[M]. 北京：清华大学出版社，2018.
[3] 雷明. 机器学习：原理、算法与应用[M]. 北京：清华大学出版社，2019.
[4] 朱洁，罗华霖. 大数据架构详解：从数据获取到深度学习[M]. 北京：电子工业出版社，2016.
[5] 刘红阁，王淑娟，温融冰. 人人都是数据分析师：Tableau 应用实战[M]. 2 版. 北京：人民邮电出版社，2019.
[6] 王国平. Tableau 数据可视化：从入门到精通[M]. 北京：清华大学出版社，2017.
[7] 周苏，王文. 大数据可视化[M]. 北京：清华大学出版社，2019.
[8] 美智讯. Tableau 商业分析：从新手到高手[M]. 北京：电子工业出版社，2018.
[9] MALEKIPIRBAZARI M，AKSAKALLI V. Risk assessment in social lending via random forests[J]. Expert Systems with Application，2015，42(10)：4621-4631.